21世纪高职高专艺术设计规划教材

Flash二维动画制作

刘进军　主　编
肖建芳　丰伟刚　副主编

清华大学出版社
北　京

内容简介

本书完全从读者的需求出发，首先讲解了 Flash CS3 的绘图工具、对象编辑等基础知识；然后向读者介绍了五类基本动画的制作，包括逐帧动画、补间动画、文本动画、引导层动画和遮罩层动画；最后介绍了 Flash CS3 的高级动画制作技巧、声音应用、ActionScript 编程基础、Flash 组件以及优化和发布动画等方面介绍了高级应用技巧。本书内容翔实、实例丰富、图文并茂，通过大量实例的剖析和上机练习来巩固所学的知识。

本书既适合作为本科及高职高专院校的计算机及艺术设计专业的教学用书，也适合无基础又想快速掌握 Flash CS3 动画制作技巧的用户，同时也可作为动画培训班的教学用书。

图书在版编目（CIP）数据

Flash 二维动画制作/刘进军主编. —北京：清华大学出版社，2009.7
21 世纪高职高专艺术设计规划教材
ISBN 978-7-302-19998-4

Ⅰ. F…　Ⅱ. 刘…　Ⅲ. 动画—设计—图形软件，Flash—高等学校：技术学校—教材
Ⅳ. TP391.41

中国版本图书馆 CIP 数据核字（2009）第 060267 号

责任编辑：张龙卿
责任校对：袁　芳
责任印制：李红英
出版发行：清华大学出版社　　**地　　址**：北京清华大学学研大厦 A 座
http://www.tup.com.cn　　**邮　　编**：100084
社　总　机：010-62770175　　**邮　　购**：010-62786544
投稿与读者服务：010-62776969，c-service@tup.tsinghua.edu.cn
质　量　反　馈：010-62772015，zhiliang@tup.tsinghua.edu.cn
印 刷 者：北京鑫丰华彩印有限公司
装 订 者：三河市李旗庄少明装订厂
经　　销：全国新华书店
开　　本：185×260　**印　张**：17.5　**字　数**：394 千字
版　　次：2009 年 7 月第 1 版　　**印　　次**：2009 年 7 月第 1 次印刷
印　　数：1～4000
定　　价：54.00 元

本书如存在文字不清、漏印、缺页、倒页、脱页等印装质量问题，请与清华大学出版社出版部联系调换。联系电话：(010)62770177 转 3103　　产品编号：031106-01

前　言

Flash CS3是矢量动画软件Flash的最新版本，是Adobe公司的“网页制作软件三剑客”之一，也是当今全球最为流行的二维动画制作软件。在网页制作、多媒体演示等领域得到广泛的应用。其强大的矢量图形编辑和动画创作能力，使其逐渐成为交互式矢量动画的标准。

Flash CS3 能够交互式地将音乐、动画、声效等融合在一起，生成交互式矢量动画文件。加上功能强大的动作脚本语言，使得Flash CS3 能够创作出复杂的高级交互式动画。目前很多网络浏览器及多媒体制作、播放软件都支持Flash的“.swf ”格式文件。

Flash CS3 以技术成熟、功能完善、简便易学等特点而著称。目前已经有很多本科及高职高专院校将Flash CS3 动画制作技术纳入了计算机相关专业及艺术设计类专业的必修或选修课程，围绕着Flash 等多媒体技术的培训及认证考试也逐渐地被社会接受和推广，这和我国出现的多媒体技术人才严重紧缺现象是分不开的。因为掌握Flash CS3 动画设计技术将有利于大学生提高动手能力，增加就业机会。

本书从Flash CS3 的基本操作及基础知识入手开始讲解。第1、2 章对Flash CS3 的主要功能和基本操作做了详细的讲解；第3~6 章介绍基本动画的制作；第7 章介绍如何导入和编辑声音；第8 章介绍了如何对动画作品进行测试、导出及发布等；第9 章讲解了交互式动画制作工具语言ActionScript的基本语法规范、语句与函数等；第10 章简单地介绍了组件、行为等的使用；第11 章通过四个综合性的实例，细致而全面地讲解了制作Flash 动画的知识点及制作思路和制作步骤，能够让读者举一反三，从而达到学习Flash的最终目的。

本书采用了Flash CS3 中文版，内容翔实，图文并茂，操作性及针对性比较强，几乎对每个主要知识点都给出了实例，操作步骤详细、设计思路新颖。另外，本书中还提供了大量的提示、注意及操作技巧信息等，对于初学者全面而深入地掌握基础知识有很好的帮助作用。本书在前10 章中，几乎每一章最后都给出了相关的上机操作题，可以帮助大家巩固知识点，开拓设计思路。

本书由刘进军任主编，肖建芳、丰伟刚任副主编，吴勇、杨玲、陆深焕参加了部分内容的编写，杨雪、李秀忠、庞慧、陈实、肖宁、陈晓明、陆颖、李国庆、周迅、张燕、杨龙、李磊、陈阳、赵波、钱亮也参加了编写工作，最后由刘进军、孙金平进行审阅并定稿。

在本书的编写过程中，得到了阳江职业技术学院06级动漫班学生陈金丽、黄巧萍、高林杰的帮助，在此表示衷心地感谢。另外，编者参阅了大量文献资料及网站资料，对这些资料的原创者也一并表示感谢。

本书的电子课件、素材及实例源文件可到出版社网站（www.tup.com.cn）上搜索到该书后进行下载。

由于编者水平有限，书中难免有错误和不足之处，恳请广大读者不吝赐教。

编　者

2009 年 3 月

目　录

第1章　初识Flash CS3

Flash是Macromedia公司出品的一款网络动画制作软件，最新版本为Flash CS3。Flash的推出，不但给多媒体制作带来了新的活力，而且给网页制作增添了无限的创意空间。在网络动画领域中，除了Flash，还有其他许多同类产品，如Java开发的Applet等，但Flash同其他产品相比具有明显的优势。首先，它通过帧、元件、图层、场景等系列组合，集图形、音乐、动画、视频等多媒体素材于一体，可以制作出内容丰富、交互性强的动画作品；同时它还是基于矢量图形系统，用户只需少量数据就可以描述一个复杂的对象。Flash CS3在以前版本的基础上又提供了许多增强功能，读者可以在后面的学习中慢慢体会。

本章学习目标

- Flash CS3 概述。
- Flash CS3 工作环境。
- Flash CS3 文档操作。

1.1　Flash CS3 概述

作为主流的动画与多媒体制作软件，Flash CS3是一种兼具多种功能且操作简易的多媒体创意工具，主要应用于网页设计和多媒体创作等领域，也可用于创建生动并富有表现力的网页。

1.1.1　Flash CS3 的发展历程

学习Flash之前，先来了解一下Flash的发展历程。

在1996年，一家叫FutureWave的小软件公司发布了一个FutureSplash的动态变化小程序，这就是Flash的前身。这家FutureWave公司本来打算把这一技术卖给Adobe，但那时Adobe根本不感兴趣，而Macromedia却对此非常感兴趣。就这样，1996年12月，Macromedia拥有了FutureWave这家公司的技术后，把FutureSplash重新命名为Flash Player 1.0。而有趣的是，在2005年4月Adobe却以34亿美元收购了Macromedia，从此以后，Flash得到飞速发展。

Flash CS3 Professional是Adobe公司合并Macromedia公司后推出的一个具有强大功能的优秀软件，其最大的突破就是着力将这个程序与Photoshop和Illustrator进行了整合。

1.1.2 Flash CS3 的特点

Flash 动画的一些突出特点造就了它在网络上的流行，主要表现在以下方面。

- 使用“流”播放技术。Flash CS3 动画的最大特点就是以“流”的形式来进行播放，即不需要将文件全部下载，只需要下载动画的前面的一部分内容就可播放，然后在播放的同时自动下载后面的内容。
- 动画作品文件非常小。Flash CS3 动画对象主要是矢量图形，因此动画文件一般很小。
- 适用范围广。Flash CS3 动画适用范围极广，它可以应用于 MTV、小游戏、网页、动画短片、情景剧和多媒体课件等领域。
- 表现形式多样。Flash CS3 动画可以包含文字、图片、声音、动画以及视频等内容。
- 交互性强。Flash CS3 具有极强的交互功能，开发人员可以轻松地为动画添加交互效果。
- Adobe Photoshop 和 Illustrator 的导入。Flash CS3 从 Illustrator 和 Photoshop 中借用了一些创新的工具，最重要的是导入 PSD 和 AI 文件的功能。可以轻松地将元件从 Photoshop 和 Illustrator 中导入到 Flash CS3 中，并在 Flash CS3 中编辑。
- 将动画转换为 ActionScript。可将时间线动画转换为可进行编辑和再次使用的 ActionScript 3.0 代码。将动画从一个对象复制到另一个对象。
- ActionScript 3.0 开发。使用新的 ActionScript 3.0 语言可节省开发时间。
- 用户界面组件。使用绘图工具以可视方式修改组件的外观，而不需要进行编码。
- QuickTime 高级导出。使用高级 QuickTime 导出器，可将在 SWF 文件中发布的内容渲染为QuickTime 视频。导出包含嵌套的电影剪辑的内容、ActionScript生成的内容和运行时的特殊效果(如投影和模糊)。
- 复杂的视频工具。提供全面的视频支持。提供独立的视频编码器、Alpha 通道支持、高质量视频编/解码器、嵌入的提示点、视频导入支持、QuickTime 导入和字幕显示等功能，确保获得最佳的视频体验。

1.1.3 Flash CS3 的应用

随着网络技术的飞速发展，精彩的动画几乎无处不在，Flash 软件应用于越来越多的领域，下面概括说明一下。

1. 制作动画短片

对矢量图的应用，对视频和音频的良好支持，将动画内容以较小的容量进行发布，以及以流媒体的形式进行播放，使 Flash 制作的动画作品在网络中广为传播，深受闪客们的喜爱。

用 Flash 制作的网络动画有幽默类、哲理类、故事类，以及大量的与流行歌曲相配合的 MTV 作品等，如图 1-1 和图 1-2 所示。

2. 制作网络广告

网络广告具有短小精悍和表达能力强等特点，而 Flash 能很好地满足这些要求，其

图 1-1 “小小作品”动画画面

图 1-2 MTV“两只蝴蝶”中的场景

出众的特性也得到了广大客户的认可，因此在网络广告领域得到了广泛的应用。网络广告一般具有超链接的功能，单击它可以浏览相关的网页，如图 1-3 所示。

图 1-3 “投名状”狗狗影院

3．制作游戏

使用 Flash 可以制作出各种不同类型的游戏程序，配合 Flash 强大的交互功能，在网络中即可进行在线游戏。控制简单，趣味性强，深受广大网络用户的喜爱，如图 1-4 和图 1-5 所示。

图 1-4 小游戏“人偶事件簿二”

图 1-5 “封魔传说”游戏首页

4．制作多媒体课件

Flash 以其良好的交互性以及在教学中的良好表现，深受教师和教学组织者的喜爱，在教学领域发挥出了重要作用，如图 1-6 所示。

5．制作动态网页

Flash 在网站中的应用也比较广泛，用户可以根据自己的需要制作个性化的网页，如图 1-7 所示。

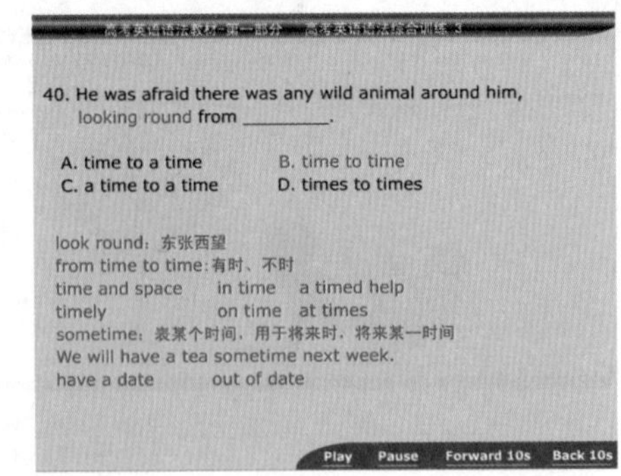

图 1-6　Flash 教学课件

图 1-7　Flash 动态网页

1.2　Flash CS3 的工作环境

打开软件后最先接触到的就是操作界面，对于初学者来说，认识操作界面是学习 Flash CS3 的基础。熟练掌握操作界面，有助于使用者得心应手地驾驭 Flash CS3。

1.2.1　欢迎屏幕

如果用户是第一次使用 Flash CS3，或者不打开任何文档就运行 Flash CS3，就会出现欢迎屏幕，如图 1-8 所示。

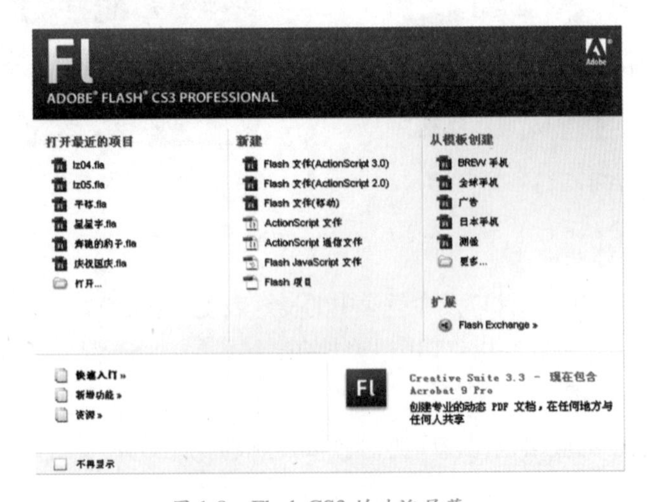

图 1-8　Flash CS3 的欢迎屏幕

欢迎屏幕包含如下五个区域。

● 打开最近的项目：用来打开最近编辑过的文档。

● 新建：用于快速创建各种Flash文件类型的新文件，如Flash文档、ActionScript文件和Flash项目等。

● 从模板创建：列出了创建新的Flash文档最常用的模板。

● 扩展：通过连接到Adobe Exchange站点，可下载Flash辅助应用程序、扩展功能以及相关信息。

●【帮助】资源的快速访问：可以浏览快速入门、新增功能和文档的资源以及查找Adobe授权的培训机构。

提示： 隐藏欢迎屏幕：在欢迎屏幕上选中【不再显示】复选框，则下次启动时不再显示欢迎屏幕。

再次显示欢迎屏幕：选择【编辑】/【首选参数】命令，弹出【首选参数】对话框，在【常规】类别中的【启动时】下拉列表中选择【欢迎屏幕】选项。

1.2.2　Flash CS3的工作界面

Flash CS3的工作界面包括标题栏、菜单栏、工具栏、工具箱、时间轴、编辑区和面板等区域。

在欢迎屏幕的【新建】区域中单击某一选项，如【Flash文件（ActionScript 3.0)】，可以打开Flash CS3的工作界面，如图1-9所示。

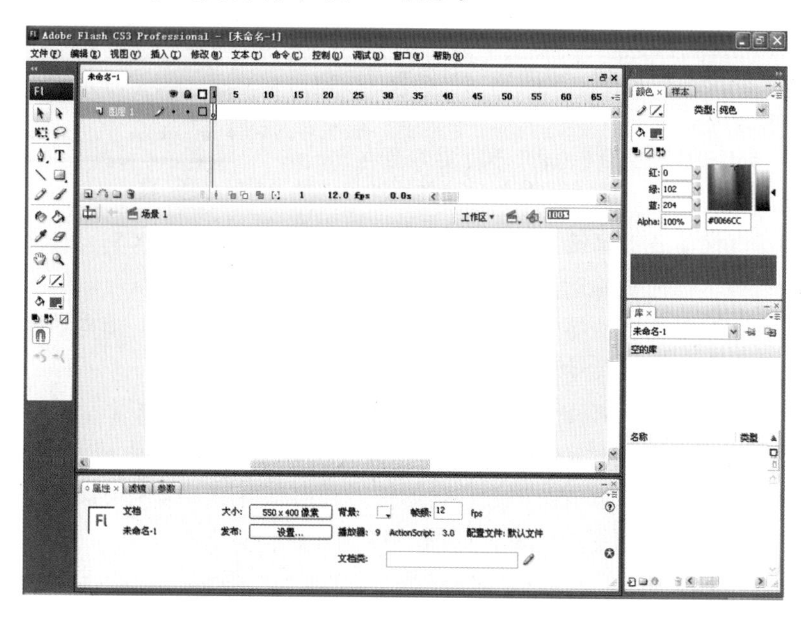

图1-9　Flash CS3的工作界面

1. 标题栏

标题栏注明了程序的名称以及当前所编辑的文档名称，如图1-10所示。在标题栏右侧依次是【最小化】、【最大化】、【关闭】按钮，通过这些按钮可以对窗口进行操作。

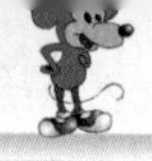

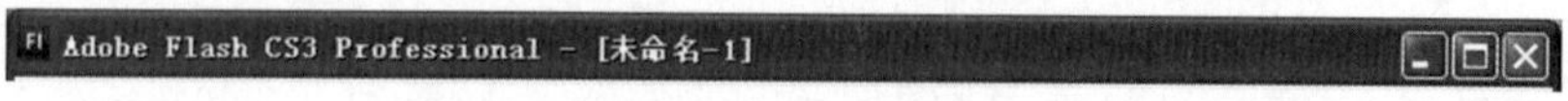

Adobe Flash CS3 Professional - [未命名-1]

图 1-10 Flash CS3 的标题栏

2. 菜单栏

菜单栏中包含了 Flash CS3 中的常用命令，通过在菜单栏中选择相应的命令，用户可以非常轻松地制作出精彩的动画，如图 1-11 所示。

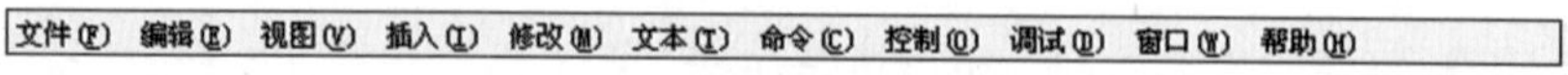

文件(F) 编辑(E) 视图(V) 插入(I) 修改(M) 文本(T) 命令(C) 控制(O) 调试(D) 窗口(W) 帮助(H)

图 1-11 Flash CS3 的菜单栏

3. 工具栏

Flash 工具栏主要包括主工具栏、控制器和编辑栏。

(1) 主工具栏。主工具栏主要用来完成对动画文件的基本操作以及一些图形控制操作等。如图 1-12 所示。

新建
打开
转到 Bridge
保存
打印
剪切
复制
粘贴
撤销
重做
贴紧至对象
平滑
伸直
旋转与倾斜
缩放
对齐

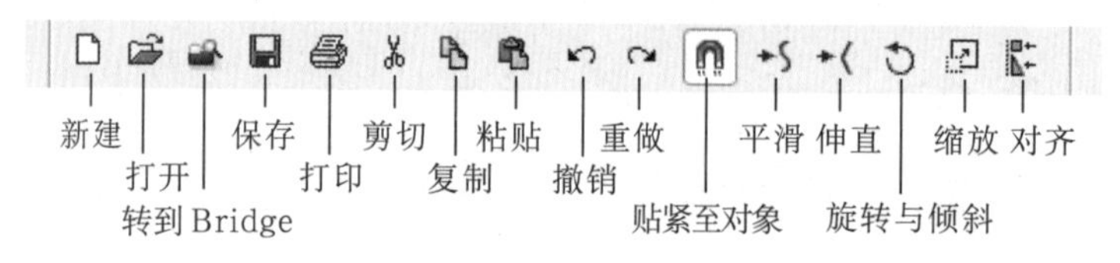

图 1-12 Flash CS3 的主工具栏

(2) 控制器。当选择【窗口】/【工具栏】/【控制器】命令时，会出现【控制器】面板，用户可以根据自己的喜好将其放在操作界面的任意位置。【控制器】面板用来控制动画的播放，如图 1-13 所示。该面板中从左到右各个按钮的功能如下。

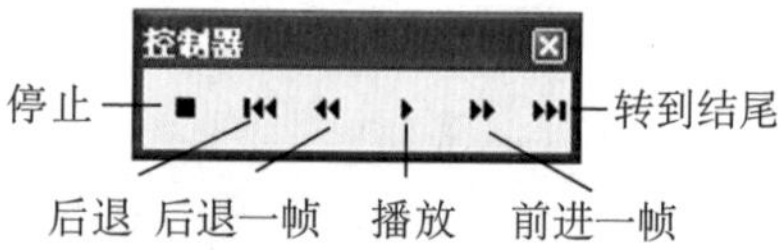

控制器
停止
转到结尾
后退
后退一帧
播放
前进一帧

图 1-13 Flash CS3 的【控制器】面板

- 停止：停止播放动画，同时播放头停留在当前帧上。
- 后退：播放头移动到第 1 帧上。
- 后退一帧：播放头移动到上一帧。
- 播放：在当前窗口从播放头的位置开始播放动画，到最后一帧自动停止。
- 前进一帧：播放头移动到下一帧。
- 转到结尾：播放头移动到当前场景中的最后一帧上。

使用控制器播放动画时，只能播放一些简单且不包含元件的动画。

(3) 编辑栏。舞台顶部的编辑栏包含的控件和信息可用于编辑场景和元件，显示、隐藏时间轴和更改舞台的缩放比率，如图 1-14 所示。

场景 1
工作区
100%

图 1-14 Flash CS3 的编辑栏

4. 工具箱

工具箱位于窗口左侧，其中列出了 Flash CS3 常用的绘图工具。从上到下分为选择工具区、绘图工具区、填色工具区、查看工具区、颜色区域和选项区域六部分，如图 1-15

所示。

5. 时间轴

时间轴是编排影片的主要场所,用于创建动画和控制动画的播放进程。时间轴分为左、右两部分，左侧为图层区，右侧为时间轴控制区，如图1-16所示。

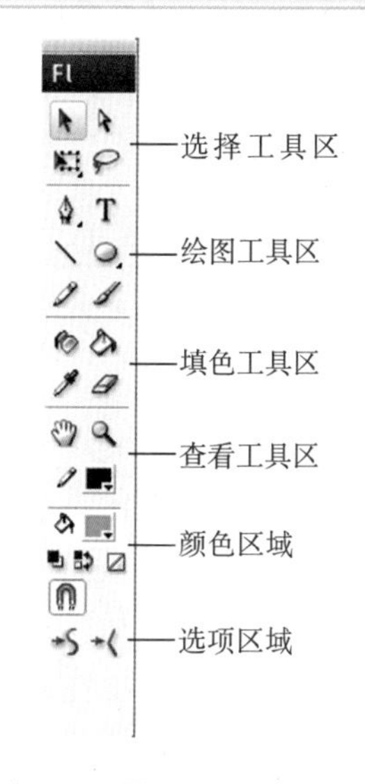

图1-15 Flash CS3的工具箱

6. 场景和舞台

场景的概念其实十分简单,用一个比喻来说明就会十分明了。场景就好比是舞台剧中的一幕，一幕完成后再进行下一幕的表演。由于各个场景有先后顺序，因此各个场景彼此独立，互不干扰，每一个场景都有各自独立的图层和帧。

如果把场景比作是舞台剧中的一幕,那舞台就是舞台剧中的舞台。场景一般与舞台共同操作，如图1-17所示。动画最终只显示在场景中的矩形区域，即舞台中。这就如同演出一样，无论在后台做多少准备工作，最后呈现给观众的只能是舞台上的表演。

用户在制作多个动画时，可以同时编辑多个场景，但在播放时将按照设定好的顺序播放。需要注意的是，在编辑时对场景的删除是不可恢复的操作，用户在操作时应十分谨慎。

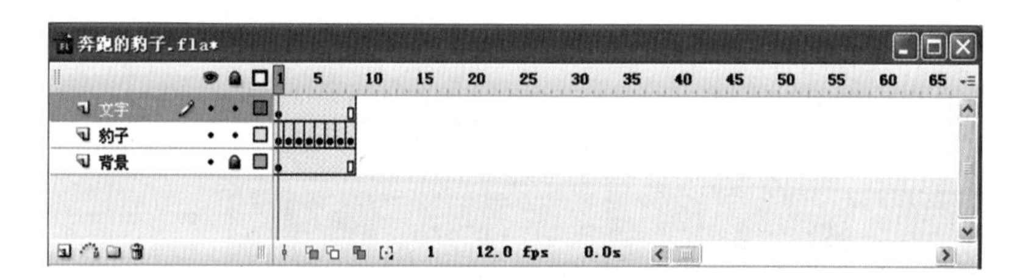

图1-16 Flash CS3的时间轴

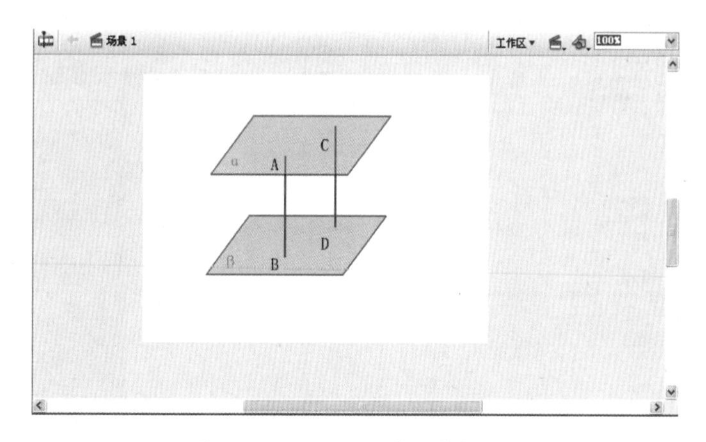

图1-17 Flash CS3的场景与舞台

7. 浮动面板

使用浮动面板可以对颜色、文本、实例、帧和场景等进行处理。Flash CS3的工作界面包含很多面板，如【颜色】面板、【对齐】面板、【信息】面板、【动作】面板、【属

性】面板以及【库】面板等，这些面板的主要功能是对Flash对象的属性进行设置，具体操作将在第2章详细介绍，如图1-18所示。

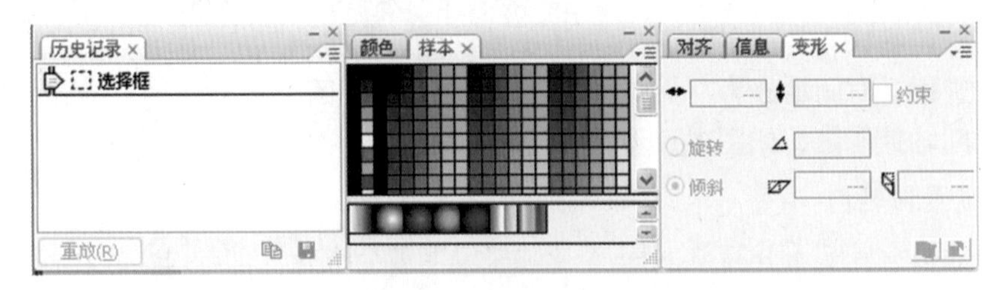

图 1-18　Flash CS3 的部分面板

1.3　Flash CS3 的常用操作

对文件的操作是创建Flash动画的基础，Flash CS3提供的文档操作方式非常便捷，用户可以很方便地进行新建文件、打开文件、保存文件等文档操作。

1.3.1　新建文档

新建Flash CS3文档有如下三种方法。

(1) 使用欢迎屏幕。Flash CS启动时，首先打开的是欢迎屏幕，在【新建】区域，选择【Flash 文件（ActionScript 3.0)】或【Flash 文件（ActionScript 3.0)】命令，即可新建Flash文档，如图1-19所示。

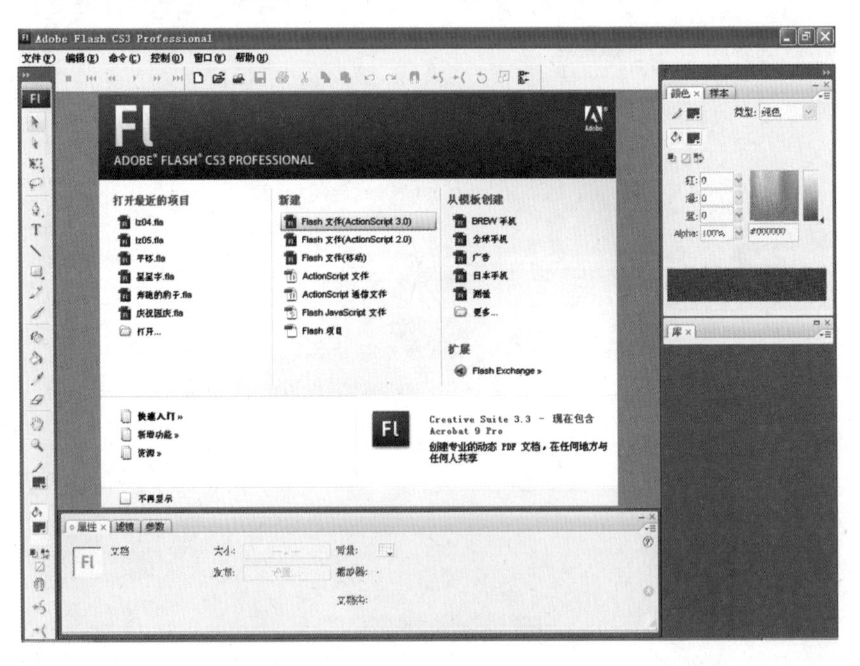

图 1-19　单击【Flash 文件（ActionScript 3.0)】选项

(2) 使用【常规】对话框。在Flash CS3工作界面中，选择【文件】/【新建】命令（或者按Ctrl+N组合键)，打开【新建文档】对话框，如图1-20所示。从【类型】列表框中选择【Flash 文件（ActionScript 3.0)】或【Flash 文件（ActionScript 2.0)】选项，单击【确定】按钮，即可新建一个 Flash 文档。

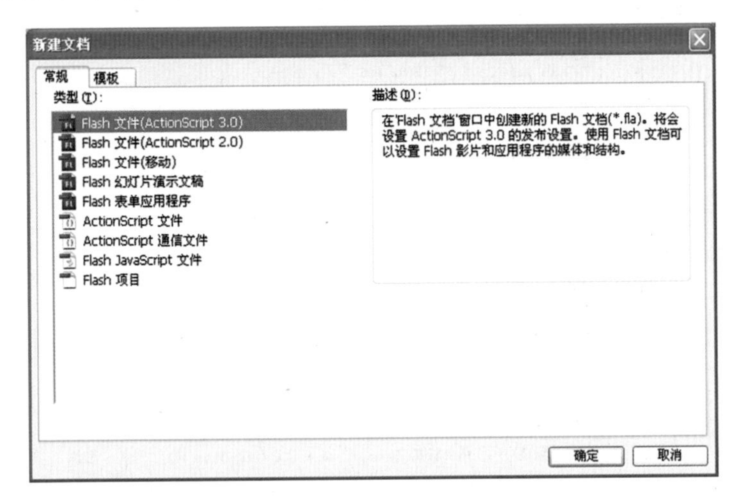

图 1-20　【新建文档】对话框

(3) 使用【模板】对话框。在【新建文档】对话框中选择【模板】选项卡，在【类别】列表框中选择模板类别，再在【模板】列表框中选择一个模板，如图 1-21 所示，单击【确定】按钮，即可新建一个 Flash 文档。

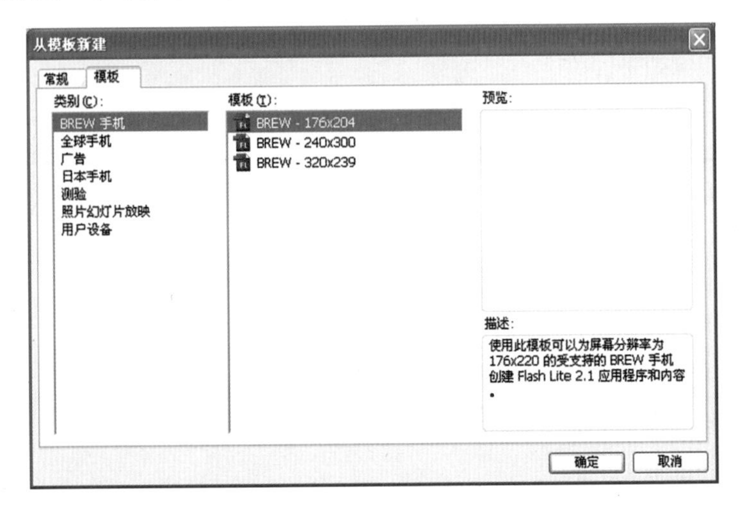

图 1-21　【从模板新建】对话框

1.3.2　打开文档

要继续编辑或者修改已有的 Flash 文档，先要打开它。

打开文档的操作步骤如下：

(1) 选择【文件】/【打开】命令（或者按 Ctrl+O 组合键），打开【打开】对话框，如图 1-22 所示。

(2) 在【查找范围】下拉列表框中选择要打开文档所在的路径。

(3) 在文件列表中选中要打开的文件。

(4) 单击【打开】按钮，便可打开选中的文件。

图 1-22 【打开】对话框

1.3.3 保存文档

编辑完一个 Flash 文档后，可以用当前的名称和位置或其他名称和位置保存下来。

1．保存文档

操作步骤如下：

(1) 要覆盖磁盘上的当前版本，选择【文件】/【保存】命令；要将文档保存到不同的位置或用不同的名称保存文档，或者要压缩文档，选择【文件】/【另存为】命令。

(2) 如果选择【另存为】命令，或者以前从未保存过该文档，选择要存放的路径并输入文件名。

(3) 单击主工具栏上的【保存】按钮。

2．还原到上次保存的文档版本

选择【文件】/【还原】命令即可。

3．将文档另存为模板

操作步骤如下：

(1) 选择【文件】/【另存为模板】命令。

(2) 在【另存为模板】对话框的【名称】文本框中输入模板的名称。

(3) 从【类别】弹出菜单中选择一种类别或输入一个名称，以便创建新类别。

(4) 在【描述】框中输入模板说明（最多 255 个字符），然后单击【确定】按钮。在【新建文档】对话框中选择该模板时，会显示此说明。

4．将文档另存为 Flash CS3 文档

操作步骤如下：

(1) 选择【文件】/【另存为】命令。

(2) 输入文件名和位置。

(3) 从【格式】弹出菜单中选择【Flash CS3 文档】命令，再单击【保存】按钮。

5．在退出 Flash 时保存文档

操作步骤如下：

(1) 选择【文件】/【退出】命令。

(2) 如果打开的文档包含未保存的更改，Flash会提示保存或放弃每个文档的更改。单击【是】按钮，保存更改并关闭文档；单击【否】按钮，关闭文档，不保存更改。

1.3.4　关闭文档

关闭 Flash 文档的常用方法有如下几种。

- 单击【文件】/【关闭】命令。
- 按 Ctrl+W 组合键。
- 单击标题栏右侧的 × 按钮。

1.3.5　设置文档属性

在 Flash 中没有选中对象时，会显示文档【属性】对话框；或者单击所编辑场景的空白处，窗体下方也会出现文档【属性】对话框，如图 1-23 所示。

图 1-23　【属性】面板

文档的属性决定了动画影片播放时的显示属性。选择【修改】/【文档】命令，会打开一个【文档属性】对话框，如图 1-24 所示。

【文档属性】对话框中包含如下选项。

- 【标题】和【描述】：在这两个文本框中输入相关内容，它们将会被 Flash CS3 文件引用。
- 【尺寸】：指定文档的宽度和高度，尺寸的单位一般选择“像素”。
- 【背景颜色】：单击右下角的小箭头，可打开调色板，用来设置当前 Flash 文档的背景色，如图 1-25 所示。

图 1-24　【文档属性】对话框

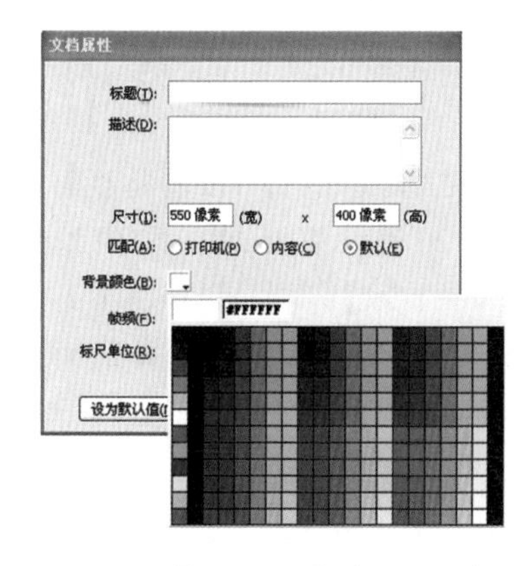

图 1-25　【文档属性】中的调色板

● 【帧频】：用来设置当前Flash文档的播放速度，单位“fps”指的是每秒播放的帧数。Flash CS3默认的帧频为12fps。

● 【标尺单位】：一般选择“像素”选项。

● 【设置为默认】：将之前设置的参数还原为系统默认的参数。

提示：单击【属性】面板中的【大小】按钮，也可以打开【文档属性】对话框。

1.4 实例剖析——跳动的小樱桃

【设计思路】

一颗诱人的红色小樱桃在上下跳动。

【技术要点】

【椭圆】工具和【线条】工具的使用。

元件的制作与使用。

补间动画的创建。

操作步骤如下：

(1) 新建一个Flash CS3文档，文档属性采用默认设置。

(2) 选择【插入】/【新建元件】命令（或按Ctrl+F8组合键），在弹出的对话框中的【名称】文本框中输入“小樱桃”，然后单击【确定】按钮，如图1-26所示。

(3) 在工具箱中选择【椭圆工具】和【线条工具】，在舞台中绘制一个小樱桃，如图1-27所示。

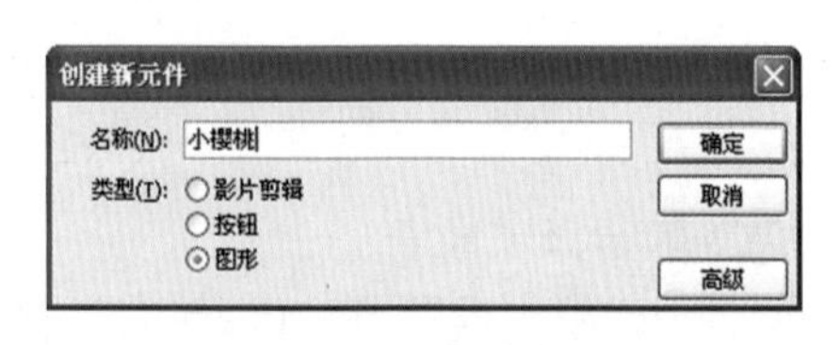

图1-26 创建新元件

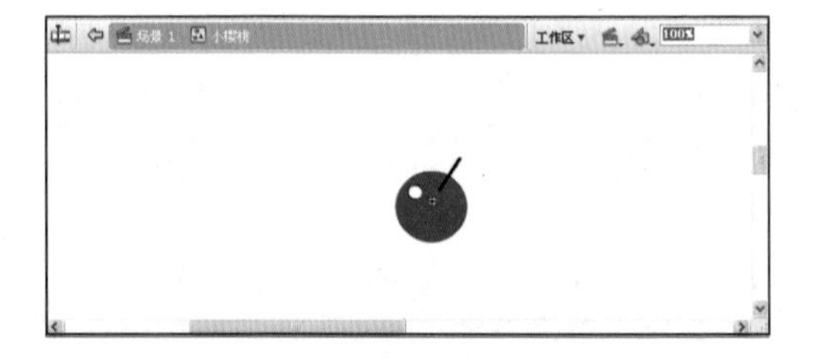

图1-27 绘制一个小樱桃

(4) 单击图1-27左上角的【场景1】按钮回到场景中，按Ctrl+L组合键打开【库】面板，把“小樱桃”图形元件拖到场景中，如图1-28所示。

(5) 选择【视图】/【网格线】命令显示网格，在图层1的第5帧、第10帧、第15帧、第20帧、第25帧、第30帧分别插入关键帧（在相应的帧上右击鼠标，然后选择【插入关键帧】命令），如图1-29所示。

(6) 分别选中第5帧和第25帧，把小樱桃垂直向下移动1格；然后分别选中第10帧和第20帧，把小樱桃垂直向下移动5格；最后选中第15帧，把小樱桃垂直向下移动14格（可以直接按键盘上向下的箭头）。

(7) 在第1帧、第5帧、第10帧、第15帧、第20帧、第25帧上分别右击鼠标，在弹出的快捷菜单上选择【创建补间动画】命令，效果如图1-30所示。

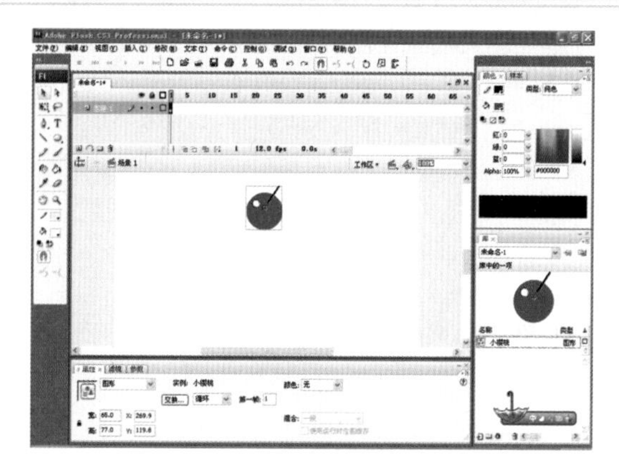

图1-28　把元件"小樱桃"拖入场景中

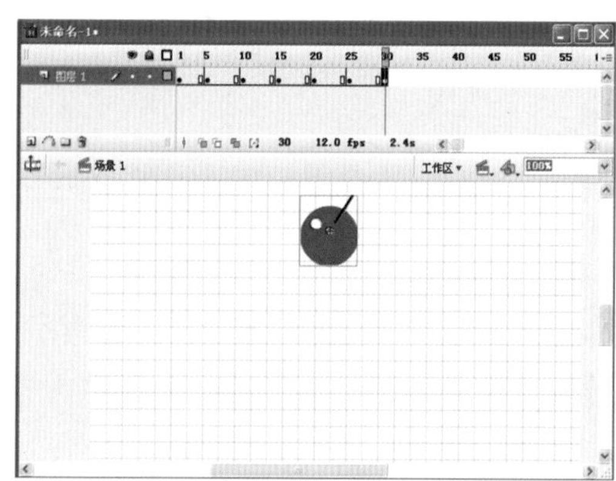

图1-29　在图层1中插入关键帧

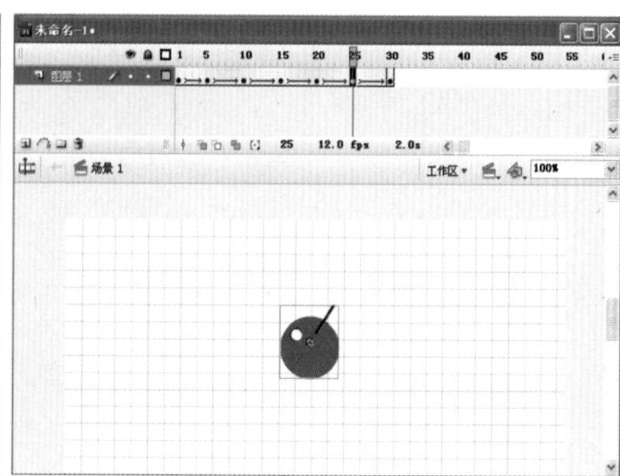

图1-30　在图层1中创建补间动画

（8）按Ctrl+Enter组合键测试影片。

（9）选择【文件】/【保存】命令，以"跳动的小樱桃"为名保存该文件。

1.5　习　　题

1．选择题

（1）Flash影片的默认帧频是（　　）。

A．10fps　　B．12fps　　C．24fps　　D．48fps

（2）在Flash CS3工作界面中，按（　　）组合键可以新建一个Flash文档。

A．Ctrl+N　　B．Ctrl+Q　　C．Ctrl+W　　D．Ctrl+O

（3）可以通过选择（　　）/【文档】命令打开【文档属性】对话框。

A．【修改】　　B．【文本】　　C．【调试】　　D．【窗口】

2．操作题

（1）如何改变舞台的显示比例？

（2）如何新建一个Flash文档？

（3）启动Flash CS3，使用菜单命令分别新建、保存和关闭Flash文档。

第2章　Flash CS3快速入门

Flash CS3的工具箱中提供了一套功能完备的工具，利用这些工具可以创建出动画中需要的各种图形和文本对象。功能面板用来设置对象的有关参数或对对象进行辅助编辑等的操作。

本章将详细介绍工具箱中各种工具的使用方法和操作技巧，以及功能面板的使用。

本章学习目标

- 矢量绘图的基础知识。
- 常用工具的使用。
- 对象的编辑。
- 常用面板的使用。

2.1　矢量绘图的基础知识

在使用Flash进行绘图和涂色之前，很有必要了解Flash如何创建插图，绘图工具如何使用。

作为一种矢量动画，Flash动画中既有矢量图形，也有点阵图像。了解矢量图和点阵图这两种图像格式的差别，有助于在Flash中更有效地工作。

2.1.1　点阵图和矢量图

计算机中的图像分为两种：点阵图和矢量图。

通过扫描仪或者数码照相机所获得的图片就是点阵图，即图像。它是由无数的像素组成的图像。点阵图是像素的集合，由许许多多的像素组合起来，形成一幅色彩鲜艳的图像。点阵图放大以后会产生锯齿，使影像失真，如图2-1所示。

点阵图

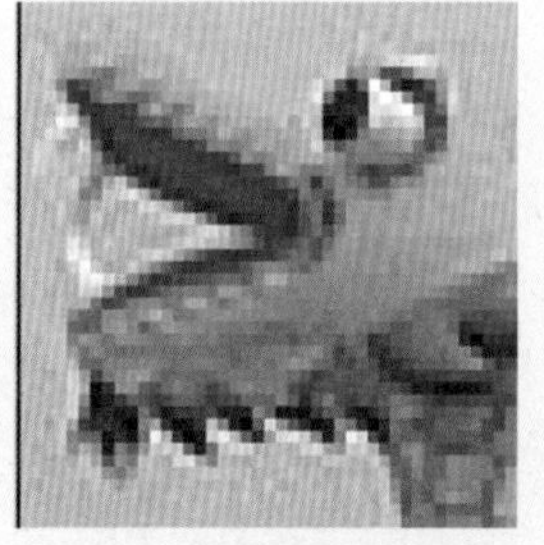

放大500%

图2-1　放大的点阵图使影像失真

矢量图也称为图形，它依赖于量化公式。与点阵图不一样，在计算机中放大、缩小矢量图并不会影响图形的品质，如图2-2所示。当矢量图形被传送到打印机上时，根据输出图形的大小，它们将转换成像素后被打印出来，同样也不影响图形的品质。虽然矢量图有上述的优点，但是，矢量图无法表现色彩鲜艳且变化复杂的图像。

用于点阵图像处理的软件主要有Photoshop；用于制作、处理矢量图形的软件有FreeHand、CorelDRAW、Illustrator、AutoCAD等。

Flash软件具备矢量绘图的功能，还可以将其他绘图软件所创建的矢量图形导入到Flash动画中。对于点阵图像，Flash软件则只能通过将点阵图像导入到Flash动画中进

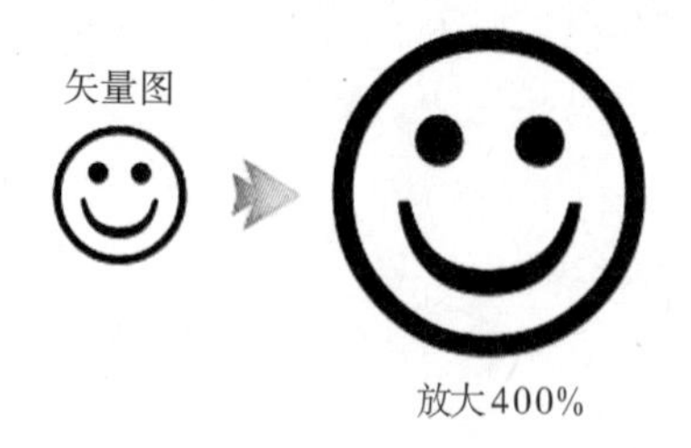

图 2-2　放大矢量图后图形的品质保持不变

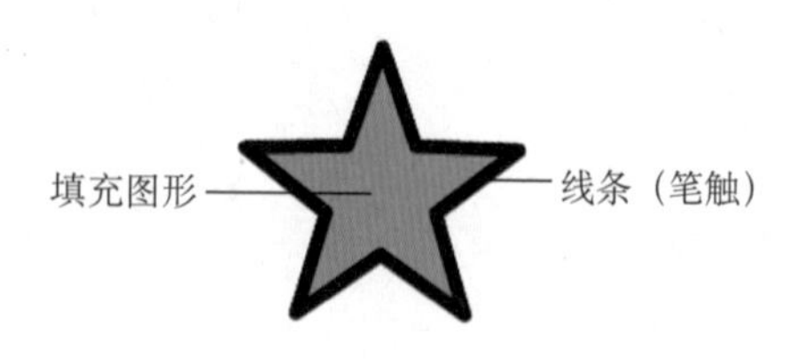

图 2-3　组成矢量图形的线条和填充图形

行应用。

2.1.2　Flash 中矢量绘图的特点

矢量图形使用矢量化的直线（或曲线）描述图形，并且还包括颜色和位置属性。如图 2-3 所示为五角星矢量图形，该五角星图形由创建五角星轮廓的线条所经过的点来描述，而五角星的颜色则由轮廓的颜色和轮廓所包围区域的颜色决定。

在绘制、编辑矢量图形时，可以修改描述图形形状的线条和曲线的属性，也就是说，可以对矢量图形进行调整大小、重定形状以及更改颜色等操作。这就涉及两个重要的概念：线条、填充图形。

所谓线条，在 Flash 中也称为“笔触”，是指利用【铅笔工具】、【钢笔工具】绘制的图形，以及利用【椭圆工具】、【矩形工具】绘制的图形的边框线。图 2-3 中的五角星的轮廓就是线条（笔触）。

所谓填充图形，是指利用【刷子工具】绘制的图形，以及利用【椭圆工具】、【矩形工具】绘制的图形的填充内容。图 2-3 中的五角星轮廓所包围的区域就是填充图形。

在 Flash 中绘制的矢量图形，可以同时具有线条和填充图形，也可以只有线条，还可以只有填充图形，如图 2-4 所示。

图 2-4　线条与填充图形共同或单独组成矢量图形

2.2　绘 图 工 具

Flash CS3 提供了强大的绘图功能，用户可以通过使用绘图工具创建图形和文本对象。基本绘图工具包括【铅笔工具】、【线条工具】、【钢笔工具】、【矩形工具】、【椭圆工具】、【多角星形工具】等。

2.2.1　铅笔工具

利用【铅笔工具】，可以绘制任意形状的线条。Flash CS3 中【铅笔工具】的使用方法跟现实中的铅笔没有什么不同，但是在功能上更为强大，可选择不同的绘图模式。

1. 上机试用【铅笔工具】

【铅笔工具】的使用方法如下：

(1) 选择工具箱中的【铅笔工具】。

(2) 为【铅笔工具】选择笔触颜色（只需选择笔触颜色，因为填充颜色对【铅笔工具】无效）。

(3) 在舞台中按下左键并拖动鼠标，进行描绘。

> 提示：用【铅笔工具】在舞台上拖动绘画的同时按住Shift键，可将线条限制为垂直或水平方向。

2.【铅笔工具】的选项

在工具箱中单击【铅笔工具】按钮后，会在工具箱的选项区域中出现【铅笔工具】的选项区域。

默认情况下，使用【铅笔工具】绘制的图形是矢量图形。如果单击【对象绘制】按钮，使其成按下状态时，则绘制的是【对象绘制】模型的图形，这样该图形将作为一个整体，并且四周带有矩形边框，能够方便地移动而不会改变其他与之重叠的图形形状。单击选项区右侧的按钮，会弹出【铅笔工具】的三种绘图模式供用户选择，如图2-5所示。

对象绘制
直线化
平滑
墨水

图2-5 【铅笔工具】的选项区和三种绘画模式

下面具体介绍【铅笔工具】的3种绘图模式。

● 直线化模式：使用此模式，在绘制过程中会将接近三角形、椭圆、圆形、矩形和正方形等的形状转换为这些常见的几何形状，绘制的图形趋向平直、圆润、规整。如图2-6所示，是在直线化模式下，利用铅笔绘制的过程和结果。

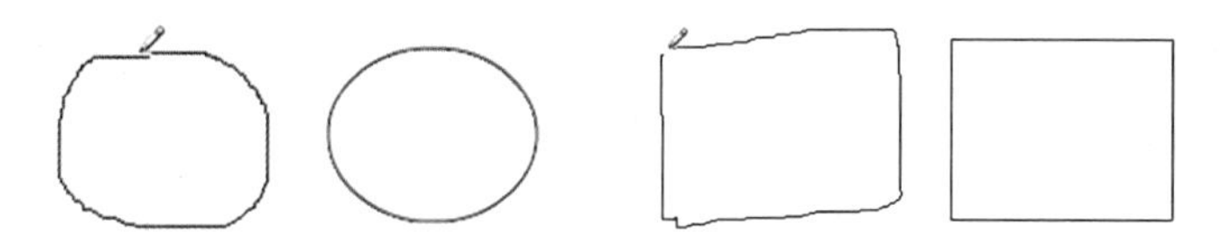

图2-6 直线化模式下利用【铅笔工具】绘制椭圆形和矩形的过程和结果

● 平滑模式：适用于绘制平滑图形，在绘制的过程中会自动将所绘制图形的棱角去掉，转换成接近形状的平滑曲线，使绘制的图形趋向平滑、流畅。如图2-7所示，是在平滑模式下利用【铅笔工具】绘制的过程和结果。

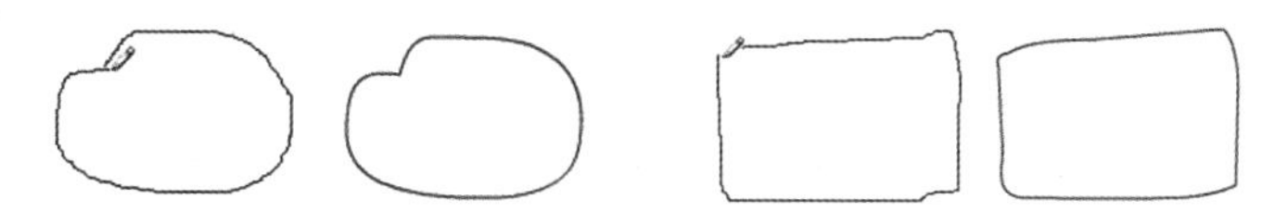

图2-7 平滑模式下利用【铅笔工具】绘制圆形和矩形的过程和结果

● 墨水模式：适用于绘制接近手绘线条的图形。墨水模式的效果接近于手工绘制线条时的轨迹，不进行修饰完全保持鼠标轨迹的形状。如图2-8所示，是在墨水模式下利用【铅笔工具】绘制的过程和结果。

3.【铅笔工具】的属性面板

选择【铅笔工具】后，其【属性】面板如图2-9所示。利用【属性】面板，可调整【铅笔工具】的绘图方式，从而获得效果各异的曲线。

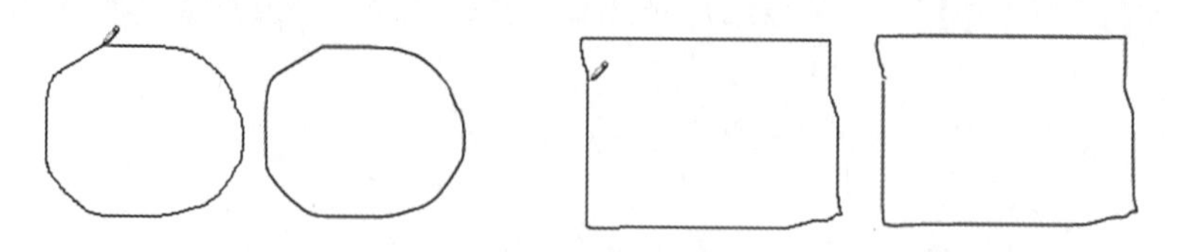

图 2-8　墨水模式下利用【铅笔工具】绘制圆形和矩形的过程和结果

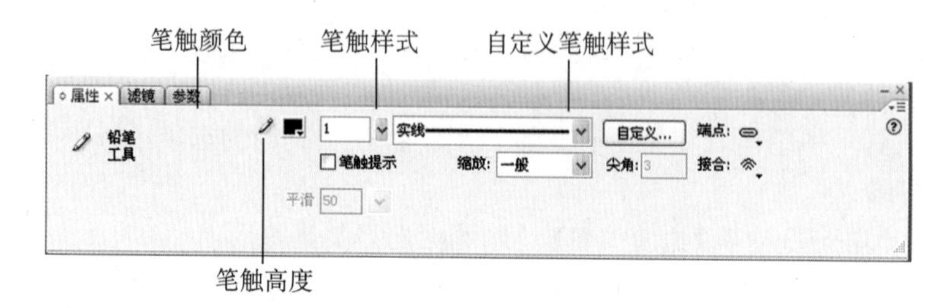

图 2-9　铅笔工具的【属性】面板

● 笔触颜色：通过该选项，可改变铅笔所绘制线条的颜色。
● 笔触高度：通过该选项，可改变铅笔所绘制的线条宽度，如图 2-10 所示。
● 笔触样式：通过该选项，可改变铅笔的笔触样式，如图 2-11 所示。

图 2-10　不同粗细的曲线

图 2-11　不同笔触样式的曲线

● 自定义笔触样式：单击【自定义】按钮，弹出如图 2-12 所示的对话框。利用该对话框可自定义铅笔的绘图方式。其中【类型】下拉列表框提供了多种线条样式，如图 2-13 所示。在【类型】下拉列表框中选择某种线条样式后，可对该样式的线条作进一步的调整，使用者可以在操作中认真体会。

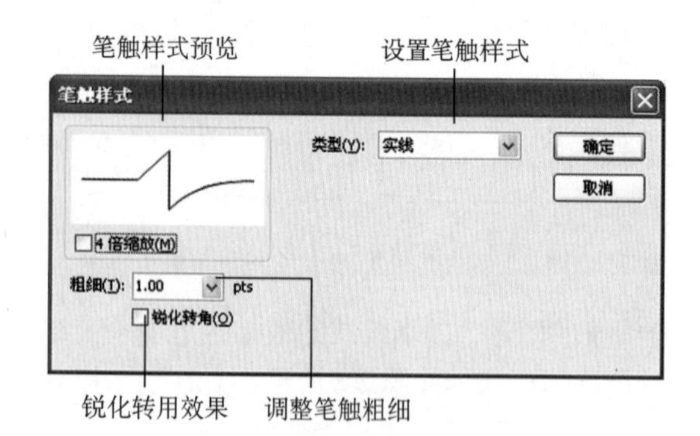

图 2-12　【笔触样式】对话框

图 2-13　更多的笔触样式

● 端点：单击【端点】按钮，可以设定路径终点的样式。
● 接合：单击【结合】按钮，可以设定两个路径段的相接方式。

2.2.2　线条工具

利用【线条工具】，可绘制各种各样的直线段。【线条工具】的使用方法非常简单，具体如下。

1. 上机试用【线条工具】

【线条工具】的使用方法如下：

(1) 选择工具箱中的【线条工具】＼。

(2) 为【线条工具】选择适当的颜色（只需选择线条颜色。填充颜色对【线条工具】无效）。

(3) 在舞台中按下左键并拖动鼠标，绘制得到直线段。

> 提示：用【线条工具】在舞台上拖动绘画的同时按住 Shift 键，可将线条笔触限制为垂直、水平方向或 45° 方向。

2.【线条工具】的选项区域

图 2-14　【线条工具】的选项区域

在工具箱中单击【线条工具】按钮后，会在工具箱的选项区域中出现【线条工具】的选项区域，如图 2-14 所示。

单击【对象绘制】按钮，使此按钮处于白色激活状态，即可绘制【对象绘制】规定模型的图形。默认情况下，线条工具的【贴紧至对象】选项按钮处于激活状态，即在绘制线条过程中，可以将对象沿着其他对象的边缘直接与之贴紧。

> 提示：使用【贴紧至对象】选项按钮，可以将各个元素自动对齐或贴紧。

3.【线条工具】的【属性】面板

选择【线条工具】后，其【属性】面板如图 2-15 所示。从中可设置【线条工具】的绘图方式，从而获得效果各异的线条。线条的属性包括线条的颜色、宽度、笔触样式等。其设置方法和【铅笔工具】的设置方法一样，这里不再赘述。

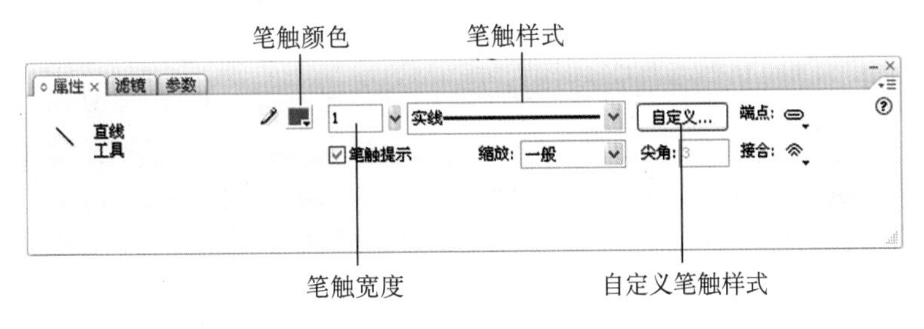

图 2-15　【线条工具】的【属性】面板

2.2.3　钢笔工具

利用【钢笔工具】，可以绘制精确的路径。用户可以创建直线或曲线，然后调整线段的角度、曲度和长度。

使用【钢笔工具】绘制线条时，将创建一系列的线段与锚点。要结束路径时，可以双击最后一个路径点，或者单击第一个锚点使路径封闭。

1. 上机试用【钢笔工具】

【钢笔工具】绘制线条的方法如下：

(1) 单击工具箱中的【钢笔工具】。

(2) 在【属性】面板上设置线条的颜色、高度、笔触样式等参数。

(3) 在舞台上单击鼠标，以创建第一个锚点（直线锚点）。

(4) 将鼠标指针移动一段距离后再次单击，从而创建第二个直线锚点，并得到直线段，如图 2-16 所示。

图 2-16　单击创建直线锚点

提示：按住 Shift 键然后单击鼠标，可以将线条限制为倾斜 45° 的倍数。

(5) 继续移动鼠标指针，然后按下左键并拖动鼠标（此时鼠标指针变为形状，并出现切线手柄），从而可创建曲线锚点，并得到曲线段，如图 2-17 所示。

(6) 重复步骤 (4) 或步骤 (5) 的操作可继续绘制，最后双击鼠标，完成线条的绘制。

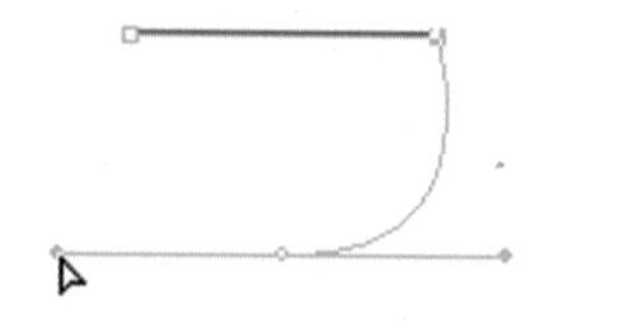

图 2-17　创建曲线锚点

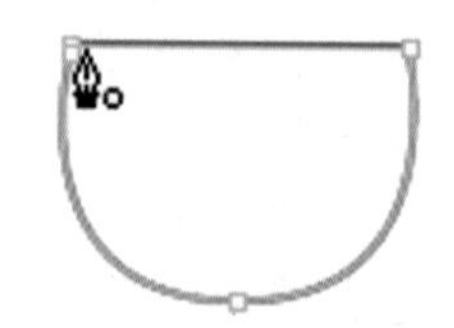

图 2-18　单击闭合线条

提示：当使用【钢笔工具】创建曲线段时，曲线锚点上将出现切线手柄。切线手柄的斜率和长度决定了曲线段的形状。

如果将鼠标指针移至第一个锚记点上，此时鼠标指针变为形状，单击即可创建闭合的线条，如图 2-18 所示。

2.【钢笔工具】的【属性】面板

选择【钢笔工具】后，其【属性】面板如图 2-19 所示。使用【属性】面板可以设置线条的颜色、高度、笔触样式等参数。

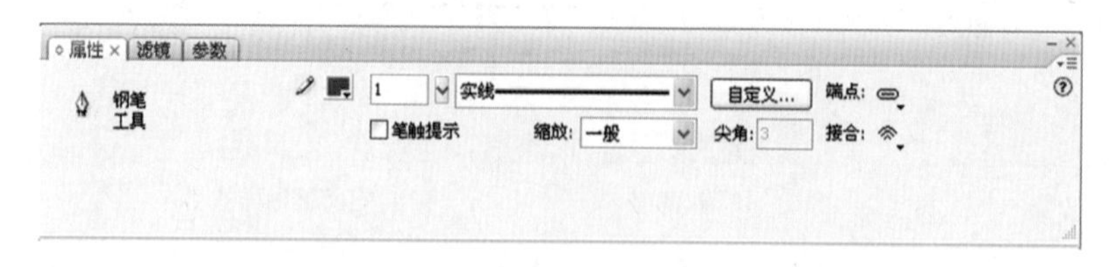

图 2-19　【钢笔工具】的【属性】面板

2.2.4　矩形工具

利用【矩形工具】，可以绘制方角或圆角的矩形和正方形。

1. 上机试用【矩形工具】

【矩形工具】的使用方法如下：

(1) 选择工具箱中的【矩形工具】。

(2) 为矩形工具选择适当的颜色（线条颜色和填充颜色）。

(3) 在舞台中按下左键并拖动鼠标，绘制得到矩形，如图2-20和图2-21所示，分别将不同属性设置应用于所绘制的矩形。

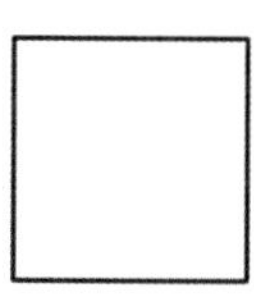

图2-20 不同笔触设置和填充设置所绘制的矩形

图2-21 更改笔触高度和线条样式所绘制的矩形

> 提示：用【矩形工具】在舞台上拖动绘画的同时按住Shift键，可将图形限制为正方形。

2.【矩形工具】的【属性】面板

【矩形工具】是Flash CS3中绘制图形的常用工具。单击工具箱中的【矩形工具】按钮后，【属性】面板将显示【矩形工具】的属性设置选项，如图2-22所示。

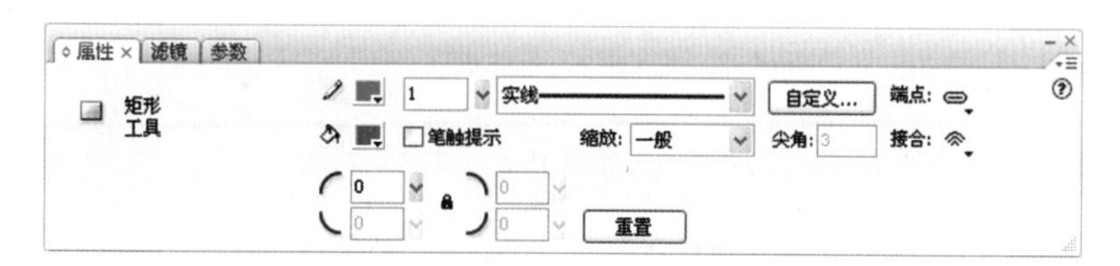

图2-22 【矩形工具】的【属性】面板

其中，用来设置矢量线条的颜色；用来设置矢量色块的颜色；用来设置矢量线条的粗细；用来设置矢量线条的样式。通过对【属性】面板的与四个弧对应的边角半径的调节，可以绘制出圆角矩形。输入的数值越小，则圆角弧度越小。边角半径对话框的输入值为－100~+100，默认值为0。如图2-23所示，分别是边角半径为100、0、－100的矩形。

图2-23 边角半径分别为100、0、－100矩形

2.2.5 椭圆工具

利用【椭圆工具】，可绘制椭圆和正圆。

1. 上机试用椭圆工具

【椭圆工具】的使用方法如下：

(1) 选择工具箱中的【椭圆工具】(和【矩形工具】在同一扩展面板中)。

(2) 为【椭圆工具】选择适当的颜色（线条颜色和填充颜色)。

(3) 在舞台中按下左键并拖动鼠标，绘制得到椭圆。如图 2-24 和图 2-25 所示，分别为选择不同的属性设置所绘制的椭圆。

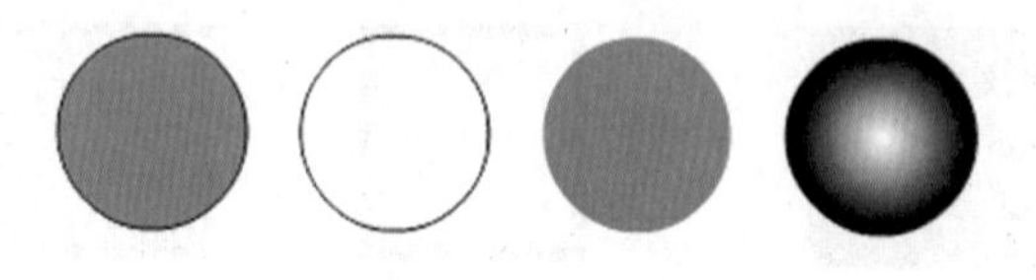

图 2-24　不同笔触设置和填充设置所绘制的椭圆

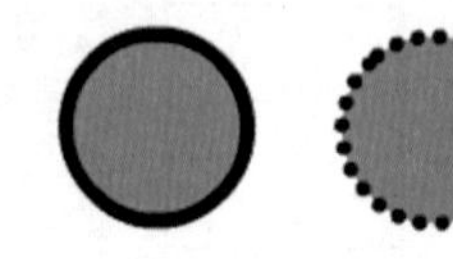

图 2-25　更改笔触高度和线条样式所绘制的椭圆

提示：用【椭圆工具】在舞台上拖动绘画的同时按住 Shift 键，可将图形限制为圆形。

2.【椭圆工具】的【属性】面板

打开【矩形工具】下拉面板并选择椭圆工具后，其【属性】面板如图 2-26 所示。

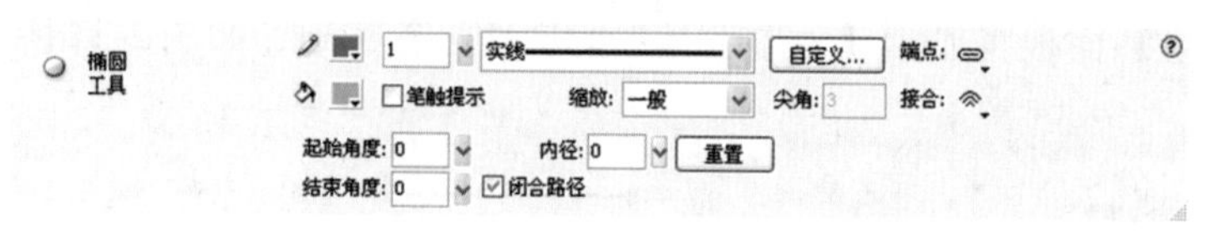

图 2-26　【椭圆工具】的【属性】面板

通过属性面板上的【起始角度】、【结束角度】和【内径】的设置，可以绘制各种扇形，如图 2-27 所示。单击【重置】按钮可以将这些参数置 0。

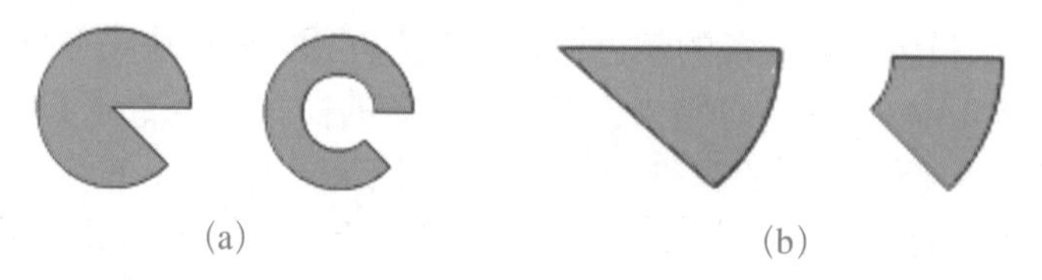

图 2-27　通过改变起始角度、结束角度和内径所绘制的扇形

2.2.6　多角星形工具

利用【多角星形工具】，可以绘制多边形和星形。

1. 上机试用 【多角星形工具】

【多角星形工具】的使用方法如下：

(1) 选择工具箱中的【多角星形工具】。

(2) 为【多角星形工具】选择适当的颜色（线条颜色和填充颜色)。

(3) 在舞台中按下左键并拖动鼠标，绘制得到多边形。如图 2-28 所示，分别为选择不同属性设置所绘制的多角星形。

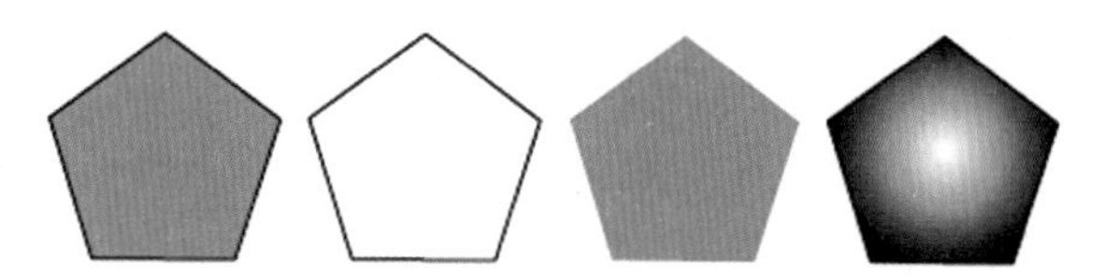

图 2-28 不同笔触设置和填充设置所绘制的多边形

2. 【多角星形工具】的【属性】面板

打开矩形工具下拉面板并选择【多角星形工具】后，其【属性】面板如图 2-29 所示。

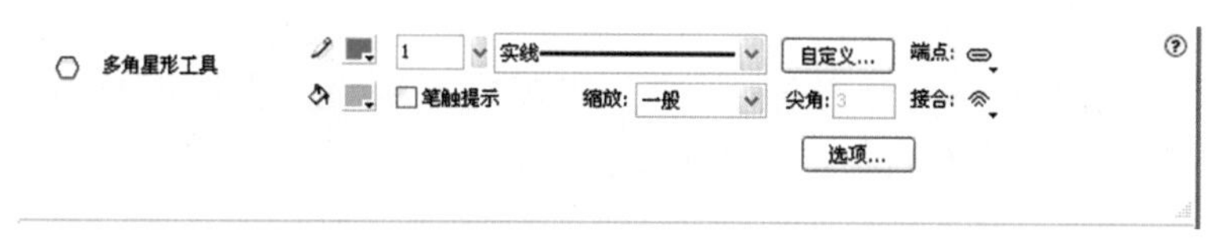

图 2-29 【多角星形工具】的【属性】面板

【多角星形工具】与【矩形工具】和【椭圆工具】相比，多一个【选项】按钮。单击【选项】按钮可以打开如图 2-30 所示的【工具设置】对话框。该对话框可以选择多边形的样式和边数，还可以设置星形顶点的深度。

● 样式：在【样式】下拉列表框中可选择“多边形”或“星形”，分别可绘制得到多边形和星形，如图 2-31 所示。

图 2-30 【工具设置】对话框

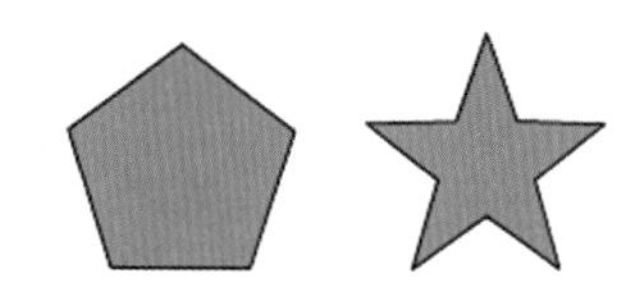

图 2-31 多边形和星形

● 边数：在【边数】文本框中可指定多角星形的边数（输入范围在 3～32 之间），如图 2-32 所示。

● 星形顶点大小：在【星形顶点大小】文本框中可指定星形顶点的深度（输入范围在 0～1 之间），值越小（即越接近 0），则创建的顶点就越深，如图 2-33 所示。

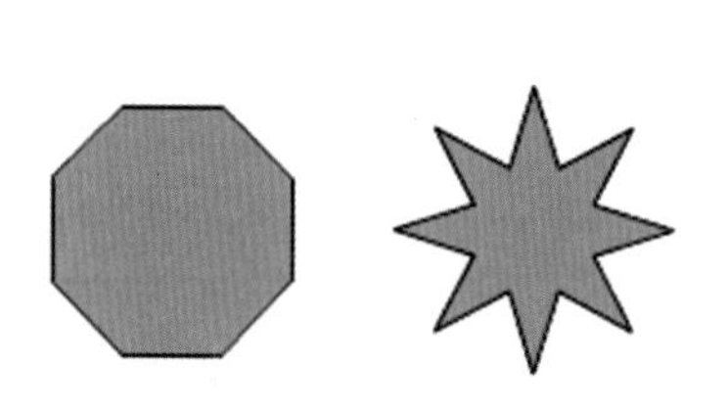

图 2-32 八边形和八角星

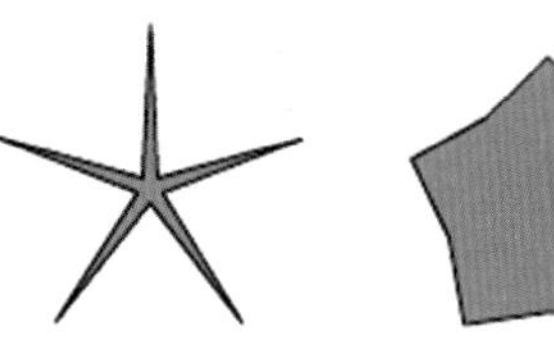

(a) 顶点大小为 0 (b) 顶点大小为 1

图 2-33 不同顶点大小的星形

2.2.7 图元形状工具

图 2-34 基本矩形工具和基本椭圆工具的下拉列表

图元形状工具包括【基本矩形工具】和【基本椭圆工具】，又叫做图元矩形工具和图元椭圆工具，它们位于【矩形工具】下拉面板中，如图 2-34 所示。

使用【基本矩形工具】或【基本椭圆工具】创建矩形或椭圆时会不同于使用对象绘制模式创建的形状，Flash CS3 会将形状绘制为独立的对象。

图元形状工具可以使用【属性】面板中的属性设置，可指定矩形的角半径以及椭圆的【开始角度】、【结束角度】和【内径】。改变【属性】面板上的参数以后，单击舞台后，舞台上的形状也会随着【属性】面板中参数的改变而改变。图 2-35 所示的是基本矩形和其【属性】面板，图 2-36 所示的是基本椭圆和其【属性】面板。

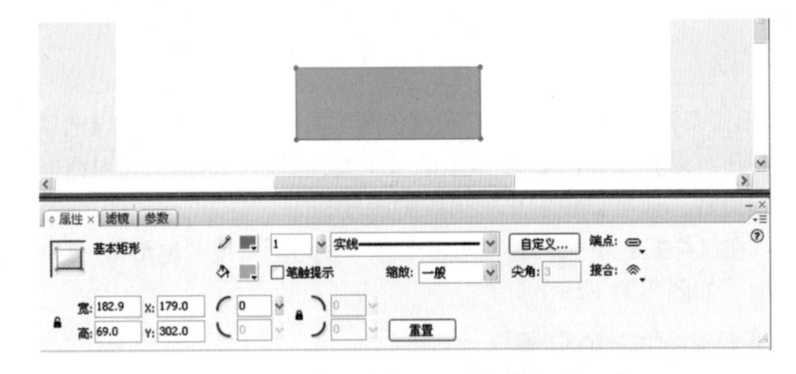

图 2-35 舞台中的基本矩形及其【属性】面板

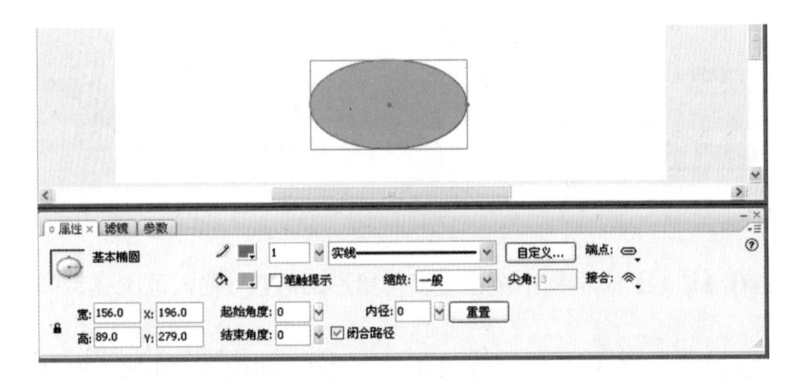

图 2-36 舞台中的基本椭圆及其【属性】面板

2.2.8 刷子工具

Flash CS3 中的【刷子工具】跟现实中的画笔极为相似。【刷子工具】可以在已有的图形或空白工作区中绘制出不同颜色、大小和形状的矢量色块图形，能绘制出画笔般的笔触，就像涂色一样。

它和【铅笔工具】的区别在于：【铅笔工具】颜色的设置用【笔触颜色】按钮，而【刷子工具】颜色的设置用【填充颜色】按钮。用户也可以用工具箱中的颜色设置区、【属性】面板或【混色器】面板中的相应按钮进行设置。

1. 上机试用【刷子工具】

【刷子工具】的使用方法如下：

(1) 选择工具箱中的【刷子工具】。

(2) 为【刷子工具】选择适当的颜色（只需选择填充颜色，线条颜色对【刷子工具】无效）。

(3) 在舞台中按下左键并拖动鼠标，进行描绘，如图2-37所示。可以看到，【刷子工具】有着极为自由的绘画风格。

图2-37　利用【刷子工具】绘制的图形

> **提示**：用【刷子工具】在舞台上拖动绘画的同时按住Shift键，可将刷子笔触限制为垂直或水平方向。

2.【刷子工具】的选项

选择【刷子工具】后，在工具箱的【选项】区中，可选择【刷子工具】的涂色模式、刷子大小与形状等，从而决定其不同的绘图方式，如图2-38所示。

(1) 对象绘制：单击【对象绘制】按钮，可以使绘制的图形成为【对象绘制】模型。

(2) 锁定填充：单击【锁定填充】按钮，可以设置对渐变填充色的锁定。

(3) 刷子模式：单击【刷子模式】按钮的小三角，从中选择一种涂色模式，如图2-39所示。

- 标准绘画：在线条和填充上同时涂色。
- 颜料填充：对填充区域和空白区域涂色，不影响线条。

图2-38　【刷子工具】的选项区

图2-39　【刷子模式】下拉列表

- 后面绘画：在图形背后的空白区域涂色，不影响线条和填充。
- 颜料选择：将填充应用到当前选定的填充区域，并不影响线条（无论线条是否被选中）。
- 内部绘画：只能对填充区域进行涂色，不对线条涂色。如果在空白区域中开始涂色，那么，该填充不会影响任何现有填充区域。

如图2-40所示为在不同的刷子模式下【刷子工具】的绘图效果。

(4) 刷子大小：打开【刷子大小】下拉列表，可以选择一种笔触大小，如图2-41所示。

(5) 刷子形状：打开【刷子形状】下拉列表，可以选择一种笔触形状，如图 2-42 所示。

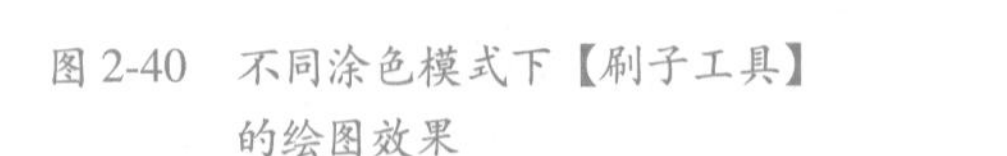

图 2-40　不同涂色模式下【刷子工具】的绘图效果

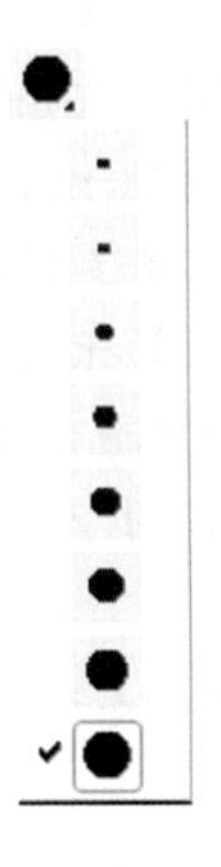

图 2-41　【刷子大小】下拉列表

图 2-42　【刷子形状】下拉列表

3. 【刷子工具】的【属性】面板

选择【刷子工具】后，其【属性】面板如图 2-43 所示。

如图 2-44 所示为在不同平滑值下【刷子工具】的绘图效果。

图 2-43　【刷子工具】的【属性】面板

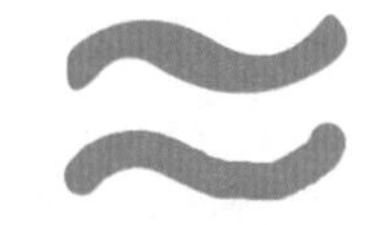

(自上而下平滑值分别为 100 和 1)

图 2-44　不同平滑值下【刷子工具】的绘图效果

2.2.9　橡皮擦工具

利用【橡皮擦工具】，可擦除笔触线条和图形的填充颜色。

1. 上机试用【橡皮擦工具】

【橡皮擦工具】的使用方法如下：

(1) 选择工具箱中的【橡皮擦工具】。

(2) 选择一种橡皮擦的形状和大小，确保不要选中【水龙头】按钮。

(3) 在舞台上按下左键并拖动鼠标，即可擦除图形。

> 技巧：用鼠标双击橡皮擦工具，可快速删除舞台上的所有内容。

2. 【橡皮擦工具】的选项

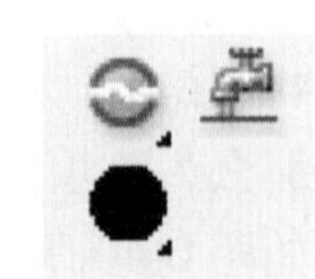

图 2-45　【橡皮擦工具】的选项区

选择【橡皮擦工具】后，工具箱中的【选项】区如图 2-45 所示，其中：

（1）橡皮擦模式：单击【橡皮擦模式】按钮，从中选择一种擦除模式，如图2-46所示。

图2-46 【橡皮擦工具】的擦除模式

- 标准擦除：同时擦除线条和填充。
- 擦除填色：只擦除填充，不影响线条。
- 擦除线条：只擦除线条，不影响填充。
- 擦除所选填充：只擦除当前选定的填充，并不影响线条（无论线条是否被选中）。
- 内部擦除：只擦除橡皮擦笔触开始处的填充。如果从空白点开始擦除，则不会擦除任何内容。该模式不影响线条。

如图2-47所示为不同橡皮擦模式下的擦除效果。

（2）水龙头：单击【水龙头】按钮，然后在图形上单击，可直接擦除选中的整条线条或填充图形。

（3）橡皮擦形状：打开【橡皮擦形状】下拉列表，可以选择一种橡皮擦的形状。

图2-47 不同橡皮擦模式下的擦除效果

2.2.10 颜料桶工具

使用【颜料桶工具】可以在选定区域中填充单色、渐变色以及位图，同时也可以更改已填充区域的颜色。

1. 上机试用【颜料桶工具】

【颜料桶工具】的使用方法如下：

（1）首先在舞台中绘制一个五角星（没有填充色），如图2-48所示。

（2）选择工具箱中的【颜料桶工具】，并选择一种填充颜色。

（3）在五角星的封闭区域单击鼠标，即可填充图形，如图2-49所示。

图2-48 绘制五角星（没有填充色）

图2-49 填充图形

2. 【颜料桶工具】的选项

在工具箱中选择【颜料桶工具】后，会在工具箱的选项区域中出现【颜料桶工具】的选项区域，如图2-50所示。

选择【颜料桶工具】后，在工具箱的【选项】区中单击【空隙大小】按钮，从中可

选择一个确定空隙大小的选项，从而决定【颜料桶工具】的填充方式，如图 2-51 所示。

选择某个封闭选项后，可填充有空隙的形状。但是，对于复杂的图形，手动封闭空隙会更快一些。另外，如果空隙比较大，必须手动进行封闭。如果要在填充形状之前手动封闭空隙，应选择【不封闭空隙】选项。

单击并选中【颜料桶工具】选项区中的【锁定填充】按钮，在绘图的过程中，位图或渐变填充将扩展覆盖在舞台中涂色的图形对象上，它和【刷子工具】的锁定功能类似。

图 2-50 【颜料桶工具】的选项区

图 2-51 【颜料桶工具】的填充方式

3. 【颜料桶工具】的【属性】面板

选择【颜料桶工具】后，其【属性】面板如图 2-52 所示，具体用法这里不再赘述。如图 2-53 所示为使用不同渐变色的颜料桶填充效果。

图 2-52 【颜料桶工具】的【属性】面板

图 2-53 不同的渐变色的颜料桶填充效果

2.2.11 墨水瓶工具

利用【墨水瓶工具】，可以对图形中的线条进行着色（只能使用纯色），或为一个填充图形区域添加封闭的边线。

1. 上机试用【墨水瓶工具】

【墨水瓶工具】的使用方法如下：

(1) 首先在舞台中绘制一个五角星，该五角星没有笔触颜色，如图 2-54 所示。

(2) 选择工具箱中的【墨水瓶工具】，并选择一种笔触颜色。

图 2-54 绘制五角星（没有笔触颜色）

(3) 在五角星的边缘单击鼠标，即可添加笔触颜色，如图2-55所示。

图 2-55　为五角星添加笔触颜色

2.【墨水瓶工具】的【属性】面板

选择【墨水瓶工具】后，其【属性】面板如图2-56所示，具体用法与【椭圆工具】、【矩形工具】等的【属性】面板类似。如图2-57所示为不同笔触样式的线条着色效果。

2.2.12　滴管工具

【滴管工具】的功能就是对颜色的特性进行采集。使用【滴管工具】可以从舞台中指定的位置获取色块、位图和线条的属性来应用于其他对象。【滴管工具】可以进行矢量色块的采样填充、矢量线条的采样填充、位图和文字的采样填充。

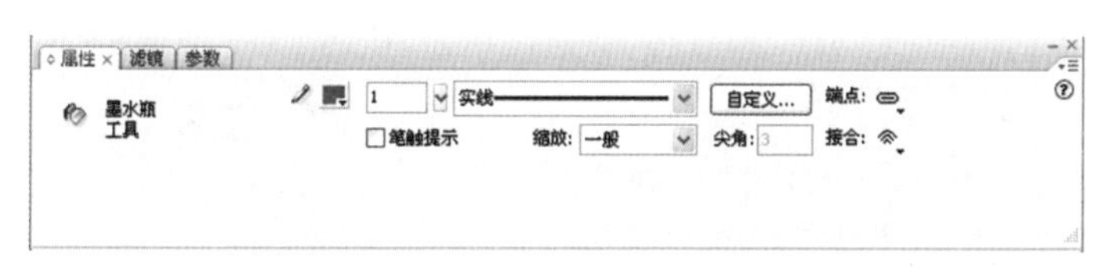

图 2-56　【墨水瓶工具】的【属性】面板

图 2-57　不同笔触样式的线条着色效果

【滴管工具】的使用方法如下：

(1) 用【椭圆工具】和【铅笔工具】绘制如图2-58所示的矢量图形。

(2) 选择工具箱中的【滴管工具】。

(3) 在图形中单击鼠标选取颜色，如图2-59所示。

(4) 此时【滴管工具】变为【颜料桶工具】，并且自动选中【锁定填充】按钮（如果前面单击的是线条，则【滴管工具】将变为【墨水瓶工具】）。

(5) 在封闭区域单击鼠标进行填充，如图2-60所示。

图 2-58　矢量图形

图 2-59　利用【滴管工具】选取颜色

图 2-60　填充图形

【滴管工具】还可以将整幅图形吸入，作为其他绘图工具的填充颜色，如图2-61所示。操作步骤和吸取单一颜色相同。

提示：(1) 使用【滴管工具】吸取的图形对象不能是刚导入的位图对象，必须是按Ctrl+B组合键将其打散后的矢量图形。

(2) 用【滴管工具】吸取图形操作完成后，【填充颜色】按钮将以被吸入的图形对象为默认填充色。

(a)　　　　　　　　　　　　　　　　(b)

图 2-61　用【滴管工具】吸取图形进行填充的前后效果

2.3　图形编辑

在使用 Flash CS3 制作动画的过程中，对创建的图形进行处理是必不可少的，本节介绍图形编辑的相关知识。

2.3.1　选择工具

【选择工具】是 Flash CS3 中使用频率很高的工具，它可以选择和移动舞台中的各种对象，也可以改变对象的形状。选中【选择工具】后，在工具箱下方的选项区域中会出现三个附属工具按钮，如图 2-62 所示。

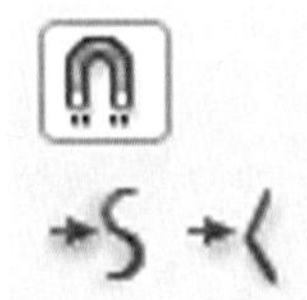

图 2-62　【选择工具】的选项区域

1．选项区域按钮

选项区域包括如下三个按钮。

● 贴紧至对象：单击该按钮，使用【选择工具】拖动某一对象时，光标将出现一个圆圈，将它向其他对象移动时会自动吸附上去，有助于将两个对象连接在一起。另外，此按钮还可以使对象对齐辅助线或网格。

● 平滑：对路径和形状进行平滑处理，消除多余的锯齿；也可以柔化曲线，减少整体凸凹等不规则变化，形成轻微的弯曲。

● 伸直：对路径和形状进行平直处理，消除路径上多余的弧度。

2．使用方法

【选择工具】用来选择对象并进行对象的移动、变形、填充和拉伸等操作，下面将详细介绍其使用方法。

（1）选择一个对象。如果选择的是一条直线或者一组文本，只需单击对象就可以选择对象。如果所选的对象是图形，单击一条边并不能选择整个图形，而要选择整个图形轮廓，只需在某条边上双击即可，如图 2-63 所示。左侧是单击选择一条边的效果，右侧是双击任何一条边选择所有边线的效果。

（2）选择多个对象。有两种方式可以选择多个对象。

● 使用框选：单击【选择工具】按钮，按下鼠标左键拖动鼠标，框选要选择的多个对象，然后松开鼠标，结果如图 2-64 所示。

● 按下 Shift 键进行复选：单击【选择工具】按钮，按下键盘上的 Shift 键不松手，用鼠标依次单击要选择的对象，然后松开鼠标。

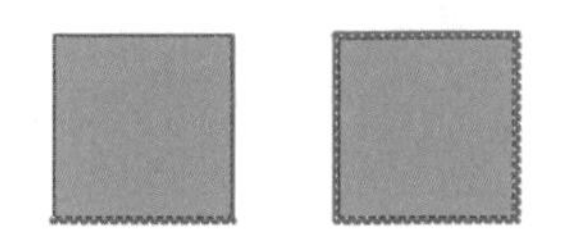

图 2-63 不同的选择效果

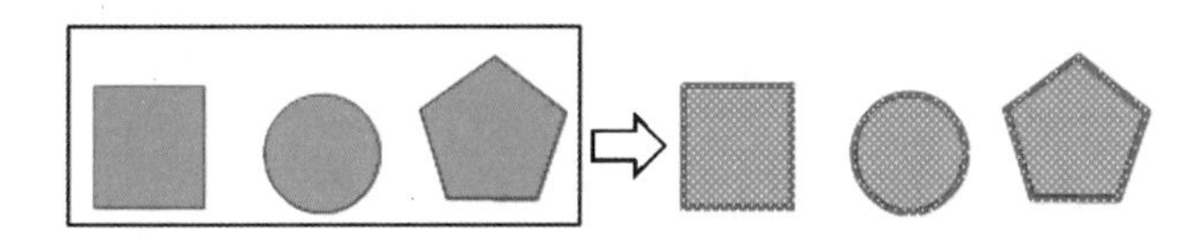

图 2-64 选择多个对象的效果

(3) 裁切对象。框选对象的时候，只对对象的一部分进行框选，操作的对象将只是被选中的那一部分。可以对这部分对象进行移动、复制、剪切等操作，如图 2-65 所示。

(4) 移动拐角。利用【选择工具】移动对象的拐角，当鼠标指针移动到对象的拐角点时，鼠标指针下方将出现一个直角，如图 2-66 所示。

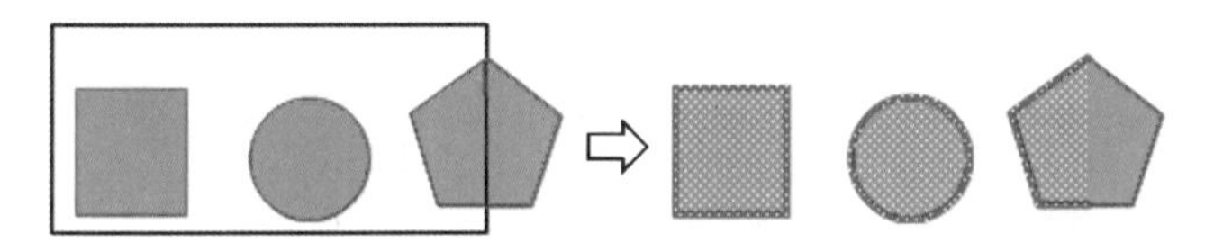

图 2-65 选择部分对象的效果

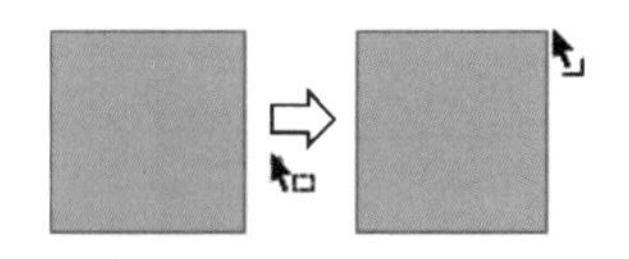

图 2-66 选择拐角点鼠标指针的变化

按住左键并拖动鼠标，可以改变当前拐点的位置；移动到指定位置后松开鼠标，可以改变对象的形状，如图 2-67 所示。

(5) 曲线化。将【选择工具】移动到对象的边缘，鼠标指针将出现一条弧线，如图 2-68 所示。

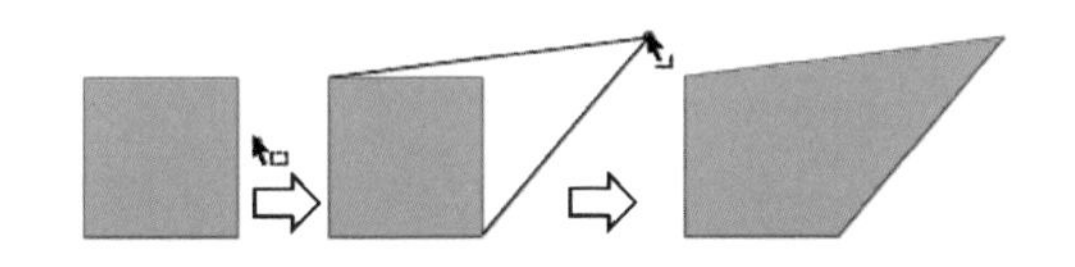

图 2-67 移动拐角点的操作过程

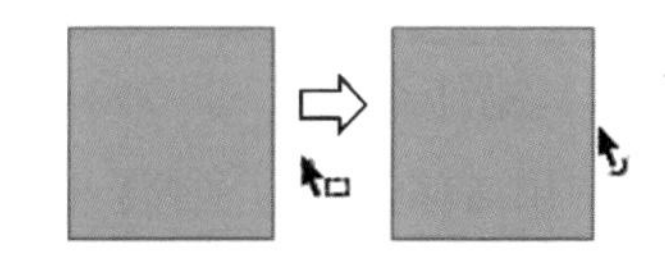

图 2-68 选择对象边缘时鼠标指针的变化

按下鼠标左键并拖动鼠标，移动到指定位置后松开鼠标，可以对直线进行曲线化操作或改变曲线的曲度，如图 2-69 所示。

(6) 增加拐点。可以在一条线段上增加一个新的拐点，当鼠标指针下方出现一个弧线的标志时，同时按住 Ctrl 键和鼠标左键，再进行拖动，到适当位置后松开鼠标，就可以增加一个拐点，如图 2-70 所示。

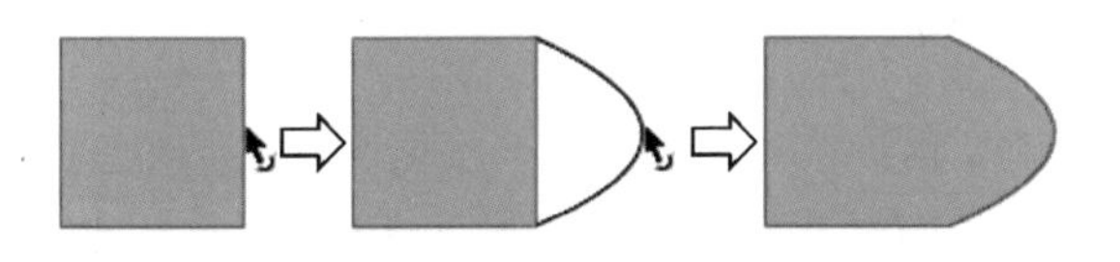

图 2-69 曲线化的操作过程

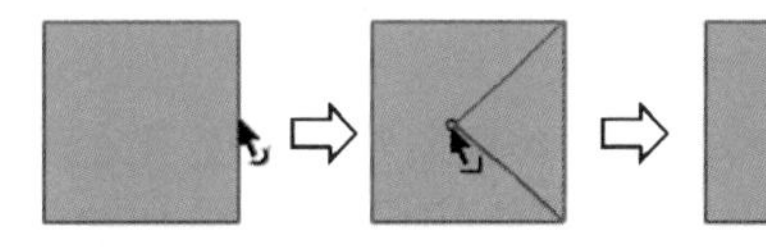
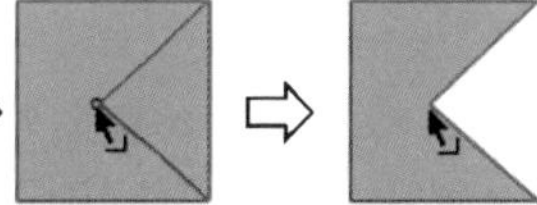

图 2-70 添加拐点的操作过程

(7) 复制对象。使用【选择工具】可以直接在舞台上复制对象。具体操作如下：选择好需要复制的对象，按下 Ctrl 键或 Alt 键拖动对象至舞台上任意位置，松开鼠标，就生成了复制对象。

2.3.2 部分选取工具

【部分选取工具】不仅可以选择并移动对象，还可以对对象进行变形等处理。

使用【部分选取工具】选择对象后，对象上将出现很多的路径点，表示该对象已经被选中，如图 2-71 所示。下面详细介绍一下【部分选取工具】的使用方法。

1. 移动路径点

使用【部分选定工具】选定对象后，对象上会出现一些路径点，把鼠标指针移动到这些路径点上，这时指针的右下角会出现一个白色的正方形，拖动路径点可以改变对象的形状，如图 2-72 所示。

图 2-71 被【部分选取工具】选中的对象

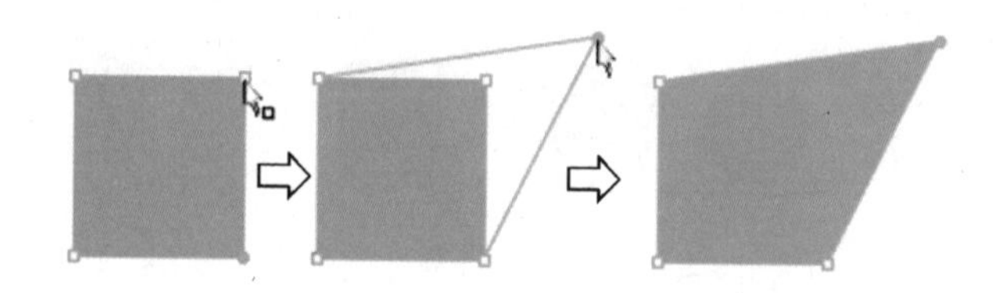

图 2-72 移动路径点的操作

2. 调整路径点的控制手柄

在通过选择路径点来进行移动的过程中，路径点的两端会出现调节路径弧度的控制手柄，此时选中的路径点将变为实心，拖动路径点两边的控制手柄，可以改变曲线的弧度，如图 2-73 所示。

3. 删除路径点

使用【部分选区工具】选中对象上的任意路径点后，按 Del 键，可以删除当前选中的路径点，当前对象的形状也随之改变，如图 2-74 所示。

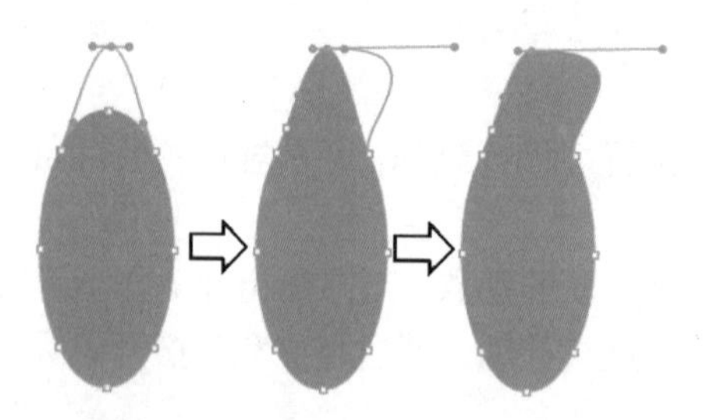

图 2-73 路径点控制手柄的操作

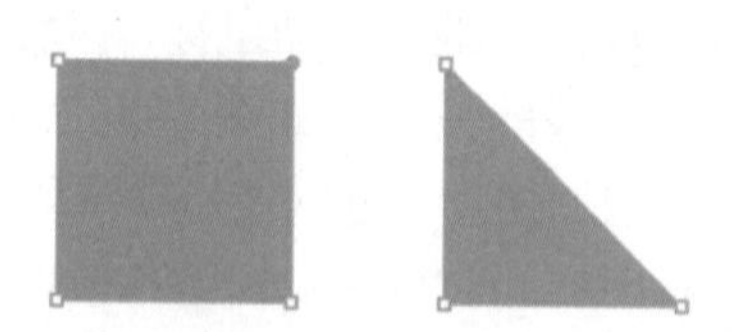

图 2-74 删除路径点前后的效果

技巧：● 复制对象：使用【部分选择工具】可以直接在舞台上复制对象。具体操作如下：选择好需要复制的对象，鼠标移动到对象的边缘上，按下 Alt 键后，拖动对象至舞台上任意位置后再松开鼠标，就生成了复制对象。

● 变形操作：使用【部分选择工具】也可以进行任意变形操作。具体操作如下：选择好需要变形的对象，按下 Ctrl 键的同时调节对象。其他操作方法同【任意变形工具】。

2.3.3　套索工具

【套索工具】可以使用圈选的方式选取图形，与【选择工具】不同的是，【套索工具】能够以不规则的形状来圈选图形。

选择【套索工具】后，在工具箱的【选项】区中有三个扩展修正功能，分别是魔术棒、魔术棒设置、多边形模式，如图 2-75 所示。

● 魔术棒：魔术棒的随意性比较大。按下鼠标左键拖动【套索工具】，被【套索工具】划过轨迹包围的区域都会被选中。拖动出的轨迹也可以是不封闭的，但轨迹不封闭时，【套索工具】会自动连接首尾使之封闭。

● 魔术棒设置：单击魔术棒设置，打开【魔术棒设置】对话框，如图 2-76 所示。

● 多边形模式：在多边形模式下每单击一次鼠标都会创建一个选择点，彼此相邻的选择点之间通过直线连接。要完成选择，双击鼠标即可。

图 2-75　【魔术棒工具】的选项区

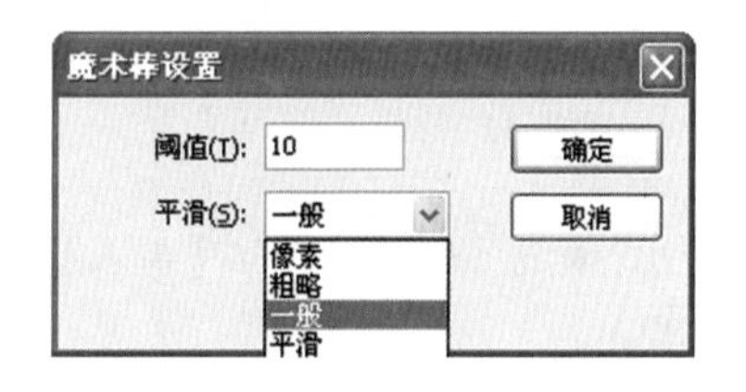

图 2-76　【魔术棒设置】对话框

【魔术棒工具】的使用方法如下：

(1) 选择舞台中的位图，然后选择【修改】/【分离】命令，将位图分离。

(2) 在工具箱中选择【套索工具】，然后选择选项区的【魔术棒】。单击【魔术棒设置】按钮，弹出【魔术棒设置】对话框。

(3) 在【魔术棒设置】对话框中的【阈值】文本框中，可以定义选取范围内的颜色与单击处像素颜色的相近程度。阈值越大，选取范围越大。如果输入的数值为 0，则只有与最先单击的那一点的像素色值完全一致的像素才会被选中。

(4) 在【平滑】下拉列表框中定义选取边缘的平滑程度。其选项有：像素、粗略、一般、平滑。

(5) 单击位图上的任意一点，【魔术棒】将选取与单击处颜色相符的区域。

2.3.4　外部对象的编辑

在 Flash CS3 中，使用工具箱中工具绘制的图形和输入的文本等都是内部对象。Flash 可以将外部对象导入到 Flash CS3 的舞台中。

1. 外部对象的导入

Flash CS3 几乎支持计算机系统中的所有的图片文件格式。

将外部的图片对象导入到舞台中的步骤如下：

(1) 新建一个 Flash 文档。

(2) 选择【文件】/【导入】/【导入到舞台】菜单命令（或按 Ctrl+R 组合键），打开【导入】对话框，如图 2-77 所示。

图 2-77 【导入】对话框

(3) 选择需要导入的图形文件，单击【打开】按钮，选择的图片对象就导入到舞台中了。

提示：● 选择【文件】/【导入】/【导入到库】命令，则直接把所选择的对象导入到库中。

● 可以选择多个对象同时导入。

2．分离位图

将位图对象导入到舞台后，如需要对图像的部分区域进行编辑，就需要进行分离位图的操作。将位图中的像素分散到离散的区域中，然后可以分别选中这些区域进行修改。

操作方法如下：选中舞台导入的位图对象，选择【修改】/【分离】菜单命令（或按 Ctrl+B 组合键），即可以分离位图了。

3．将位图转换为矢量图

选中舞台导入的位图对象，选择【修改】/【位图】/【转换位图为矢量图】命令，打开【转换位图为矢量图】对话框，如图 2-78 所示。在【转换位图为矢量图】对话框中对各项参数进行设置，单击【确定】按钮，就可以将位图转换成矢量图了。

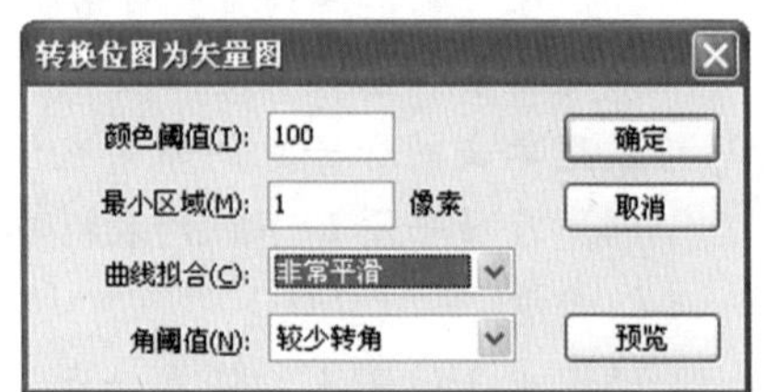

图 2-78 【转换位图为矢量图】对话框

【转换位图为矢量图】对话框中的【曲线拟合】下拉列表如图 2-79 所示。其中“像素”选项的效果最接近于原图；“非常紧密”选项使图像不失真；“紧密”选项使图像几乎不失真；“一般”选项是推荐使用的选项；“平滑”选项使图像相对失真；“非常平滑”

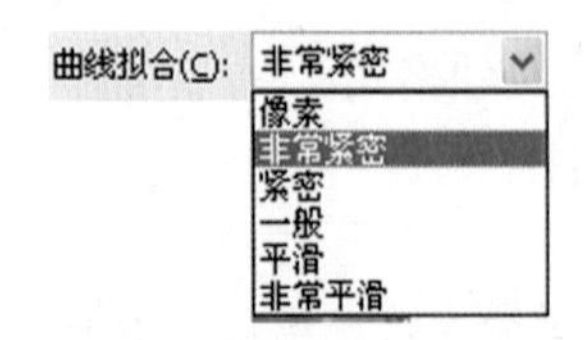

图 2-79 【曲线拟合】下拉列表

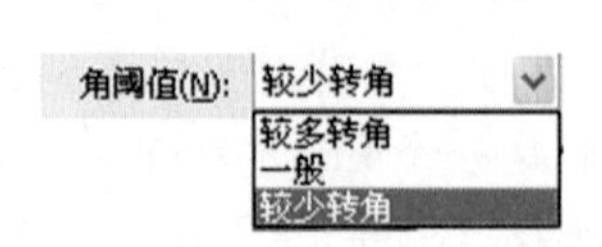

图 2-80 【角阈值】下拉列表

选项使图像严重失真。

图2-80是【转换位图为矢量图】对话框中的【角阈值】下拉列表。其中“较多转角”选项表示转角很多，图像会失真；“一般”选项是推荐使用的选项；“较少转角”选项表示图像不会失真。

2.3.5　基本编辑操作

在Flash CS3中，对象的基本编辑操作包括对象的选取、复制、移动、删除、粘贴和对齐等，下面将一一介绍。

1．选取对象

要对对象进行编辑，首先需要选取对象。在Flash中主要有三个选择工具：【选择工具】、【部分选区工具】和【套索工具】。它们是用于不同编辑任务的选择方法，可以对舞台上的对象进行选择操作。具体操作方法参考2.2节介绍的内容。

2．对象的移动、复制、粘贴和删除

（1）选择要移动的对象，将鼠标移动到需要移动的对象上，拖动鼠标就可以移动对象。如果同时按住Shift键，移动对象的路径可以限制在水平、垂直和45°角的方向上。

选择一个或多个对象以后，可以使用方向键来移动对象。每按一次方向键，对象就会向着对应的方向移动一个像素的位置，使用此方法有利于对象的精确定位。如果按下Shift键，对象将向对应方向移动8个像素。

（2）当选择一个对象，按住Alt键的同时移动对象，松开鼠标和键盘，原对象仍保留，同时复制了一个新对象（选中对象后，也可以用复制命令进行操作）。

（3）选择【编辑】菜单中的【粘贴到中心位置】命令、【粘贴到当前位置】命令或【选择性粘贴】命令，可以对复制或剪切到剪贴板上的对象进行粘贴操作。

（4）如果要删除选中对象，主要有以下三种方法。

- 按Del键或Backspace键。
- 选择【编辑】/【清除】命令。
- 选择【编辑】/【剪切】命令。

3．对齐对象

如果在舞台中有许多对象，可以对对象进行对齐操作。对齐对象有如下两种方法。

- 使用菜单命令进行对齐操作：选择【修改】/【对齐】菜单项，弹出如图2-81所示的菜单，选择相应的命令，进行对齐操作。
- 使用【对齐】面板进行对齐操作。【对齐】面板在后面将有详细讲解，这里不再赘述。

4．组合和分离对象

组合对象的操作分为组合与取消组合两种操作。组合的对象可进行移动、复制、缩放和旋转等操作。

组合对象的操作步骤如下：

（1）按Shift键选择舞台中需要组合的多个对象，如图2-82所示。

（2）选择【修改】/【组合】命令（或按Ctrl+G组合键），选择对象就组合成一个整体，如图2-83所示。

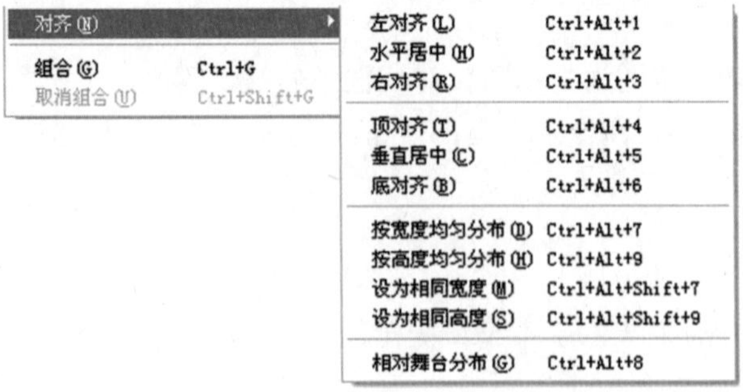

对齐(N) ▸		左对齐(L)	Ctrl+Alt+1
组合(G)	Ctrl+G	水平居中(H)	Ctrl+Alt+2
取消组合(U)	Ctrl+Shift+G	右对齐(R)	Ctrl+Alt+3
		顶对齐(T)	Ctrl+Alt+4
		垂直居中(C)	Ctrl+Alt+5
		底对齐(B)	Ctrl+Alt+6
		按宽度均匀分布(D)	Ctrl+Alt+7
		按高度均匀分布(H)	Ctrl+Alt+9
		设为相同宽度(M)	Ctrl+Alt+Shift+7
		设为相同高度(S)	Ctrl+Alt+Shift+9
		相对舞台分布(G)	Ctrl+Alt+8

图 2-81　对齐对象命令

图 2-82　同时选择舞台中的多个对象

图 2-83　组合后的对象

对象组合后，可以将组合后的对象作为一个整体进行编辑。如果需要对组合对象中的一部分进行编辑，可以对组合对象进行分离操作，使之分离成多个单独对象。方法是首先选中组合的对象，然后选择【修改】/【取消组合】命令（或按Ctrl+Shift+G组合键）即可。

5. 使用辅助工具

在编辑过程中为了方便，有时需要使用【手形工具】和【缩放工具】等进行辅助操作。

(1) 手形工具

在许多图像处理软件中都有【手形工具】，它用于在画面内容超出显示范围时调整视窗，方便舞台中的操作。

使用【手形工具】的操作步骤如下：

① 单击工具箱中的【手形工具】按钮。

② 将鼠标移动到工作区中，这时鼠标指针将显示为手形。

③ 拖动鼠标可以改变舞台的显示范围。

(2) 缩放工具

在绘制较大或较小的舞台内容时会用到【缩放工具】。它可对舞台的显示比例进行放大和缩小操作。

使用【缩放工具】的操作步骤如下：

① 单击工具箱中的【缩放工具】按钮。

② 在工具箱的选项区域中将出现【放大】按钮和【缩小】按钮。

③ 选择需要的按钮，单击舞台，即可放大或缩小舞台（也可以使用Ctrl+“+”组合键放大和Ctrl+“-”组合键缩小舞台）。

2.3.6　变形对象

在制作动画的过程中，需要根据动画实际需要对对象进行变形和翻转等操作。

1．任意变形工具

【任意变形工具】可以对文本或图形等对象进行变形操作。

单击工具箱中的【任意变形工具】按钮，选中舞台中的任意一个对象，在工具箱的下方出现【任意变形工具】的选项区，如图 2-84 所示。其中【贴紧至对象】按钮的功能在前面已经介绍过了，这里不再赘述。主要介绍其他 4 个按钮。

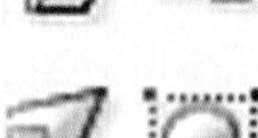
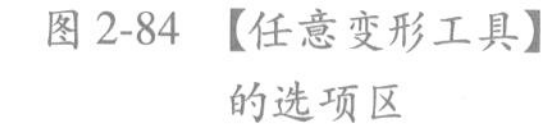

图 2-84　【任意变形工具】的选项区

- 旋转与倾斜：可以使对象旋转或倾斜一个角度。
- 缩放：可以使对象放大或缩小。
- 扭曲：可以使对象发生扭曲效果。
- 封套：可以对所选对象进行自由变形处理。

【旋转与倾斜】按钮的使用方法如下：

（1）单击【任意变形工具】按钮，选中舞台中的对象。图形四周会出现如图 2-85 (a) 所示的调整框。

（2）单击选项区域中的【旋转与倾斜】按钮，鼠标移动到 4 个角的控制点上，当鼠标形状变成时，拖动鼠标即可进行旋转操作，效果如图 2-85 (b) 所示。

（3）鼠标移动到调整框 4 条边中间的控制点上，当鼠标形状变成时，拖动鼠标即可进行倾斜操作，效果如图 2-85 (c) 所示。

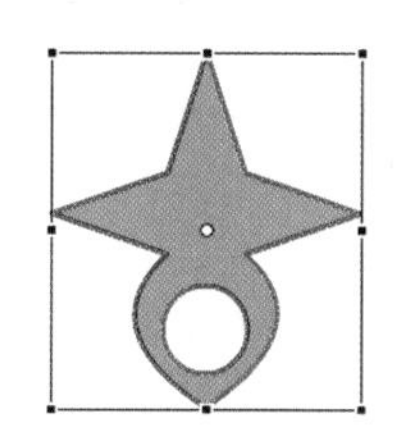

（a）原图

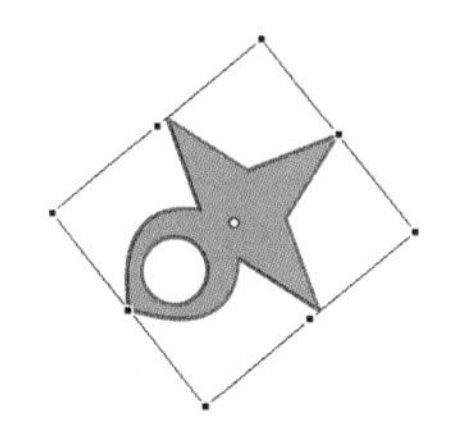

（b）旋转效果

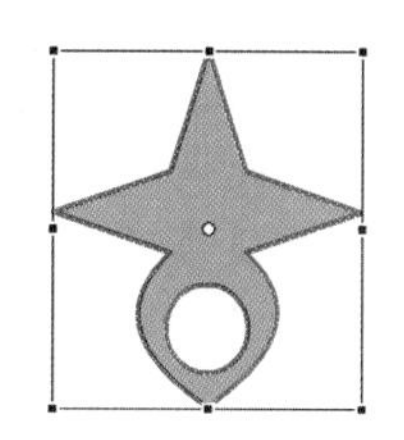

（c）倾斜效果

图 2-85　旋转与倾斜操作

> **提示：** 将鼠标指针放置到对象的中心点位置上，拖动鼠标可以改变中心点的位置。再进行旋转操作时，对象会以新的中心点为中心进行旋转。

【缩放】按钮的使用方法如下：

（1）单击【任意变形工具】按钮，选中舞台中的对象。图形四周会出现如图 2-86(a) 所示的调整框。

（2）单击选项区域中的【缩放】按钮，鼠标移动到 4 个角的控制点上，当鼠标形状变成倾斜的双向箭头时，拖动鼠标即可进行缩放操作，效果如图 2-86 (b) 所示。

（3）鼠标移动到调整框 4 条边中间的控制点上，当鼠标形状变成垂直或者水平双向箭头时，拖动鼠标即可进行单方向缩放操作，效果如图 2-86 (c) 所示。

【扭曲】按钮的使用方法如下：

（1）单击【任意变形工具】按钮，选中舞台中的对象。

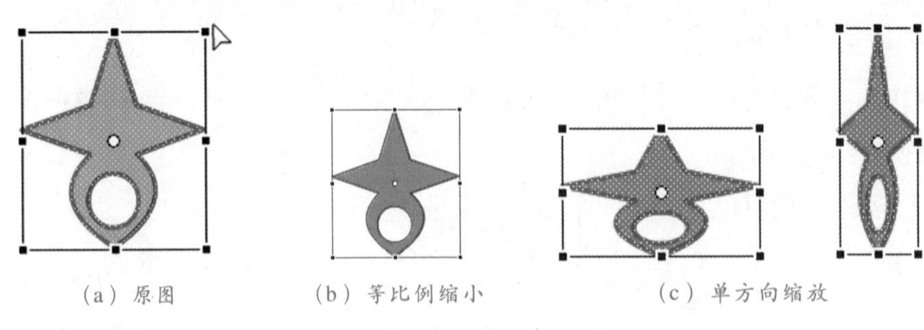

图 2-86 图形的缩放操作

(2) 单击选项区域中的【扭曲】按钮，鼠标移动到4个角中的任意一个控制点上，当鼠标形状变成时，拖动鼠标即可进行扭曲操作，过程如图2-87所示。

(3) 鼠标移动到调整框4条边中间的控制点上，当鼠标形状变成时，可以进行类似倾斜和缩放的扭曲操作。

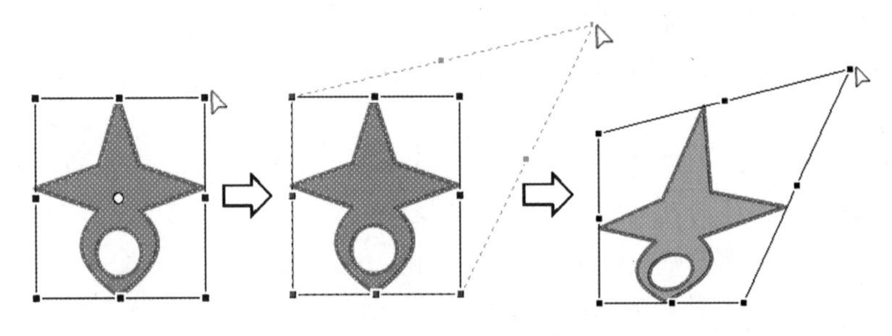

图 2-87 图形的扭曲操作过程

【封套】按钮的使用方法如下：

(1) 单击【任意变形工具】按钮，选中舞台中的对象。

(2) 单击选项区域中的【封套】按钮，鼠标移动到调整框四周任意一个控制点上，当鼠标形状变成时，拖动鼠标即可进行扭曲操作，过程如图2-88所示。

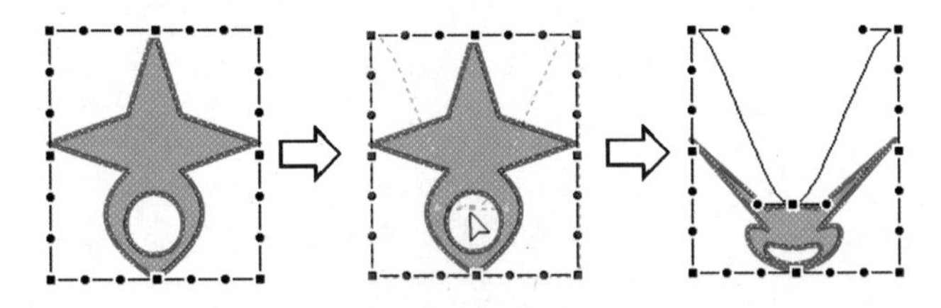

图 2-88 图形进行封套操作的过程

2. 使用【变形】命令变形对象

变形对象也可以使用【变形】菜单命令完成。单击【修改】/【变形】菜单项会弹出如图2-89所示的菜单。选择相应的命令可以对选中的对象进行操作。

对象翻转和旋转的部分效果如图2-90所示。

3. 使用【变形】面板变形对象

【变形】面板可以精确控制舞台上对象的变形，包括水平和垂直方向上的缩放比例、旋转角度和扭曲变形的角度。选择【窗口】/【变形】命令（或按Ctrl+T组合键）打开，

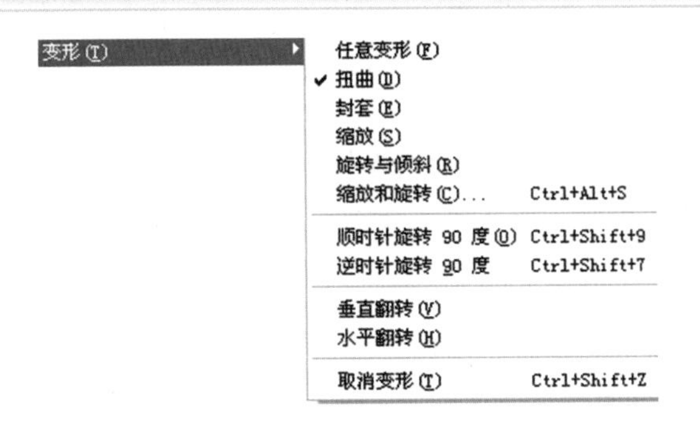

图 2-89　【变形】子菜单

如图 2-91 所示。

单击【复制并应用变形】按钮，可以在变形的同时复制对象；单击【重置】按钮，可以将对象恢复到原始状态。

（a）原图

（b）水平翻转

（c）垂直翻转

（d）顺时针旋转 90°

图 2-90　对象翻转和旋转的部分效果

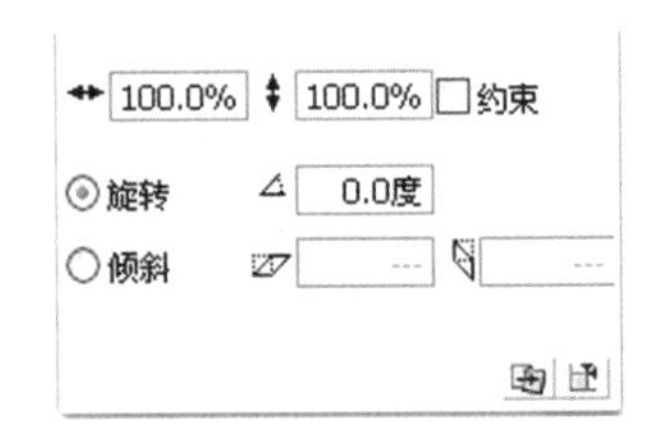

图 2-91　【变形】面板

2.4　常用面板的使用

在 Flash CS3 中，很多设置都是在面板中进行的。例如，工具箱中不同工具的属性设置都是在【属性】面板中进行的；颜色设置是在【混色器】面板和【颜色样本】面板中进行的；【对齐】面板为舞台中的对象提供了多种对齐、分布和匹配大小等方式。本节将介绍几个常用功能面板的使用方法，其他面板将在具体使用中进行介绍。

2.4.1　【对齐】面板

【对齐】面板能够沿水平或垂直轴对齐所选对象。可以沿选定对象的右边缘、中心或左边缘垂直对齐对象，或者沿选定对象的上边缘、中心或下边缘水平对齐对象。

【对齐】面板如图 2-92 所示。

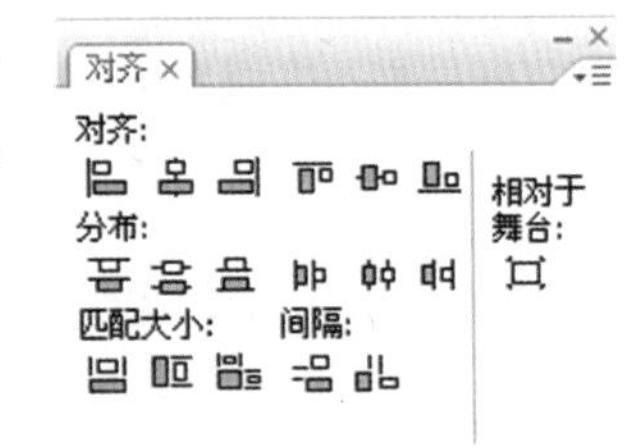

图 2-92　【对齐】面板

- 对齐：沿水平或垂直轴对齐所选对象。
- 分布：将所选对象按照中心间距或边缘间距等的方式进行分布。
- 匹配大小：调整所选对象的大小，使所有对象水平或垂直尺寸与所选最大对象的尺寸一致。
- 间隔：垂直或水平地将对象分布在舞台上。
- 相对于舞台：将所选对象与舞台对齐。

【对齐】面板使用方法如下：

(1) 选择要进行操作的对象。

(2) 选择【窗口】/【对齐】命令（或按Ctrl+K组合键）。

(3) 若要相对于舞台尺寸来应用对齐方式发生的更改，在【对齐】面板中选择【相对于舞台】按钮。

(4) 若要修改所选对象，选择【对齐】按钮。

提示：将鼠标停留在【对齐】面板的任一按钮上，会出现一个白色说明框，提示按钮的用法。

2.4.2 【颜色】面板

【颜色】面板提供了更改笔触和填充颜色以及创建多色渐变的选项。

选择【窗口】/【颜色】菜单命令（或按Shift+F9组合键），打开【颜色】面板，如图2-93所示。其中用来设置矢量线条的颜色；用来设置矢量色块的颜色。

在【颜色】面板中，主要有三种设置颜色的方法：

● 在【颜色值】文本框中直接使用十六进制值设置颜色。例如红色（#FF0000）、绿色（#00FF00）、蓝色（#00FF00）、黑色（#000000）、白色（#FFFFFF）。

● 按照RGB三原色的配置原理，在【红】、【绿】、【蓝】文本框中输入相应的RGB的分量值来设定颜色，如图2-94所示。

● 在【颜色选择器】中选择需要的颜色，如图2-94所示。

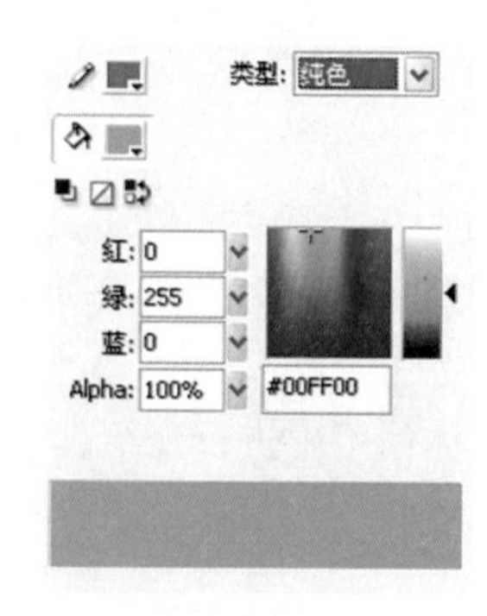

图2-93 【颜色】面板

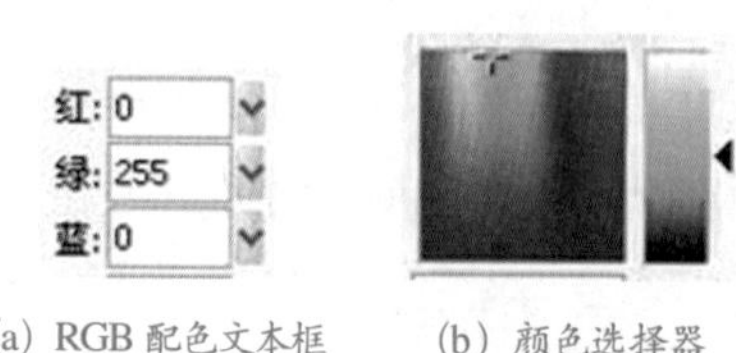

(a) RGB配色文本框　(b) 颜色选择器

图2-94 RGB配色文本框和【颜色选择器】

在【颜色】面板中，还可以通过设置颜色的Alpha值来改变图像的透明度，产生渐隐渐现的动画效果。

2.4.3 【信息】面板

【信息】面板显示了当前选中图形对象的信息。选择【窗口】/【信息】命令（或按Ctrl+I组合键），即可打开【信息】面板，如图2-95所示。该面板包括尺寸大小、相对场景左上角的坐标、当前鼠标指针所在位置的颜色、Alpha值和坐标等。

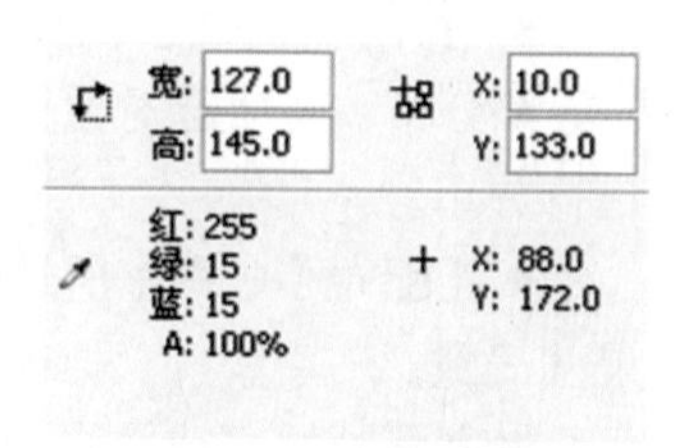

图2-95 【信息】面板

借助【信息】面板，不仅可以精确定位对象在舞台上的位置，还可以直接在【宽】和【高】文本框中输入图形的高、宽，精确调整对象的大小。

2.5　实例剖析

2.5.1　米老鼠头像的绘制

【设计思路】

绘制米老鼠头像图形，并填充颜色。

【技术要点】

【椭圆工具】、【任意变形工具】等的使用。

【颜料桶工具】的使用。

操作步骤如下：

(1) 打开 Flash CS3，选择【文件】/【新建】命令，创建一个新文件。选择【修改】/【文档】命令，打开【文档属性】对话框，标题设为“米老鼠头像”，然后单击【确定】按钮。

(2) 单击工具箱中【椭圆工具】按钮，在【属性】面板中设置【笔触颜色】为黑色，【笔触高度】为 1.5，【笔触样式】为实线，【填充色】为无色。

(3) 在舞台中画一个稍大一点的椭圆作为米老鼠的头部；在舞台中再画一个圆作为米老鼠的耳朵。用【选择工具】选中刚才画的耳朵，按下键盘上的 Ctrl 键不松手，拖动耳朵复制一个副本，然后调整两只耳朵与头部的位置，如图 2-96 所示。

(4) 使用【椭圆工具】绘制一个椭圆，用来制作面部轮廓的一部分；用【任意变形工具】对椭圆略作旋转，然后选中它，复制一个副本；选中副本椭圆，选择【修改】/【变形】/【水平翻转】命令，然后将其调整到对称的位置，如图 2-97 所示。

(5) 用同样的方法绘制出脸蛋处的线条，调整好位置，如图 2-98 所示。

(6) 使用【选择工具】，选中多余的交叉线条，按 Del 键将其删除，如图 2-99 所示。

图 2-96　绘制头部和耳朵

图 2-97　眼睛处面部轮廓

图 2-98　脸颊处面部轮廓

图 2-99　删除多余线条

(7) 用【椭圆工具】绘制出眼眶与眼睛，如图 2-100 所示。

(8) 使用【线条工具】在眼睛下面画一条直线，使用【选择工具】把直线拉弯。在线条下面画一个椭圆的鼻子，用【任意变形工具】略作旋转，如图 2-101 所示。

(9) 使用【线条工具】在鼻子下面画两条直线，使用【选择工具】把直线拉弯。拖动直线的端点，使拉弯的两条曲线端的连接形成嘴巴的形状，并对嘴角略作修饰，如图 2-102 所示。

(10) 选中【铅笔工具】，铅笔模式设为平滑，然后画出舌头的形状，如图 2-103 所示。

(11) 选择【颜料桶工具】，给米老鼠耳朵、眼睛、鼻子、头顶和口腔涂上黑色，给米老鼠面部涂上浅橙色，舌头涂成红色，如图 2-104 所示。

(12) 使用【橡皮擦工具】擦出眼睛和鼻子上的亮点，如图 2-105 所示。

图 2-100　绘制眼睛和眼珠

图 2-101　绘制鼻子

图 2-102　绘制嘴巴

图 2-103　绘制舌头

图 2-104　上色

图 2-105　瞳孔和鼻子反光点

(13) 保存并测试影片。

2.5.2　绘制蘑菇房子

【设计思路】

绘制一个蘑菇房子，并填充颜色。

【技术要点】

【矩形工具】、【椭圆工具】等的使用。

【颜料桶工具】的使用。

操作步骤如下：

(1) 新建一个 Flash CS3 文档，选择【视图】/【网格】/【显示网格】命令，在舞台上显示出网格线。

(2) 单击工具箱中的【矩形工具】按钮，在【属性】面板中将【笔触颜色】设置为绿色，【笔触高度】设为 1.5，【填充颜色】设为橙色，如图 2-106 所示。

(3) 在舞台中绘制一个矩形，效果如图 2-107 所示。

(4) 使用【矩形工具】、【直线工具】、【椭圆工具】在矩形图形上绘制出门和窗子，填充颜色使用红色和橙色，如图 2-108 所示。

(5) 在工具箱中单击【椭圆工具】按钮，在【属性】面板中，将【笔触颜色】设置为“无”，【填充颜色】设为红色，然后在舞台上画一个椭圆。使用【选择工具】选中椭

图 2-106　【矩形工具】属性面板

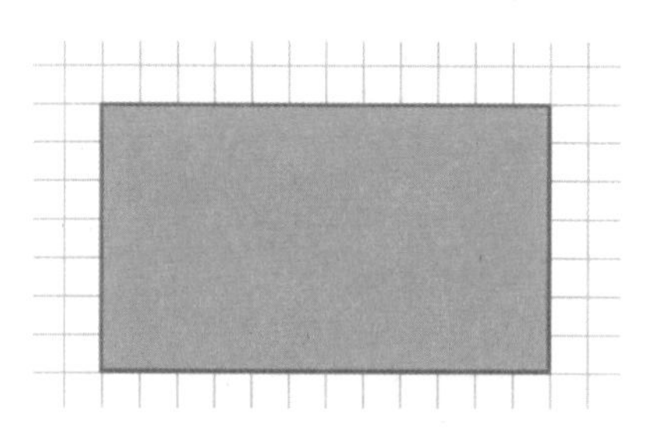

图 2-107　绘制矩形效果

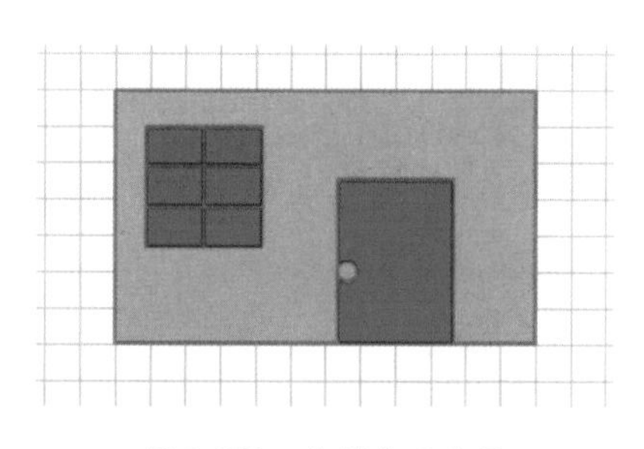

图 2-108　绘制窗子和门

圆的下半部分，按键盘上的Del键将其删除，形成半圆形的房顶，如图 2-109 所示。

(6) 将【笔触颜色】设置为绿色，使用【墨水瓶工具】给半圆形房顶加上绿色的笔触效果，再使用【选择工具】把下端直线略微拉弯，如图 2-110 所示。

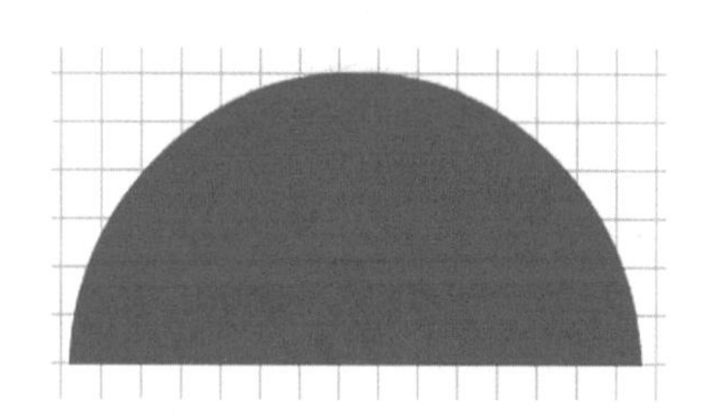

图 2-109　绘制半圆形房顶

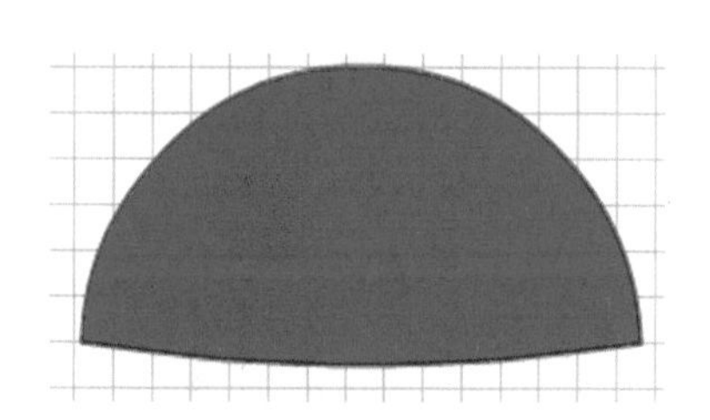

图 2-110　添加笔触并拉弯

(7) 在工具箱中单击【椭圆工具】按钮，在【属性】面板中，将【笔触颜色】设置为绿色，【填充颜色】设为“无”，然后在房顶上画若干个大小不一的圆形，如图 2-111 所示。

(8) 删除多余的线条，在小圆中填充黄色，效果如图 2-112 所示。

(9) 选中房顶，移动到墙体上方并调整好，最终效果如图 2-113 所示。

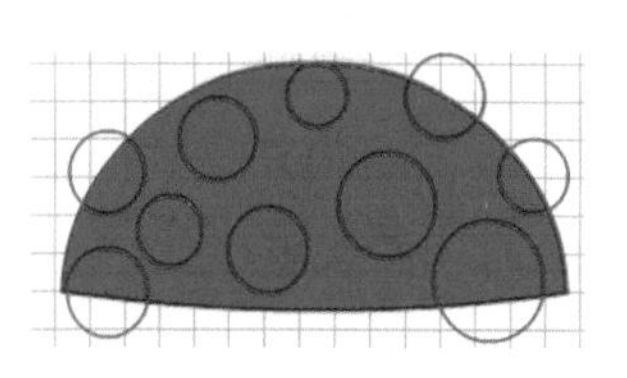

图 2-111　绘制圆形

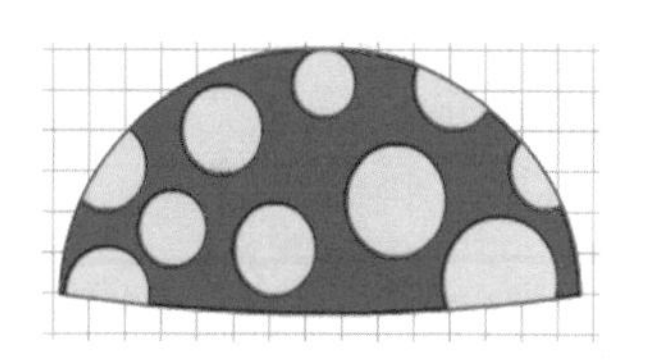

图 2-112　填充黄色

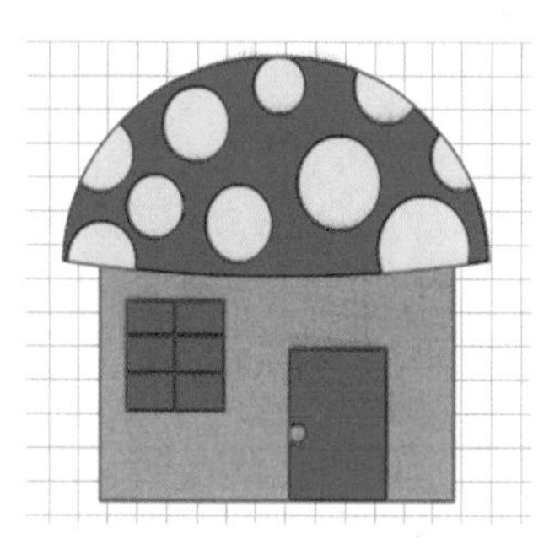

图 2-113　蘑菇房子的最后效果图

2.6 习　　题

1．选择题

(1) 使用【矩形工具】画正方形，应按（　　）键。

A．Ctrl　　B．Alt　　C．Shift　　D．Ctrl+Alt

(2)（　　）工具可以绘制多边形和星形。

A．⬡　　B．●　　C．✎　　D．＼

(3) 下列不属于铅笔模式类型的是（　　）。

A．伸直　　B．平滑　　C．墨水　　D．圆角

2．思考题

(1) 使用【基本矩形工具】、【矩形工具】和使用【对象绘制】工具绘制矩形有何异同？

(2) 在 Flash 中，所有的矢量图必须同时具备线条和填充图形吗？

3．上机题

(1) 上机利用【铅笔工具】、【线条工具】绘制如图 2-114 所示的火柴图形。

(2) 上机利用【铅笔工具】、【椭圆工具】、【颜料桶工具】绘制如图 2-115 所示的米老鼠图形。

图 2-114　火柴人物

图 2-115　米老鼠

第3章 逐帧动画

Flash影片播放的基本单位叫做帧。Flash有多种制作动画的方法，本章主要介绍逐帧动画。逐帧动画适合制作复杂的动画，比如GIF格式的动画。掌握逐帧动画的原理和制作技巧，以及部分绘制和修改路径的技能，是制作Flash逐帧动画的基本功。在本章将具体介绍Flash逐帧动画的操作技巧。

本章学习目标

- 时间轴。
- 帧的分类。
- 逐帧动画。
- 案例。

3.1 时间轴

3.1.1 【时间轴】面板

Flash动画是以时间轴为基础的动画，是由时间轴中先后排列的一系列帧组成的。因此要学习Flash动画制作，首先就要认识【时间轴】面板。【时间轴】面板包括时间轴、播放头、帧、图层管理区、图层管理工具箱以及绘图纸工具等，如图3-1所示。

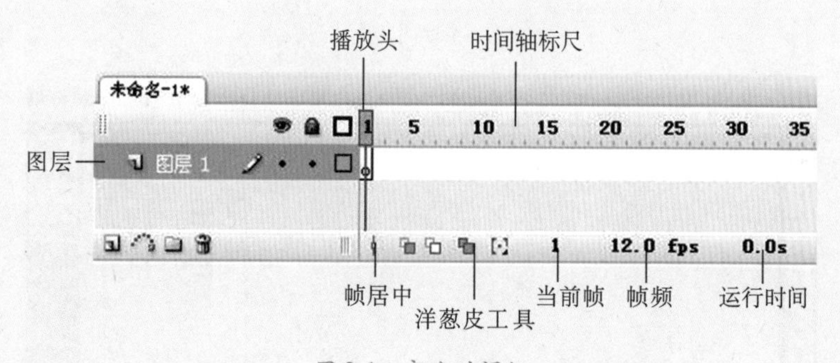

图3-1 部分时间轴

图层控制区位于【时间轴】面板左侧，主要用于对图层进行编辑操作。图层控制区由图层和图层编辑按钮组成，通过这些按钮可以进行新建图层、删除图层以及改变图层位置等操作。图层的详细操作见第5章。

【时间轴】面板的右侧用于对帧进行编辑操作，包括3部分，上面的部分是播放头和时间轴标尺；中间的部分是帧的编辑区；下面的部分是时间轴的状态。【时间轴】面板右侧各部分的功能见表3-1所示。

表 3-1 【时间轴】面板右侧各部分的功能

名　称	功　　能
播放头	用于指示当前在舞台中显示的帧，在播放 Flash 文档时，播放头从左向右通过时间轴
时间轴标尺	用于指示帧的编号
帧居中	单击该按钮，时间轴以当前帧为中心，可以调整显示帧的范围
洋葱皮工具	通过使用这些洋葱皮工具，可以看到整个动画的帧序列
当前帧	用于表示当前帧所在的位置
帧频	用于表示每秒钟播放的帧数，数值越大，动画的播放速度就越快
运行时间	用于表示从开始帧播放到当前帧所需要的时间

3.1.2 更改时间轴的外观

默认情况下，【时间轴】面板显示在主应用程序窗口的顶部，在舞台的上方。当然可以更改它的位置，如可以将【时间轴】面板与舞台分离，或将其停放在任何其他面板上，也可以将其隐藏起来。当【时间轴】面板包含的图层无法全部显示时，可以拖动其右侧的滚动条来查看全部的图层。

要想将【时间轴】面板拖出来作为一个独立的悬浮面板，可以拖动其左上角的图标，如图 3-2 中左上角红色区域所示，此时鼠标变为十字双箭头形状，拖动即可。要

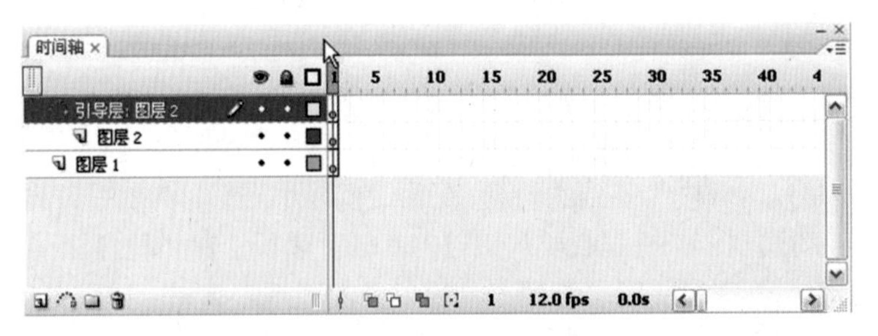

图 3-2 【时间轴】面板

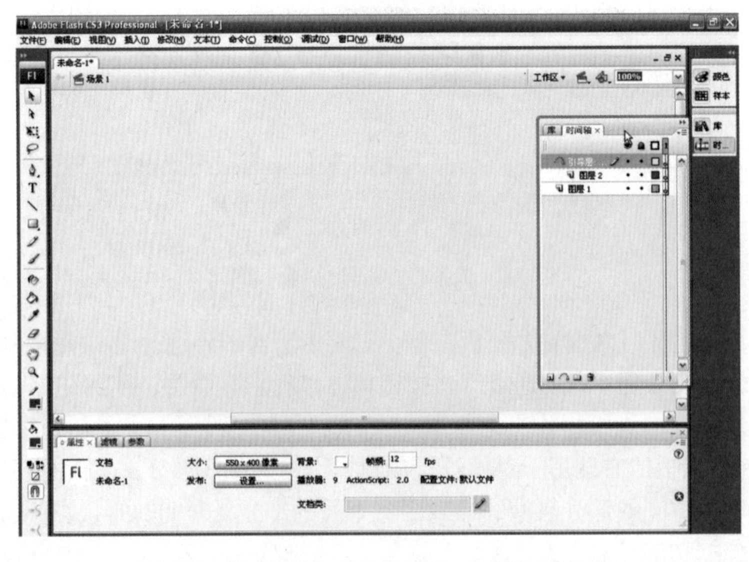

图 3-3 【时间轴】面板被拖放到【库】面板上

想将悬浮的【时间轴】面板重新放回场景的上端，再把它拖回到原位置即可。

如果想要将【时间轴】面板停放在其他面板上（如【库】面板上），可以拖动时间轴标题栏（如图 3-2 中鼠标所指的部位）到需要的位置即可，如图 3-3 所示。如果要把【时间轴】面板设置为像其他面板（如【库】面板）一样，停靠在窗口的左边并可以展开和折叠，则需在拖动的同时按住 Ctrl 键。此时会出现一条蓝色的横线，表示【时间轴】面板将要停放的位置，同样可以调整和其他面板的位置顺序，如图 3-4 所示。

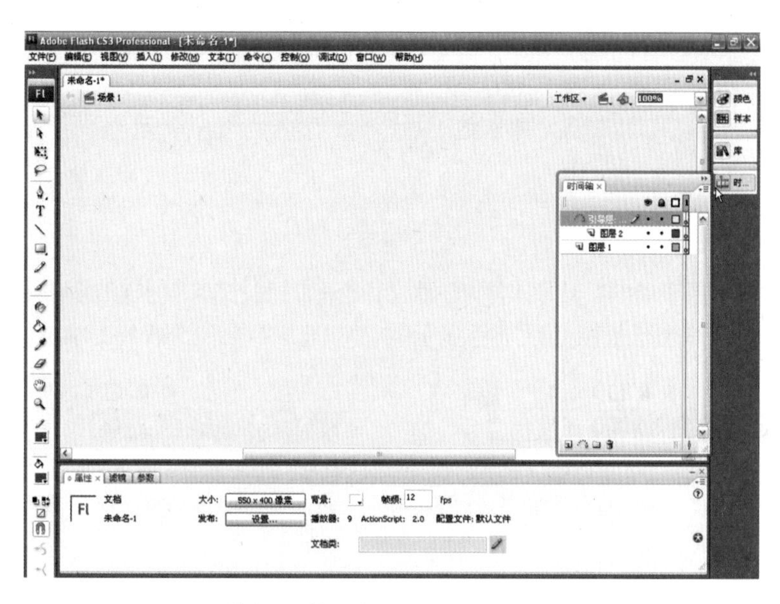

图 3-4 【时间轴】面板被拖放成一个独立的面板

如果【时间轴】面板上的图层名不能全部显示，可以往右拖动【时间轴】面板中图层名与帧部分的分隔线，直到图层名全部显示出来。

3.2 关 于 帧

构成 Flash 动画的基础就是帧。根据人类视觉的暂留特性，通过快速播放一组连续的帧，就可以产生动画效果。因此在整个动画制作的过程中，主要是通过更改【时间轴】面板中的帧，来完成对舞台中对象的时间控制。

3.2.1 帧的概念和类型

帧是组成 Flash 动画最基本的单位，通过在不同的帧中放置相应的动画元素，然后对这些帧进行连续播放，最终可实现 Flash 动画效果。

在【时间轴】面板的帧编辑区可设置帧的类型。在 Flash CS3 中，根据帧的不同功能和含义，可将帧分为关键帧、空白关键帧、静态延长帧、未用帧和补间帧等。

1．关键帧

关键帧是在动画播放过程中，表现关键性动作或关键性内容变化的帧。关键帧定义了动画的变化环节，一般图像都必须在关键帧中进行编辑。关键帧是以黑色的小圆点表示的，如图 3-5 所示的第 1 帧。

2. 空白关键帧

空白关键帧的概念和关键帧一样，不同的是空白关键帧当前所对应的舞台中没有内容。如果关键帧中的内容被删除，那么关键帧就会转换为空白关键帧。空白关键帧主要用于结束前一个关键帧的内容，或用于分隔两个相连的补间动画。空白关键帧是以空心的小圆点表示的，如图 3-6 所示的第 1 帧。

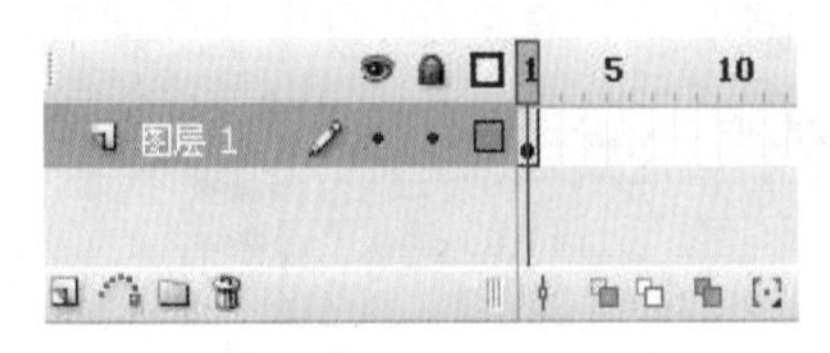

图 3-5 关键帧

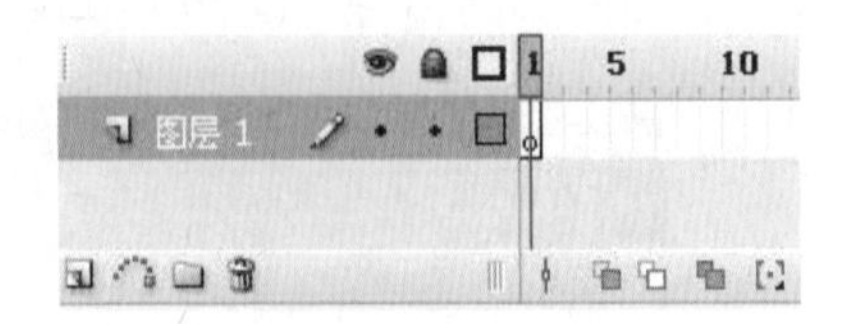

图 3-6 空白关键帧

3. 静态延长帧

静态延长帧用于延长一个关键帧的播放状态和时间，静态延长帧当前所对应的舞台对象不可编辑。静态延长帧是以灰色显示的，如图 3-7 所示的第 1~10 帧。

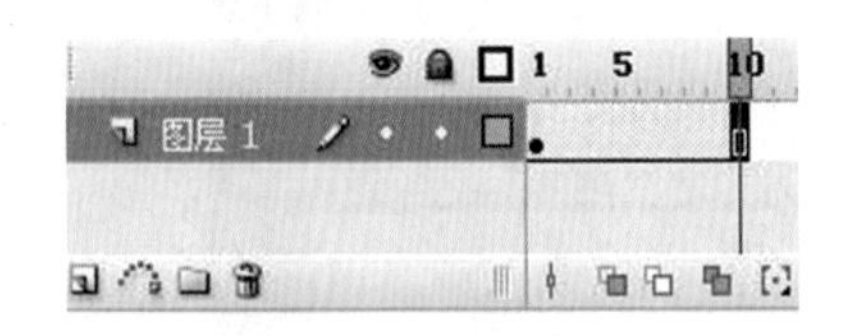

图 3-7 静态延长帧

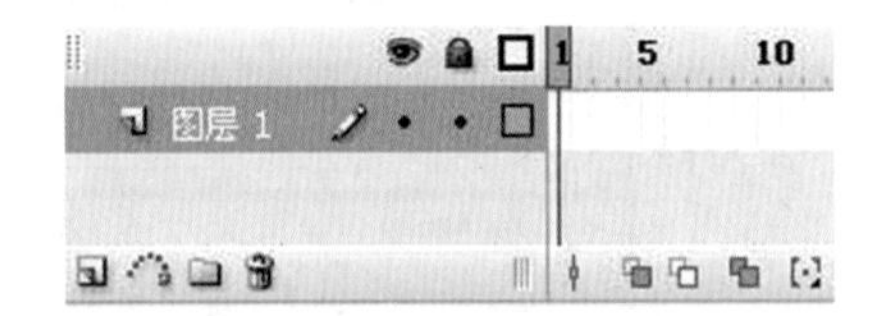

图 3-8 未用帧

4. 未用帧

未用帧是【时间轴】面板中没有使用的帧，如图 3-8 所示。

5. 补间帧

补间帧在两个关键帧之间，包含由前一个关键帧过渡到后一个关键帧的所有帧。运动补间的补间帧以浅蓝色和箭头表示，形状补间的补间帧以绿色和箭头表示，如图 3-9 所示为形状补间的补间帧。

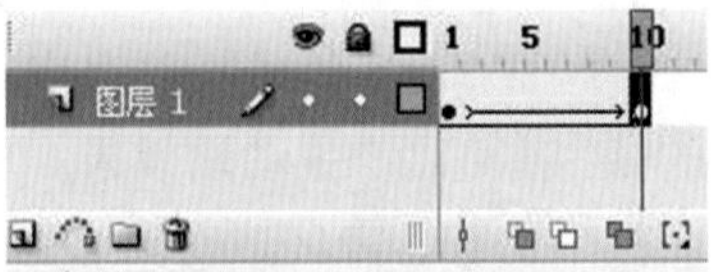

图 3-9 补间帧

3.2.2 帧的编辑操作

1. 添加与删除帧

帧是以【时间轴】面板上的小方格来区分的，因此帧的创建与删除操作，基本上都是通过【时间轴】面板来完成的。

(1) 添加关键帧主要有如下几种方法：

- 选中需要插入帧的位置，按 F6 键，可以快速插入关键帧。
- 在需要插入帧的位置右击鼠标，弹出一个快捷菜单，从中选择【插入关键帧】命令。
- 选中需要插入帧的位置，选择【插入】/【时间轴】/【关键帧】命令，即可插入关键帧。

(2) 添加静态延长帧主要有如下几种方法：

- 选中需要插入帧的位置，按 F5 键，可以快速插入静态延长帧。

● 在需要插入帧的位置右击鼠标，弹出一个快捷菜单，从中选择【插入帧】命令。

● 选中需要插入帧的位置，选择【插入】/【时间轴】/【帧】命令，即可插入静态延长帧。

(3) 添加空白关键帧主要有如下几种方法：

● 选中需要插入帧的位置，按 F7 键，可以快速插入空白关键帧。

● 在需要插入帧的位置右击鼠标，弹出一个快捷菜单，从中选择【插入空白关键帧】命令。

● 选中需要插入帧的位置，选择【插入】/【时间轴】/【空白关键帧】命令，即可插入空白关键帧。

(4) 删除帧主要有如下几种方法：

● 在需要删除帧的位置右击鼠标，弹出一个快捷菜单，从中选择【删除帧】命令。

● 选中需要删除的静态延长帧，按 Shift+F5 组合键即可删除。

● 选中需要删除的关键帧，按 Shift+F6 组合键即可删除。

2. 选择与移动帧

在 Flash CS3 中，如果需要编辑某一帧的对象，首先要选择相应的帧；如果需要改变某一帧在【时间轴】面板中的位置，可以移动该帧。

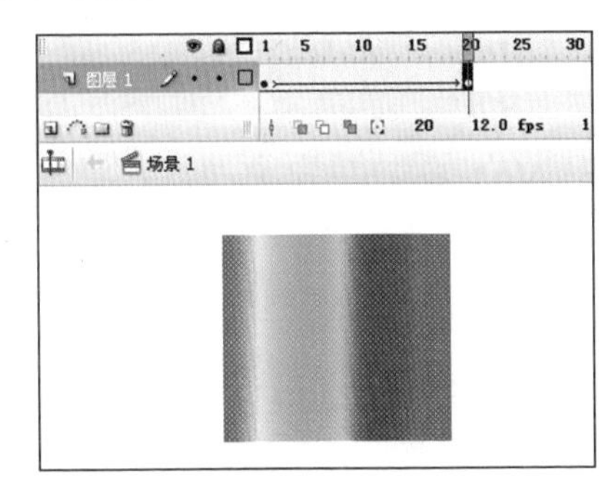

图 3-10 选择【时间轴】面板中的单帧

(1) 选择帧。要选择单帧，可直接在【时间轴】面板上单击该帧即可。此时会选择该帧对应舞台中的所有对象，如图 3-10 所示。

(2) 选择帧序列。选择多个帧主要有两种方式：一是直接在【时间轴】面板上拖动鼠标进行选择；二是按住 Shift 键的同时再单击来选择多帧，如图 3-11 所示。

(3) 移动帧。如果需要移动某一帧或帧序列，先选择需要它们，再把鼠标放在选定的帧上，当鼠标下方出现虚线方框时，将其拖到【时间轴】面板中新的位置，这样，选择的帧或帧序列连同帧的内容一起被移动，如图 3-12 所示。

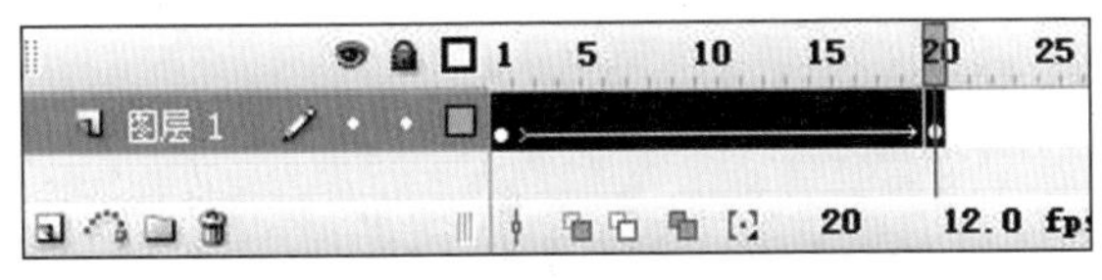

图 3-11 选择【时间轴】面板中的帧序列

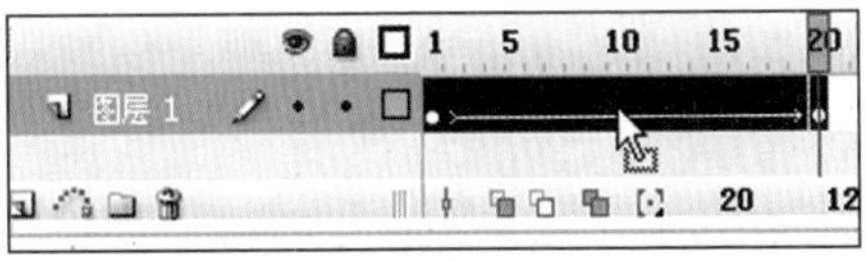

图 3-12 移动【时间轴】面板中的帧

3. 复制和粘贴帧

复制和粘贴帧的操作步骤如下：

(1) 右击需要复制的帧或帧序列，在弹出的快捷菜单中选择【复制帧】命令，如图 3-13 所示。

(2) 在【时间轴】面板中，右击需要粘贴帧的位置，在弹出的快捷键菜单中选择【粘贴帧】命令即可。

4. 翻转帧

通过使用翻转帧操作，可以逆转排列一段连续的帧序列，最终的效果是倒着播放

动画。

翻转帧的操作步骤如下：

(1) 选择需要翻转的帧序列，本例选择“图层 2”。

(2) 右击弹出快捷菜单，选择【翻转帧】命令，如图 3-14 所示。

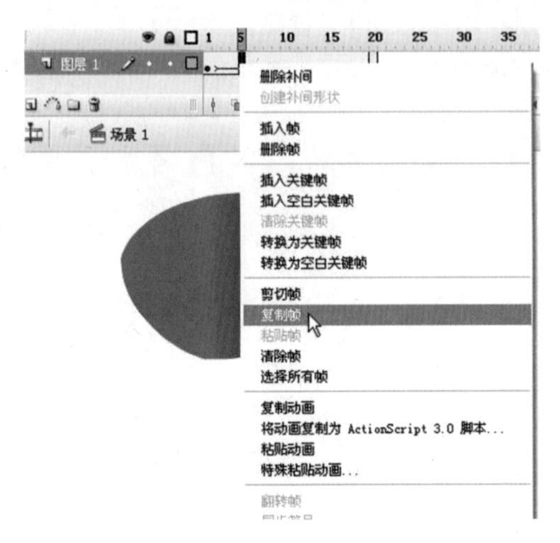

图 3-13 选择【复制帧】命令

图 3-14 选择【翻转帧】命令

翻转帧前后的对比效果如图 3-15 所示。

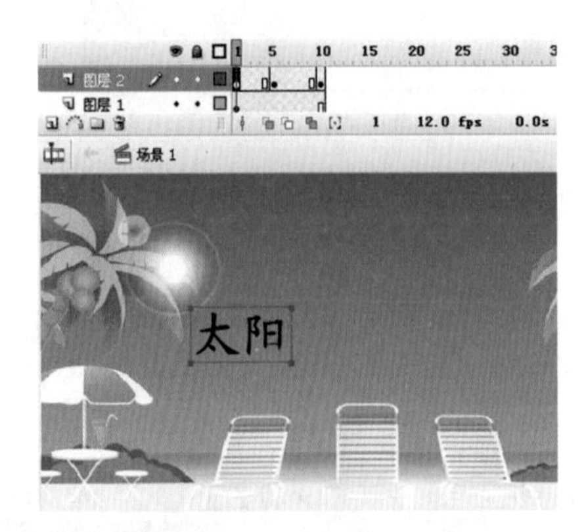

(a) 翻转前第 1 帧

(b) 翻转前最后一帧

(c) 翻转后第 1 帧

(d) 翻转后最后一帧

图 3-15 翻转帧的前后对比效果

5．清除关键帧

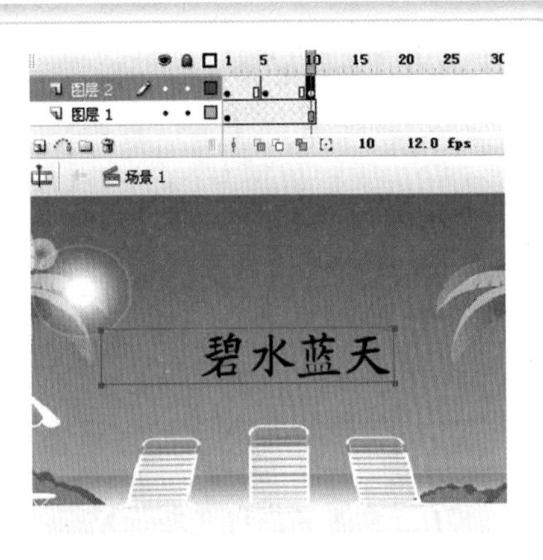

图 3-16　选择关键帧

清除关键帧只针对关键帧进行操作。清除关键帧并不是把帧删除，而是将关键帧转换为静态延长帧。

清除关键帧的操作步骤如下：

(1) 选择要清除的关键帧，本例选择"图层1"的第 10 帧，如图 3-16 所示。

(2) 右击该关键帧，从弹出的快捷菜单中选择【翻转帧】命令，该关键帧中的内容将被删除，该帧被转换为前一关键帧的静态延长帧，如图 3-17 所示。

(3) 如果选择【清除帧】命令，则删除该帧中的所有内容，同时该帧变为空白关键帧，如图 3-18 所示。

提示：如果被清除的关键帧所在的帧序列只有 1 帧，则清除关键帧后它将转换为空白关键帧。

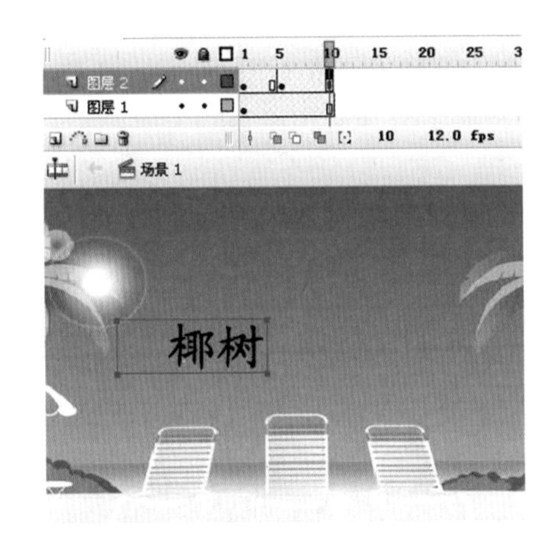

图 3-17　清除关键帧的效果

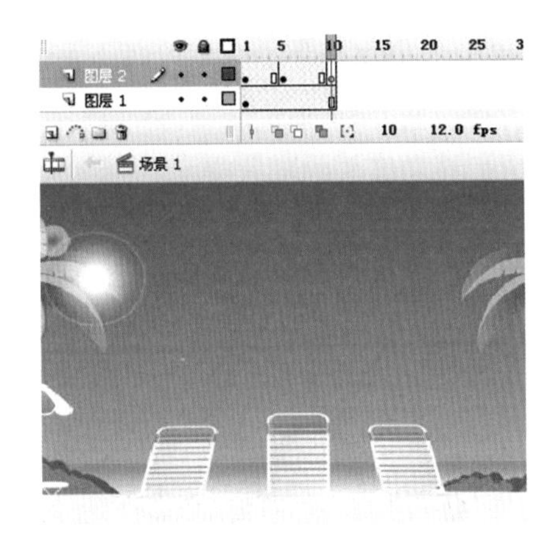

图 3-18　清除帧的效果

6．添加帧标签

在动画制作的过程中，若需要注释帧的含义、为帧做标记或使 ActionScript 脚本能够调用特定的帧，就需要为帧添加帧标签。

添加帧标签的操作步骤如下：

(1) 在【时间轴】面板中选中要添加标签的帧，如图 3-19 所示。

(2) 在【属性】面板的【帧】文本框中输入帧的标签名称"word"，如图 3-20 所示。

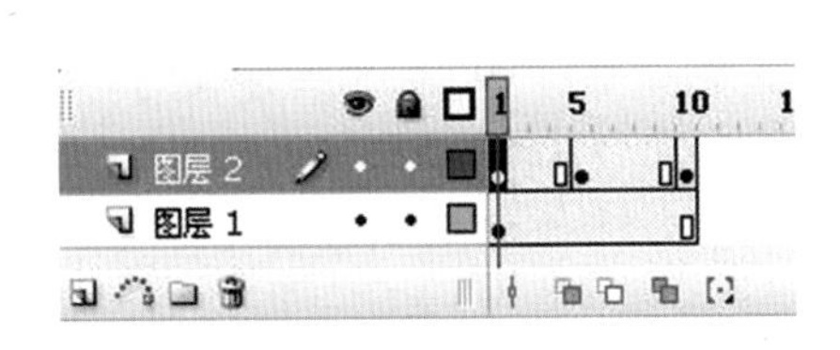

图 3-19　选择帧

图 3-20　输入帧标签名称

(3) 这时选择的帧上会显示一个小红旗和帧标签名称，如图 3-21 所示。

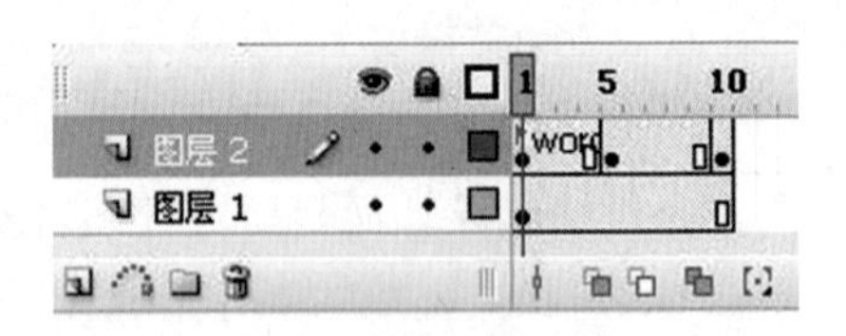

图 3-21　输入帧标签名称后的效果

3.2.3　帧频

帧频是指动画播放的速度，以每秒播放的帧数(fps)为度量单位。帧频太慢，会使动画看起来断断续续；而帧频太快，会使动画的细节变得模糊。在 Web 上，帧频为 12fps 时通常会得到最佳的效果。QuickTime 和 AVI 影片的帧频通常就是 12fps，但是标准的运动图像速率是 24fps。动画的复杂程度和播放动画的计算机的速度会影响回放的流畅程度。若要确定最佳帧频，需要在各种不同的计算机上测试动画。

> 提示：整个 Flash 文档只能指定一个帧频，因此在开始创建动画之前要先设置帧频。

3.2.4　时间轴中的动画表示方法

Flash 会按照如下方式区分【时间轴】面板上的逐帧动画和补间动画。

：补间动画。起始的两个黑色圆点表示动画开始和结束的关键帧，中间浅紫色背景且带箭头的部分表示动画的动作补间。

：补间形状。起始的两个黑色圆点表示动画开始和结束的关键帧，中间浅绿色背景且带箭头的部分表示动画的形状补间。

：虚线表示补间是断的或不完整的，例如，当最后的关键帧已丢失时。

：前端的黑色圆点表示一个关键帧，此关键帧后面的浅灰色帧包含前面无变化的相同内容，而在整个范围的最后一帧还有一个空心矩形。

：如出现一个小 a，则表示已使用【动作】面板为该帧分配了一个帧动作。

animation：有一个红色的小旗，表示该帧包含一个标签。

//animation：有绿色的双斜杠，表示该帧包含注释。

animation：有金色的锚记，表明该帧是一个命名锚记。

3.3　逐帧动画的制作

3.3.1　逐帧动画

逐帧动画（Frame By Frame）也叫帧动画，是最基本的动画原理。如果把一本书的每一页都画上有一定关联的形状，然后快速地翻动书页，就会出现连续的动画，这就是逐帧动画的原理。人眼在正常情况下会有视觉残留，逐帧动画正是利用这一点来完成自己的动画效果。其原理是在“连续的关键帧”中分解动画动作，也就是在时间轴的每帧上逐帧绘制不同的内容，使其连续播放后形成动画。

要创建逐帧动画，需要将每个帧都定义为关键帧，然后为每个帧创建不同的图像。

因为逐帧动画的每个帧的内容都会不一样，这样就会增加制作的难度，同时每个关键帧的内容都需要保存，所以最后得到的文件所占的存储空间也会比其他类型动画大得多。但它的优势也很明显，逐帧动画具有非常大的灵活性，几乎可以表现任何想表现的内容，而它类似于电影的播放模式，很适合于表现细腻的动画。例如，人或动物急剧转身、头发及衣服的飘动、走路、说话以及精致的 3D 效果等。有目的地使用逐帧动画，就能把作品中最能体现主体的动作、表情等淋漓尽致地表现出来。

每个新插入的关键帧最初包含的内容和它前面的关键帧是一样的，因此可以递增地修改动画中帧的内容。在制作逐帧动画的时候要灵活应用，可以采取隔 1 帧或隔 2 帧插入关键帧的做法。

制作逐帧动画的具体步骤如下：

(1) 单击某个图层使其成为当前层。

(2) 在该层上选择起始帧。

(3) 把起始帧设置为关键帧。

(4) 设置背景图。

(5) 在起始帧建立动画内容。

(6) 设置起始帧后的第 2 帧，将该帧设置为关键帧，然后编辑内容。

(7) 重复第 (6) 步，编辑后面的每一帧。

(8) 执行【控制】/【测试影片】命令，观看设计效果。

(9) 关闭播放窗口，回到编辑舞台，如不满意重新编辑。

(10) 重复第 (8)、(9) 步，直到设计出满意的效果为止。

3.3.2　逐帧动画的制作

下面通过“变化的数字”来说明逐帧动画的制作方法。

具体操作步骤如下：

(1) 选择【文件】/【新建】命令，在弹出的【新建文档】对话框中选择“Flash 文档”。

(2) 在文档【属性】面板中将舞台大小设置为 500×100 像素，背景色为淡红色，使用默认帧频 12fps（即 12 帧 / 秒），以“变化的数字”为文件名保存该文档。

(3) 选中工具箱中的【文本工具】T，在【属性】面板中设置字体为 Arial Black，字体大小为 60 磅，字体颜色为黑色。

(4) 在舞台中间单击鼠标，可看见文本输入标志，输入数值“01”，在上边的【时间轴】面板中可以看到第 1 帧出现了一个黑色圆点，表示已经创建了一个有内容的关键帧，如图 3-22 所示。

图 3-22　设置第 1 帧的内容

(5) 在时间轴上单击第 2 帧，按 F6 键插入关键帧，或使用菜单栏的【插入】/【时间轴】/【关键帧】命令插入一个关键帧，可以看到第 2 帧的位置上出现了一个黑色圆点，表示第 1 帧的内容被完全复制到了第

2 帧上。选中第 2 帧，将原来的“01”删除，改成“02”，这样第 2 个关键帧所对应的内容为数字“02”，如图 3-23 所示。

(6) 按照第(5) 步的方法继续下去，在第 3 帧上插入一个关键帧，将舞台上的数字改成“03”。在第 4 帧上插入一个关键帧，将舞台上的数字改成“04”……重复相同的步骤，直到第 10 帧的数字为“10”，如图 3-24 所示。

(7) 选择【控制】/【测试影片】命令，可以观看到数字变化的过程。

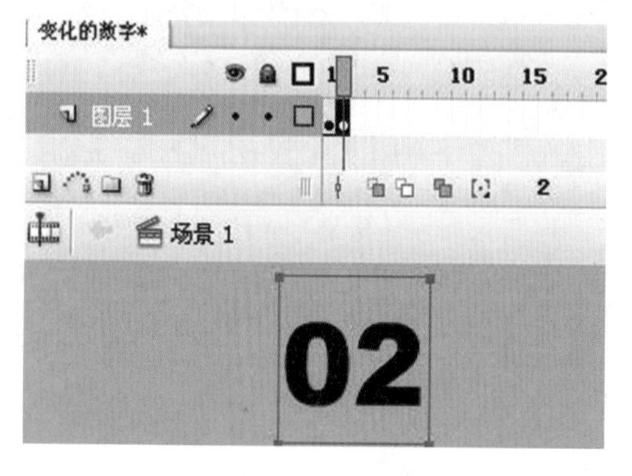

图 3-23　设置第 2 帧的内容

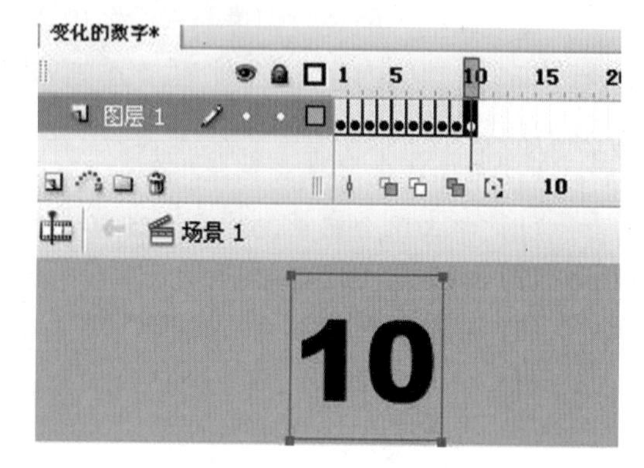

图 3-24　设置其他关键帧的内容

3.4　逐帧动画表现方法和技巧

逐帧动画是常用的动画表现形式，也就是一帧一帧地将动作的每个细节都画出来。显然，这是一件很吃力的工作，但是使用一些小的技巧是能够减少一些工作量的，这些技巧包括：简化主体、循环法、节选渐变法、临摹法、再加工法、遮蔽法、替代法等，下面介绍部分方法。

3.4.1　简化主体

动作主体的简单与否对制作的工作量有很大的影响，善于将动作的主体简化，可以成倍提高工作的效率。一个最典型的例子就是小小的“火柴人”功夫系列，动画的主体是简单的火柴人，用这样的主体来制作以动作为主的影片，即使用完全逐帧的制作方法，工作量也是可以承受的。试想，用一个逼真的人物形象作为动作主体来制作这样的动画，工作量就会增加很多。对于以动作为主要表现的动画，画面简单也是省力的良方。

3.4.2　循环法

这是最常用的动画表现方法，是将一些动作简化成由 2～3 帧的逐帧动画所组成的影片剪辑元件，再利用影片剪辑循环播放的特性来表现一些动画，例如头发、衣服飘动、走路、说话等动画，如图 3-25～图 3-27 所示的衣服飘动动画就是由三帧组成的影片剪辑，只需要画出一帧的图形，其他两帧可以在第 1 帧的基础上稍做修改便完成了。这种循环的逐帧动画要注意其“节奏”，做好了能取得很好的效果。

3.4.3　节选渐变法

在表现一个“缓慢”的动作时，例如手缓缓张开，头（正面）缓缓抬起，用逐帧动

图 3-25　第 1 帧

图 3-26　第 2 帧

图 3-27　第 3 帧

画来做比较麻烦，可以考虑从整个动作中节选出几个关键帧，然后用渐变或闪现的方法来表现整个动作。如在手的张合动作中，通过节选手在张合动作中的四个“瞬间”绘制四个图形，再定义成影片剪辑元件之后，用 Alpha（透明度）的变形来表现。如果完全逐帧地将整个动作绘制出来，想必会花费大量的时间精力。这种方法可以在基本达到效果的同时简化工作。该方法适合于“慢动作”的复杂动画。另外，一些特殊情景，如迪厅，黑暗中闪烁的灯光也是“天然”的节选动作，这时无须变形直接闪现即可。

3.4.4　临摹法

初学者常常难以自己完成一个动作的绘制，这时候可以临摹一些图片、视频等，将它们导入到 Flash 中。因为有了参照，完成起来就比较轻松。而在临摹的基础上可以进一步进行再加工，使动画更完善。具体的操作是从视频中将需要的动画截取出来，输出为系列图片，再导入到 Flash 后，然后依照这些图片描绘动画，具体的风格可由自己决定。

提示：一般视频与 Flash 动画片的播放速度之间的帧频区别是：Flash 动画一般是 12fps，视频可能是 24fps 或 25fps。

3.4.5　再加工法

在制作牛抬头的动作时，是以牛头作为一个影片剪辑元件，通过旋转变形使头“抬起来”。从第 1 步的结果来看，牛头和脖子之间有一个“断层”。接下来的第 2 步，将变形的所有帧转换成关键帧，并将其打散，然后逐帧在脖子处进行修改。最后做一定的修饰，给牛身上加上“金边”，整个动画的气氛就出来了。这种方法就是再加工法。

3.4.6　遮蔽法

遮蔽法的中心思想就是将复杂动画的一部分遮住，而具体的遮蔽物可以是位于动作主体前面的东西，也可以是影片的外框（即影片的宽度限制）等。复杂动作部分（如脚的动作），由于“镜头”仰拍的关系，已在影片的框架之外，因此就不需要画这部分比较复杂的动画了，剩下的都是些简单的工作。当然，如果该部分动作正是要表现的主体，那这个方法显然就不适合了。

其他方法还有很多，如更换镜头角度。比如抬头时，从正面表现比较困难，如果换个角度，从侧面表现就容易多了；或者从动作主体“看到”的景物反过来表现。

3.5 实例剖析

3.5.1 自动开合的折扇

【设计思路】

本实例实现折扇的扇页自动打开，然后再自动合并的过程。

【技术要点】

- 【变形】面板的使用。
- 【矩形工具】的使用。
- 逐帧动画的制作。

操作步骤如下：

(1) 新建Flash文档，将背景色改为黑色，其他属性采用默认设置。将文件以“自动开合的折扇”为文件名保存。

(2) 使用【矩形工具】在舞台上绘制一个细长矩形作为扇页，利用【选择工具】对其下方设置拐点，并填充颜色，然后将图片倾斜，如图3-28所示。

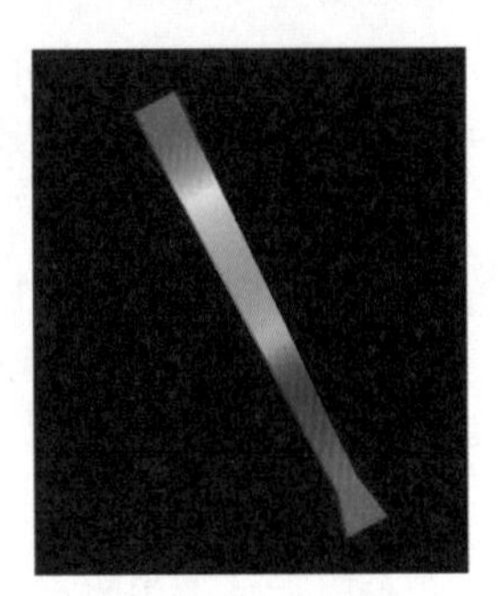

图3-28 绘制扇页

(3) 选定第2帧并插入关键帧，利用【任意变形工具】选择第2帧的扇页，将变形点移动到拐点，如图3-29所示。

(4) 打开【变形】面板，设置【旋转】角度为10°，单击【复制并应用变形】按钮，第2帧的图形就变为2片扇页，如图3-30所示。

图3-29 设置变形点

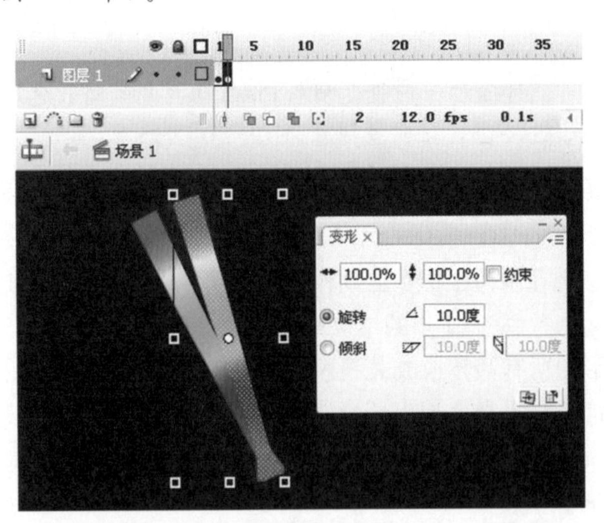

图3-30 设置第2帧的图形

(5) 重复第(3)步和第(4)步，直到设置了8片扇页，如图3-31所示。

提示：在进行变形之前，一定要先将变形点移到拐点，然后再单击【复制并应用变形】按钮。

(6) 前面所制作的是打开扇页过程的效果，接下来制作合并扇页的效果。选中第

1~8帧，复制这些帧，然后选择第9帧，粘贴帧，这样就将第1~8帧复制到了第9~16帧。选中第9~16帧，右击鼠标，在弹出的快捷菜单中选择【翻转帧】命令，那么现在第9～16帧就为扇页合并的过程，如图3-32所示。

(7) 制作完毕，选择【控制】/【测试影片】命令，可以观看扇子自动开合的过程。

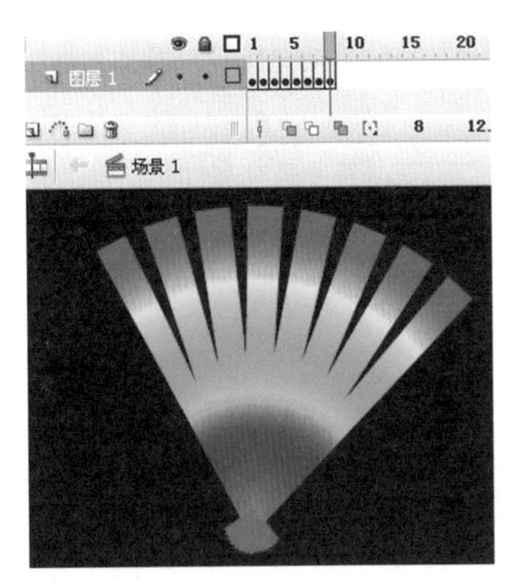

图3-31 设置第3～8帧的内容

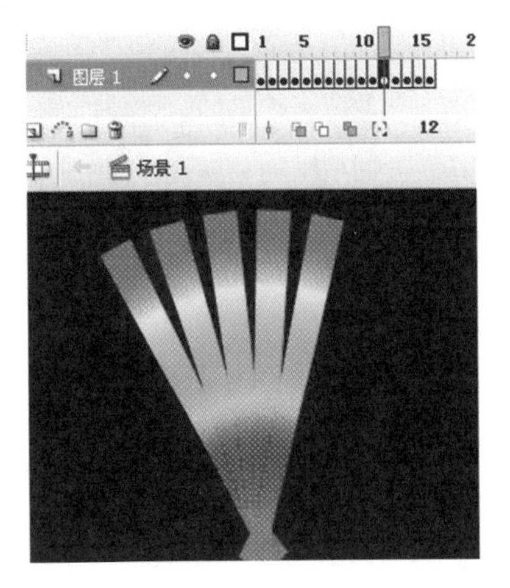

图3-32 设置第9～16帧的内容

3.5.2 小孩行走

【设计思路】

本实例制作了一个小孩子在绿林地欢快地行走的动画。

【技术要点】

- 绘图工具的使用。
- 逐帧动画的制作。

操作步骤如下：

(1) 新建Flash文档，将文档大小改为800×400，其他属性采用默认设置，将文件以“小孩走路”为文件名保存。

(2) 利用工具箱中的绘图工具绘制绿林图形，该图形作为背景图形。在第55帧插入帧，如图3-33所示。

图3-33 背景图片

(3) 新建“图层2”，在“图层2”里制作逐帧动画。选中第1帧，利用工具箱中的绘图工具绘制小孩图形，如图3-34所示。

(4) 为了节省工作量，接下来每隔一帧插入一个关键帧。将第3帧转换为关键帧，将小孩的手和脚的位置稍微做点修改，如图3-35所示。

(5) 在第5帧、第7帧、第9帧、第11帧、第13帧、第15帧、第17帧、第19帧插入关键帧，并更改每个关键帧的小孩图形，这样就完成了小孩走路的动作。每个关键帧的具体图形如图3-36所示。

(6) 选择第1~19帧并复制帧，然后选择第21帧，再粘贴帧，这样就将第2~19帧

图 3-34　第 1 帧的小孩图形

图 3-35　第 3 帧的小孩图形

(a) 第 5 帧的小孩图形

(b) 第 7 帧的小孩图形

(c) 第 9 帧的小孩图形

(d) 第 11 帧的小孩图形

(e) 第 13 帧的小孩图形

(f) 第 15 帧的小孩图形

(g) 第 17 帧的小孩图形

(h) 第 19 帧的小孩图形

图 3-36　各个关键帧所对应的小孩图形

的内容复制到第 21~39 帧；再选择第 41 帧，粘贴帧，将这些内容复制到从第 41 帧开始的帧，如图 3-37 所示。

图 3-37　设置其他帧的内容

(7)“小孩走路”动画制作完毕。选择【控制】/【测试影片】命令，可以观看到小孩在绿林地欢快地行走。

3.6　习　　题

1．选择题

(1) 在网络上播放的动画，最合适的帧频率是（　　）。

A．每秒 24 帧　　B．每秒 12 帧

C．每秒 25 帧　　D．每秒 16 帧

(2) 以下关于帧标记和批注的说法正确的是（　　）。

A．帧标记和帧批注的长短都将影响输出电影的大小

B．帧标记和帧批注的长短都不影响输出电影的大小

C．帧标记的长短不会影响输出电影的大小，而帧批注的长短对输出电影的大小有影响

D．帧标记的长短会影响输出电影的大小，而帧批注的长短对输出电影的大小无影响

(3) 以下关于逐帧动画和渐变动画的说法正确的是（　　）。

A．在两种动画模式中，Flash 都必须记录完整的各帧信息

B．前者必须记录各帧的完整记录，而后者不用

C．前者不必记录各帧的完整记录，而后者必须记录完整的各帧记录

D．以上说法均不对

(4) Flash影片频率最大可以设置到多少？（　　）

A．99　　B．100　　C．120　　D．150

(5) 下列关于关键帧说法正确的是（　　）。

A．关键帧是指在动画中定义的能更改所在帧内容的帧

B．修改文档的帧动作的帧

C．Flash 可以在关键帧之间进行补间或填充操作

D．可以在【时间轴】面板中排列关键帧，以便编辑动画中事件的顺序

2．填空题

(1) 逐帧动画的每一帧都是______，它定义了动画的变化环节。按______键可以在时间轴上插入关键帧，按______键可以在时间轴上插入帧。

(2) ______动画是由若干个连续关键帧组成的动画序列，需要对每一帧的内容进行绘制，工作量相当大，但动画效果较好。

(3) 使用______命令可以使所选定的一组帧按照顺序翻转过来，形成倒带的效果。

3．上机操作题

(1) 使用“F”、“l”、“a”、“s”、“h”五个字母制作一打字效果的逐帧动画。具体制作方法参考源文件。

(2) 打开“闪动的文字”文件夹，参照动画，使用逐帧动画的制作方法制作闪动的字体效果。效果如图 3-38 所示。具体制作方法参考源文件。

(3) 打开“人.jpg”图像，利用逐帧动画的制作方法，使用【任意变形工具】，制作荡秋千的逐帧动画，效果如图 3-39 所示。具体制作方法参考源文件。

图 3-38　闪动的文字

图 3-39　荡秋千

(4) 参照图 3-40 所示的“行驶中的小车”，制作运动位置改变的逐帧动画。

提示：只需要绘制一节车厢的图形，然后每插入一个关键帧增加一节车厢。

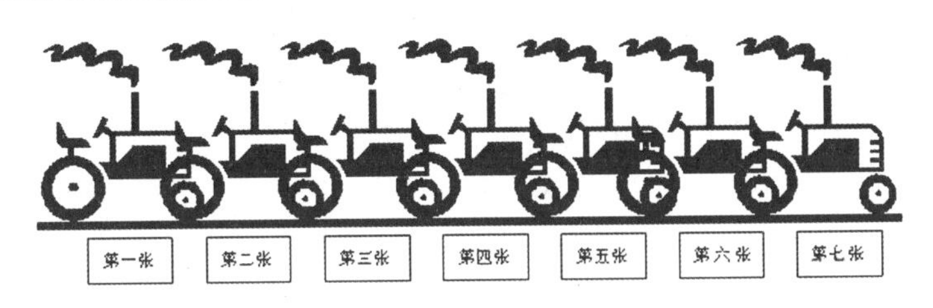

图 3-40 行驶中的小车

(5) 参照图 3-41 所示的“成长的小树”,制作物体大小发生改变的逐帧动画。

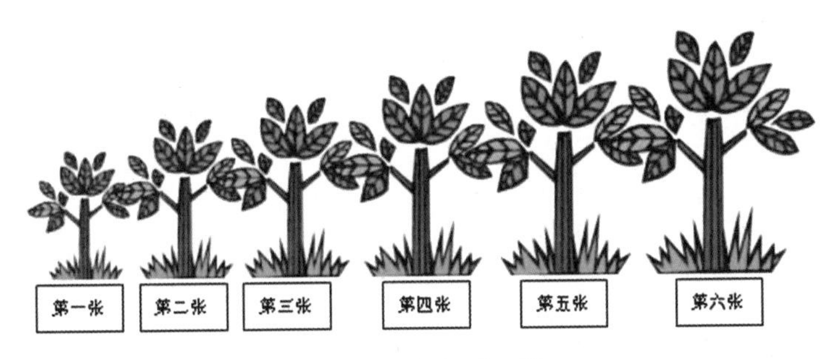

图 3-41 成长的小树

提示：先绘制一棵小树，接下来利用【任意变形工具】将小树变大，制作出第 2～6 帧的图形。

第4章 补间动画

第3章中介绍的逐帧动画需要详细地制作每一帧的内容，而且需要保存每一帧的数据，动画文件势必会比较大。本章将介绍一种新的动画制作方式：补间动画。在补间动画中，只需要保存关键帧的数据。因此，相对于逐帧动画而言，其优势在于可以大大减少文件的存储空间。当然，并不是所有的动画都适合制作为补间动画。但是如果可以使用补间动画就能满足要求，则推荐使用补间动画来实现。补间动画分为形状补间和动画补间。形状补间的操作对象是图形，而动画补间的操作对象是元件的实例。

本章学习目标

- 元件和实例的概念和区别。
- 元件的种类，创建和编辑元件。
- 创建和编辑实例。
- 形状补间和动画补间的概念、区别和实例应用。

4.1 元件和实例

4.1.1 元件和实例的概念

所谓元件，就是存放在库中的各种矢量图形、图像（可以是从外部导入的JPG、GIF和BMP等格式图像）、动画、按钮或者导入的声音和视频文件。元件具有存储一次可以重复使用多次的特点。在不同的动画制作过程中，当要多次使用同样的图像或动画时，最好是将其制作成元件。如果已经做好了，就可以将其转换为元件。

实例则是指元件在舞台工作区的应用。一旦创建了元件，就可以创建它的实例。将元件拖入舞台上，就产生了一个实例。所以，一个元件可以产生许多的实例，当元件修改以后，它所生成的实例都会跟着更新。在Flash中，创建实例的地方可以是在影片的舞台上，也可以是在其他元件的内部。

4.1.2 元件的种类

在Flash CS3中，元件分为三类：图形元件、按钮元件和影片剪辑元件。

1. 图形元件

图形元件可以是矢量图形、图像、动画或声音。图形元件主要用来制作动画中的静态图像，或者受时间轴约束的动态图像，没有交互性。它有相对独立的编辑区和播放时间，当应用到场景中时，会受到当前场景中帧序列和其他交互式设置的影响。

2. 按钮元件

按钮元件跟图形元件不一样，它不是一个单一的图形，当鼠标指针移动到按钮上或

单击时，可以产生交互。按钮元件有4种状态：弹起、指针经过、按下、点击。每种状态都可以通过图形、元件以及声音来定义。

3．影片剪辑元件

使用影片剪辑元件可以创建重复使用的动画，影片剪辑的时间轴与当前影片的时间轴无关。影片剪辑包括交互式控制、声音以及其他影片剪辑实例。用户也可以将影片剪辑实例放在按钮元件的时间轴舞台中来创建动态按钮。当在影片中需要重复使用一个已经创建的动画时，最简单的方法就是将该动画转换为影片剪辑元件。

4.1.3 创建元件

在Flash CS3中，创建元件的主要方法是使用菜单栏上的命令来创建，下面就分别来介绍创建图形元件、按钮元件和影片剪辑元件的方法。

1．创建图形元件

新建图形元件的操作步骤如下：

(1) 选择菜单栏上的【插入】/【新建元件】命令，或者在【库】面板中单击【新建元件】按钮；也可以在【库】面板中右击鼠标，在弹出的快捷菜单上选择【新建元件】命令，均可打开【创建新元件】对话框，如图4-1所示。

(2) 在【创建新元件】对话框的【名称】文本框中输入元件的名称，然后在【类型】选项区中选中【图形】单选按钮。

(3) 单击【确定】按钮，即可打开一个新的元件编辑窗口。此时，元件名称显示在舞台的左上角，舞台中还有一个十字准星“+”，表示元件的中心定位点。

(4) 用户可以像进行常规动画创作那样创建元件的内容，但是要注意一点，绘制的元件应以十字准星为中心。

(5) 绘制完成后，单击【场景1】按钮，即可退出元件编辑窗口，元件创建完成，同时，可以看到元件已经在【库】面板中了。

上面介绍的是通过菜单栏新建一个元件的方法。如果有了现成的对象，尤其是需要多次使用的对象，最好将其转换为元件。

图4-1 【创建新元件】对话框

图4-2 【转换为元件】对话框

转换成元件的操作步骤如下：

(1) 在文档窗口中选中需要转换为元件的对象（可以是一个对象，也可以是多个对象）。

(2) 选择菜单栏的【修改】/【转换为元件】命令，或按F8键，打开如图4-2所示的【转换为元件】对话框。

(3) 在对话框的【名称】文本框中输入名称，【类型】选项区中选择【图形】单选按钮，单击【确定】按钮，即可将现有对象转换为图形元件。可以打开【库】面板查看结果。

提示：转换为元件之后，原选中的对象事实上已经变为元件的一个实例，真正的元件则出现在【库】面板中。

2．创建按钮元件

按钮元件跟图形元件不同，它不是单一的图形。当鼠标指针移动到按钮上或单击时，可以产生交互动作。按钮元件有 4 种状态：弹起、指针经过、按下、点击，每种状态都可以通过图形、元件以及声音来定义。

创建按钮元件的操作步骤如下：

(1) 选择菜单栏上的【插入】/【新建元件】命令，或者在【库】面板中单击【新建元件】按钮；也可以在【库】面板中右击鼠标，在弹出的快捷菜单上选择【新建元件】命令；或者按 Ctrl+F8 键，均可打开【创建新元件】对话框。

(2) 在【创建新元件】对话框的【名称】文本框中输入元件的名称，然后在【类型】选项区中选中【按钮】单选按钮，如图 4-3 所示，设置完成后单击【确定】按钮，即可打开一个新的元件编辑窗口。此时，元件名称显示在舞台的左上角，舞台中还有一个十字准星“+”，表示元件的定位点。在该窗口的帧控制区中包含了四个连续的帧，如图 4-4 所示。

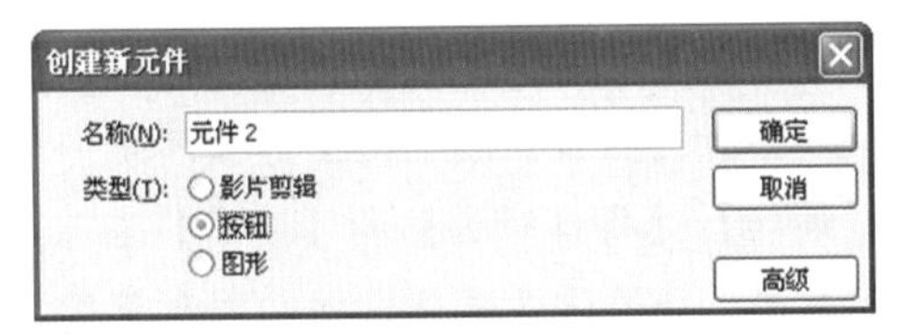

图 4-3　创建按钮元件对话框设置

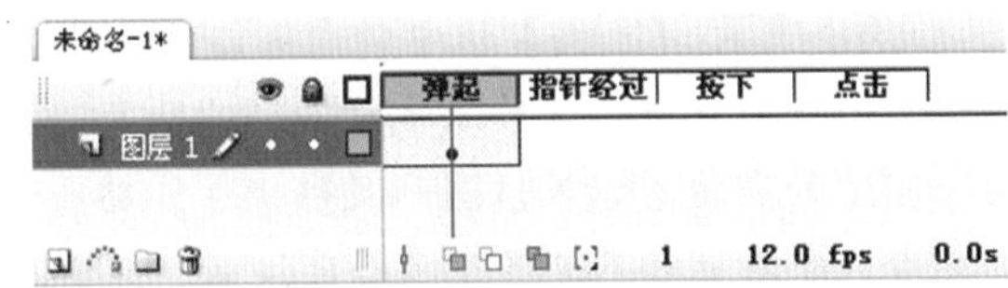

图 4-4　按钮元件控制帧区

各帧含义如下：

- 弹起：表示鼠标指针不在按钮上时的状态。
- 指针经过：表示鼠标指针放在按钮上时的状态。
- 按下：表示鼠标指针单击按钮时的状态。
- 点击：定义了响应鼠标单击的区域，这个区域在舞台中是看不见的。

(3) 选中时间轴上的【弹起】帧，然后使用绘图工具在舞台中心绘制一个图形，或者导入一个已经存在的图形，也可以在舞台上放置一个实例或元件，如图 4-5 所示。

提示：可以在按钮中使用图形或影片剪辑元件，但不能在一个按钮中使用其他按钮元件。如果想创建动态按钮，可以使用影片剪辑元件。

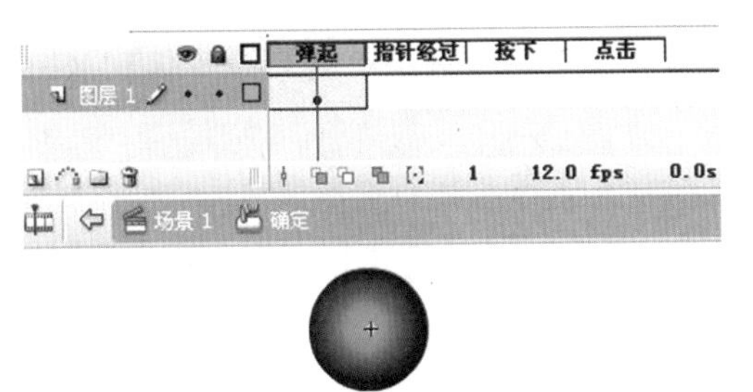

图 4-5　在【弹起】帧画一个椭圆

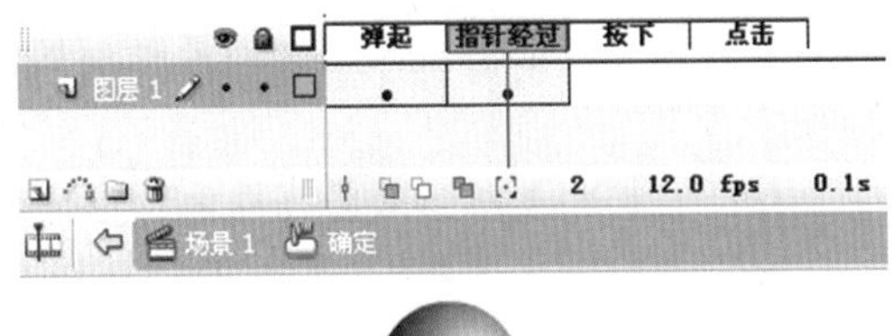

图 4-6　【指针经过】帧的设置

(4) 选中时间轴上的【指针经过】帧，右击鼠标，在弹出的快捷菜单上选择【插入关键帧】命令，该关键帧复制了【弹起】帧的内容，然后为工作区中刚才画的椭圆改变一下填充色，如图 4-6 所示。

(5) 同样选中时间轴上的【按下】帧，右击鼠标，在弹出的快捷菜单上选择【插入关键帧】命令，然后为工作区中的椭圆改变一下填充色、大小等，如图 4-7 所示。

(6) 同样为【点击】帧进行类似设置，效果如图 4-8 所示。

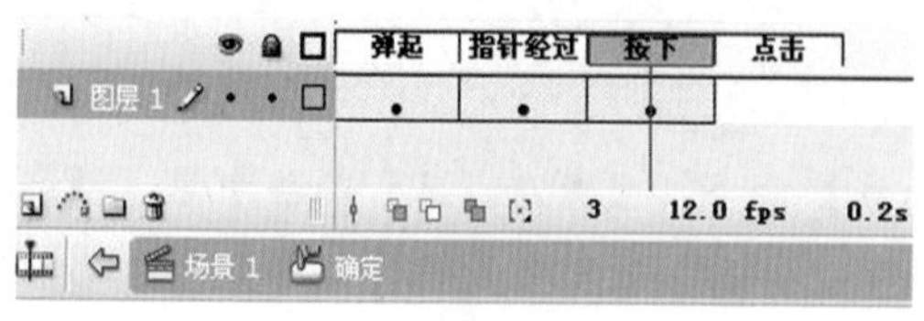

图 4-7 【按下】帧的设置

图 4-8 【点击】帧的设置

> 提示:【点击】帧中的内容在舞台上是看不到的，用于定义鼠标单击所能做出反应的按钮区域（在其区域外不能响应）。要注意的是，【点击】帧中的图形必须是一个固定的区域。如果该图形足够大，能够覆盖【弹起】、【指针经过】和【按下】这三帧中的所有元素，就可以形成传统意义上的按钮效果；如果该区域位于按钮图形范围之外，没有包含前面三帧的内容，就可以形成所谓的【离散轮替】效果；如果不指定【点击】帧的内容，则默认状态下采用【弹起】帧中的图形区域作为按钮的活动区域。

(7) 按钮制作完毕，返回场景，将【库】面板中的按钮拖入舞台，然后按 Ctrl+Enter 组合键可测试按钮效果。

3. 创建影片剪辑元件

创建影片剪辑元件的方法和创建图形元件的操作方法相同。

具体操作步骤如下：

(1) 打开一个现有的电影片段，或者导入一幅 GIF 动画图像。

(2) 在舞台上选中要使用的电影片段的所有图层中的所有帧，选择【编辑】/【时间轴】/【复制帧】命令（右击鼠标亦可选择【复制帧】命令），复制该片段中的所有帧。

(3) 选择【插入】/【新建元件】命令，弹出【创建新元件】对话框，在该对话框的【名称】文本框中输入元件的名称，然后在【类型】选项区选中【影片剪辑】单选按钮。

(4) 设置完成后，单击【确定】按钮，进入影片剪辑元件的编辑窗口。

(5) 在影片剪辑元件的时间轴上选中第 1 帧，然后选择【编辑】/【时间轴】/【粘贴帧】命令，将选中的影片剪辑片段复制到影片剪辑元件中。

(6) 所有工作完成后，单击场景名称，回到场景编辑区，完成影片剪辑元件的创建，此时可以在【库】面板中看到刚刚创建的影片剪辑元件。

提示：如果要自己制作影片剪辑元件，则只要做第（3）、（4）步。第（5）步在图层的帧中制作出自己的动画效果，最后再通过第（6）帧完成新影片剪辑元件的创建。

4.1.4　编辑元件

元件创建完成后，还可以对元件进行修改和编辑。

1．在元件编辑窗口编辑元件

用户可以在元件编辑窗口编辑元件，执行以下任意一项操作，均可从主场景中切换到元件编辑窗口。

- 单击舞台右上方【编辑元件】按钮，在弹出的下拉列表中选择要编辑的元件名称。
- 在【库】面板中双击要编辑的元件图标。
- 选择菜单栏上的【编辑】/【编辑元件】命令。
- 在舞台上的元件实例上右击鼠标，从弹出的快捷菜单中选择【编辑】命令。
- 单击【库】面板右上角的【选项】按钮，在弹出的菜单中选择【编辑】命令。

然后，利用各种工具对元件进行编辑操作。编辑完成后，可按以下几种方法退出元件编辑模式，以完成编辑操作。

- 单击舞台右上方的【编辑场景】按钮，在弹出的下拉菜单中选择场景名称，返回相应主场景中。
- 选择菜单栏上的【编辑】/【编辑文档】命令。
- 单击舞台左上方的场景名称。

2．在新窗口中编辑元件

如果觉得在元件编辑窗口修改各个实例会影响编辑元件操作，也可以在新窗口中编辑元件。具体方法是：在舞台中选中该元件的实例，然后右击鼠标，在弹出的快捷菜单中选择【在新窗口中编辑】命令，即可打开元件编辑窗口。此时，就可以利用各种工具对元件进行编辑操作。编辑完成后，单击舞台右上方的【编辑场景】按钮，在弹出的下拉菜单中选择场景名称，返回相应主场景中。

3．在当前位置修改元件

如果要在当前位置修改和编辑元件，可以按如下方法激活元件的编辑状态。

- 在主场景中双击元件的实例，即可在当前位置编辑所选中的元件，同时，原来主场景中的其他物体（其他实例或者普通的图形）等都会以灰色显示，此时该元件处于可编辑状态。
- 在主场景中先选中要编辑元件的实例，然后右击鼠标，从弹出的快捷菜单中选择【在当前位置中编辑】命令，即可在当前位置编辑所选中的元件。

4．重命名元件

当用户引用一个元件后，可以对该元件重新命名。

具体操作步骤如下：

(1) 选择【窗口】/【库】命令，打开【库】面板，然后在【库】面板中双击元件

的名称，输入新名称，即可对元件重命名。

(2) 打开【库】面板，选中元件，单击【库】面板右上角的【选项】按钮，在弹出的面板菜单中选择【重命名】命令即可。

提示：对元件所做的改变都会导致其对应实例发生相应的变化。

5. 改变元件的类型

对于不同动画文件中的相同文件，用户可能希望它们能以不同的元件类型出现，这时就需要改变已经创建好的元件的类型。

具体操作步骤如下：

(1) 在【库】面板的元件名称上右击鼠标，在弹出的快捷菜单中选择【属性】命令；或者单击【库】面板右上角的【选项】按钮，在弹出的菜单中选择【属性】选项；也可以直接单击【库】面板中的属性按钮，即可打开【元件属性】对话框，如图 4-9 所示。

(2) 在【类型】选项区中选中相应的单选按钮，以便重新确定元件的类型，单击【确定】按钮即可。

4.1.5 创建实例

制作好元件后，接下来就要创建实例。打开【库】面板，选择要创建实例的元件，然后用鼠标直接将其拖放到舞台上，这样就创建了该元件的一个实例，如图 4-10 所示。

图 4-9 通过【元件属性】对话框改变元件类型

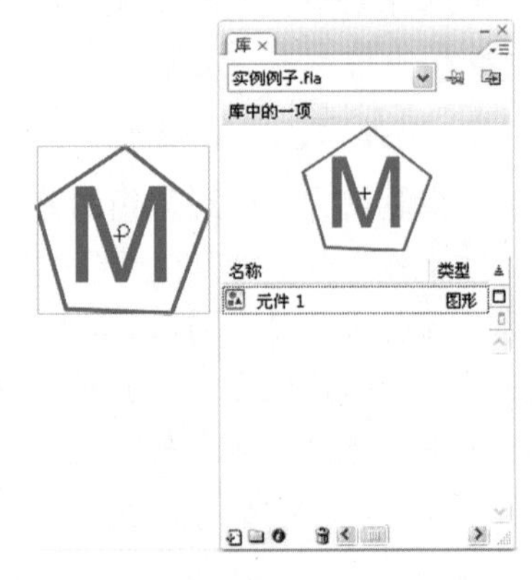

图 4-10 元件（【库】中）和实例（左侧）

4.1.6 编辑实例

创建好实例后，就可以对实例进行编辑和修改了。在 Flash CS3 中，对实例进行的任何修改都只会记录到动画文件中，而不会影响到元件的性质。在默认情况下，实例的类型和元件的类型是一致的。下面以上面例子中图形元件制作出来的实例进行说明。

1. 改变实例的颜色属性和透明度

操作步骤如下：

(1) 选中要设置颜色及透明度属性的实例，打开其【属性】面板。

(2) 在实例的【属性】面板中单击【颜色】下拉列表框右侧的下拉按钮，从弹出的下拉列表中选择要设置的选项，用于调整实例的颜色属性，如图 4-11 所示。

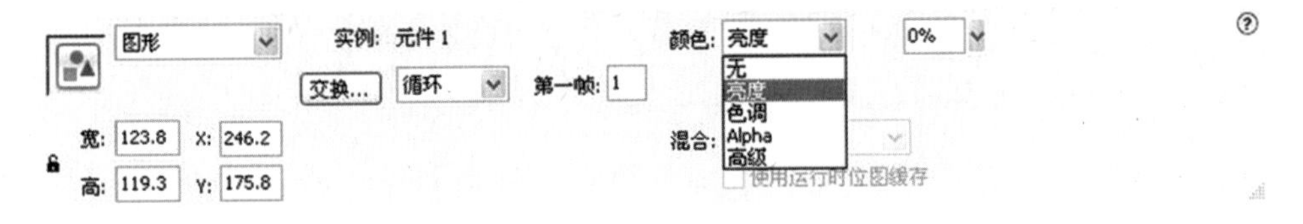

图 4-11　实例的【属性】面板

该【属性】面板中各选项的作用如下。

● 无：选择该选项，则恢复到默认的实例状态。

● 亮度：此选项可以调整实例的亮度属性。在【属性】面板的【亮度】文本框中可以输入亮度百分比，或者通过拖动亮度标尺上的滑块进行调整，如图 4-12 所示，其有效范围是-100%（纯黑）～100%（纯白），对比效果图如图 4-13 所示。

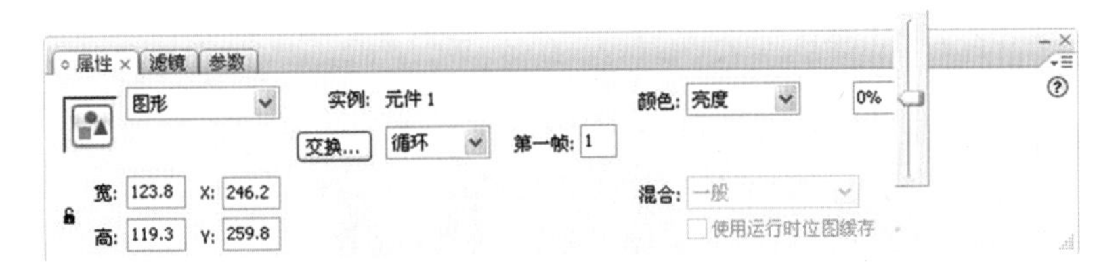

图 4-12　改变实例的亮度属性

图 4-13　亮度分别设置为 70%（左）、0%（中）和-70%（右）时实例的显示效果

● 色调：该选项可以设置实例的色调属性。在【属性】面板的【色调】数值框中可以设置面板上色调渗透到实例中的程度，其有效范围是 0% ~100%。0% 表示没有颜色渗透到实例中，100% 表示颜色完全渗透到实例中。单击【颜色】选择框，从弹出的【颜色】面板中可以选择需要渗透到实例中的颜色，如本例选择蓝色，也可以通过调节RGB 的数值来定制颜色，如图 4-14 和图 4-15 所示。

● Alpha：该选项可以设置实例的透明度。透明度实际上是通过调整实例的不透明度值来实现的。通过调整【属性】面板中的不透明度值，可以改变实例的透明度属性。透

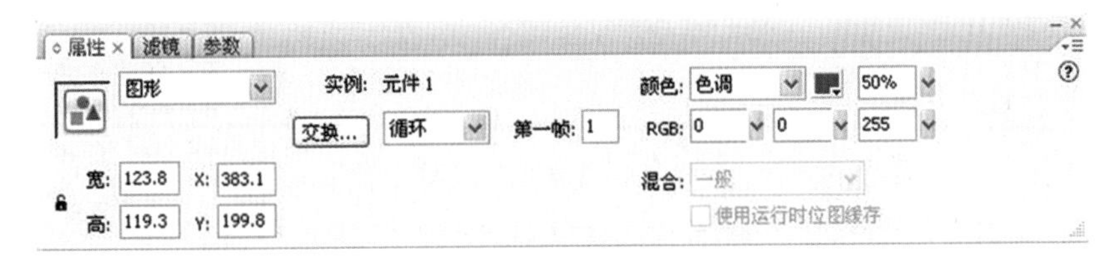

图 4-14　改变实例的色调属性

图 4-15　色调分别设置为 0%（左）、50%（中）和 100%（右）时的效果

明度的有效范围为 0% ~100%，0%表示完全透明，100%表示完全不透明，如图 4-16 和图 4-17 所示。

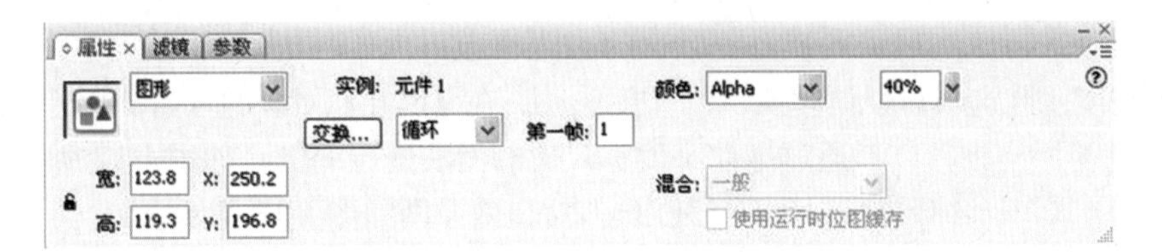

图 4-16　改变实例的 Alpha 属性

图 4-17　Alpha 属性分别设置为 50%（左）和 100%（右）时的对比效果

● 高级：如果选择该选项，如图 4-18 所示，在面板中单击【设置...】按钮，在打开的【高级效果】对话框中，可以更精确地设置实例的颜色效果，如图 4-19 所示。

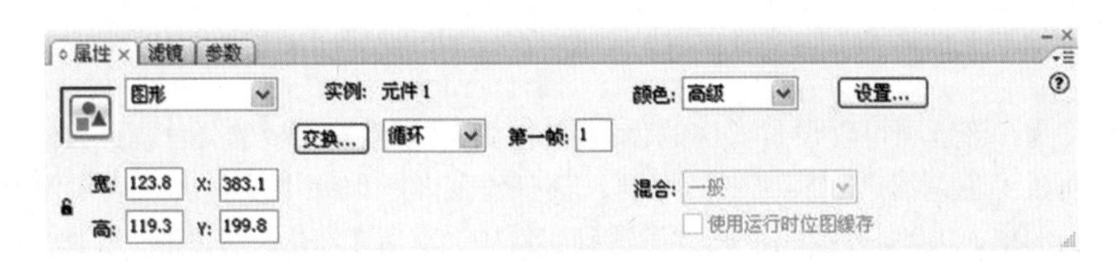

图 4-18　实例的“高级”选项

通过该对话框，可以调整实例的 RGB 值以及 Alpha 值。在对话框的左侧，可以采用百分比的方法来指定 RGB 颜色值或不透明度值，其有效范围为 -100%~100%；在对话框的右侧，可以以常数的形式设置 RGB 颜色值或不透明度值。

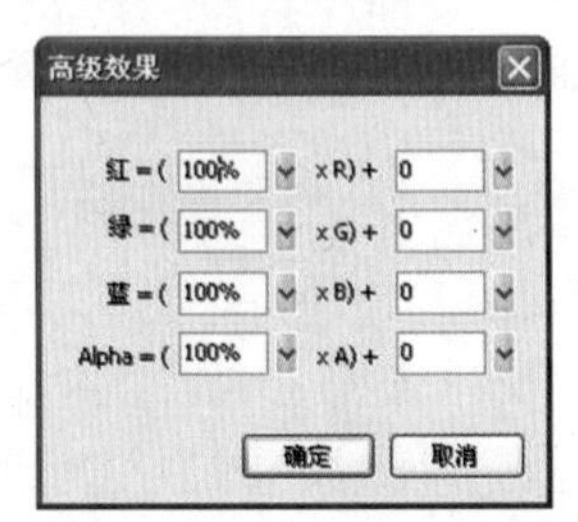

图 4-19　【高级效果】对话框

2. 改变实例的类型和名称

在实例的【属性】面板中，有一个叫【实例行为】的下拉列表框，如图 4-20 中红色标识区域，通过这个列表框可以选择改变实例的类型。

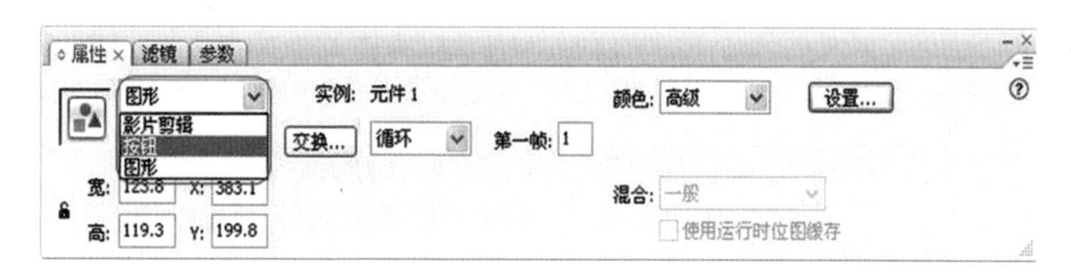

图 4-20 【实例行为】下拉列表框

● 影片剪辑：选择此选项可以将实例改变为“影片剪辑”类型，同时其下方会出现一个文本框，通过该文本框可以为实例命名，用以在影片中标识该实例，如图 4-21 (a) 所示。

● 按钮：选择此选项可以将实例的类型设置为“按钮”类型，它下方也会出现一个文本框，通过该文本框可以为实例重新命名，如图 4-21 (b) 所示。

● 图形：选择此选项可以将实例类型设置为图形类型，但是不会出现一个可以重新命名的文本框，即不能为图形实例重新命名，如图 4-21 (c) 所示。

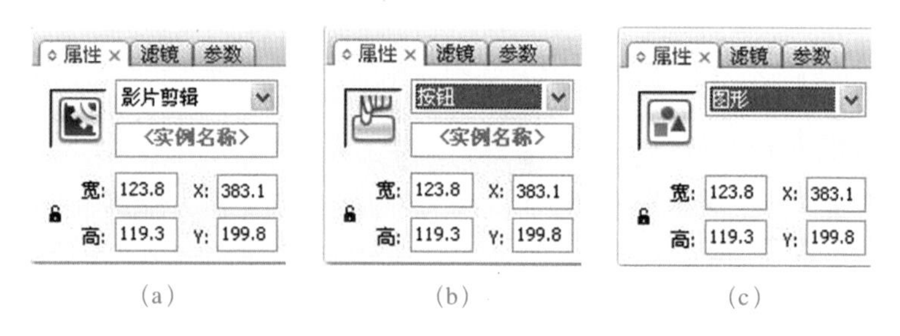

图 4-21 三种实例类型对应的【属性】面板

3. 改变实例的元件

如果在编辑的过程中想将实例换成另外一种【库】中存在的元件的样子，可以使用“交互元件”这个功能来实现。操作后原来实例的属性（如实例类型、按钮动作等）并不会改变，而且也不会改变【库】中元件的性质。下面以一个“矩形”按钮元件实例来替换“椭圆”图形元件实例的操作做具体介绍。

具体操作步骤如下：

(1) 创建“矩形”按钮元件和“椭圆”图形元件。

(2) 先将“椭圆”图形元件拖放到场景舞台中，如图 4-22 所示。

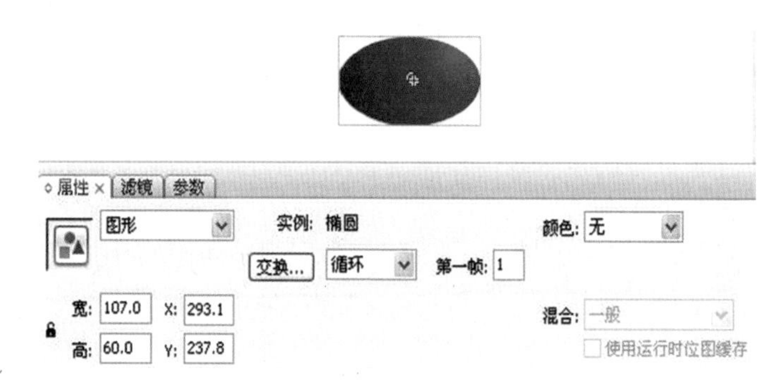

图 4-22 舞台上的“椭圆”实例及其属性

(3) 在“椭圆”图形实例上右击鼠标，在弹出的快捷菜单中选择【交换元件】命令，或单击【属性】面板的【交换】按钮，打开【交换元件】对话框，如图 4-23 所示。

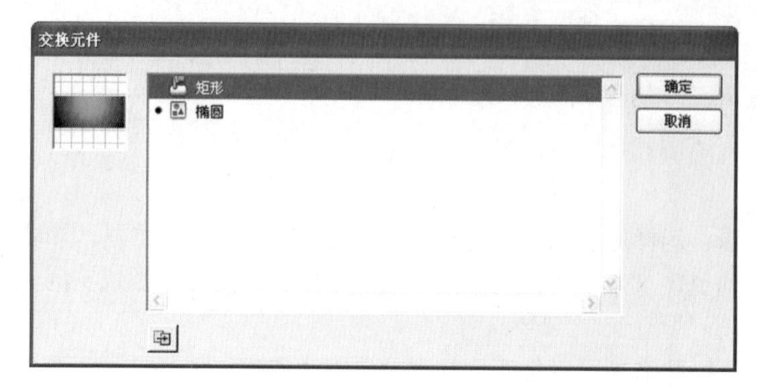

图 4-23 【交换元件】对话框

(4) 在【交换元件】对话框中选中“矩形”按钮元件，单击【确定】按钮，完成替换。此时，舞台上原来的“椭圆”实例被替换成“矩形”实例，外观变化了，但其性质(如实例类型)并未发生改变，如图 4-24 所示。

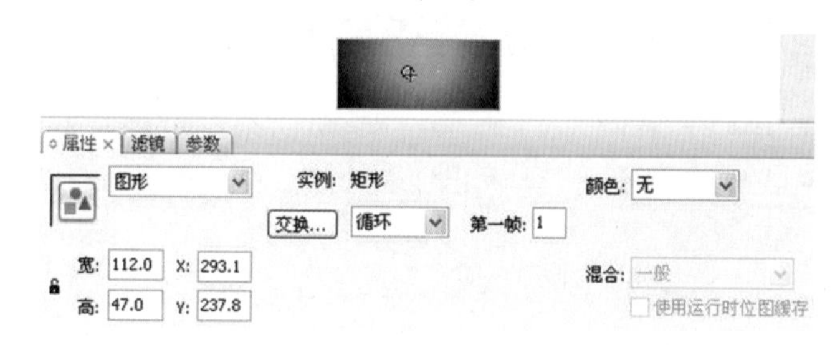

图 4-24 交换元件后的效果和实例属性

4.1.7 资源管理

当【库】面板中的元件过多时，用户就有必要对【库】面板中的元件进行分类管理，以减少查找、使用和出错的几率，如图 4-25 所示。主要是通过创建一些文件夹，将元件分门别类。

具体操作步骤如下：

(1) 在【库】面板中元件所在区域外空白处右击鼠标，在弹出的快捷菜单中选择【新建文件夹】命令；或单击【库】面板左下角的【新建文件夹】按钮；或单击【库】面板右上角的【选项】按钮，在弹出的菜单中选择【新建文件夹】命令，都可以在【库】面板中创建一个新文件夹，如图 4-26 所示。

(2) 双击文件夹名称，或在名称上右击鼠标并在弹出的快捷菜单中选择【重命名】命令，输入新的文件名，此处输入“图形元件”，如图 4-27 所示。

(3) 依次选中【库】面板中的图形元件，然后拖动到“图

图 4-25 原始【库】面板

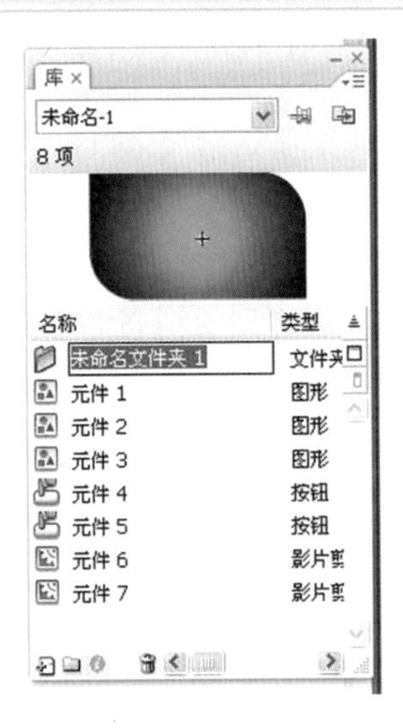

图 4-26　新建一个文件夹

图 4-27　重命名后的文件夹

形元件”文件夹中；或在图形元件上右击鼠标，在弹出的快捷菜单中选择【移至文件夹】命令，将图形元件移动到文件夹中，如图 4-28 所示。

(4) 重复上面几个步骤，将影片剪辑元件和按钮元件分别移动到“影片剪辑元件”和“按钮元件”文件夹，整理后的【库】面板如图 4-29 所示。

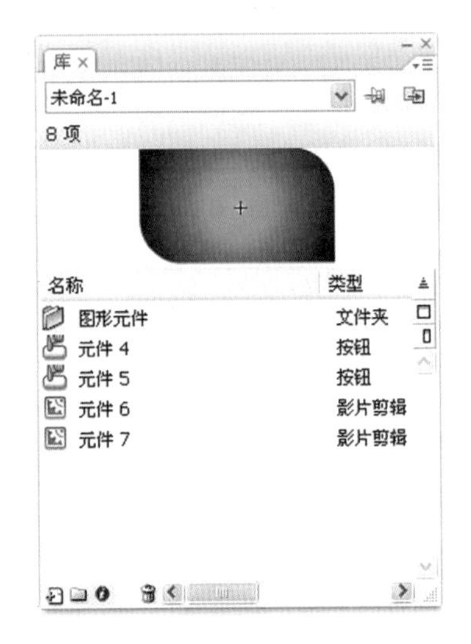

图 4-28　所有图形元件放入文件夹

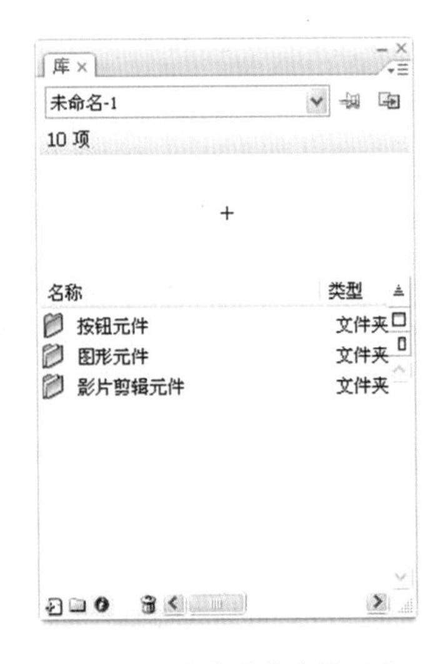

图 4-29　所有元件分门别类

提示：【库】面板中的文件夹中还可以再新建文件夹，以便对当前分类进行细化。具体操作大家可以自行实验。

4.2　形状补间动画

形状补间动画可以是形状、位置和颜色的变化，但主要还是形状的变化。这里首先要强调的一点是，形状动画不可以使用元件的实例，只能是绘制或转换的图形。

4.2.1　制作简单的形状补间动画

下面将通过一个红色圆形变为蓝色矩形并有位置移动的动画实例，来讲解形状补间动画的制作。

具体操作步骤如下：

（1）新建 Flash 文档。单击【椭圆工具】按钮，然后设置【笔触颜色】为“无”，【填充颜色】为红色。选中“图层 1”的第 1 帧，在舞台左边绘制一个红色的圆，如图 4-30 所示。

（2）在时间轴第 30 帧按 F7 键，插入一个空白关键帧。

（3）单击【矩形工具】按钮，然后设置【笔触颜色】为“无”，【填充颜色】为蓝色。选中“图层 1”的第 30 帧，在舞台右边绘制一个蓝色的矩形，如图 4-31 所示。

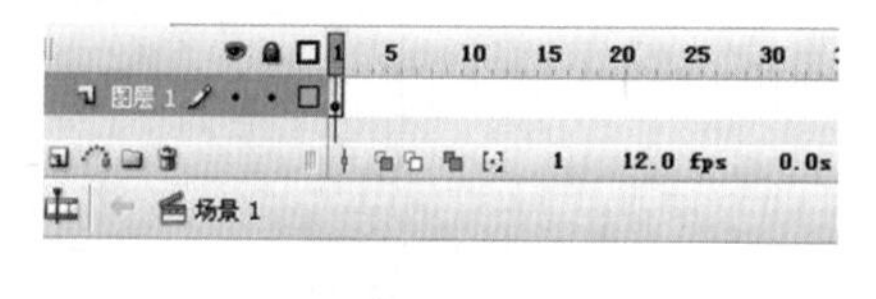

图 4-30　第 1 帧图形

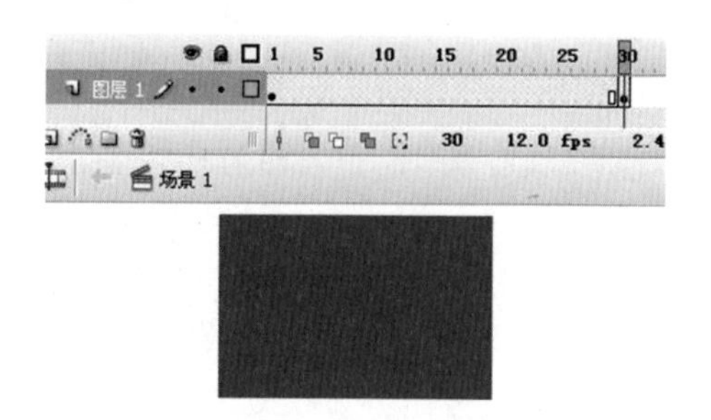

图 4-31　第 30 帧图形

（4）设置形状补间动画，这一步是关键。在第 1~30 帧中间的任何位置右击鼠标，在弹出的快捷菜单中选择【创建补间形状】命令，此时时间轴第 1~30 帧之间变成淡绿色，并且出现一条从第 1 帧指向第 30 帧的黑色箭头。此时，形状补间动画就创建好了，如图 4-32 所示。

（5）按 Ctrl+Enter 组合键测试影片，可以看到播放后的效果，如图 4-33 所示。

图 4-32　创建好形状补间的时间轴

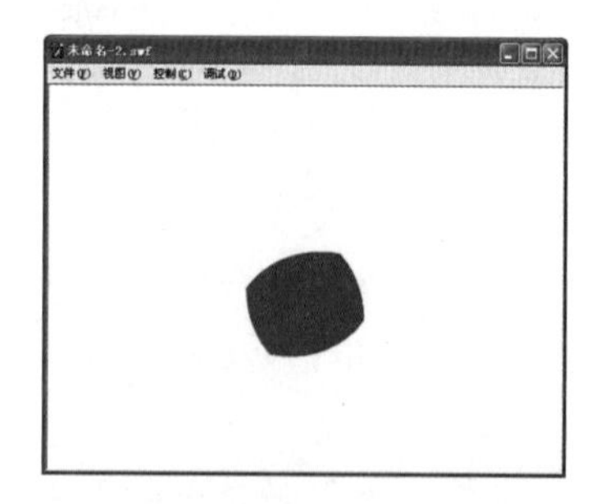

图 4-33　影片测试效果

提示：想要查看动画变化的具体过程，可以单击【时间轴】面板上的【绘图纸外观】按钮，查看整个变形过程的外观，如图 4-34（红色框中按钮）所示；单击【绘图纸外观轮廓】按钮，可以查看各帧在变形过程中的轮廓显示，如图 4-35（红色框中按钮）所示。要调整查看的范围，可以单击【修改绘图纸标记】按钮，或拖动时间轴刻度上的【开始绘图纸外观】手柄和【结束绘图纸外观】手柄进行设置。

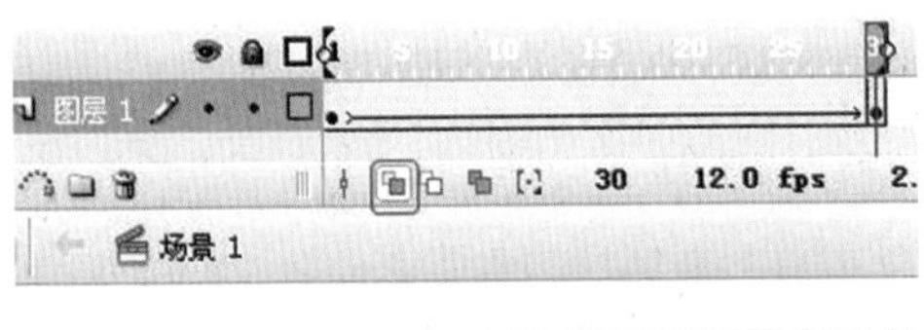

图 4-34　使用【绘图纸外观】按钮查看

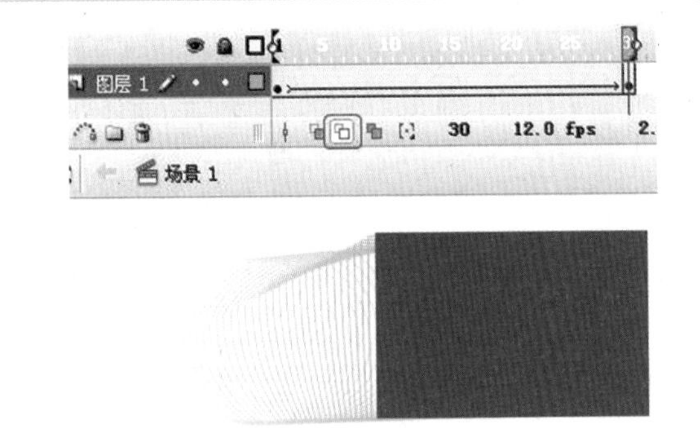

图 4-35　使用【绘图纸外观轮廓】按钮查看

4.2.2　使用形状提示点

当创建形状补间动画后，形状会以一定的方式进行变形，但是具体怎么变，用户是不能精确预测的。而且如果是比较复杂一些的图形，在变形的过程中就可能会出现一些错误。为解决这个问题，可以使用一些变形提示。使用变形提示后用户可以让原来图形上的某一点变换到变形后图形上的指定点，这样，对象之间的变形过渡就不再是随机发生的，而是受到控制的精确变形了。下面以刚才制作的形状补间动画为例来说明变形提示的使用。

具体操作步骤如下：

(1) 选中实例中的第 1 帧，选择【修改】/【形状】/【添加形状提示点】命令，也可以按Ctrl+Shift+H组合键（如图 4-36 所示），添加一个提示点。该提示点是用字符 a 表示，并依附在圆的边缘，如图 4-37 所示。

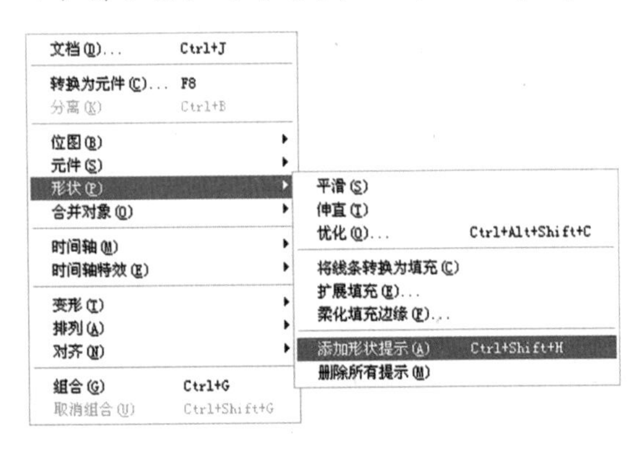

图 4-36　菜单添加形状提示

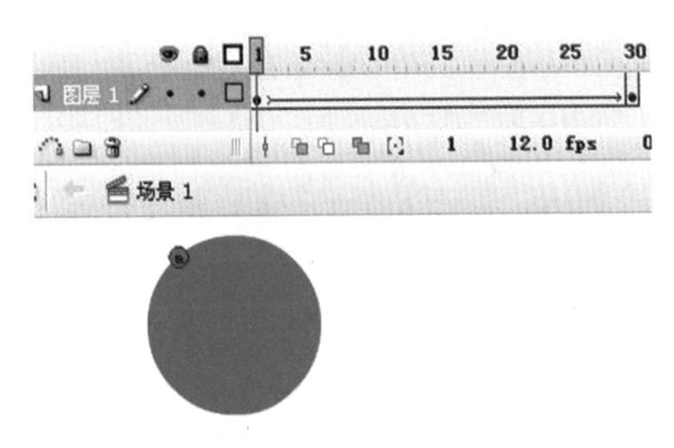

图 4-37　添加了第一个提示后的效果

(2) 使用同样的方法再添加进来3个提示点，可以看到提示点的序号是以字母顺序编号的。将 4 个提示点分别拖到圆边缘的 4 个适当的位置，此时 4 个提示点分别用来确定矩形的 4 个角，如图 4-38 所示。

(3) 单击最后一帧，可以看到第 30 帧出现相应提示点，此时 4 个提示点是重叠在一起的，如图 4-39 所示。将 4 个提示点分别拖放到矩形的 4 个角，如图 4-40 所示。

(4) 形状提示点添加完毕，选择【控制】/【影片测试】命令，可以看到测试效果，即圆的 4 个提示点 a、b、c、d 分别变形到矩形的 4 个相应提示点。

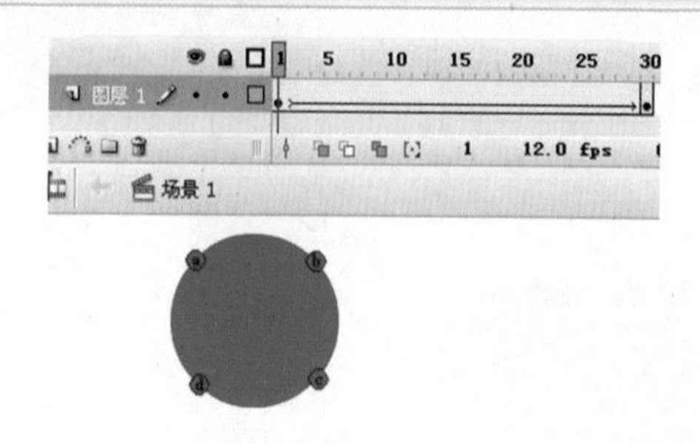

图 4-38　添加进来 4 个提示点

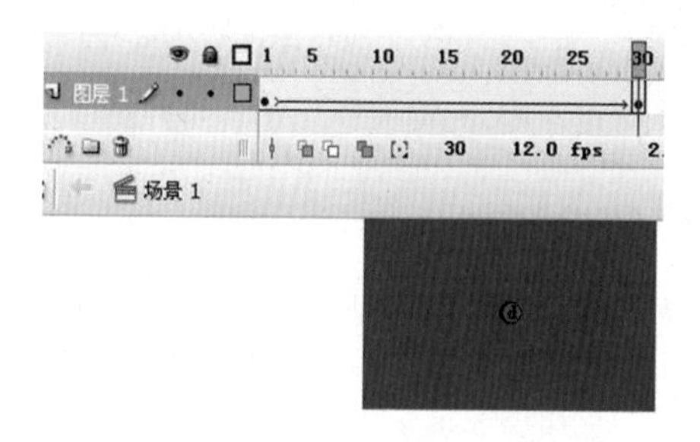

图 4-39　最后一帧出现相应提示点

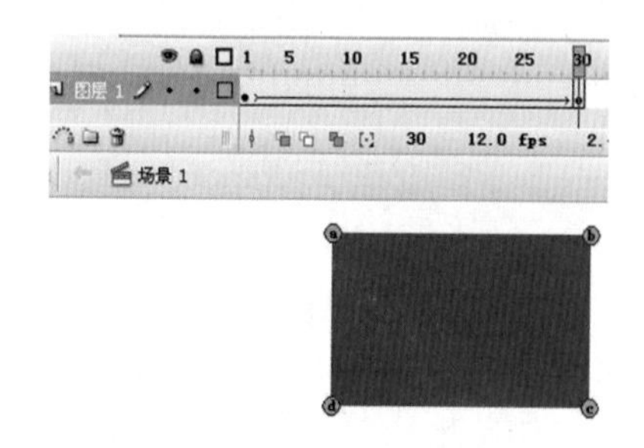

图 4-40　放置好 4 个提示点

4.3　动画补间动画

上面介绍的形状补间动画操作只能针对一些图形，更多的时候，用户可能用元件来快速制作动画，这时就需要使用动画补间了。动画补间动画简称补间动画，在补间动画中可以实现路径、形状、颜色和速度的变化，还可以实现旋转等效果。

下面通过一个车轮转动（旋转、变色、变化大小、变速）的实例进行说明。

具体操作步骤如下：

(1) 新建 Flash 文档，选择【插入】/【新建元件】命令，弹出【创建新元件】对话框，在【名称】文本框中输入“车轮”，在【类型】单选框中选择“图形”，单击【确定】按钮。

(2) 使用【椭圆工具】和【直线工具】绘制一个车轮。用【椭圆工具】画车轮的两个圈，用【直线工具】画四根钢丝轴。画好后单击【场景 1】按钮返回到场景。此时“车轮”元件已经在【库】中，如图 4-41 所示。

(3) 选中第 1 帧，将“车轮”元件拖放到舞台左上角位置。使用【任意变形工具】将车轮适当缩小。选中“车轮”图形元件实例，将其 Alpha 值设置为 42%，如图 4-42 所示。

(4) 选中第 1 帧，在帧【属性】面板中设置【旋转】为顺时针旋转 2 次，【缓动】属性设置 -100（设置由慢到快的变速运动，范围是 -100 到 +100），如图 4-43 所示。起始帧设置完毕。

提示：帧【属性】面板中的【缓动】下三角按钮如果设置为 0，则表示匀速直线运动；为负数，则表示由慢到快的变速运动，数值越小，速度变化的范围越大；为正数，则表示由快到慢的变速运动，数值越大，速度变化的范围越大。【旋转】下三角按钮中，可以选择顺时针和逆时针旋转，其后的文本框可以设置旋转的次数。

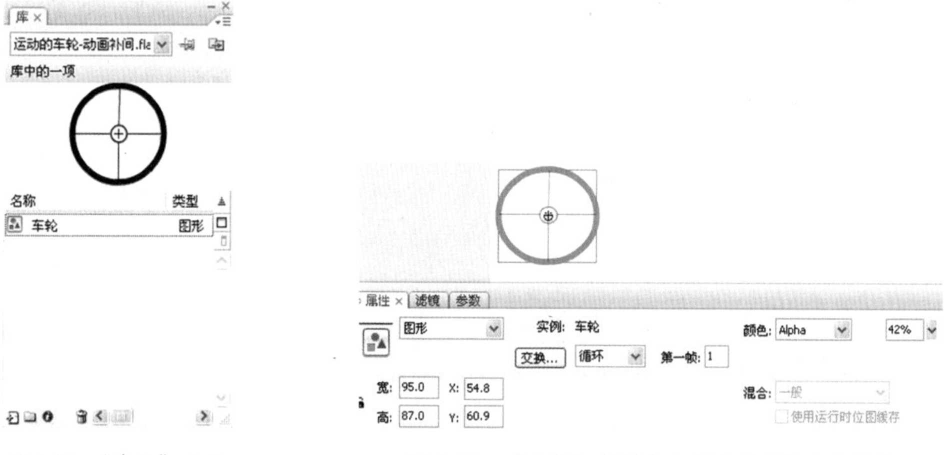

图 4-41　“车轮”元件　　　图 4-42　“车轮”实例大小和透明度修改后效果

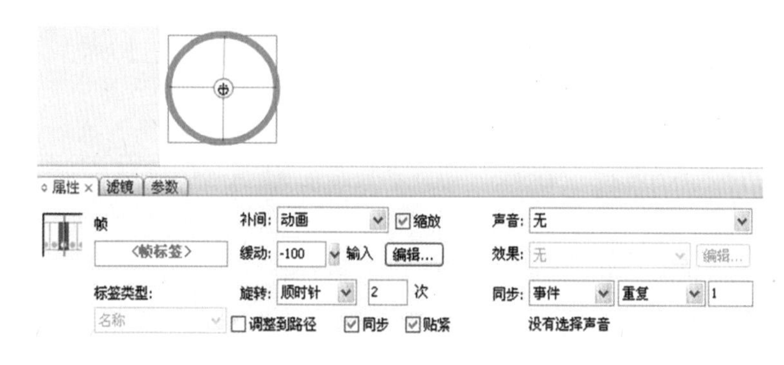

图 4-43　设置旋转和变速运动的属性

(5) 选中第 40 帧，按 F6 键，插入一个关键帧。此时该帧将拥有与第 1 帧一模一样的内容。

(6) 选中第 40 帧的车轮，使用【任意变形工具】将车轮适当放大。选中“车轮”图形元件实例，在其【颜色】属性值中，设置【色调】为红色，【渗透值】设置为 98%，如图 4-44 所示。

(7) 在第 1~40 帧之间的任意位置右击鼠标，在弹出的快捷菜单中选择【创建补间动画】命令，此时时间轴第 1~40 帧之间就变成淡紫色，并且出现一条从第 1 帧指向第 40 帧的黑色箭头，表示补间动画创建完毕，如图 4-45 所示。

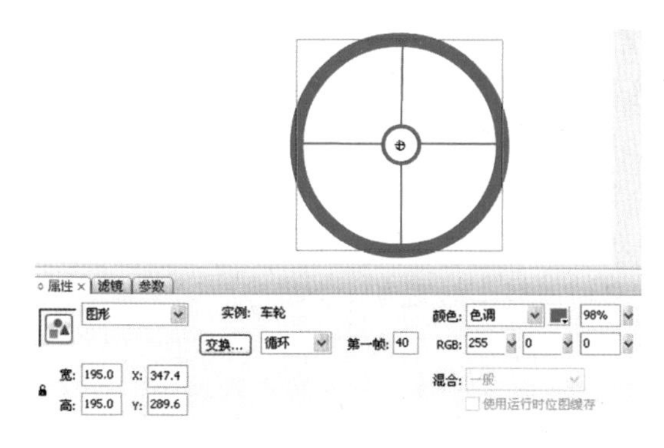

图 4-44　车轮实例属性的设置

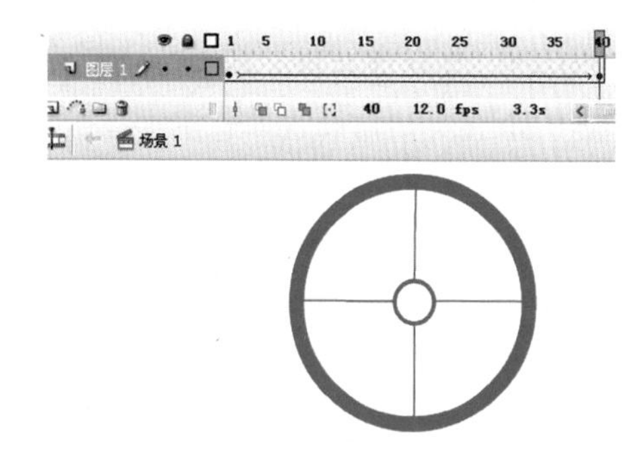

图 4-45　创建补间动画

(8) 按Ctrl+Enter组合键测试，可以看到车轮由慢到快、由远到近滚过来，同时颜色也发生了改变，如图4-46所示。

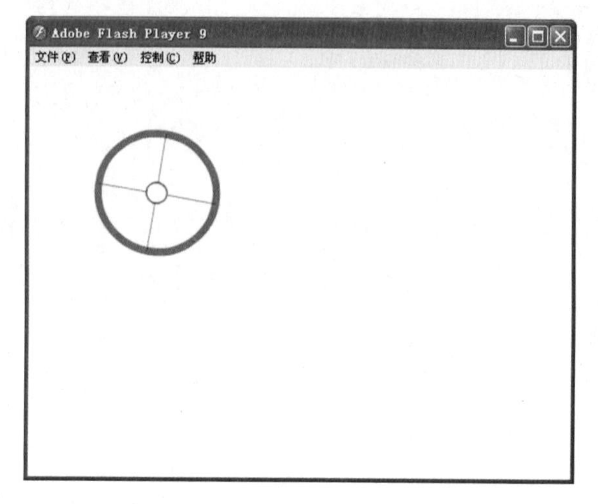

图4-46 车轮运动最终效果截屏图

4.4 实例剖析

4.4.1 变换的“爱”、“心”

【设计思路】

一颗红色的立体效果的“心”通过变形，变成了一个红色的“爱”字；然后“爱”字又慢慢变换回“心”形，如此不断反复变换，如图4-47所示。

图4-47 变换的“爱”、“心”效果截屏图

【技术要点】

- 【椭圆工具】、【钢笔工具】和【部分选取工具】的使用。
- 帧的基本操作。
- 【颜色】面板的使用。
- 形状补间动画。

操作步骤如下：

(1) 新建Flash文档，属性采用默认设置。

(2) 选择【椭圆工具】，设置【笔触颜色】为“无”，【填充颜色】为红色。按下Shift键的同时在舞台中央画出一个红色的圆，如图4-48所示。

(3) 选中刚画好的圆，按住Ctrl+D组合键复制一个圆，如图4-49所示。按下鼠标左键并拖动刚刚复制的圆，拖动到如图4-50所示的位置（可用光标键进行微调）。调整好后，鼠标在其他地方单击一下，发现两个圆的图形立刻变为一个图形。

提示：在两个圆的位置未调整好之前，鼠标不能做其他操作或在其他位置单击，否则两个圆就会立刻合二而一，不能再调整位置。

图 4-48　画出一个圆

图 4-49　复制一个圆

图 4-50　调整两个圆的位置

(4) 选择【钢笔工具】，在刚做好的图形的边缘点击一下，图形上立刻出现很多锚点。选择【部分选取工具】，拖动图形下面中间的一个锚点至图 4-51 所示位置。

(5) 使用【部分选取工具】选择左边需删除的锚点，按 Del 键进行删除，删除后如图 4-52 所示。同样删除右边需删除的锚点，删除后效果如图 4-53 所示。

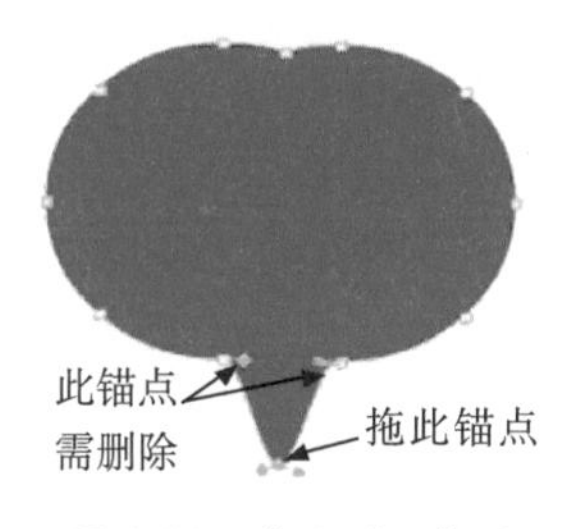

图 4-51　拖出“心”尖

图 4-52　删除左边一个锚点

图 4-53　删除右边一个锚点

(6) 打开【颜色】面板，在【类型】下拉列表框中选择“放射性”，在三个渐变关键点上分别进行如图 4-54 所示的设置。再使用【颜料桶工具】在绘制好的“心”图形左下方单击一下，则图形出现立体的渐变色，“心”的右上出现高光效果。可以使用【渐变变形工具】调整颜色，直至自己满意，如图 4-55 所示。

(7) 在“图层 1”的第 60 帧处右击鼠标，在弹出的快捷菜单中选择【插入空白关键帧】命令。选择【文本工具】，在文本的【属性】面板中设置文本格式为：华文新魏、红色。在舞台中央输入一个“爱”字，再使用【任意变形工具】调整其大小至与前面“心”的图形差不多。

(8) 选择“爱”字，按两次 Ctrl+B 组合键，将其打散分离，效果如图 4-56 所示。

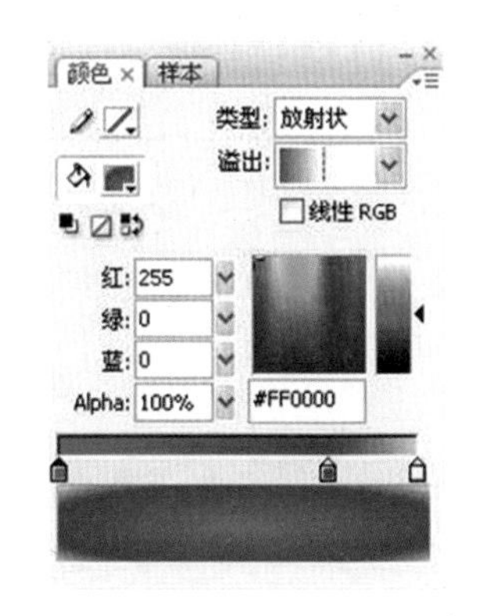

图 4-54　调色板上渐变色的设置

图 4-55　为“心”形设置渐变色

图 4-56　设置“爱”字

(9) 在第1~60帧之间任意位置右击鼠标，在弹出的快捷菜单中选择【创建补间形状】命令，时间轴立刻变成淡绿色，并出现一条黑色箭头，如图4-57所示。

(10) 为了让“爱”字显示后有短时间的停留，在第70帧处插入一个关键帧。

(11) 让“爱”字再变换回“心”图形。选中第1帧，右击鼠标，在弹出的快捷菜单中选择【复制帧】命令。然后在第130帧处右击鼠标，在弹出的快捷菜单中选择【粘贴帧】命令，可以看到第130帧具有和第1帧一样的内容。在第70～130帧之间的任一帧右击鼠标，在弹出的快捷菜单中选择【创建补间形状】命令。

(12) 按Ctrl+Enter组合键测试影片，查看最终效果，如图4-58所示。

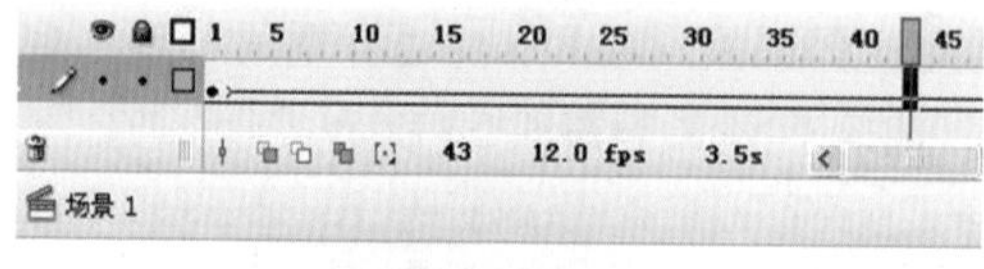

图 4-57　设置形状补间

图 4-58　测试效果截屏图

4.4.2　弹簧振子的简谐运动

【设计思路】

假设在理想的状态下，没有阻力，一个弹簧振子在水平桌面上做简谐运动，效果如图4-59所示。

【技术要点】

- 弹簧的绘制。
- 元件的创建和编辑。
- 帧的基本操作。
- 动画补间动画的设置。

操作步骤如下：

(1) 新建Flash文档，属性采用默认设置。

(2) 选择【矩形工具】和【线条工具】，画出如图所示的简单墙壁和桌面。画好以后使用【选择工具】全选图形，然后按Ctrl+G组合键或选择【修改】/【组合】命令，将所有图形组合在一起，如图4-60所示。

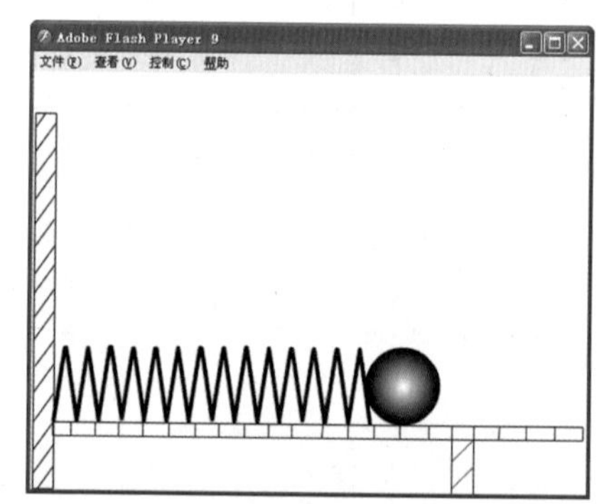

图 4-59　弹簧振子做简谐运动

提示：可以在按住Shift键的同时使用【线条工具】画斜线，也可以采用复制线条的方式来提高速度。

(3) 选择【插入】/【新建元件】命令，弹出【创建新元件】对话框，在【名称】文本框中输入“弹簧”，在【类型】选项区中选择“图形”，然后单击【确定】按钮，如

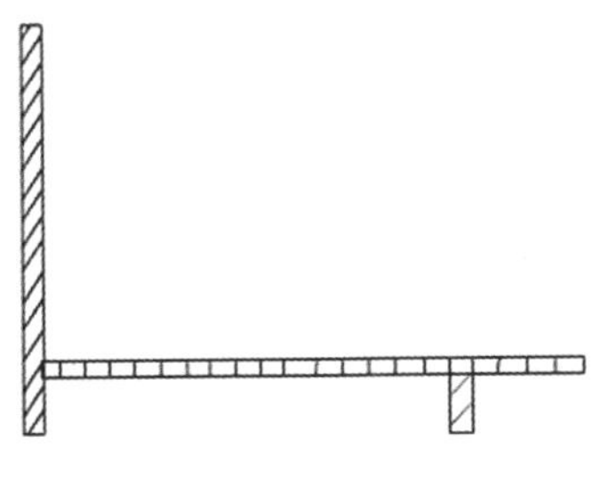

图 4-60　绘制水平桌面

图 4-61　创建“弹簧”元件

图 4-61 所示。

(4) 为了便于图形精确定位，选择【视图】/【网格】/【显示网格】命令来显示网格，如图 4-62 所示。在“弹簧”元件的工作区按住 Shift 键的同时使用【线条工具】绘制如图 4-63 (a) 所示图形，然后使用【任意变形工具】将其缩小到适宜大小，如图 4-63 (b) 所示。

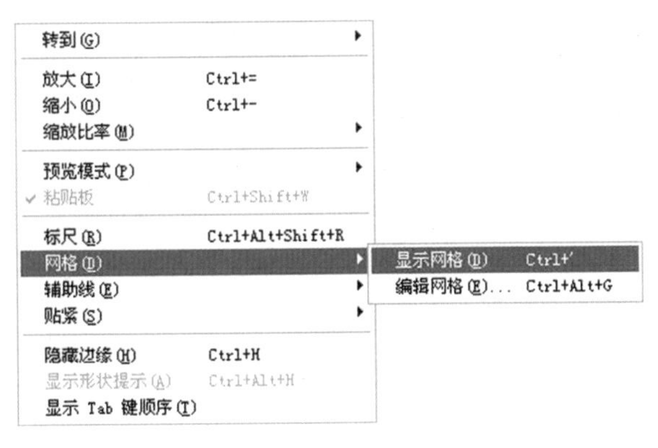

图 4-62　显示网格

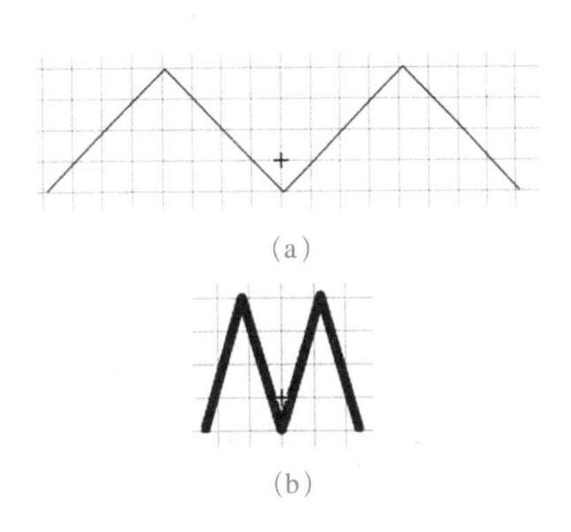

图 4-63　绘制好的图形 (a)，使用变形工具缩小 (b)

(5) 选中刚画好的图形，按 Ctrl+C 组合键复制，按 Ctrl+V 组合键粘贴，并调整位置，使两个图形连接在一起。再执行同样的复制、粘贴和调整位置操作 5 次，可以得到如图 4-64 所示的弹簧效果。

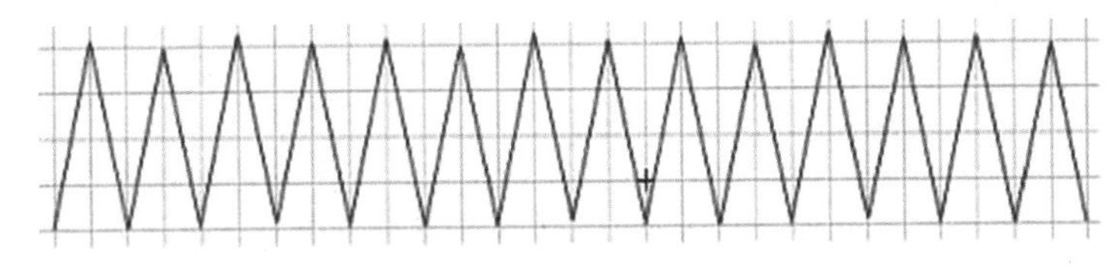

图 4-64　弹簧初步效果

(6) 选中弹簧图形，在【属性】面板中设置【线宽】为 5。使用【橡皮擦工具】将弹簧在网格外的部分擦除，避免弹簧高度不一，【属性】面板及其设置后效果如图 4-65 所示。

至此，“弹簧”元件制作完毕。

(7) 按创建“弹簧”元件的方法创建“小球”元件，进行如图 4-66 所示的设置，然后单击【确定】按钮。

(8) 使用【椭圆工具】，设置【笔触颜色】为“无”，【填充颜色】为放射性灰色，在元件舞台准星位置按下 Shift 键的同时画圆，使用【任意变形工具】调整其大小，使用【渐变变形工具】调整其填充颜色，则“小球”元件制作完毕,如图 4-67 所示。

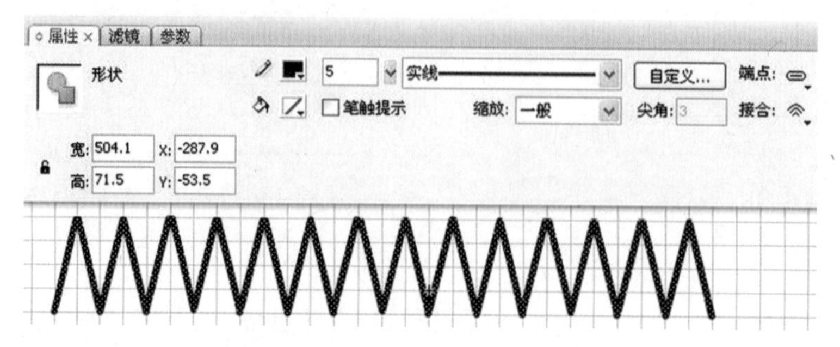

图 4-65　在【属性】面板设置线宽及对应效果

图 4-66　创建“小球”元件

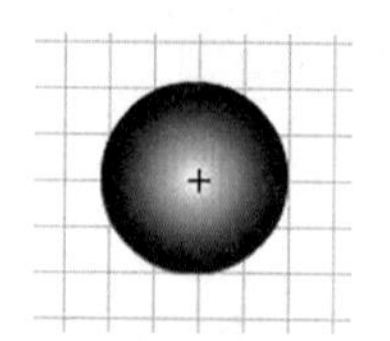

图 4-67　绘制好的小球

(9) 返回到场景中，可以通过【库】面板看到刚才制作的元件，如图 4-68 所示。

(10) 将“图层 1”改名为“运动平台”。新建 2 个图层，分别命名为“弹簧”和“小球”。将“弹簧”元件拖入“弹簧”图层的第 1 帧，调整好与水平桌面的位置；将“小球”元件拖入“小球”图层，调整好与水平桌面和弹簧的位置，如图 4-69 所示。然后按 F6 键在“运动平台”图层的第 40 帧插入关键帧。

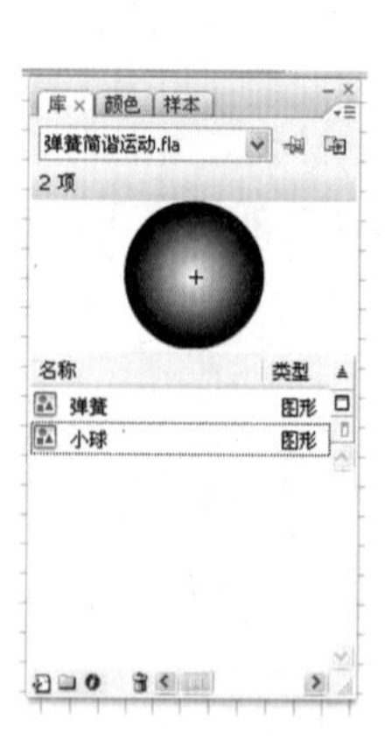

图 4-68　【库】面板

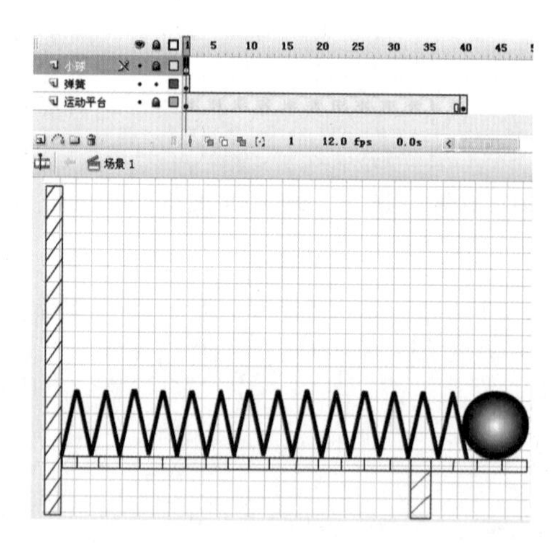

图 4-69　简谐运动初始效果

(11) 按 F6 键在“弹簧”图层的第 20 帧插入一个关键帧，再使用【任意变形工具】将弹簧缩短到如图 4-70 所示（先将任意变形的中心点移至左边中点）。同样在“小球”图层的第 20 帧插入关键帧，将小球位置移到弹簧右侧。分别在“弹簧”图层和“小球”图层的帧上右击鼠标，在弹出的快捷菜单中选择【创建补间动画】命令，得到图 4-71 所

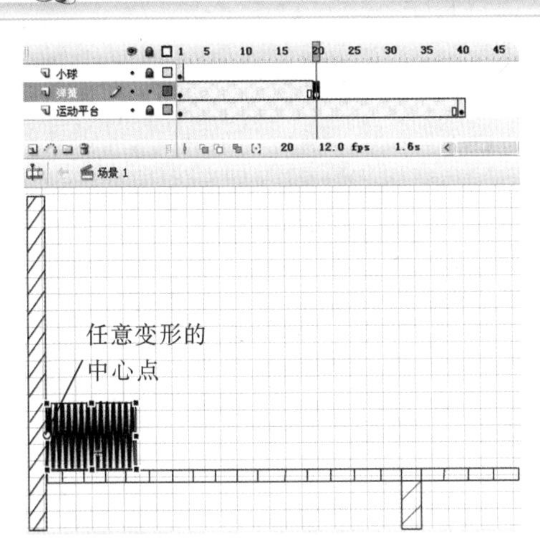

图 4-70　第 20 帧弹簧设置

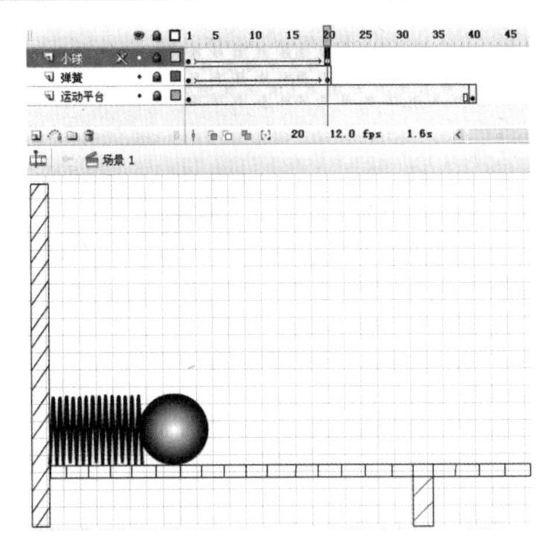

图 4-71　弹簧缩短后的效果

示的效果。

(12) 在“弹簧”图层和“小球”图层的第 40 帧处插入关键帧，然后将弹簧的长度和小球的位置设置成与第 1 帧一样的效果。再在“弹簧”图层和“小球”图层的第 20～40 帧之间创建补间动画，如图 4-72 所示。

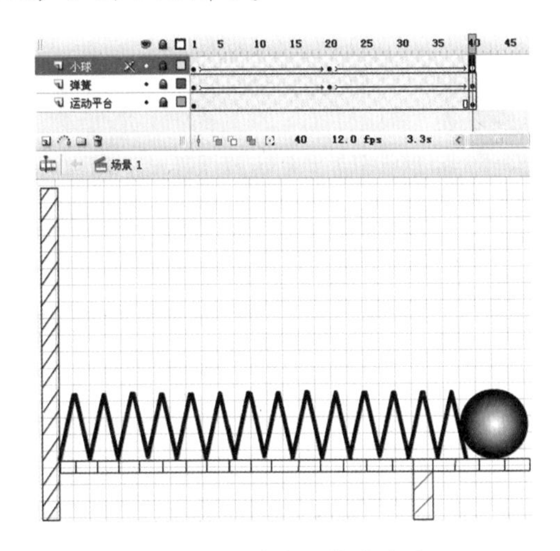

图 4-72　最后一帧的效果

4.5　习　　题

1．简答题

(1) 元件和实例的区别是什么？各自适合于什么场合？

(2) 形状补间和动画补间各有什么特点和区别？

2．上机题

(1) 使用形状补间动画制作“破碎的心”，如图 4-73 所示。参考源文件“破碎的心 - 形状补间动画（提示）.fla”。

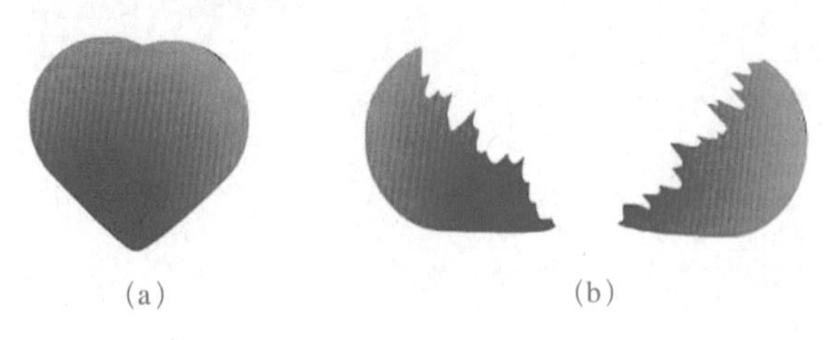

(a) (b)

图 4-73 第 1 帧完整的心（a）；最后一帧“破碎的心”（b）

提示：添加形状提示点来制作该动画。

（2）使用形状补间制作图形和文字的互变，效果如图 4-74 所示。参考源文件“红灯停 - 形状补间动画.fla”。

（3）使用动画补间制作旋转的文字效果“周末特价”，效果如图 4-75 所示。参考源文件“特效文字 - 周末特价 - 动画补间.fla”。

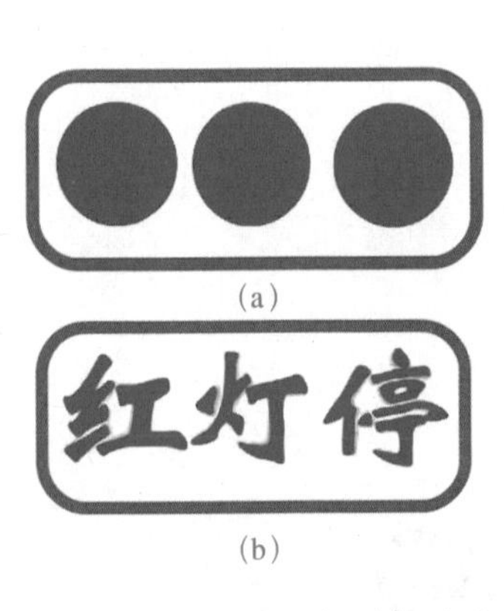

(a)

(b)

图 4-74 从第 1 帧红灯（a）渐变到文字“红灯停”（b）

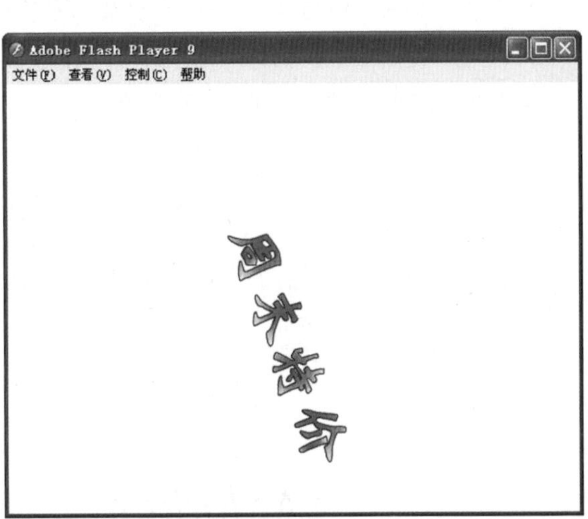

图 4-75 使用动画补间制作出的旋转文字效果

第5章 Flash中的文本

文字在日常生活中有着不可或缺的作用，它是传递信息的重要手段。Flash中的文字分为文本文字和图形文字两种形式，只有文本文字才可以设置文字的字体、字号、颜色和样式等属性。图形文字则不能设置这些属性，但可以设置一些笔触颜色和填充颜色等形状的属性，因为它已经是一种矢量图形。

本章学习目标

- 文本的输入和编辑。
- 文本的属性设置。
- 静态文本、动态文本和输入文本。
- 特殊文字效果。

5.1 文本的输入和编辑

Flash CS3工具箱中的【文本工具】具有文本输入和编辑的功能，它可以用来创建三种类型的文本字段：静态文本、动态文本和输入文本。用户可以在拖出来的文本输入框中输入文字，然后进行编辑。文本和文本输入框处于会话层的顶层，这样放置的好处是既不会因文本而扰乱图像操作，也便于输入和编辑文本。除了在Flash文本框中直接输入文本，用户还可以将已有的外部文本资料（如Word文本）导入到Flash中。

5.1.1 输入文本

一般有标签和文本块两种方式输入文本。

● 以标签方式输入文本：当用户选择【文本工具】后，只需将【文本工具】移到指定的区域并单击，右上角有一个圆形标志的标签方式输入域出现（动态文本和输入文本在右下角），用户可以在此直接输入文本。输入区会根据实际需要自动横向延长，也可以通过拖动右上角的圆圈增加文本框的长度。

● 文本块方式的文本输入域：当用户选择【文本工具】后，在需要的位置按下左键并拖动鼠标，画出一个矩形区域，此时就得到了一个右上角有一正方形标志的文本块方式输入域（动态文本和输入文本在右下角）。它的宽度是固定的，但是文本框会根据输入的文本量实现纵向延长。二者外观区别如图5-1和图5-2所示。

图5-1 标签方式输入框

图5-2 文本块方式输入框

提示：标签方式输入文本和文本块方式输入文本之间的转换：双击文本块输入框右上角的正方形标志，就可立刻变为圆形标志，则转换为标签方式；向右拖动标签方式右上角的圆形标志，该圆形变为正方形，则标签方式转换为了文本块方式。

5.1.2　编辑文本

文本输入以后，就可以对其进行编辑。用户可以用【选择工具】或【任意变形工具】对其进行移动、旋转、缩放和倾斜等简单的操作，如图5-3和图5-4所示。也可以用【文本工具】单击要处理的文本框，然后进行插入、删除，以及改变字体、字号、样式等操作。

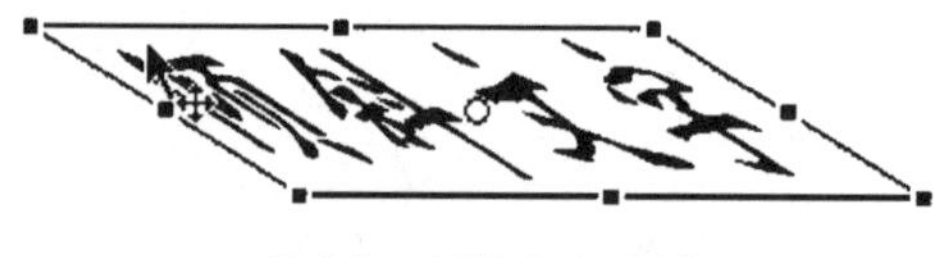

图 5-3　倾斜文字示例

图 5-4　旋转 180°的文字示例

文字有文本文字和图形文字两种形式，在Flash中的文本文字通过按两次Ctrl+B组合键，或两次选择【修改】/【分离】命令，就可以将其打散为图形文字。其中，第一次打散成一个一个的单字，如图5-5 (a) 所示；第二次打散成单独的色块，如图5-5 (b) 所示。打散后的文字就具有图形的属性，可以对其设置图形的一些属性，如图5-6所示。

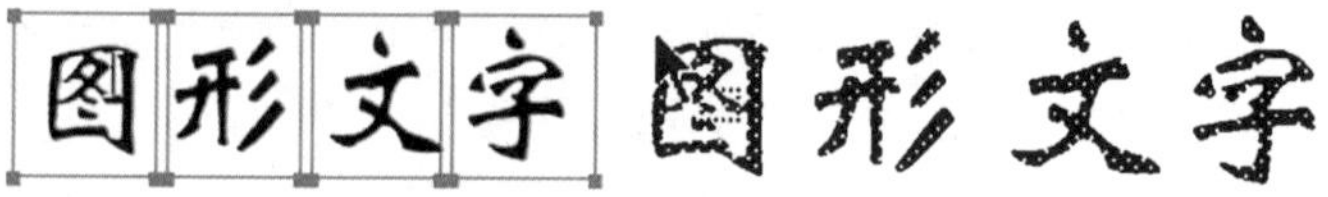

（a）一次打散

（b）二次打散

图 5-5　文字打散的效果

图 5-6　打散成图形后的文本，可以像图形一样编辑笔画（如“心”字）

5.2　文本的属性设置

文本的属性可以通过选择菜单栏的【文本】下拉菜单命令来设置，如图5-7所示；也可选择【窗口】/【属性】/【属性】命令，调出文本的【属性】面板来设置，如图5-8所示。【文本】下拉菜单主要用来设置文字的字体、大小、样式、对齐和字母间距等。【属性】面板包括文本的各项设置，具体如图5-8所示。

图 5-7　【文本】菜单

5.2.1　文本的基本属性设置

1．设置文本字体

要对文本设置字体，可以选择【文本】/【字体】命令，则会弹出【字体】命令的

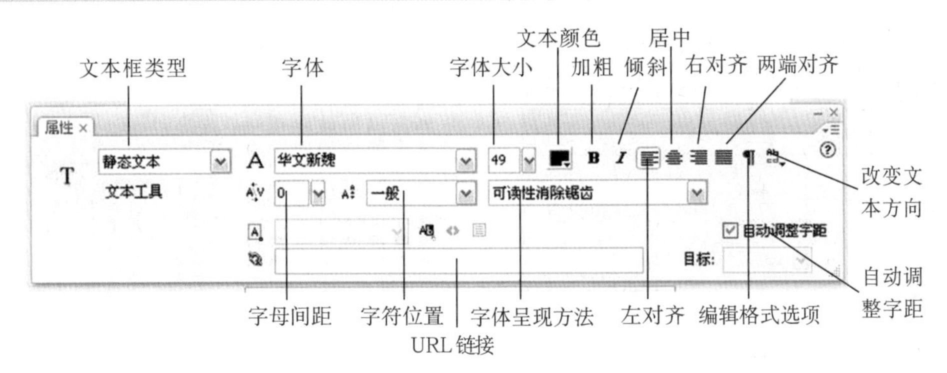

图 5-8　文本【属性】面板

子菜单，里面显示了系统自带的字体和用户安装的字体。可以单击上端和下端的两个黑色三角按钮查看隐藏的字体。如果选中某种字体，则该字体前会出现一个“✔”。

也可在【属性】面板中单击字体的下三角按钮，打开【字体】下拉列表框，通过拖动滚动条选择一种合适的字体。

2．设置字体大小

选择【文本】/【大小】命令，在弹出的菜单中可以设置从 8～120 的字体大小，如图 5-9 所示。如果该菜单中没有所需的字号数值，则可以在文本的【属性】面板中拖动滑块进行设置，或者直接在【字号】文本框中输入所需要的字号的数值，特别是当滑块提供的字体大小范围（8～96）不够用时，如图 5-10 所示。前面章节中提到的【任意变形工具】里面的【缩放】功能也可以改变文字的大小。

图 5-9　用菜单设置字体大小

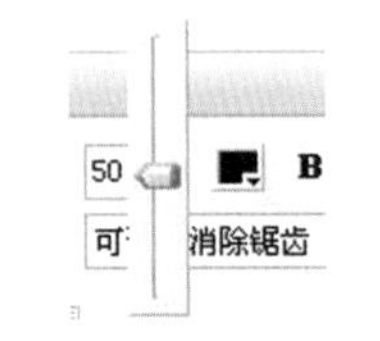

图 5-10　在【属性】面板中设置字体大小

3．设置文本颜色

文本颜色可在文本【属性】面板中设置。单击【文本（填充）颜色】图标，打开如图 5-11 所示的调色板。用户可以为当前选择的文本设置新的颜色。如果对颜色调色板内的颜色不满意，还可以单击颜色调色板上的按钮选择自定义颜色，如图 5-12 所示。

4．设置文本样式

选择【文本】/【样式】命令，可以设置文本为正常、粗体、斜体、下标和上标，如图 5-13 所示。在文本的【属性】面板中也有粗体和斜体两个按钮，单击 **B** 按钮，可以

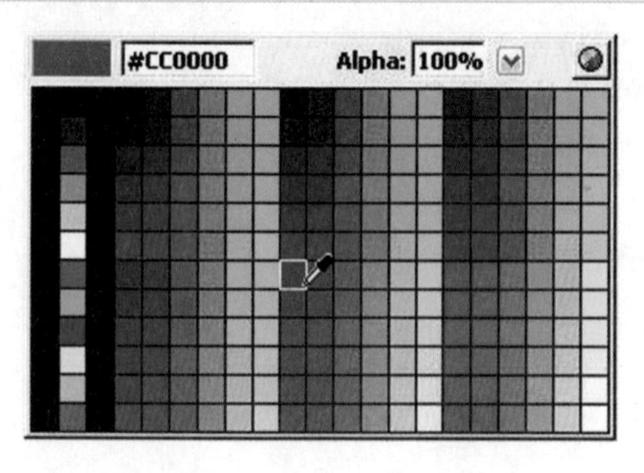

图 5-11　颜色调色板

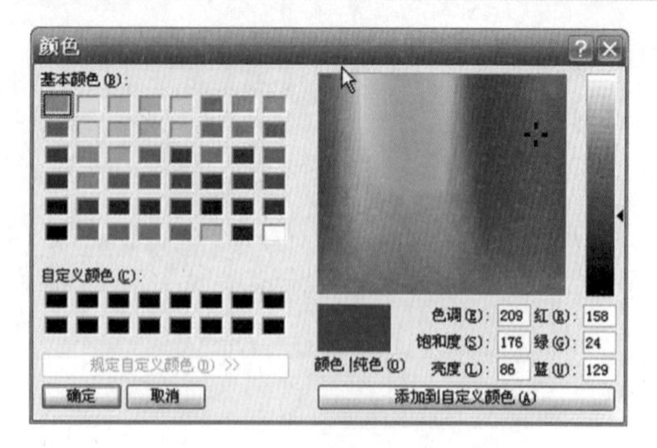

图 5-12　自定义颜色调色板

为文本设置粗体或取消粗体设置。单击按钮，则可以为文本设置斜体或取消斜体设置。【属性】面板中上标、下标和一般样式的设置如图 5-14 所示。各种样式文字对比如图 5-15 所示。

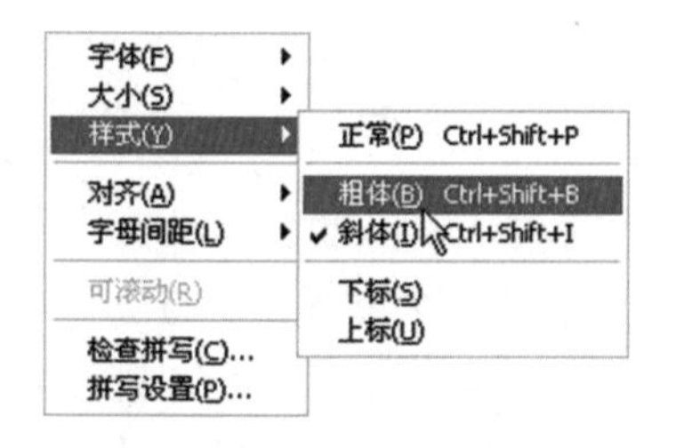

图 5-13　用菜单设置样式

图 5-14　字符位置的设置

文本粗体
文本*斜体*
文本下标
文本上标

图 5-15　各种文字样式的对比

提示：设置了“粗体”和“斜体”的文字如果要恢复正常样式，除了再次单击相关的选项或按钮外，最快的方法是选择【文本】/【样式】/【正常】命令；而设置了上标和下标的文本要恢复正常，除了可以取消选择相关选项外，还可以在文本【属性】面板的【字符位置】选项中选择“一般”来恢复正常样式。

5．调整文字间距

打开【属性】面板，可以看到选项，用户可以拖动此选项右侧的滑块来改变文字之间距离的大小，它的范围是-60～60之间的任意一个整数。当然用户也可以直接在文本框中输入一个合适的整数来调整文字间距。图 5-16 所示就是设置了不同间距文字的效果。

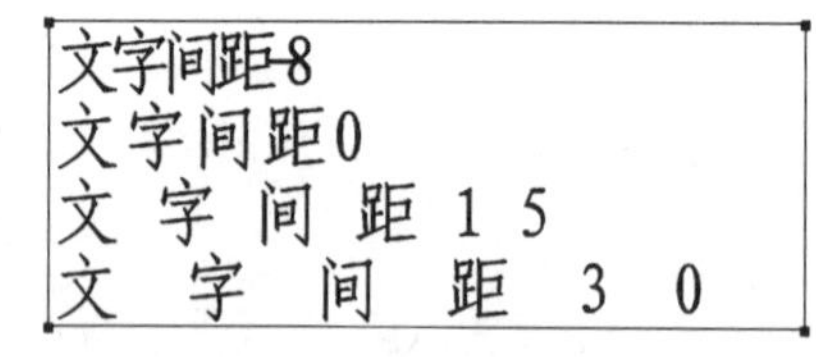

图 5-16　文字间距对比效果

6．改变文本方向

在【属性】面板上有一个可以改变文字方向的选项，如图 5-17 所示。它有三种方向，分别介绍如下。

- 水平：设置文字为水平方向。
- 垂直，从左往右：设置文字为垂直方向，且从左往右写。
- 垂直，从右往左：设置文字为垂直方向，但从右往左写。

三种文本方向下的文字效果如图5-18所示。

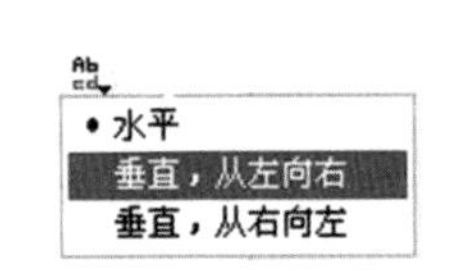

图5-17　改变文字方向

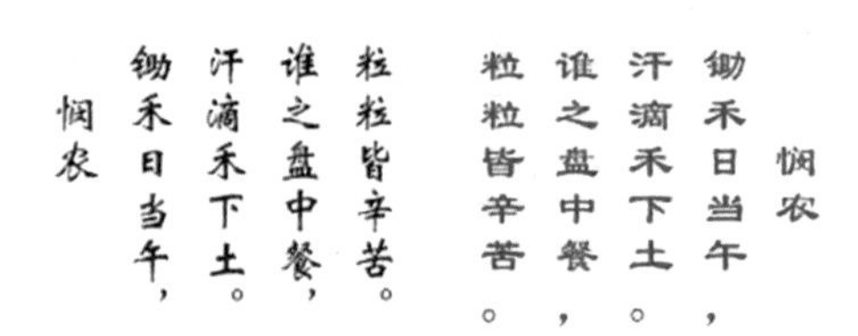

图5-18　《悯农》诗歌在三种文字方向下的效果

5.2.2　设置文本的段落属性

文本的段落属性包括文本对齐方式和文本边界间距两项内容。下面对这两项内容分别进行介绍。

1．设置文本的对齐方式

选择【文本】/【对齐】命令，可以为当前文本段落设置对齐方式。有左对齐、居中对齐、右对齐和两端对齐四种对齐方式，如图5-19所示。还可以通过【属性】面板的四个对齐方式按钮来设置文本的对齐方式。不同的对齐效果如图5-20所示。

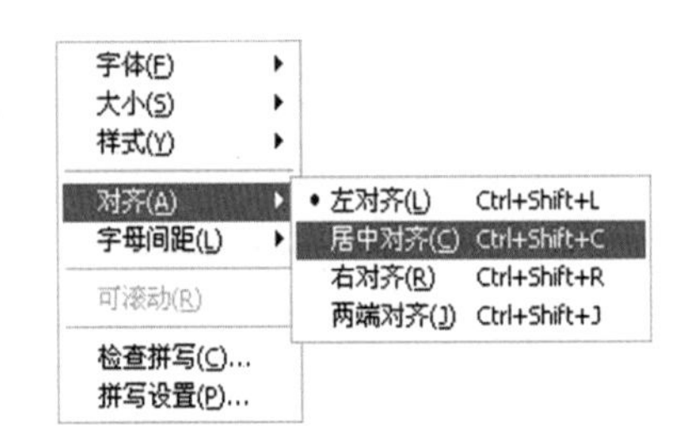

图5-19　对齐菜单

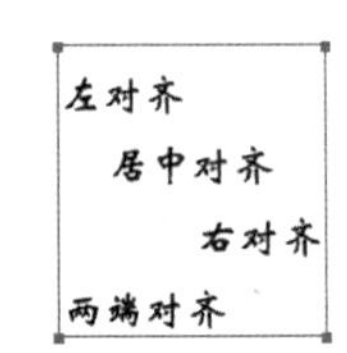

图5-20　对齐方式示例

2．设置边距

边距就是文本内容距离文本框或文本区域边缘的距离。尤其当文本框中输入的文字比较多的情况下，通过对边距进行一些适当的设置，可以大大提高工作效率。单击文本【属性】面板的【编辑格式选项】按钮，就可以打开【格式选项】对话框，如图5-21所示。

图5-21　【格式选项】对话框

在这个对话框中，可以在每个选项后的文本框直接输入需要的数值，也可以通过拖动滑块来设置缩进、行距、左边距和右边距的值。该对话框各个选项的意义与文档编辑软件Word类似。具体介绍如下：

- 缩进：设置段落首行缩进的距离。
- 行距：设置段落中行与行之间的距离，也即行间距。
- 左边距：设置文本内容距离文本框或文本区域左边的距离。
- 右边距：设置文本内容距离文本框或文本区域右边的距离。

5.2.3 文本的其他属性设置

1．设置字体呈现方法

打开【属性】面板，专门有一项属性用来设置字体呈现方法，如图 5-22 所示。其中包括使用设备字体、位图文本（未消除锯齿）、动画消除锯齿、可读性消除锯齿和自定义消除锯齿五种不同的选项。

2．设置文字超链接

打开【属性】面板，可以看到 选项，用户可以在该文本输入框输入超链接的地址。当输入好地址后，该文本框后面原本不可用的【目标】列表框就可以使用了。通过在下拉列表框进行选择，可以对超链接打开的页面的窗口进行设置，如图 5-23 所示。

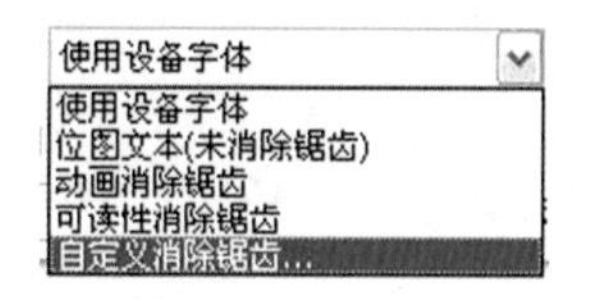

图 5-22　字体呈现方法

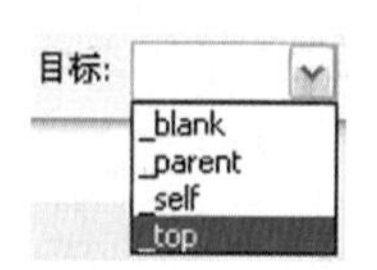

图 5-23　超链接目标下拉列表框

目标下拉列表中四个选项的意义如下：

- _blank：如用户选择该项，则会打开一个新的浏览器窗口来显示超链接对象。
- _parent：如用户选择该项，则会以当前窗口的父窗口来显示超链接对象。
- _self：如用户选择该项，则会以当前窗口来显示超链接对象。
- _top：如用户选择该项，则会以级别最高的窗口来显示超链接对象。

3．在文本周围显示边框和设置文本可选

用【文本周围显示边框】按钮可为选定文本框添加边框，但只有当文本类型设置成动态文本或输入文本时才有效，如图 5-24 所示。【可选】按钮则只对静态文本和动态文本有效，让用户在影片播放的时候可以选择文本并进行一些复制、粘贴和选定等操作。当用户选定文本后，右击鼠标，在弹出的快捷菜单中可选择相关命令。取消此选项将阻止用户选择文本，右击鼠标也不会出现相应的快捷菜单。如图 5-25 所示是设置可选文字后，在影片的文字上右击鼠标弹出的快捷菜单。

图 5-24　在文本周围显示边框的效果

图 5-25　影片文本设为可选后右击弹出快捷菜单

5.3 文本的类型

文本有三种类型：静态文本、动态文本和输入文本。可以通过单击文本【属性】面板上的【文本类型】下三角按钮来选择，如图 5-26 所示。

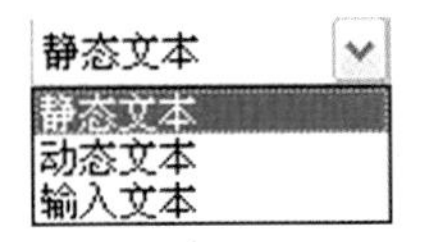

图 5-26 文本类型

5.3.1 静态文本

在默认情况下，使用【文本工具】创建的文本为静态文本。静态文本在影片播放过程中是不会改变的。静态文本输入方法见前面文本输入的介绍。输入完的静态文本没有边框。

不同文本类型对应的文本的【属性】面板是有所不同的，如前面图 5-8 所示就是静态文本的【属性】面板。由于 5.2 节中介绍的大部分属性都是针对静态文本的，在此就不对静态文本再做过多介绍。

5.3.2 动态文本

动态文本框内的文本是可以变化的。动态文本的内容既可以在影片制作过程中输入，也可以在影片播放过程中动态变化，通常用 ActionScript 语言对动态文本框中的文本进行控制，这样可以大大增加影片的灵活性。

动态文本的【属性】面板与静态文本的【属性】面板有些差异，增加了一些选项，如图 5-27 所示。要创建动态文本，可以先在【属性】面板【文本类型】下拉列表框中选择“动态文本”选项，在舞台上拖出一个标签方式文本域或拖出一个文本块方式的文本域，然后对文本域进行编辑或直接输入文本。也可以先在舞台上输入文本，然后从【属性】面板的【文本类型】下拉列表框选中“动态文本”。绘制好的动态文本自动有一个黑色的虚框，如图 5-28 所示。

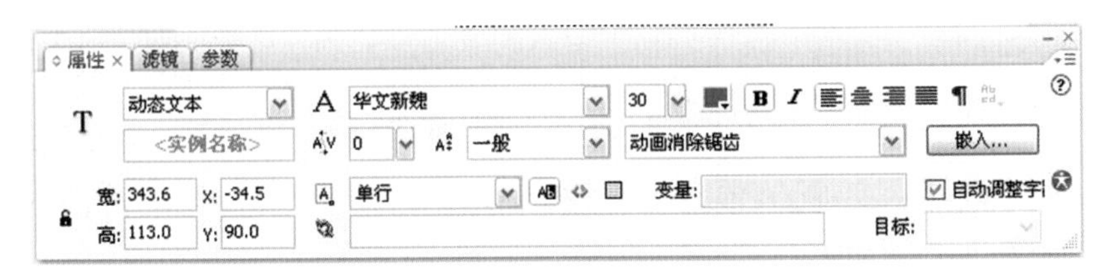

图 5-27 动态文本【属性】面板

图 5-28 动态文本外观

其中，【属性】面板上的【宽】和【高】分别用来显示当前文本框的宽度和高度。【X】和【Y】表示文本框左上角那一点的坐标。【线条类型】单行下拉列表框有三个选项，分别介绍如下。

● 单行：表示动态文本只能单行显示。用此设置，在设计时是多行显示的文本在影片播放时将只能单行来显示，其他被隐藏的文字可以使用键盘上的光标键移动来查看，如图 5-29 中的 (a)、(b) 所示。

● 多行：表示动态文本可以多行显示。用此设置，在设计时多行显示的文本在影片播放时也是以多行来显示，如图 5-29（c）所示。

0123456789
abcdefghij
klmnopqrst

(a)

0123456789c

(b)

0123456789
abcdefghij
klmnopqrst

(c)

图 5-29　自动换行、播放时设置“单行”效果和“多行”效果

● 多行不换行：表示动态文本可多行显示。在设计时当输入的文本达到文本框的宽度时，如果自动换行，则只显示首行，如图 5-30（a）所示；用户只有自行按回车键换行，播放时才能多行显示，如图 5-30（b）所示。

0123456789c

(a)

0123456789
abcdefghijk
lmnopqrst

(b)

图 5-30　自动换行、按 Enter 键换行

下面结合 ActionScript 2.0 制作一个实例，来演示动态文本的使用方法。

具体操作步骤如下：

(1) 新建一Flash 文件，选择【文件】/【导入】/【导入到舞台】命令，在舞台上导入背景图片“指示牌.jpg”，调整其大小，然后使用【文本工具】在舞台“指示牌”图片中央绘制一个大小适宜的文本框，在【属性】面板上设置【文本类型】为“动态文本”。

(2) 选中文本框后，在【属性】面板的【变量】文本框中输入文本框的变量名，用于 ActionScript 的调用，变量名一般与文本内容有关联且易记为最好，例如输入“text”。

(3) 在【属性】面板上设置【字体】为“华文细黑”，【字号】为 74，再设置蓝色、加粗、居中对齐，如图 5-31 所示。

(4) 在文本框所在的“图层 1”上按五次 F6 键，插入五个关键帧，然后在第 1 个帧上右击鼠标，在弹出的快捷菜单中选择【动作】命令，在【动作】面板中输入如下动作语句：

图 5-31　相关属性设置

```
stop( );
text="5";
```

(5) 按照同样的方法分别给其他五个关键帧添加动作语句。

第 2 帧的动作语句为：

```
stop( );
text="4 ";
```

第 3 帧的动作语句为：

```
stop( );
text="3";
```

第 4 帧的动作语句为：

```
stop( );
text="2";
```

第 5 帧的动作语句为：

```
stop( );
text="1";
```

第 6 帧的动作语句为：

```
stop( );
text="0";
```

(6) 设置好“图层 1”的各帧以后，新建“图层 2”。接下来创建一个按钮元件，命名为“按钮”，创建好后返回“场景 1”。按 Ctrl+L 组合键打开【库】面板，再将刚做好的按钮从【库】中拖到“图层 2”，调整其在舞台中的合适位置。在按钮上右击鼠标，在弹出的快捷菜单中选择【动作】命令，在【动作】面板中输入如下代码：

```
on(release) {
        nextframe( );
}
// 当单击鼠标的时候，将执行 nextframe( )语句，即执行影片的下一帧。
```

(7) 在“图层 2”上再连续插入五个关键帧，如图 5-32 所示。

(8) 制作完毕，按 Ctrl+Enter 组合键测试影片，如图 5-33 所示。

5.3.3　输入文本

输入文本也是使用比较广泛的一种文本类型。应用输入文本可以使用户在影片播放过程中及时地输入文本。比如用 Flash 制作的留言簿和邮件收发程序等都大量使用输入文本。

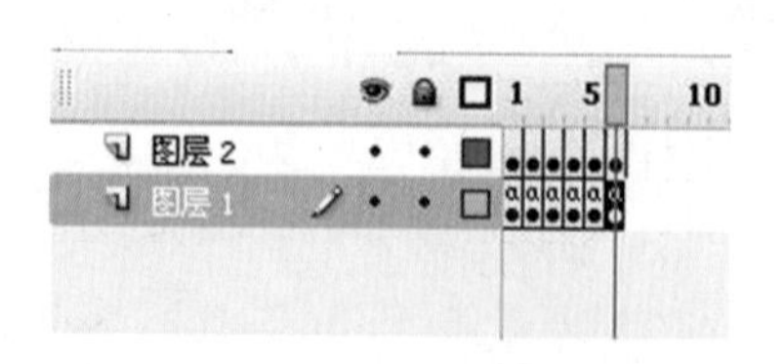

图 5-32　图层设置

图 5-33　测试影片效果截屏图

创建输入文本的方法如下：选择【文本工具】，再打开【属性】面板，选择【文本类型】下拉列表框中的“输入文本”，在舞台上拖出一个固定大小的文本框，或者在舞台上单击鼠标进行文本的输入。输入文本的【属性】面板如图 5-34 所示。

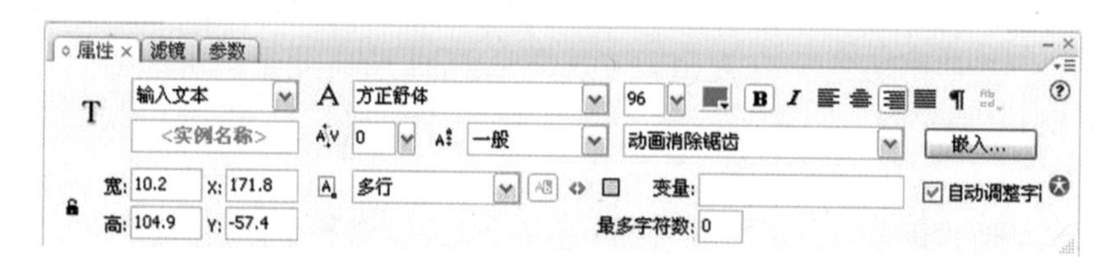

图 5-34　输入文本的【属性】面板

其中【线条类型】多行列表框中有 4 个选项，分别是单行、多行、多行不换行以及密码。设置成【密码】的文本框中输入的字符都将自动以星号代替，一些影片中用来输入密码的文本框就设置成该类型。【最多字符】最多字符 0 用于设置能够输入的文本的长度，表示文本区域内可以看到的最大字符数目。

下面通过一个具体实例来介绍输入文本的使用方法。本实例的设计思路为，通过输入两个数字，然后单击按钮，自动求出两数之和。

具体操作步骤如下：

(1) 新建 Flash 文档，选择【文本工具】，在【文本类型】下拉列表框中选择“输入文本”。在舞台中拖出两个文本框，将第 1 个输入文本框的【变量】选项命名为“a”，第 2 个输入文本框的【变量】选项命名为“b”，【宽】输入 70，【高】输入 45，字体格式设置为居中对齐，单击【在文本周围显示边框】按钮，以便使文本框显示边框。然后将文本类型改为“静态文本”，再在前面两个文本框中间拖出一个输入域，输入符号“+”，效果如图 5-35 所示。

(2) 选择【文本工具】，在【文本类型】下拉列表框中选择“动态文本”，在舞台中拖出一个文本框，将文本框的【变量】选项命名为“sum”，调整四个文本框的位置，如图 5-36 所示。

(3) 选择【窗口】/【公用库】/【按钮】命令，从中选择一个合适的按钮，拖放到舞台中，调整按钮的合适位置，如图 5-37 所示。

(4) 选中按钮，打开【动作】面板，输入如下动作语句：

```
on(release){
sum=Number(a)+Number(b);}
```

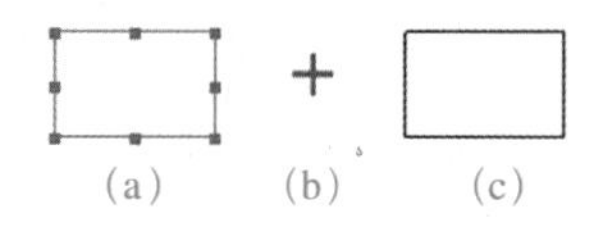

图 5-35　属性设置及文本框效果（(a)、(c) 为输入文本，(b) 为静态文本）

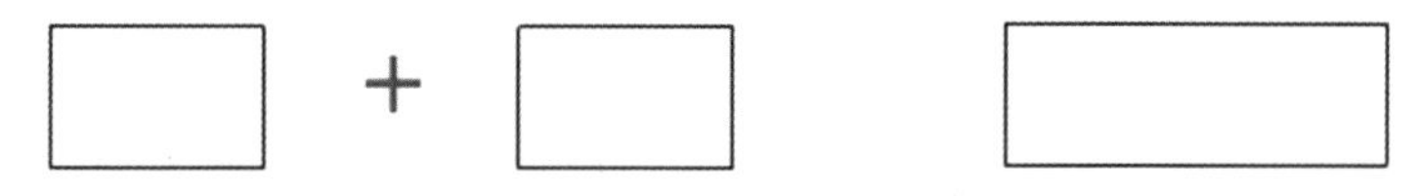

图 5-36　拖出一个动态文本框

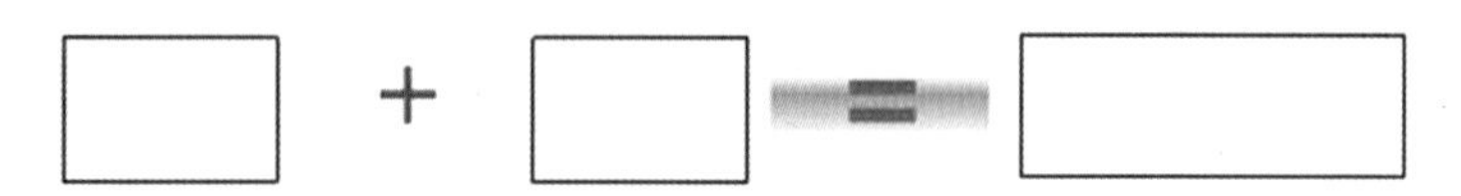

图 5-37　从【公用库】中添加一个按钮

（5）按 Ctrl+Enter 组合键测试。可以在前两个文本框中输入数值，然后单击按钮，则在动态文本框中显示前两数相加之和，如图 5-38 所示。

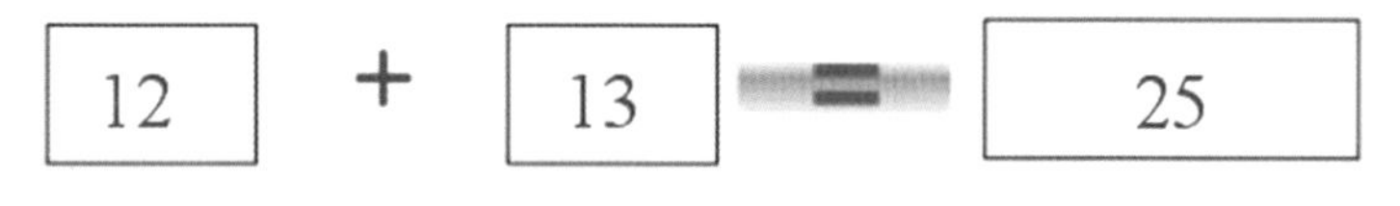

图 5-38　运行结果图

5.4　实例剖析

5.4.1　立体字

【设计思路】

本实例主要借助于复制文字边框方法来创建立体文字的雏形，然后用线段将一些断开的端点连接起来，再填充渐变色，从而创建立体文字的效果。制作效果如图 5-39 所示。

图 5-39　立体文字效果

【技术要点】

【文本工具】、【墨水瓶工具】、【线条工具】、【缩放工具】等工具的使用。

渐变色的设置操作，图形文本的复制操作。

操作步骤如下：

（1）新建一个 Flash 文档，将背景色设置为白色，其他属性采用默认设置。

（2）选择【文本工具】，并在【属性】面板中设置属性，字体为 Arial Black，字号为 120，字体颜色为蓝色，字符间距为 18，再设置加粗、居中对齐，如图 5-40 所示。然

后在场景编辑区中输入文字“FLASH”，效果如图 5-41 所示。

(3) 使用【选择工具】选中输入的文字，选择【修改】/【分离】命令，或按 Ctrl+B 组合键，将文字分解成五个单字对象，效果如图 5-42 所示。

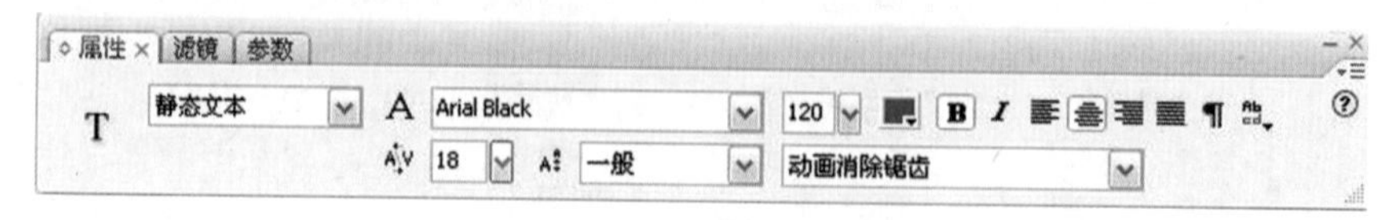

图 5-40　文字属性设置

图 5-41　输入文字

图 5-42　一次打散效果（单字）

(4) 在全选五个单字的情况下，再次选择【修改】/【分离】命令，或按 Ctrl+B 组合键，将文字分解成单独的色块，此时五个字母已经被打散成图形文字，可以对其进行图形的操作，效果如图 5-43 所示。

(5) 选择【墨水瓶】工具，设置【笔触颜色】为灰色，然后在场景编辑区中单击每个字母的边框，对字母进行描边，效果如图 5-44 所示。然后依次选中各字母的填充色，按 Del 键将其删除，效果如图 5-45 所示。

图 5-43　再次打散效果（色块）

图 5-44　描边后效果

(6) 选中全部字母，按 Ctrl+D 组合键复制，并将其移到合适的位置，效果如图 5-46 所示。

图 5-45　删除填充色后效果

图 5-46　复制文字后效果

(7) 使用【选择工具】依次选中应隐藏的线段，按 Del 键将其删除（此时可使用【缩放工具】将其放大后操作），效果如图 5-47 所示。

(8) 删除隐藏线段后，立体效果字母的两部分是分离的。接下来就要使用【线条工具】将它们连接起来（如果文字较小，这一步是可以省略的）。选择【线条工具】，在字母的两个端点之间画一条线段，这样字母的两个端点就连接起来了，效果如图 5-48 所示。一个立体效果的雏形就做好了。

(9) 选择【颜料桶工具】，将【填充颜色】设置为■。打开【颜色】面板，在【类型】选项的下拉列表框选择“线性”。然后用【颜料桶工具】在每个字母上按住鼠标左

图 5-47　删除隐藏线段后效果 　　　图 5-48　用线段连接字母端点后的效果

键从字母的上面拖到下面，得到最终效果。至此，本实例制作全部完成。

5.4.2　彩虹文字

【设计思路】

这是一个比较简单的实例。首先利用【文本工具】创建文本对象，然后将文本打散，再用【颜料桶工具】进行颜色填充，最后效果如图5-49所示。

图 5-49　七彩文字

【技术要点】

- 【文本工具】、【颜料桶工具】等的使用。
- 渐变色的设置操作。

操作步骤如下：

(1) 创建一个Flash 文件，使用【文本工具】在舞台上输入文字，并设置文字属性如下：方正舒体，96 号字，加粗，颜色任意，如图 5-50 所示。

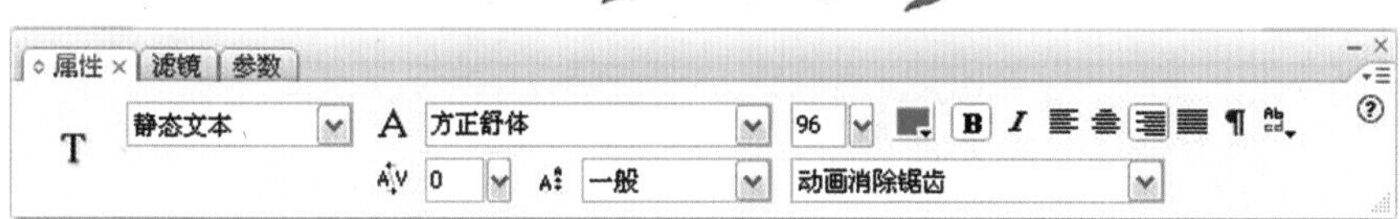

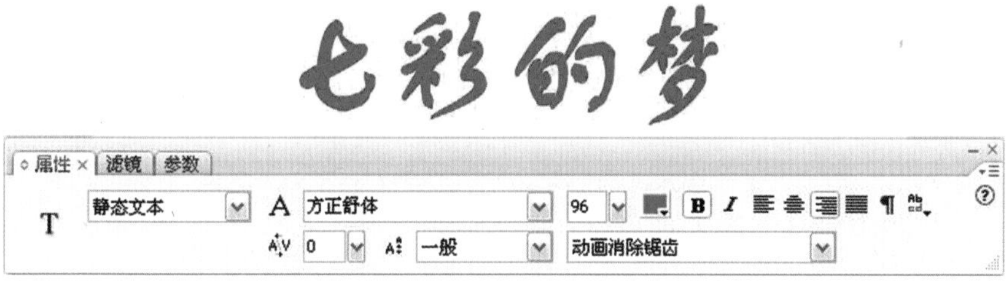

图 5-50　输入文本和设置属性

(2) 两次选择【修改】/【分离】命令，或按 Ctrl+B 组合键两次，将文字打散成单独的色块以便填充颜色。

(3) 选中【颜料桶工具】，并设置【填充颜色】为，【颜色类型】为“线性”。然后用【颜料桶工具】按住鼠标左键从文字的右边拖到左边，得到最终效果。至此，七彩文字制作完成。

5.5　习　　题

1. 制作一个描边字特效和一个空心文字特效，效果如图 5-51 所示。
2. 制作阴影文字特效，效果如图 5-52 所示。
3. 制作雕刻字特效，效果如图 5-53 所示。

图 5-51　描边字和空心字效果

阴影字

图 5-52　阴影字效果

图 5-53　浮雕字效果

第6章　引导层和遮罩层动画

前面的章节介绍了简单的文本动画和补间动画。如果要实现对象按任意路径运动，或者希望对象通过任意视窗显示出来，则需要运用引导层和遮罩层来实现。引导层和遮罩层能制作出许多特殊的动画效果，在本章将重点介绍。

本章学习目标

- 图层的创建与编辑。
- 引导层的创建与使用。
- 遮罩层的创建与使用。
- 引导层和遮罩层实例。

6.1　图　　层

6.1.1　图层的含义

图层是Flash制作动画最重要的组织手段之一。它是动画要素的载体，是时间轴的一部分，和帧一起从空间和时间维度将动画有效地结合起来。图层采用透视原理，一层层相互叠加，为用户提供一个相对独立的创作空间。多个图层放在一起就好像是叠在一起的透明胶片，如果一个图层上没有任何内容，可以透过它看到图层下面的内容。同样，在某个图层上进行编辑设计也不会影响到其他图层上的对象。在影片制作中可以加入很多图层，图层与图层之间的内容相互关联，互相层叠，但又互不干扰，让整个动画设计过程更加方便，动画效果看起来也更有层次感。

Flash中除了一般的图层外，还提供了两种特殊类型的图层：引导图层和遮罩图层。

引导层也被称为辅助层，可以分为普通引导层和运动引导层两种。其中，运动引导层是最常见的一种，它是利用该层中的路径引导对象按预定路径运动的一种特殊图层。

遮罩层是将该层下面普通图层的内容通过一个窗口显示出特殊效果的一种图层，好比是一块有不同形状的孔洞的“黑布”。使用者可以通过这块特殊的“黑布”将不需要显现的内容遮盖，只显现需要的内容。

在Flash动画制作过程中，用户利用这两种特殊的图层来实现动画设计的很多特殊效果。为了更好地掌握对引导层和遮罩层的运用方法，首先来掌握图层的一些基本操作。

图层管理和编辑区位于时间轴面板的左端，如图6-1所示。

图层的操作步骤如下：

(1) 使用任意方法创建两个新的普通图层，从上到下分别将图层重命名为“背景”和“文字”，如图6-2所示。

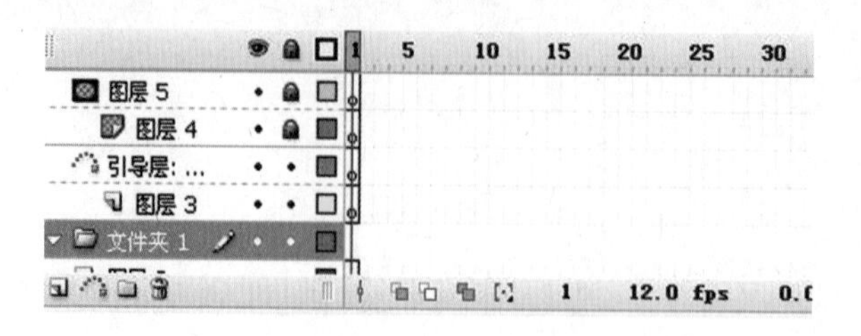

图 6-1　图层的管理区

(2) 在“背景”图层的第1帧用【矩形工具】画一个灰色矩形，并隐藏“背景”图层。

(3) 在“文字”图层的第1帧输入静态文本“这是一个矩形”，颜色设置为蓝色，并锁定该图层。

(4) 将“背景”图层移到“文字”图层的下面。

(5) 解锁“背景”图层并观看效果，如图6-3所示。

图 6-2　新建图层并重命名

(a) 最终顺序

(b) 制作效果

图 6-3　图层最终排列顺序和制作效果

6.1.2　图层的创建

新建一个Flash文件后，系统都会自动建立好一个图层，图标为 图层1 ，默认名为“图层1”。但一个复杂的动画需要多个图层来实现，所以就必须根据动画制作的要求增加图层，即创建新图层。创建图层有以下几种方法：

- 单击【插入图层】按钮，可以创建一个新的图层。
- 在当前任一图层上右击鼠标，在弹出的快捷菜单中选择【插入图层】命令，可以在当前图层的上面创建一个新图层，如图6-4所示。

图 6-4　右击鼠标后插入图层

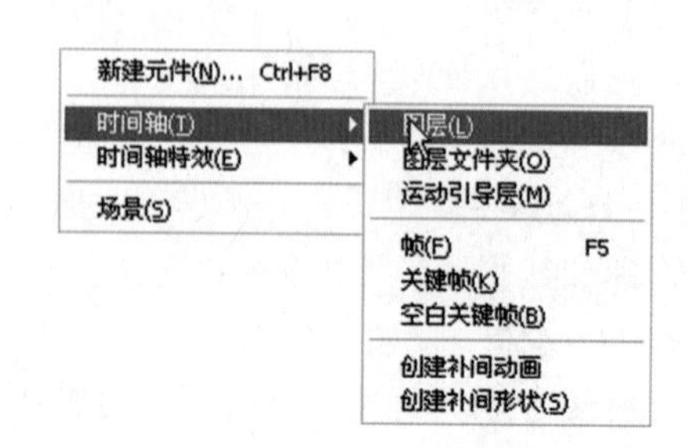

图 6-5　用菜单插入图层

● 选中当前任一图层，在菜单栏中选择【插入】/【时间轴】/【图层】命令，也可以在当前图层的上面创建一个新图层，如图6-5所示。

6.1.3 图层的编辑

图层的编辑包括很多操作，比如重命名、复制和删除图层，改变图层的顺序，锁定和解锁图层，隐藏和显示图层，以及创建图层文件夹等。

提示：在对图层进行编辑之前，先要选定图层；为了避免后续误操作对前面工作的破坏，可以将已经完成的图层进行锁定；如果舞台上的对象太多、图层也太多，可以将暂时不进行操作的图层隐藏起来。

1. 选取图层

要对图层进行编辑操作，首先就要选取图层。具体选取图层的方法有以下几种：

● 单击【时间轴】面板上图层控制区中图层的名称，即可选中该图层。

● 单击图层中的任何帧，亦可选中该图层。

● 单击舞台上的对象，该对象所在图层即被选中。

提示：如果要选取相邻的多个图层，可以先按住Shift键，单击需要选取的第一个图层，然后单击要选取的最后一个图层，这时两个图层之间的所有图层就都被选取了；要选取不相邻的多个图层，则需要按住Ctrl键的同时单击要选取的图层。

2. 重命名图层

创建图层后，系统会给图层一个默认的名称，第一个图层名为“图层1”，新建的第二个图层名为“图层2”，依此类推。为了便于识别，在图层数量较多时需要给每个图层重命名，重命名的名称最好易记易懂。例如，用来存放背景的图层可命名为“背景”、“bg”或“background”等能代表它作用的名字。重命名图层有以下两种方法：

● 双击要重命名的图层，然后输入新的名称。

● 在需要重命名的图层上右击鼠标，在弹出的快捷菜单中选择【属性】命令，弹出【图层属性】对话框，在该对话框的【名称】文本框中输入新的图层名。

3. 改变图层顺序

在Flash中，图层的叠放次序直接影响动画中对象的叠放次序，即上面图层的对象覆盖在下面图层对象之上。新建的图层一般叠放在原来选定的图层之上，所以常常需要调整它们之间的顺序。

调整图层顺序的操作步骤如下：

(1) 选中要更改顺序的图层，如图6-6 (a) 所示，选中了“图层4”。

(2) 按下左键并拖动鼠标，这时会出现一条灰色的线。将灰线拖动到想要的位置时释放鼠标，则图层被移动到了该灰线位置，如图6-6 (b) 所示，将“图层4”移到“图层2”之下。

4. 创建图层文件夹

图层文件夹是专门用来放图层的一种文件夹，它和图层一样都是放在时间轴上的。

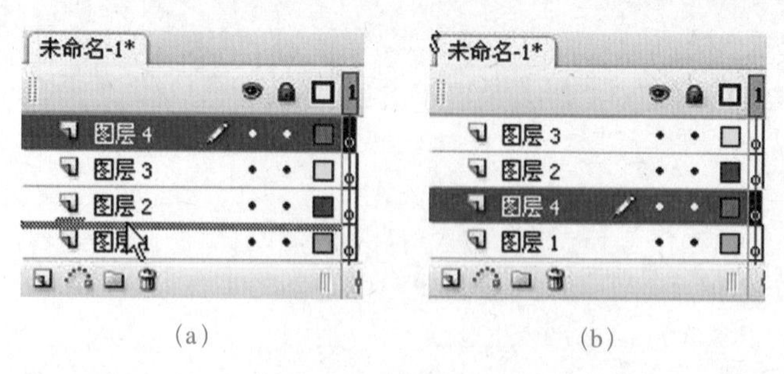

（a）　　　　（b）

图 6-6　移动图层

当一个动画中的图层太多，并需要将这些图层分门别类进行管理时，就要用到图层文件夹。创建好图层文件夹后，只要将相关图层移动到文件夹中即可。移动方法与前面改变图层顺序的方法一样。

创建图层文件夹的方法有如下几种：

● 单击【时间轴】上的【插入图层文件夹】按钮，能快速在当前图层或图层文件夹上方创建一个新的图层文件夹。

● 在任意图层或者图层文件夹上右击鼠标，在弹出的快捷菜单中选择【插入文件夹】命令，如图 6-7 所示。

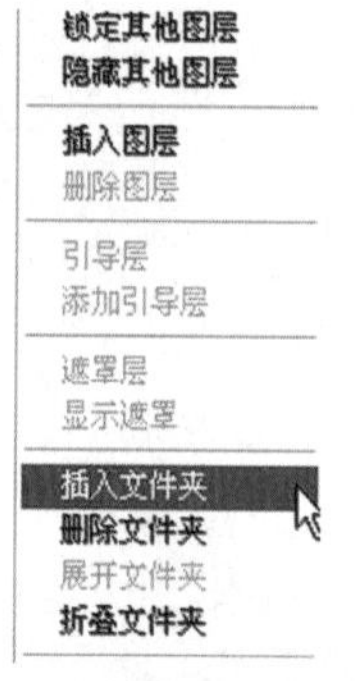

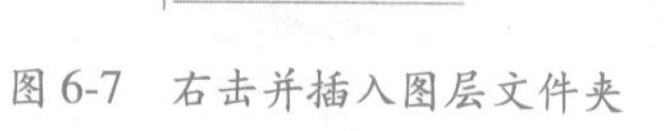

图 6-7　右击并插入图层文件夹

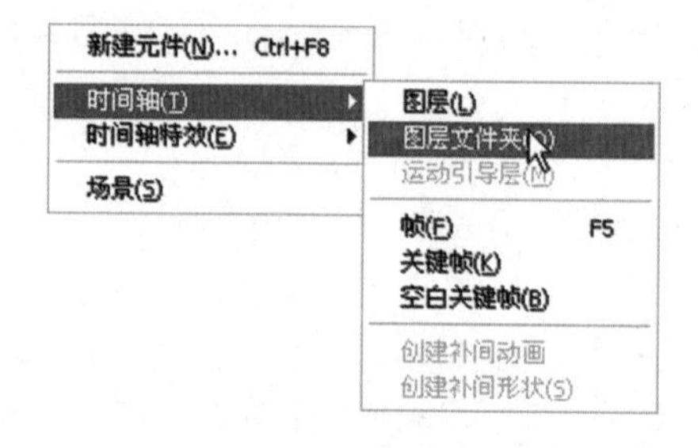

图 6-8　用菜单插入图层文件夹

● 选择任意一个图层或文件夹，然后在菜单栏中选择【插入】/【时间轴】/【图层文件夹】命令，则会在当前选中的图层或图层文件夹上面新建一个文件夹，如图 6-8 所示。

提示：图层文件夹虽然与图层一样处在时间轴上，但是由于图层文件夹只是用来组织图层和影片的，并不能在其中放置任何对象，所以它所在的行并没有出现任何帧，如图 6-9 所示。要将图层放到某图层文件夹中，只需选中图层，再把它拖到该图层文件夹下即可。

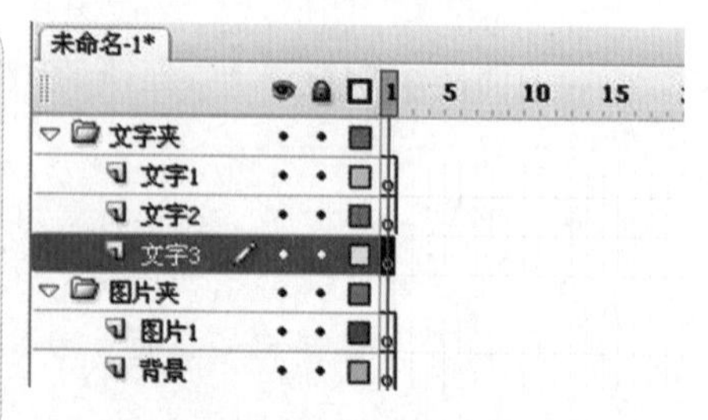

图 6-9　用两个图层文件夹分别管理文字和图片

5．图层的锁定和解锁

一个图层的内容编辑好以后，为了在编辑其他图层时不至于对已编辑好的图层进行误操作，可以将图层进行锁定，使其变成不可编辑状态。当需要再次进行编辑时，只需将其解除锁定即可。锁定和解除锁定图层的操作有如下方法：

- 单击图层或图层文件夹名称右侧的【锁定/解除锁定所有图层】图标下的小黑点·，可以将其锁定。此时小黑点变成一把锁的样子。如果选中锁定的图层，则左边出现一支铅笔被禁用的图标，此时图层处于不可编辑状态。单击锁图标，又变回小黑点，图层即被解锁，又回到可编辑状态。
- 单击【时间轴】面板上方的【锁定/解除锁定所有图层】按钮，可以将当前场景中的所有图层和图层文件夹进行锁定。再次单击则可以对锁定的所有图层和图层文件夹解除锁定。如图6-10所示。

图6-10　除“背景”图层外，其他图层都设置了锁定的效果

- 在锁定栏中按下左键并拖动鼠标，可以锁定多个连续的图层或文件夹或解除锁定。
- 按住Alt键的同时单击图层或文件夹名称右侧的锁定栏，可以锁定所有的图层或图层文件夹；再次按住Alt键的同时单击锁定栏，则可以对所有的图层或图层文件夹进行解锁。

6．隐藏和显示图层

当舞台上的对象太多时，操作起来感觉纷繁杂乱、无从下手，但又不能对舞台上的对象进行任何删除。为方便操作，使舞台显得有条理，可以将不相关的图层隐藏起来，只剩下相关图层在舞台上。当操作结束后可以再将图层显示出来，整体观看。

隐藏和显示图层的方法有以下两种：

- 单击图层或图层文件夹名称右侧【显示/隐藏所有图层】图标下的黑点·，黑点即变为一个红色叉图标，这时图层就被设置成了隐藏；单击图标又可以取消隐藏，将图层显示出来。
- 单击【时间轴】面板上的【显示/隐藏所有图层】按钮，可以将所有图层隐藏；再次单击隐藏图标，则可以显示所有图层。

7．删除和复制图层

当动画中有不需要的图层时，可以将图层删除。删除图层的方法有以下几种：

- 在要删除的图层上右击鼠标，从弹出的菜单中选择【删除图层】命令。
- 选择要删除的图层，单击【时间轴】面板上右下角的【删除图层】按钮。
- 单击要删除的图层，并拖动到【删除图层】按钮上，亦可删除图层。

> 提示：如果意外地改动了未锁定图层中的内容，或误删除了有用的图层等，要记得用【编辑】/【撤销】命令或按Ctrl+Z键撤销操作。

制作动画过程中，很多时候要通过复制图层来减少重复操作。所谓复制图层，即将某一图层中的所有帧粘贴到另一图层上。

具体操作步骤如下：

(1) 单击要复制的图层，选取整个图层。

(2) 选择【编辑】/【时间轴】/【复制帧】命令；也可以在时间轴上右击鼠标，在

弹出的快捷菜单中选择【复制帧】命令。

(3) 单击要粘贴的新图层，选择【编辑】/【时间轴】/【粘贴帧】命令；或在时间轴上右击鼠标，在弹出的快捷菜单中选择【粘贴帧】命令。

8. 显示图层轮廓

显示图层轮廓即只显示图层的轮廓，这样既可以提高对象的显示速度，也便于区分不同层中的对象。单击图层名称最右侧的【显示所有图层轮廓】按钮□即可；再次单击该按钮可取消轮廓显示。图6-11是设置显示图层轮廓后的效果。

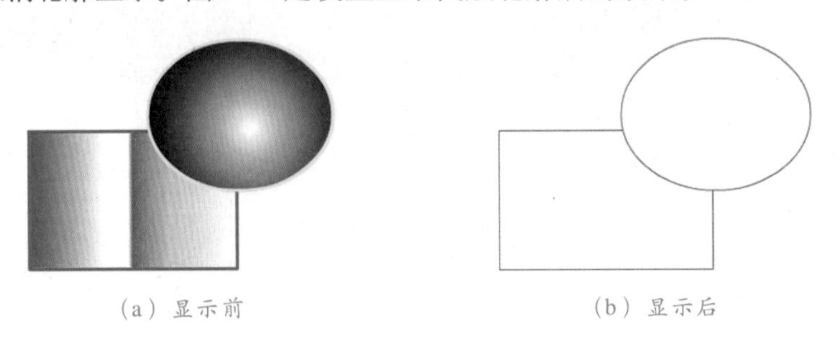

(a) 显示前　　(b) 显示后

图 6-11　设置"显示图层轮廓"前后效果比较

9. 图层的属性设置

要查看图层的属性，有下列两种方法：

在要查看属性的图层上右击鼠标，在弹出的快捷菜单中选择【属性】命令。

- 双击要查看属性的图层图标，即可打开【图层属性】面板。

弹出的【图层属性】面板如图6-12所示。在该面板中，各项说明如下：

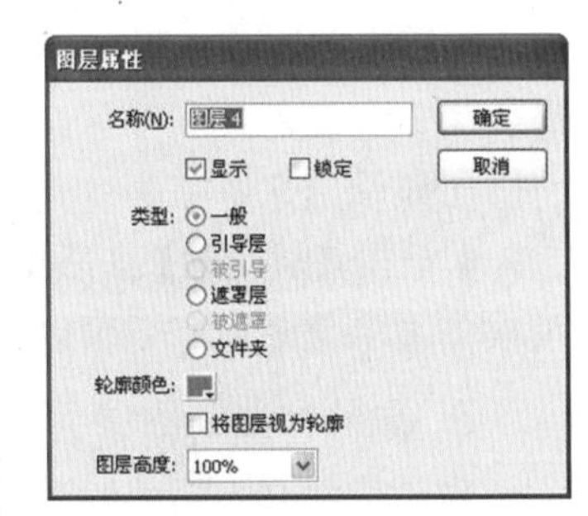

图 6-12　【图层属性】面板

- 名称(N): 图层4 ：显示和输入层的名称。

➢ ☑显示：设置该图层是显示还是隐藏。

➢ □锁定：设置该图层是否锁定。

- 类型：设置图层的类型。

➢ ⊙一般：设置该图层为普通类型的图层，这是图层默认的类型属性。在一般图层上可以绘制图片或者创建实例。

➢ ○引导层：设置该图层为辅助层。在辅助层上面用户可以创建栅格、辅助线、背景和其他的物体。

➢ ⊙被引导：该图层是与辅助层相关联的一般图层。用户可将多个一般图层同时和一个辅助层相关联。

➢ ⊙遮罩层：设置该图层为遮罩层。使用遮罩层可以实现多种特殊的效果，如探照灯效果和波浪效果等。

➢ ⊙被遮罩：该图层是与遮罩层相关联的一般图层。用户可以将多个一般层和一个遮罩层相关联。

➢ ⊙文件夹：设置该层是否是文件夹。

- 轮廓颜色: ■：在颜色选框中选定颜色，如果选中【将图层视为轮廓】复选框，该层

上所有的物体都会以线框模式来显示，并且该线框的颜色可自行设定。

● 图层高度: 100%：下拉列表框中，有3个选项，分别是100%、200%和300%，如图6-13所示，三个图层分别设置了高度为100%（图层1)、200%（图层2）和300%（图层3）后的效果。

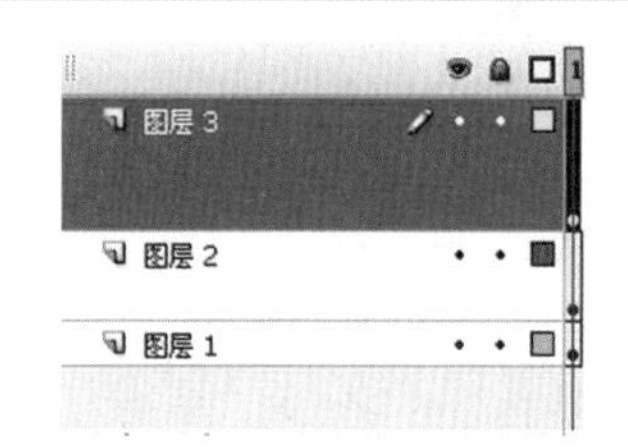

图 6-13　图层分别设置三种高度后的效果

6.2　引导层的创建与使用

引导层和遮罩层这两种特殊的图层在制作动画时能产生非常实用的效果。

引导层是一种起辅助作用的图层，是一个非常实用的辅助工具。它里面的内容不会输出到动画中，在发布后的影片中也不会出现。它和一般层有很大的区别。比如制作者想让一个小球沿着任意的曲线运动，就可以在一般层先将小球画好，然后增加一个引导层，在引导层里面画出运动路径，再做一定的设置，小球就能沿着自定义的路径运动了。有时候根据需要会添加多个引导层。如前所述，引导层分为普通引导层（图标为）和运动引导层（图标为）。

6.2.1　引导层的创建

1．普通引导层的设置

对已经存在的普通图层，可将其设置为普通引导层，具体方法有以下两种：

● 选定一个普通图层，右击鼠标，在弹出的快捷菜单中选择【引导层】命令，可以将普通图层转换为普通引导层。

● 选定一个图层，打开该层的【属性】面板，在该面板中选择层的类型为引导层。

2．运动引导层的创建

创建运动引导层的方法有以下几种：

● 单击【时间轴】窗口左下角的【添加运动引导层】按钮，可以创建引导层。

● 选择【插入】/【时间轴】/【运动引导层】命令，可以创建运动引导层。

● 在图层中右击鼠标，在弹出的快捷菜单中选择【添加引导层】命令，也可创建引导层。

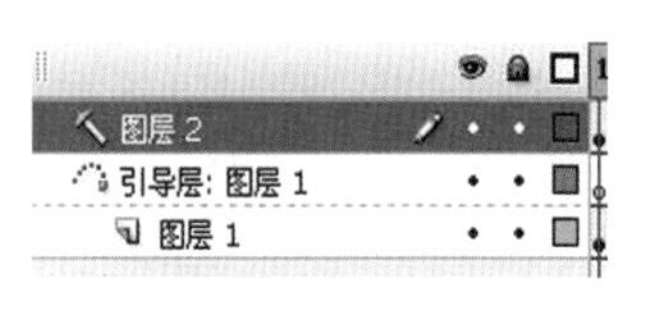

图 6-14　引导层

当引导层被创建后，用户可以发现它与一般层的名称（例如名为“图层1”）不同。引导层的名称为“引导层：图层1”，这表示该层是“图层1”的引导层，它将对“图层1”上的对象起作用。同时，“图层1”的图标和名称向右有了一定的缩进，表示被“引导层：图层1”所引导，如图6-14所示。

6.2.2　普通引导层和运动引导层

图6-14中的两种引导层，图标为的是普通引导层，图标为是运动引导层。普通引导层只能起到辅助绘图和绘图定位的作用，它有着与一般图层相似的图层属性，它可以不被引导层引导而单独使用。而运动引导层则总是与至少一个图层相关联，这些被

引导的图层称为被引导层。将一般图层设为某运动引导层的被引导层后，可以使该层上的任意对象沿着它在运动引导层上的路径进行运动。要将普通引导层转换为运动引导层，只需给普通引导层添加一个被引导层，如图 6-15 和图 6-16 所示，将一般图层“图层 1”，拖到普通引导层“图层 2”下，“图层 2”就转换为运动引导层，“图层 1”就转换成被引导层。同样，要将运动引导层转换为普通引导层，只需将与运动引导层相关联的被引导层拖动到运动引导层的上方即可。

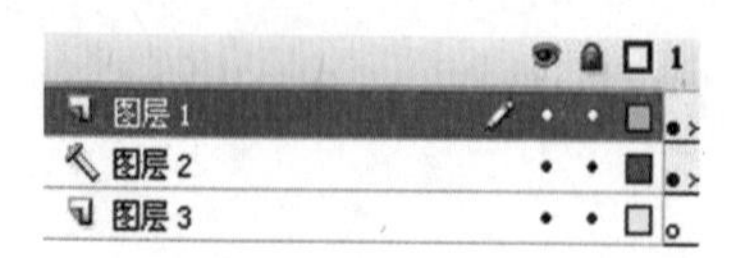

图 6-15　转换前——普通引导层

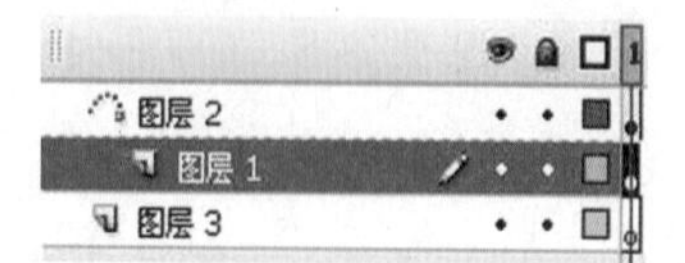

图 6-16　转换后——运动引导层

6.2.3　引导层的使用

当对象做直线运动时一般很少使用引导层，而做曲线运动或者不规则的直线运动时，一般使用引导层来对对象的路径进行控制。因为使用引导层可以使对象沿着引导层中自定义的引导线做运动。下面以“蝴蝶花间舞”的实例进行引导层的使用说明。

具体操作步骤如下：

(1) 新建一个 Flash 文档，并以“蝴蝶花间舞”为文件名保存。

(2) 导入图片文件“花.jpg”和“蝴蝶.gif”到【库】面板中，成为 Flash【库】面板中的图片和影片剪辑元件（导入“蝴蝶.gif”时，将组成这个动画的多个位图文件也一并导入进来了）。选择【窗口】/【库】菜单命令，或按 Ctrl+L 组合键打开【库】面板查看，如图 6-17 所示。

(3) 将“图层 1”重命名为“花的背景”，然后把【库】面板中的“花.jpg”图片拖入到舞台中，将图片再复制几份，使用【任意变形工具】调整花的形状，并摆放到舞台的适当位置，如图 6-18 所示。

图 6-17　导入图片到【库】面板

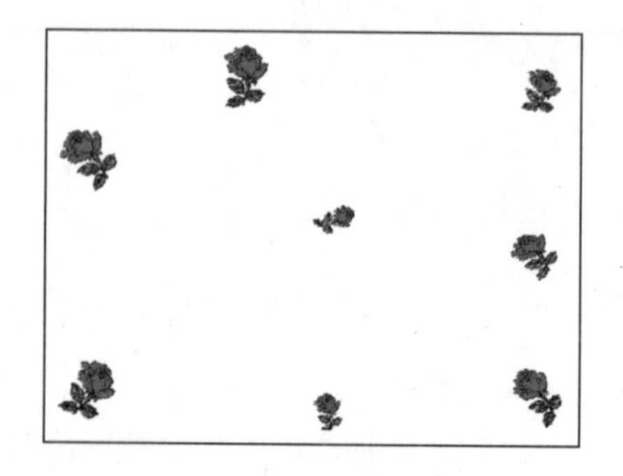

图 6-18　花的背景

(4) 插入一个新图层并重命名为“蝴蝶”。打开【库】面板，把“蝴蝶.gif”影片剪辑元件拖入到舞台中，并放到舞台左边合适的位置。然后在该图层第 60 帧按 F6 键插入一个关键帧。并将该帧中的“蝴蝶”元件实例移动到舞台右边的适当位置。

(5) 在“蝴蝶”图层的第 1～60 帧中间的任意位置右击鼠标，选择【创建补间动画】命令，同时在“花的背景”图层的第 60 帧按 F6 键插入一个关键帧。测试影片，此时蝴蝶可以从左边沿着直线飞到右边。设计效果见图 6-19 所示，测试效果见图 6-20 所示。

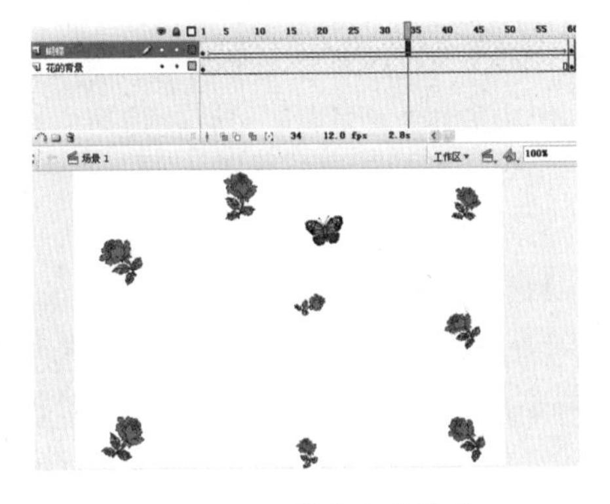

图 6-19　设计状态的效果

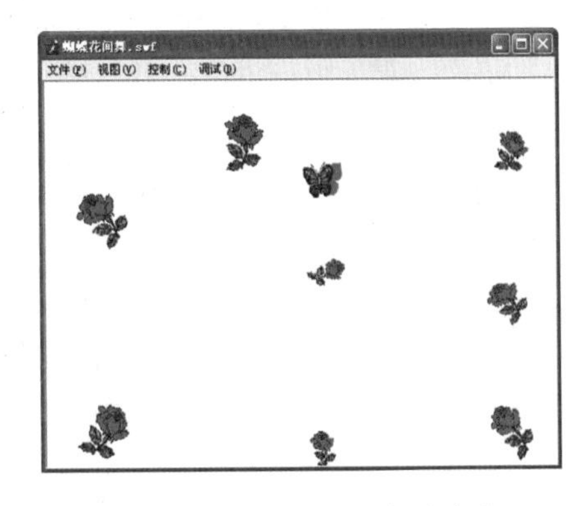

图 6-20　影片测试状态的效果

(6) 选中“蝴蝶”图层，单击【添加运动引导层】按钮，创建一个引导层。该层上方出现一个名为“引导层：蝴蝶”的运动引导层，如图 6-21 中的图层编辑区所示。

(7) 选中“引导层：蝴蝶”的第 1 帧，在工具箱中选择【铅笔工具】，然后在工具箱下边的【选项】栏里打开铅笔模式选项，选中【平滑】选项。用铅笔在舞台花间画一条曲线，这条曲线就是将要引导影片剪辑元件“蝴蝶”运动的路径，如图 6-21 所示舞台中的曲线。

(8) 单击选中“蝴蝶”图层的第 1 帧，按住“蝴蝶”元件中心点，将其移动到引导线的开始处（元件中心点与引导线端点重合即可），如图 6-21 中的引导线起点所示。单击选中“蝴蝶”图层中的第 60 帧，按住“蝴蝶”元件中心点，将其移动到引导线的结尾处，此时小圆点与引导线结束端点重合，如图 6-22 所示。

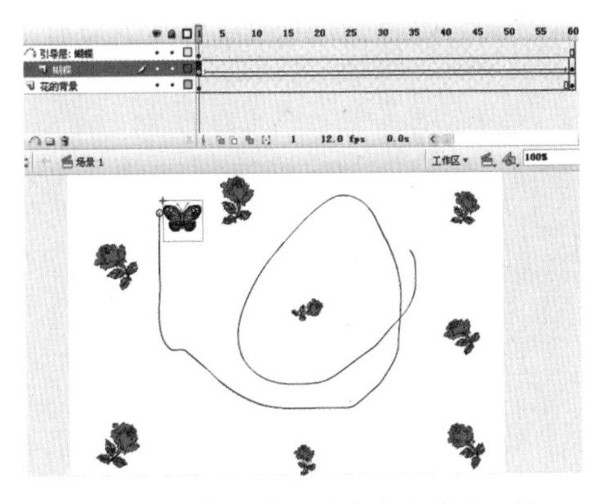

图 6-21　将蝴蝶拖到引导线的开始处

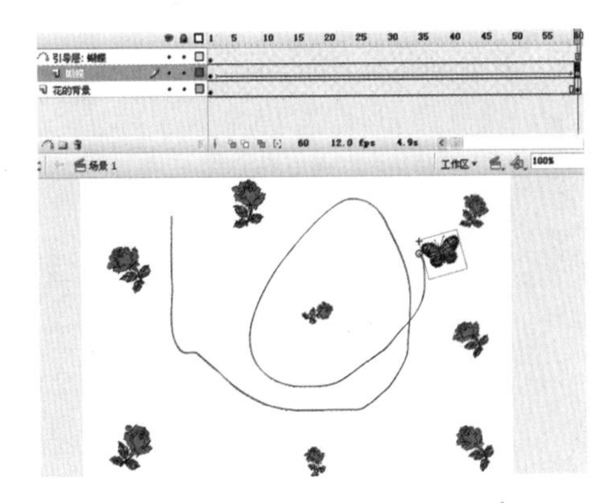

图 6-22　将蝴蝶拖到引导线的结束处

(9) 至此，“蝴蝶花间舞”制作完毕。按 Ctrl+Enter 组合键测试影片，可以看到蝴蝶沿着指定的曲线在花间舞动，而曲线在影片中是不会显示出来的。

6.3 遮罩层的创建与使用

如果要制作图像的动态切换、探照灯和图像文字等效果，则要用到遮罩图层。在遮罩图层中，绘制的一般单色图形、渐变图形、线条和文字等，都会有挖空区域。这些挖空区域将完全透明，其他区域则完全不透明。遮罩下面的对象通过这些透明区域显示出来，从而实现一些特殊的效果。在应用遮罩层时，都使遮罩项目运动起来，使其遮罩效果更加逼真。对于用作遮罩的填充形状，可以使用形状动画；对于文字对象、图形实例或影片剪辑，可以使用运动动画。当使用影片剪辑实例作为遮罩时，可以让遮罩沿运动路径运动。

创建遮罩图层的步骤如下：

(1) 创建一个普通图层，然后在舞台工作区制作好所用的对象。

(2) 选中第 (1) 步中创建好的图层，在它上面再创建一个新图层，这个图层是用来设置遮罩图层的。在该层所对应的舞台中输入文字或绘制图形，作为遮罩层中的挖空区域。

(3) 在第 (2) 步中创建好的图层名称上右击鼠标，在弹出的快捷菜单中选择【遮罩层】命令，该层就被设置成了遮罩层。此时其下面被遮罩的图层名称将有个明显的缩进，并且图层图标也改变了。且在 Falsh CS3 中，系统会自动将遮罩层和被遮罩层进行锁定。

(4) 取消遮罩设置，只要按上面第 (3) 步操作再次选择【遮罩层】命令即可。

下面通过一个探照灯的实例来说明遮罩在动画中的使用。

具体操作步骤如下：

(1) 新建一个 Flash 文档，以“遮罩层”为文件名保存该文件。在文档【属性】面板中，设置文档大小为 650×80，背景颜色设为黑色。可以看到文档的工作区变为一个黑色矩形区域。

(2) 将默认新建的“图层 1”重命名为“文字”，选择【文本工具】T，在舞台工作区输入文字“缤纷校园我型我 show”。在文本【属性】面板设置文字格式为：华文新魏、70 号、黄色，如图 6-23 所示。设置好后两次按 Ctrl+B 组合键将文字打散成为图形文字，如图 6-24 所示。

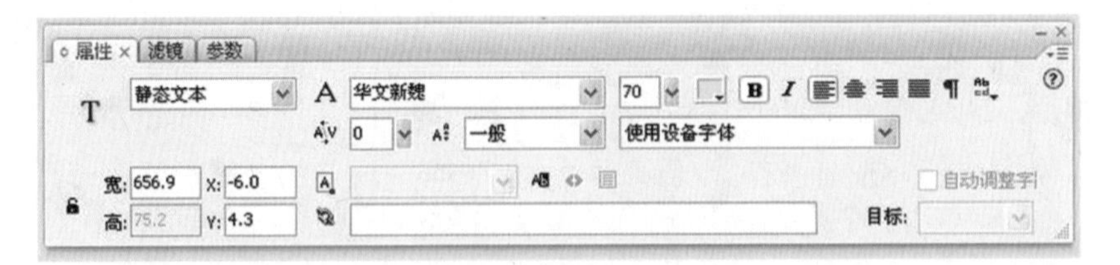

图 6-23 【属性】面板的设置

缤纷校园我型我show

图 6-24 输入文字并两次进行分离后的文字效果

(3) 选中“文字”图层，在其上面创建一个新的普通图层，并重命名为“图形”。选中“图形”层的第 1 帧，单击【矩形工具】按钮，在其弹出的下拉列表中选择【多角星形工具】按钮，打开【多角星形工具】的【属性】面板，设置笔触颜色为透明（即在调色板上单击按钮），填充颜色为蓝色，如图 6-25 所示。再单击【选项】按钮，在弹出的对话框中的【样式】下拉列表框中选择【星形】，如图 6-26 所示。此时在文字“缤”上面画一个星形，在不选定的情况下可以用鼠标拖动图形边线对图形形状进行调整，删除图形在工作区外（上和下）的部分，如图 6-27 所示。

(4) 在“文字”图层的第 60 帧处按 F5 键插入帧。然后在“图形”图层的第 60 帧处按 F6 键插入一个关键帧，将蓝色星形图形拖到文字“w”上，如图 6-28 所示。

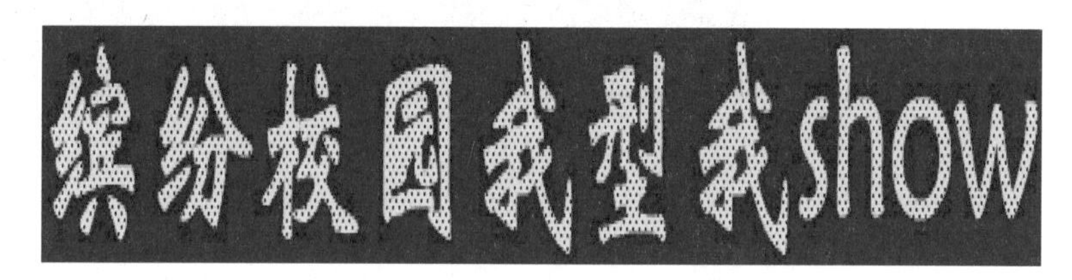

图 6-25　多角星形工具属性面板设置

图 6-26　【选项】按钮下工具设置对话框

图 6-27　画出一个图形并编辑好后效果（第 1 帧）

图 6-28　在第 60 帧将图形拖到舞台右边字符“w”上的效果

(5) 在“图形”图层第 1～60 帧之间的任一帧上右击鼠标，在弹出的快捷菜单中选择【创建补间形状】命令，此时会在第 1～60 帧之间出现一个带箭头的移动标记，如图 6-29 所示。

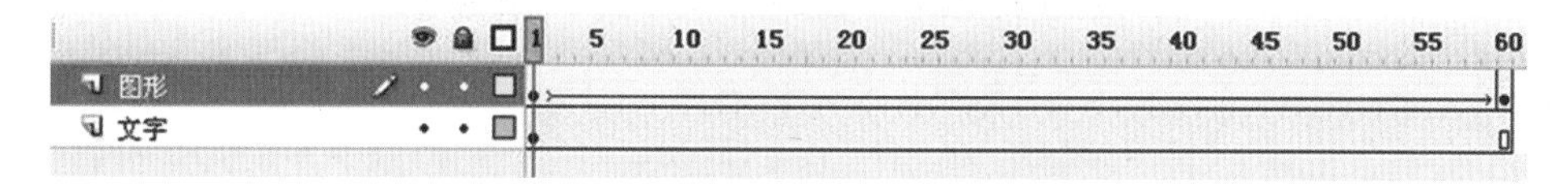

图 6-29　设置形状补间后的时间轴和图层

(6) 在“图形”图层上右击鼠标，在弹出的快捷菜单中选择【遮罩层】命令，如图 6-30 所示，此时“图形”图层被设置成遮罩层，而“文字”图层则自动成为被遮罩层，同时往右缩进了一些，它们的图标也相应发生变化，如图 6-31 所示。

(7) 至此，探照灯文字制作完成，按 Ctrl+Enter 组合键测试影片，效果如图 6-32 所示。

提示：Flash CS3 版本中经常因为字体问题导致不能导出或发布影片，但只要将字体打散成为图形，就可以解决这个问题。遮罩层中不能使用线条（【笔刷工具】画的线条除外）。如要使用，可以先将线条转换为填充。

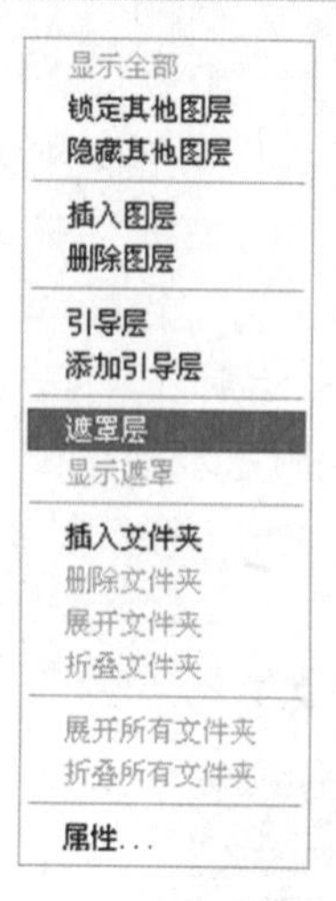

图 6-30　设置遮罩

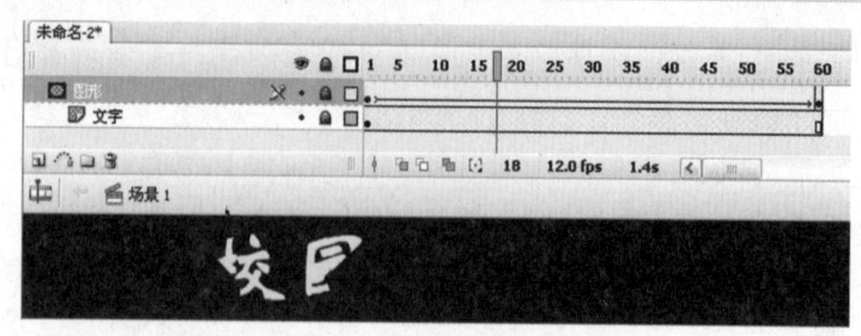

图 6-31　设置遮罩后效果

图 6-32　影片测试效果

6.4 实例剖析

6.4.1 引导层动画——激光字

【设计思路】

一束激光打到影片的背景上，随着激光的移动，文字慢慢地显现，就好像一支激光笔在刻字一样。动画效果如图 6-33 所示。

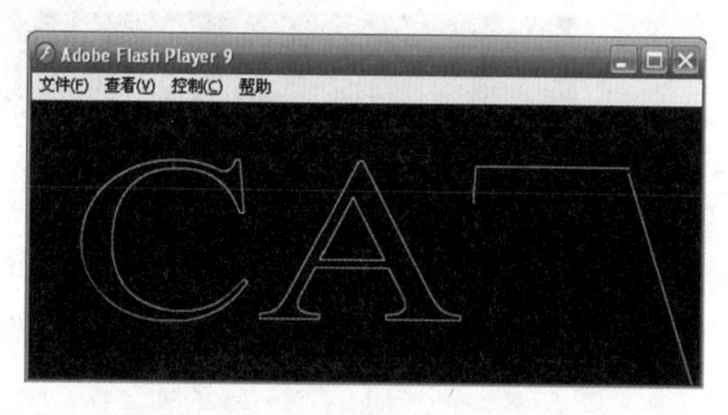

图 6-33　激光刻字动画运行效果

【技术要点】

- 运动引导层的使用。
- 遮罩层的使用。
- 逐帧动画的创建与编辑。
- 操作步骤如下：

1．设置文档属性

打开Flash CS3，新建文档，设置文档大小为500×200，背景颜色为黑色，其他采用默认设置，如图 6-34 所示。

图 6-34　文档属性的设置

2．创建“激光”图形元件

(1) 选择【插入】/【新建元件】命令，弹出【创建新元件】对话框，在【名称】文本框中输入“激光”，在【类型】中选择“图形”，创建一个图形元件。单击【确定】按钮后进入元件编辑的主界面。

(2) 选择【直线工具】╲，设置好线条属性，如图6-35所示。在舞台上斜向下画出一条线段。

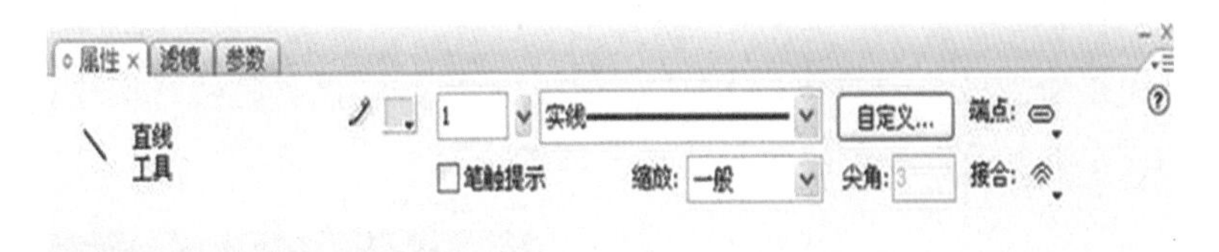

图6-35 线条属性的设置

(3) 选中线条，然后右击鼠标，选择【转换为元件】命令，将线条转换为影片剪辑元件（名称任意）。接着为线条元件添加发光的滤镜效果，【滤镜】设置面板如图6-36所示，做好的“激光”元件效果如图6-37所示。

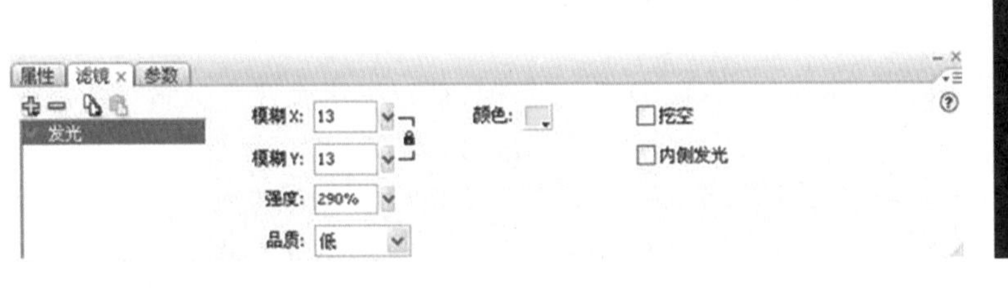

图6-36 【滤镜】设置面板

图6-37 “激光”元件最终效果

提示：在添加滤镜时，一定要先将线段转换为元件（影片剪辑或按钮），否则不能进行设置。

3．制作激光刻字效果

(1) 制作字母C的激光刻字效果。

① 返回到场景1，选择【文本工具】T，在舞台上输入“CAT”三个字母。选中文本框，在文本【属性】设置面板上进行文本的属性设置，字体类型任意，字号大小为96，颜色任意（本例为绿色）。

② 两次按Ctrl+B组合键将文字打散，再选择【墨水瓶工具】为文字加上边框（笔触颜色选择黄色）。然后选择【任意变形工具】将文字调整到合适的大小，如图6-38所示。

③ 用【选择工具】选定文字的填充颜色，然后按Del键将填充色删掉，仅剩下文字的边框。

④ 确保第1帧被选择的情况下，选择【修改】/【时间轴】/【分散到图层】命令，三个字母分别被分散到了三个新的不同图层，根

图6-38 编辑完成后的图形文字效果

据图层上的字母，将新图层对应地重命名为C、A、T，如图6-39所示。最后将“图层1”删除，同时，为避免误操作，单击🔒图标锁定全部图层。

⑤ 在“C”图层上面创建一个新图层，重命名为“C引导”。单击【添加运动引导层】按钮，为“C引导”图层添加引导层，名称自动为“引导层：C引导”。

⑥ 将“C”图层的第1帧复制到“引导层：C引导”的第1帧，然后选择【橡皮擦工具】，将图层中字母C的边框擦去一小缺口，如图6-40所示，在时间轴的第20帧右击鼠标，选择【插入帧】命令，并将该图层锁定。

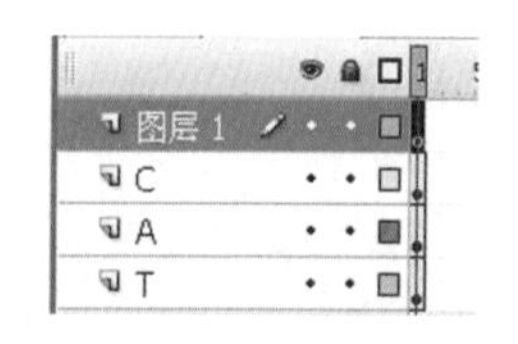

图6-39　字母分散到图层后的时间轴

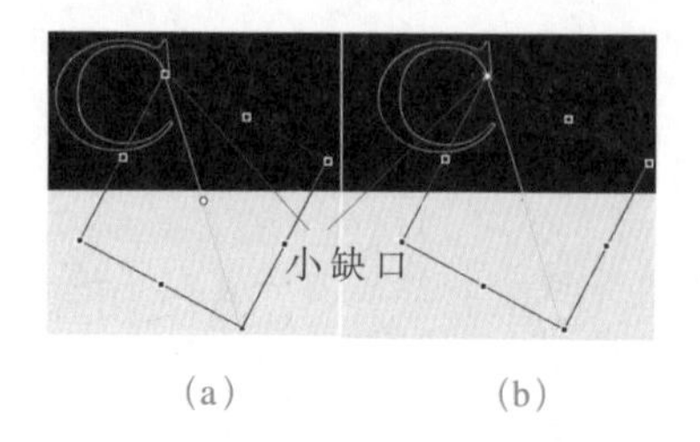

(a)　(b)

图6-40　拖入激光元件

⑦ 选择“C引导”图层，将“激光”元件从【库】面板里拖至舞台，用【任意变形工具】调整好角度后，将元件的中心点移至激光束的上端点（此时激光束上端会出现一个十字中心点），然后用鼠标按住此十字中心点至字母C上缺口的上端点，并调整至重合，如图6-40（a）所示。在第20帧上右击鼠标，在弹出的快捷菜单中选择【插入关键帧】命令，将激光元件从字母C上缺口的上端点移到下端点，同样调整激光十字中心点与字母C的下端点重合。

⑧ 在该层第1～20帧之间的任意位置右击鼠标，在弹出的快捷菜单中选择【创建补间动画】命令，此时时间轴如图6-41所示。

⑨ 为字母C添加遮罩层。将图层全部锁定，在“C”图层上方再创建一个新的普通层，并重命名为“C遮罩”。选择【刷子工具】，笔触颜色选择与字母边框不同的颜色（如绿色），在第1帧的激光所在字母C的起始点位置刷上一点；接着在第2帧上插入关键帧，并从第1帧刚刷的点开始一直刷到激光当前的位置，如图6-42所示。

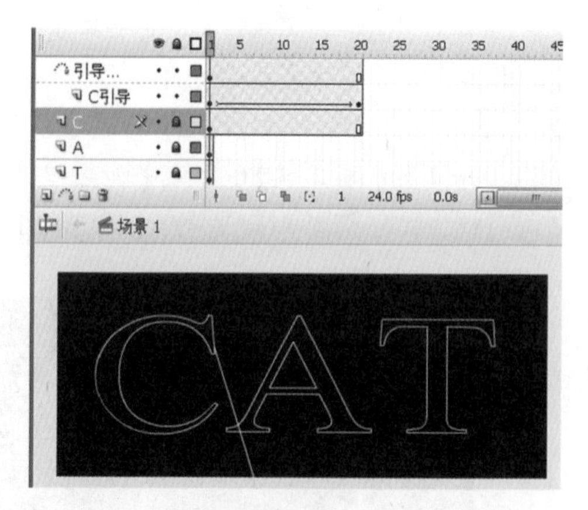

图6-41　字母“C”引导完成后的舞台显示效果

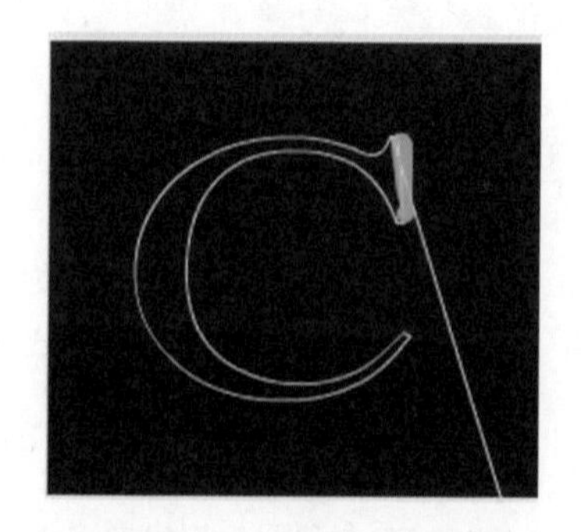

图6-42　字母C遮罩第2帧时舞台的显示效果

⑩ 接下来制作从第 3～20 帧的效果，方法与第 2 帧的方法相同。在每个帧上按 F6 键插入关键帧，并用【刷子工具】从上一帧结束处一直刷到当前激光所在位置，每一帧都沿着激光的运动方向，逐渐涂抹直至将字母 C 的边框全部覆盖，如图 6-43 所示。

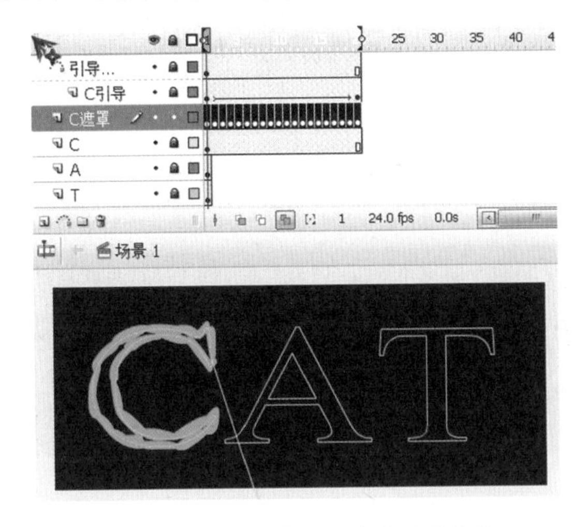

图 6-43　“C 遮罩”设置完成后的效果

提示：刷子的大小一定要将原来的线条全部覆盖，否则运行时激光刻字会出现不连续的情况。

⑪ 在“C 遮罩”图层上右击鼠标，在弹出的快捷菜单中选择【遮罩层】命令，至此，完成了字母 C 的激光刻字效果。

(2) 制作字母 A 的激光刻字效果。

由于字母 A 的边框由不相连的内外两部分组成，所以这里分成两部分来做。

① 使用【选择工具】将 A 的外边框选定（如图 6-44 所示）并剪切。再在“A”图层的上面新建一个普通图层，并重命名为“A 外”。在“A 外”图层的第 21 帧处按 F6 键插入一个关键帧。在舞台上右击鼠标，在弹出的快捷菜单中选择【粘贴到当前位置】命令，调整好位置。

图 6-44　选定字母 A 的外边框

② 接下来就可以用制作字母C的方法来制作字母A的激光刻字效果。这里就不再详述。

③下面来简要谈谈制作字母 A 内框的激光刻字效果。将除了“A”图层以外的所有图层锁定。将图层“A”重命名为“A 内”，将第 1 帧剪切到第 21 帧，再用制作字母 C 的激光刻字效果的方法制作A的内边框的激光刻字效果。此时时间轴如图 6-45 所示（注意：前提是本部分的步骤①中已经使用了“剪切”操作把字母 A 的外边框剪掉了）。

(3) 制作字母 T 的激光刻字效果。

按照制作字母C的方法，制作T的激光刻字效果。完成后分别在图层“C”、“A外”、“A 内”、“T”的第 62 帧插入帧，最终的时间轴如图 6-46 所示。

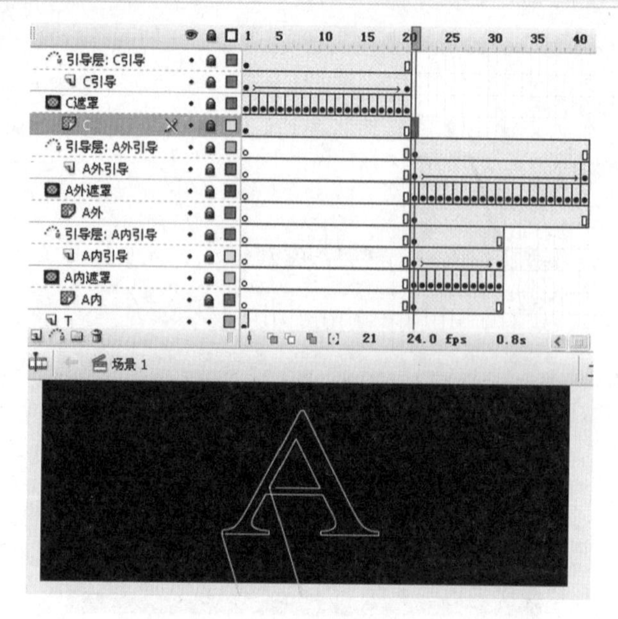

图 6-45　字母A的激光刻字效果

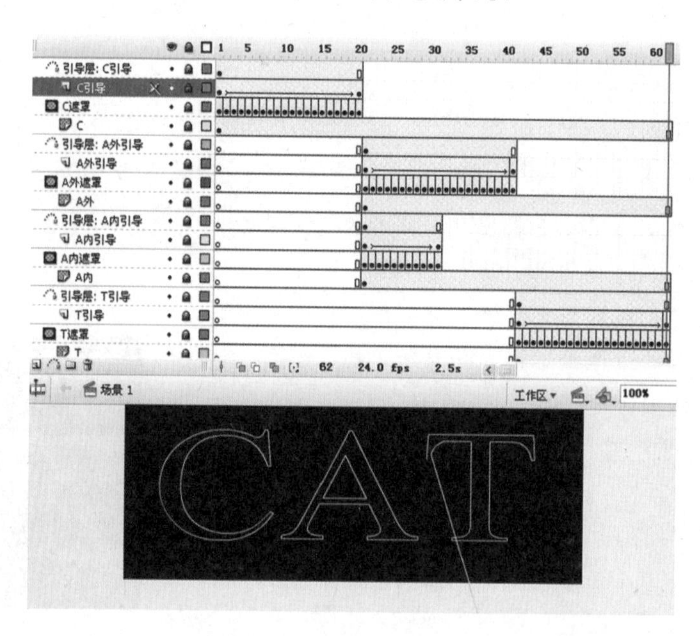

图 6-46　最终舞台显示

4．测试动画

保存并测试动画，可以看到激光沿着字母边框将CAT逐个打出。

提示：在做字母A的激光刻字效果时，也可以不分成两部分来做，例如使用【铅笔工具】将字母A内外两部分的引导路径连在一起，如图6-47所示，这样就可以省去制作“A内”的步骤了。

图 6-47　将字母“A”的内外两条路径连接起来

6.4.2　遮罩层动画——水波效果

【设计思路】

蓝天白云下，是深蓝平静的大海。微风吹来，海水阵阵波动，传来海浪悦耳的声音。一切都显得那么和谐。动画效果如图 6-48 所示。

图 6-48　水波效果图

【技术要点】

- 元件的创建和编辑。
- 遮罩层的使用。
- 声音的导入和使用。

操作步骤如下：

1．新建 Flash 文件

(1) 设置文档的属性，尺寸大小为 1024 × 768，其他属性采用默认设置，如图 6-49 所示。

(2) 选择【文件】/【导入】/【导入到库】命令，将制作水波滚动效果所需的背景图片“背景.jpg”、音效文件“海浪.mp3”导入到【库】面板，如图 6-50 所示。

图 6-49　修改文档属性

图 6-50　导入素材到【库】面板中

(3) 双击“图层1”，将默认的“图层1”重命名为“背景”。将【库】面板中的图片“背景.jpg”拖动到“背景”图层第1帧所对应的舞台上，用【任意变形工具】将图片调整至与文档尺寸相同，此时时间轴和场景如图6-51与图6-52所示。

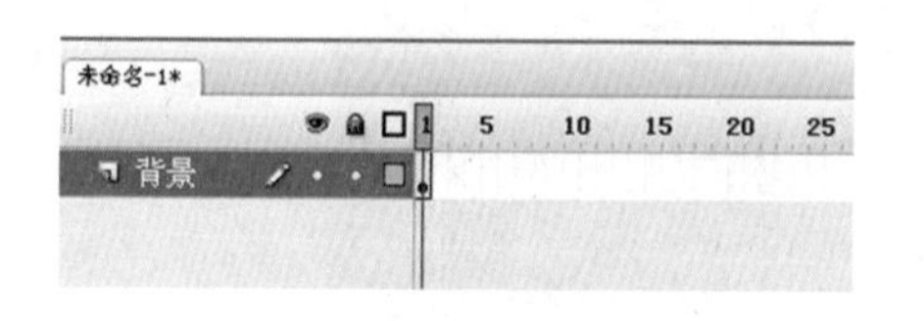

图6-51　添加背景后的时间轴

图6-52　背景在工作区中的效果

2. 创建元件

(1) 选择【插入】/【新建元件】命令，在弹出的【创建新元件】对话框的【名称】文本框中输入“翻滚”，【类型】中选择“影片剪辑”，如图6-53所示。单击【确定】按钮，即可创建一个影片剪辑元件。

(2) 按Ctrl+L组合键显示【库】面板，并将【库】面板中的“背景.jpg”图片拖动到“翻滚”元件的编辑舞台，用【套索工具】将图片上的非水域部分进行选取并删除，剩下的水域部分如图6-54所示。

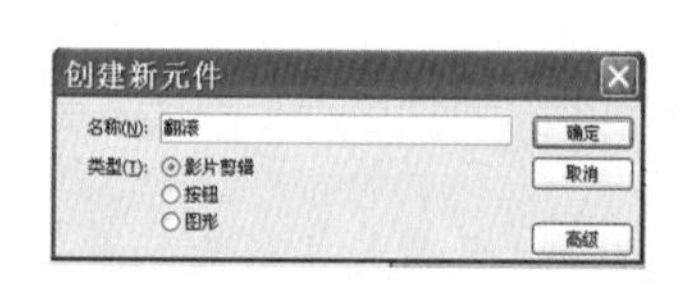

图6-53　创建“翻滚”元件

图6-54　保留的水域部分

(3) 锁定“翻滚”元件中的“图层1”，在它上面再新建一个普通图层，使用其默认名称“图层2”。用【钢笔工具】勾画出一弯曲的条形，并填充任意一种颜色，调整大小后，复制适当的数量覆盖水域部分，如图6-55所示(这些条形亦可以使用【刷子工具】刷出来)。

(4) 在“图层2”的第50帧上右击鼠标，在弹出的快捷菜单中选择【插入关键帧】命令，同时将刚才画好的图形(即图6-55中绿色图形)向下拖动一点距离。然后在第1～50帧之间的任意位置右击鼠标，在弹出的快捷菜单中选择【创建补间动画】命令。再在该层第1帧上右击鼠标，选择【复制帧】命令。在第100帧上右击鼠标，选择【粘贴帧】命令，这样，水波就有了一个“翻滚-还原”的过程。

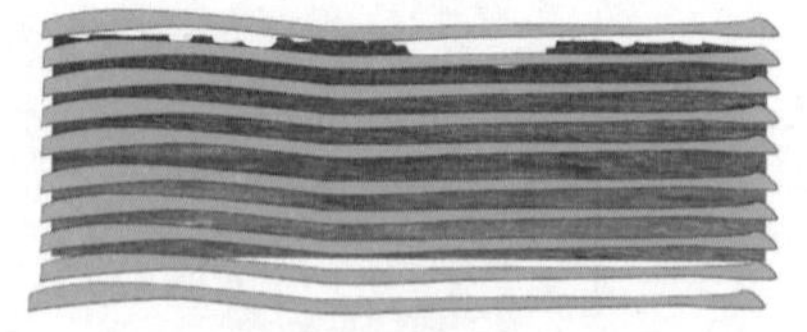

图6-55　画出遮罩的形状

(5) 在“图层2”上右击鼠标，在弹出的快捷菜单中选择【遮罩层】命令。此时“翻滚”元件对应的时间轴如图 6-56 所示。

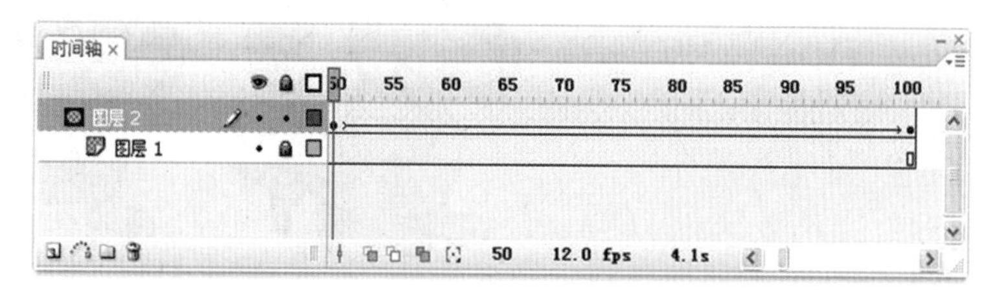

图 6-56　“翻滚”元件对应的时间轴

3. 场景的制作

(1) 单击如图 6-57 所示红色圆圈的【场景 1】按钮，返回到“场景 1”。在“背景”图层上方新建图层，并重命名为“翻滚”。将“翻滚”元件拖动到“翻滚”图层第 1 帧的舞台中，移动“翻滚”元件，使其与背景层相同的位置错开一点（错开的距离越大，水的翻滚程度就越大）。可以多次按 Ctrl+Enter 组合键测试影片，根据效果来具体调整。

(2) 添加海浪音效。将全部图层锁定，在“背景”层下面新建一个普通层，命名为“海浪声”。将【库】面板中的声音文件“海浪.mp3”拖到场景中，并在每个层的第 30 帧处右击鼠标，选择【插入帧】命令，时间轴如图 6-58 所示。

图 6-57　返回场景 1

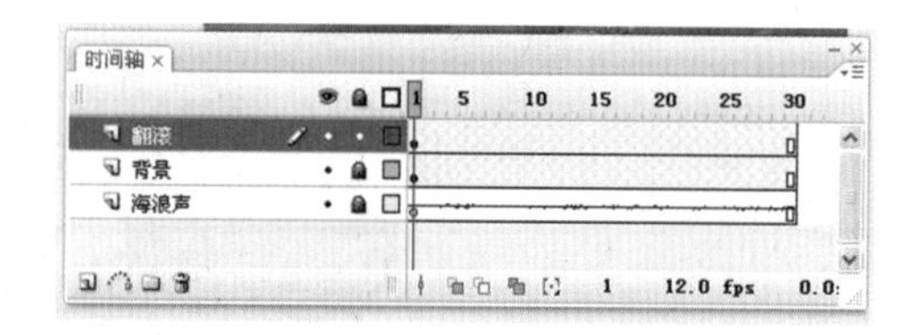

图 6-58　添加声音后的时间轴

(3) 水波效果的动画制作完毕，按 Ctrl+Enter 组合键测试影片，可以看到海浪翻滚的效果，伴随着一阵阵的海浪声音，就跟真实拍摄的效果差不多。

6.5　习　　题

1. 参照书本“激光字”的例子，做一个小球绕着圆环运动的实例，效果如图 6-59 所示。

提示：使用引导图层，画一个圆（大小介于圆环的内外两个圈之间），只保留它的边框。用橡皮擦把边框擦去一点，形成一个缺口，作为小球运动的路径。

2. 利用遮罩图层做一个图片切换（从右向左逐渐显示）的效果，如图 6-60 所示。

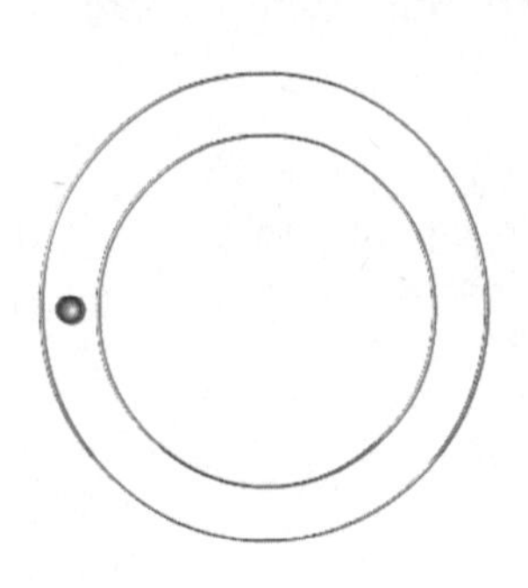

图 6-59　小球绕圆环运动效果图

(a)　　　　(b)

图 6-60　从右向左逐渐显示图片的效果

提示：将小狗图片和螃蟹图片分别放在两个图层上，调成同样大小；再使用一个图层作为遮罩层，遮罩层中是一个矩形的运动动画，运动的方向是从图像的右边一直到完全覆盖整个图像。设计效果如图 6-61 所示。

图 6-61　从右向左逐渐显示图片设计效果

3．根据第 2 题，做出常见的几种图像切换效果，如从中心向四周扩散效果、马赛克效果、开门式效果、卷帘效果、从一个角（如右下角）向另一个角（如左上角）逐渐显示出来的效果等。

第 7 章　Flash 中的声音与视频

第 6 章的水波效果实例中的海浪声，是 Flash 中最常见的一种声音使用形式。一幅优秀的动画作品，不仅需要绝妙的构思、精美的画面，还需搭配悦耳动听的音乐。恰到好处的声音效果能使动画作品的质量产生质的飞跃。Flash CS3 提供了多种运用声音的方法，如声音可以以独立于时间轴的形式连续播放，也可以和影片保持同步播放。同样，Flash CS3 还提供了声音的特效和音频压缩功能，使得处理后的声音更适用于不同的场合。

本章学习目标

- 声音的格式和类型。
- 声音的导入、编辑和使用。
- 视频的导入。

7.1　Flash CS3 支持的声音格式

第 6 章中，水波效果实例的声音文件格式是 MP3，它是目前使用最广泛的一种音乐格式。同时 Flash 也支持 WAV 和 AIFF 等类型的声音文件。只要系统中装有 QuickTime 4 或更高版本，就可以导入更多格式的声音文件。当然，利用工具软件可以对音乐进行格式的互相转换，从而找到动画作品所需的格式。

在对动画作品运用声音时，不仅要考虑其格式，还要考虑不同场合下声音的效果和声音文件的大小。以下就声音的相关知识来进行简单的介绍。

7.1.1　采样频率与位分辨率

1. 采样频率

采样频率：指在进行数字录音时，单位时间内对模拟的音频信号进行提取样本的次数，其单位是赫兹（Hz）。采样频率越高，音质就越好，但声音文件也越大；反之，采样频率越低，音质就越差，声音文件就越小。具体关系见表 7-1 所示。

表 7-1　声音采样频率和音质的对应关系

采样频率 /kHz	质量级别	可能的用途
48	广播质量	记录数字媒体和广播设备的使用
44	CD 音质	高保真音乐和声音
32	接近 CD 音质	数码摄像机伴音等
22	收音音质	短的高质量音乐片段
11	可接受的音乐	长音乐片段，高质量语音等
5	可接受的语音	简单的声音

2．位分辨率

位分辨率：指用于描述每个音频采样点的比特位数。同样一段声音，使用越高的位分辨率，可以得到越好的音质，但同时声音文件也越大；反之，位分辨率越小，音质越差，声音文件也越小。具体关系如表 7-2 所示。

表 7-2　位分辨率和音质的对应关系

采样频率/位	质量级别	可能的用途
16	CD 音质	高保真音乐和声音
12	接近 CD 音质	数码摄像机伴音等
8	收音音质	短的高质量音乐片段
4	可接受的音质	长音乐片段，高质量语音等

7.1.2　声音格式

1．WAV

WAV 即英文的 WAVE（声波）。该格式声音未经过压缩，声音基本上不会失真，但是文件很大，一般适用于比较简短的声音，如按钮的声音等。WAV 是如今网络上最为常见的声音文件格式之一，不适合长时间的声音记录。

2．MP3

MP3 是目前网上最流行的音乐压缩格式，是一种有损压缩。它最大的特点是能以较小的文件大小、较大的压缩比率达到近乎完美的 CD 音效。例如，CD 音乐转换为 MP3 后即缩小为原来的 10% 左右，但是音效却差不多。一般而言，音乐或时间较长的音效经过 MP3 压缩后，都可以使文件减少很多。但如果是事件音效，如滑过或按下按钮所产生的简短音效，就不见得一定要用 MP3 格式。因为使用 MP3 格式的文件需要一些时间来解压缩。所以对于在时效与互动性较高的声音，使用一般性压缩或不压缩的反应速度会比较快。

3．AIFF

AIFF 是音频交换文件格式(Audio Interchange File Format)的英文缩写，是 Apple 公司开发的一种声音文件格式，被 Macintosh 平台及其应用程序所支持，属于 QuickTime 技术的一部分。是未经过压缩的一种格式，所以文件比较大。这一格式的特点就是格式本身与数据的意义无关。以 AIFF 格式存储的音频，其扩展名是.aif 或.aiff。

7.2　Flash 中的声音类型

Flash 中的声音分为事件声音和数据流声音两种，分别适用于不同的场合。下面简单进行介绍。

7.2.1　事件声音

事件声音必须等到声音文件完全载入后才能播放，并且直到有明确的命令要求停止时才会停止播放，否则就会无休止地播放下去。所以事件声音适用于播放短时间的声音，如作用在按钮上的简短声音，或者使用在固定的动作上的声音。

7.2.2　数据流声音

数据流声音只要载入前面几帧声音数据就能够配合【时间轴】面板上的动画进行播放，可以边下载边播放。网络特别需要这种边下载边播放的技术，这也是数据流声音在网络上流行的原因。它适用于播放长时间的声音，如动画的背景音乐和不需要与场景内容紧密配合情况下的声音等。

7.3　声音的基本操作

对于声音的基本操作，一般先导入合适的声音文件，必要时可以对声音的属性进行设置，然后就可以将其使用到具体的实例中。当然也可以在使用过程中对声音进行编辑，如设置一些特殊的声音效果等。达到满意的效果后，就可以导出带声音的影片了。

7.3.1　导入声音

导入声音的过程与导入图像或其他文件的过程是类似的。

导入声音的具体操作方法如下：

(1) 在菜单栏中选择【文件】/【导入】/【导入到库】命令，如图 7-1 所示。打开【导入到库】对话框，在该对话框中选择需要导入的声音文件，单击【打开】按钮即可，如图 7-2 及图 7-3 所示。

图 7-1　导入菜单

图 7-2　选中需要导入的声音文件

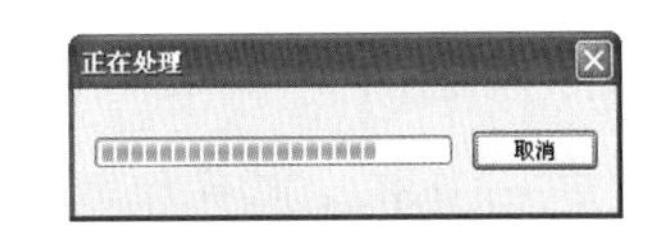

图 7-3　正在导入时会显示一个进度条

提示：Flash CS3 中选择【文件】/【导入】/【导入到舞台】命令，可将声音直接导入到舞台，并存放在【库】面板中。如果选择【文件】/【导入】/【导入到库】命令，则声音文件直接存放在【库】面板中，而不会放在舞台上。

(2) 在菜单栏中选择【窗口】/【库】命令，即可打开【库】面板。刚导入的声音文件就在【库】面板的列表中，如图 7-4 和图 7-5 所示。单击选中库中的声音，在预览窗口就会看到声音的波形。有一条波形的为单声道声音，如图 7-4 所示就是单声道声音波形；有两条波形的则为双声道声音，如图 7-5 所示就是双声道声音波形。

图 7-4 声音导入到了【库】面板中（单声道）

图 7-5 双声道波形

(3) 单击【库】面板上的【播放】按钮，即可预览播放导入的声音。单击【停止】按钮则可停止播放。与元件一样，在动画的编辑过程中如果需要多次用到同一声音，只需要导入该声音文件一次（也即存储一次），然后在使用中创建不同的实例，如为按钮元件添加一个简短的声音，或给动画添加一段背景音乐（如第 6 章中的水波效果）等。声音导入到【库】面板后，在帧的【属性】面板中的【声音】下拉列表中，将列出刚导入的声音文件，如图 7-6 所示。

图 7-6 【属性】面板中【声音】下拉列表

7.3.2 声音的使用

声音导入到【库】面板中后，即可投入使用。Flash 动画中声音的使用主要是三个方面，分别是主时间轴、按钮和声音对象。下面主要讲解向主时间轴和为按钮添加声音的方法。

1．向主时间轴添加声音

第6章中水波效果的背景声音就是通过向主时间轴添加声音而得。网上大部分动画都有自身的背景音乐，它也是在影片的主时间轴中添加声音文件，从而贯穿动画的始终。

向时间轴添加声音的操作步骤如下：

(1) 打开要添加背景音乐的Flash文件，新建一个图层，重命名为“声音”，用来放声音。为便于操作，一般将用来放声音的图层放到所有图层的最上方或最下方。

(2) 选中想要有声音开始播放的那一帧，按F7键插入空白关键帧，将已经导入到库中的声音拖入到舞台，或从【属性】面板的【声音】下拉列表中选择一个已导入的声音文件，加入声音后帧的效果如图7-7所示。此时不管单次动画播放是否完毕，声音文件都会从头播放到尾，即此时声音是独立于时间轴的。

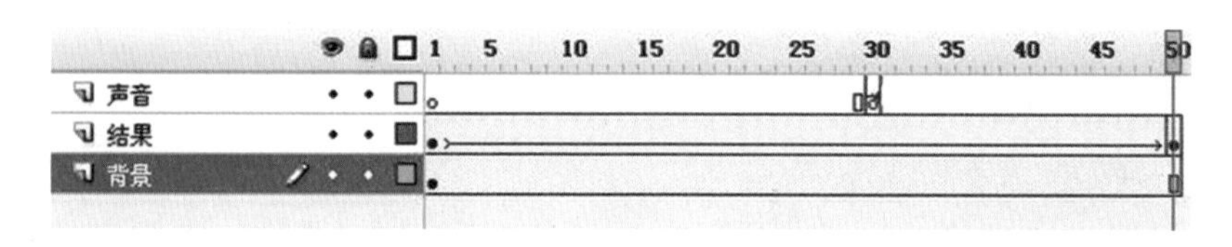

图7-7　“声音”图层的第30帧使用了声音

2．向按钮添加声音

按钮是元件的一种，它可以根据四种不同的状态显示不同的图像。为了使其在操作时具有更强的互动性，还可以给它加入有针对性的音效。为按钮添加声音，操作步骤较简单。在按钮的四种状态中（设计时在时间轴上表现为“弹起”、“指针经过”、“按下”和“点击”四个帧）给需要声音的帧添加声音即可。

为按钮添加声音的操作步骤如下：

(1) 切换到按钮编辑状态。方法为：如果要添加声音的按钮元件的实例到舞台上，则双击该按钮元件实例；或选中元件实例后右击鼠标，在弹出的快捷菜单中选择【编辑】命令。如果按钮元件在库中，则双击按钮元件；或选中元件后右击鼠标，在弹出的快捷菜单中选择【编辑】命令，如图7-8所示。

(2) 为按钮元件专门新建一个图层来设置声音。图层重命名为“声音”，如图7-9所示。

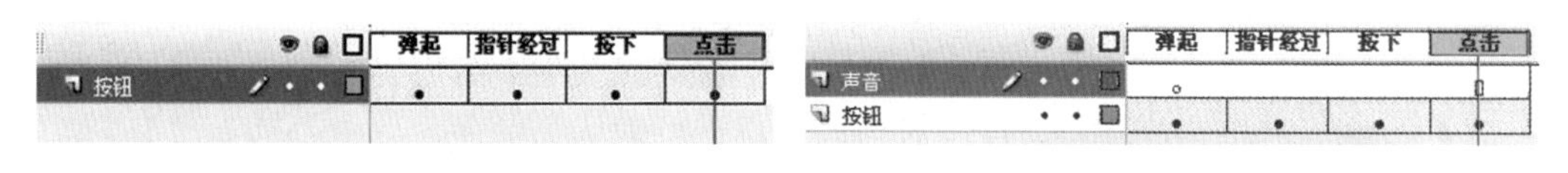

图7-8　编辑状态下按钮的时间轴　　　图7-9　为声音新建层

(3) 在“声音”图层中，选中要添加声音效果的帧，按F7键创建空白关键帧。本例中，在“按下”帧中创建一个空白关键帧，如图7-10所示。

(4) 选中刚创建的空白关键帧，将库中的声音文件拖入到舞台上；或打开该帧的【属性】面板，从【声音】下拉列表框中选择一个已导入的声音文件（此处【类型】使用默认的“事件”类型）。添加声音后按钮的时间轴效果如图7-11所示。

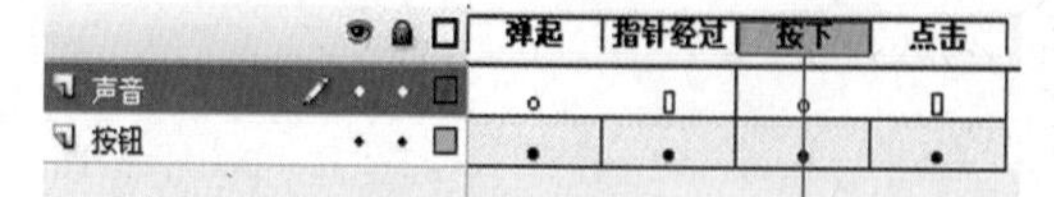

图 7-10 在“按下”帧中创建一个空白关键帧

图 7-11 添加声音后的时间轴显示

提示：通过图 7-11 可以看出，声音从“按下”帧一直延续到“点击”帧。但“点击”帧并非属于需要设置音效的范围。这种情况被称为相邻两帧中声音干扰。解决的办法是，在添加声音之前，为按钮的四个帧分别插入一个空白关键帧，这样声音就只会被添加到指定的帧中，最终效果如图 7-12 所示。

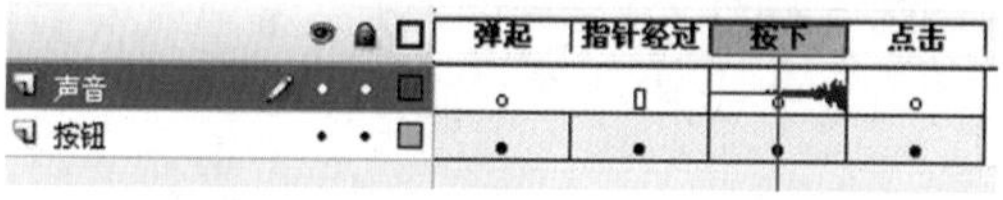

图 7-12 添加空白关键帧来防止相邻两帧中声音的干扰

7.3.3 设置声音的属性

声音被导入到【库】面板后，即可应用到作品中去。同时，考虑到不同场合对声音的质量和大小的要求不尽相同，所以有必要在运用前对声音属性进行简单设置。主要是通过【声音属性】对话框来完成操作。

1. 打开【声音属性】对话框

要打开【声音属性】对话框，可以通过以下方法：

- 双击【库】面板中声音文件前面的声音图标。
- 在【库】面板的声音文件上右击鼠标，在弹出的快捷菜单中选择【属性】命令。
- 选中【库】面板中的声音，然后单击【库】面板下方的【属性】按钮。

弹出的【声音属性】对话框如图 7-13 所示。

2. 【声音属性】对话框的使用

在【声音属性】对话框中，左上角的方框显示声音文件的波形片段，方框右侧显示声音文件的基本资料，如文件名及其所处位置、创建日期、采样频率、文件播放长度和大小等。通过该对话框还可以对导入的声音文件做一些参数的设置，例如，文件的更新和压缩格式等。

下面简单介绍一下【声音属性】对话框中按钮的基本用法：

- 确定：单击此按钮，可以对当前设置进行确认和保存。
- 取消：选择此按钮，可以取消当前设置。
- 更新(U)：声音文件导入以后，Flash 会在影片文件内部创建一个该文件的副本。如果外部的声音文件被编辑修改过，则可以通过单击【更新】按钮将影片文件内部的副本文件进行更新。
- 导入(I)...：使用这个按钮可以重新导入一个文件，并替换当前导入的文件。
- 测试(T)：单击该按钮，可以对导入的声音文件进行测试。
- 停止(S)：单击该按钮，可以停止声音（测试的）的播放。

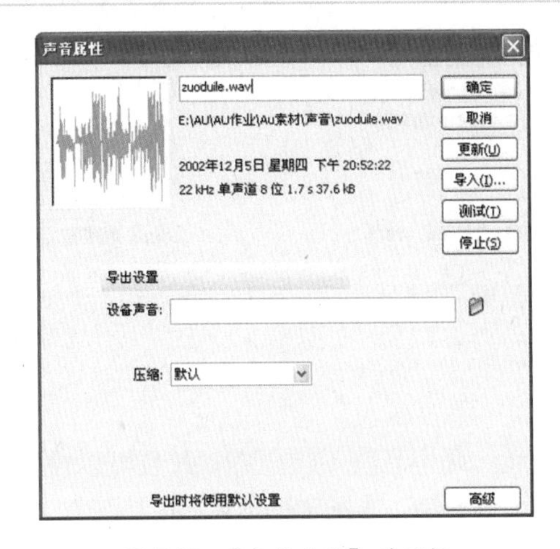

图 7-13 【声音属性】对话框

3.【声音属性】对话框中的【压缩】列表

在【声音属性】对话框中有个【压缩】下拉列表框，可以在其中设置一些压缩格式，主要有“默认”、ADPCM、MP3、“原始”和“语音”五个选项，如图 7-14 所示。下面分别进行介绍。

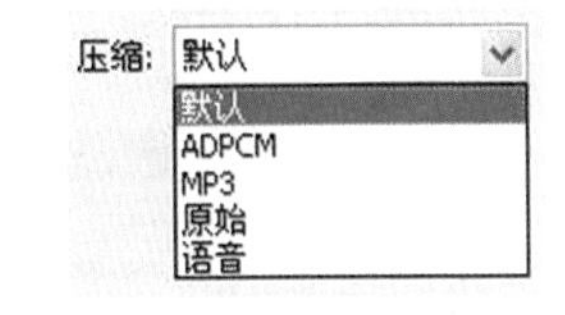

图 7-14 “压缩”下拉列表框

(1) 默认。选择该选项，则 Flash 会使用在【发布设置】对话框中的相关选项、参数设置作为声音文件的最终设置。

(2) ADPCM（自适应音）。此选项使用 ADPCM 算法来输出声音。该压缩算法比较适合于长度较短的声音，如简短的提示声音、Flash 游戏中的物体碰撞声音等。选择该选项后，其下方会出现三个附加选项，如图 7-15 所示。从图中可以看出，此种压缩可以将声音压缩到原来的 50% 等。其中：

- 将立体声转换为单声道：该选项可以将立体声的声音转换成单声道的声音。
- 采样率：该下拉列表框用于设置不同的采样频率，频率越高，音质越好，同时声音文件会越大。对于不同的场合，可以选用不同的采样频率。例如 5kHz 适用于讲话声；11kHz 是音乐的最低采样频率，适用于简短的音乐；22kHz 适合在网上播放较长的声音文件，包括音乐等；44kHz 为 CD 品质的声音提供了最好的选择，但同时它会占用很大的空间，一般建议不要使用这种采样频率。
- ADPCM 位：该下拉列表框用于决定在进行压缩时使用的位数。位数越低，则压缩后的文件就越小，但音质越差。推荐数值为 4 位，这也是默认的一个设置。

(3) MP3。选择该选项，则声音会以 MP3 格式输出。选择该选项后，其下面也会出现相应的附加参数，如图 7-16 所示。从图中可以看出，MP3 压缩格式可以将声音压缩到原来的 9.1% 等。

- 比特率：该下拉列表框用来设置声音的最大传输速率。如果作品在网上发表，最好将这个数值设置在 16kbps 以上；如果是在本地机上演示动画，则可以将这个数值设置为 128kbps，这是一般 MP3 歌曲本地的传输速率。
- 品质：该下拉列表框用来选择所要压缩声音的品质。默认情况下是 Flash 选项，适用于网上播放动画。如果是在本地机上演示动画，可以选择“快速”、“一般”及“最佳”

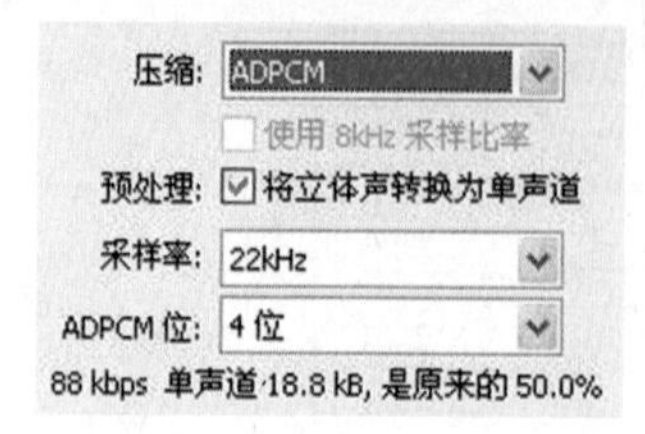

图 7-15　选择 ADPCM 选项后出现三个选项

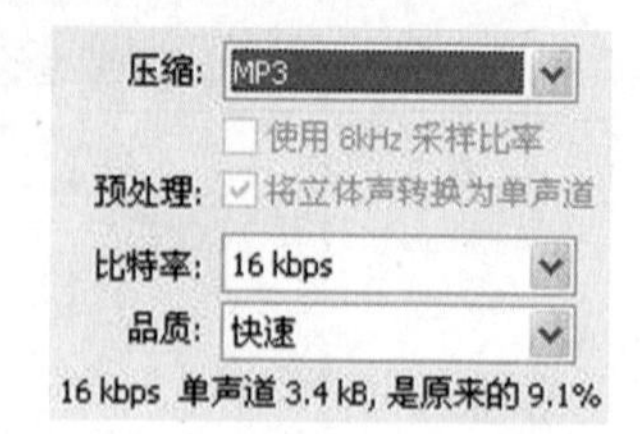

图 7-16　选择 MP3 选项后出现两个选项

选项。

(4) 原始。选择该选项，则声音将不被压缩，并且可以设置声音是立体声音还是单声道，也可以选择声音的采样频率。选择该选项后，在其下方也会出现相应的附加参数，具体用途与上面介绍的相应选项类似，如图 7-17 所示。

(5) 语音。选择此种压缩格式以后，声音大小约变为原来的四分之一。在其下方也会出现相应的附加参数，具体用途与上面介绍的相应选项的类似，这里不再做详细介绍，如图 7-18 所示。

图 7-17　"原始"选项对应的【声音属性】对话框

图 7-18　"语音"选项对应的【声音属性】对话框

【声音属性】设置好后，单击【确定】按钮，就可以将这些设置应用到声音元件当中去了。而且这些设置终将影响到该元件产生的所有声音实例。如果只是需要对当前使用的声音实例进行编辑，可以遵循下一小节的具体分析。

7.3.4　编辑音频

前面介绍了可以添加声音的两种方法。声音添加以后，在该帧的【属性】面板中就可以对声音进行编辑，也即编辑声音的具体实例。它的改变将不会影响到【库】面板中的声音元件，如图 7-19 所示。

1. 音效的设置

音效设置中可以设置声音的特殊效果，例如声道选择、音量变化等。Flash 中有两种方法可以设置音效。

(1) 系统自带音效的设置。【属性】面板的【效果】下拉列表框中共有 8 个选项，分

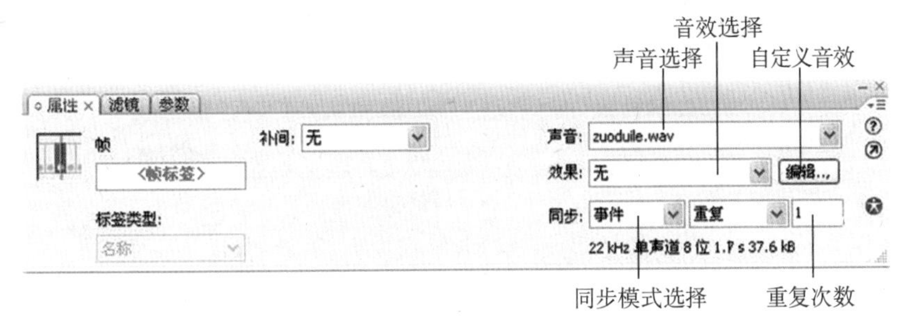

图 7-19　在时间轴上选定声音后的帧【属性】面板

别是无、左声道、右声道、从左到右淡出、从右到左淡出、淡入、淡出和自定义，如图 7-20 所示。现将各选列表项的含义简单介绍如下。

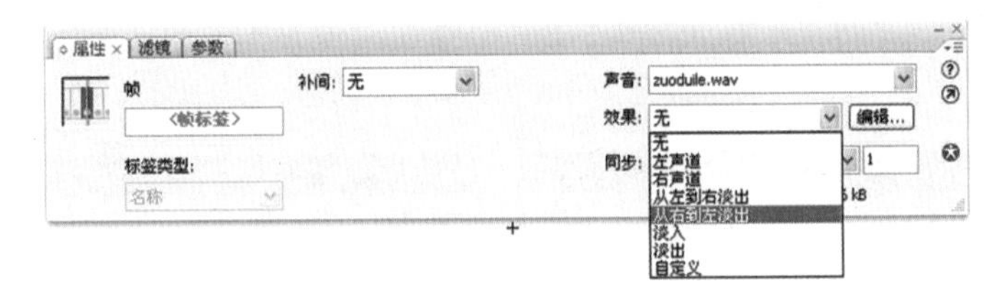

图 7-20　【效果】下拉列表框

- 无：对声音文件不加入任何效果，选择该选项可以取消以前设置的效果。
- 左声道：表示声音只在左声道播放，右声道不发声音。
- 右声道：表示声音只在右声道播放，左声道不发声音。
- 从左到右淡出：使声音的播放从左声道移到右声道。
- 从右到左淡出：使声音的播放从右声道移到左声道。
- 淡入：使声音在播放期间音量逐渐增大。
- 淡出：使声音在播放期间音量逐渐减小。
- 自定义：允许创建自己的声音效果。

单击需要的音效，当前编辑环境下被选择的声音就会具备相应的声音特效。按 Ctrl+Enter 组合键测试影片，可以试听改变后的声音效果。

（2）自定义编辑音效。除了系统自带的几种音效之外，Flash 还提供了自定义编辑音效的功能。选择【效果】下拉列表框中的“自定义”选项或单击【属性】面板中的【编辑】按钮，将弹出【编辑封套】对话框，如图 7-21 所示。

该对话框中的【效果】下拉列表框是与【属性】面板中有相同的音效栏，中间是音效编辑区；编辑区的中间是时间轴，左下角是试听键，右下角是工具控制显示区的大小和时间轴的单位。由图中可以看出，声音可以左右声道分开进行编辑，而且都有各自的控制点。该对话框中各选项作用如下。

- 效果：从对话框上部的【效果】下拉列表框内可以选择某种声音的效果。
- 正方形控制柄：通过拖动编辑区左上角的正方形控制柄，可以调整声音的大小。将控制柄移至最上面声音为最大，移至最下面声音消失。左右声道分开设置，如图 7-22 所示。
- 【放大】按钮：单击此按钮，可以使声音波形在水平方向放大，这样可以更细致

地查看声音的波形，从而对声音进行进一步的调整，如图 7-23 所示。

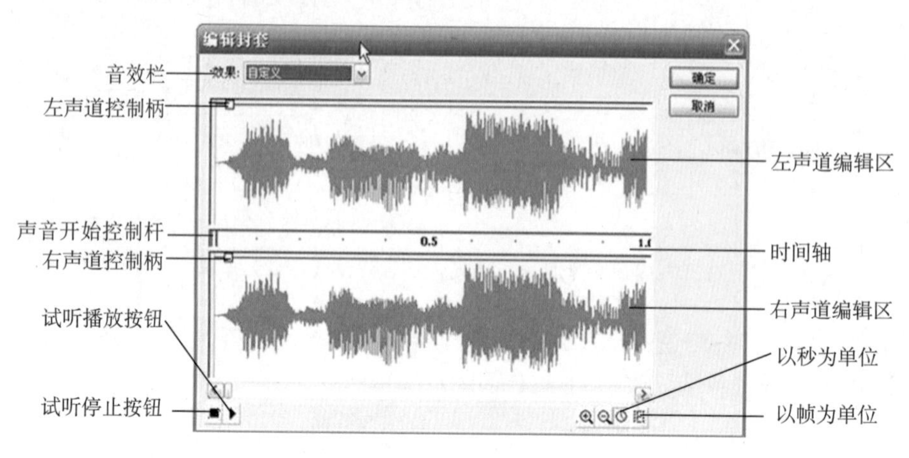

图 7-21 【编辑封套】对话框

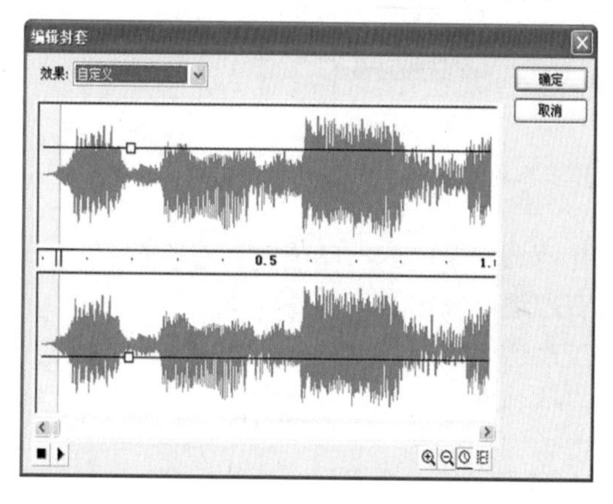

图 7-22 通过正方形控制柄调整音量

图 7-23 水平放大波形

● 【缩小】按钮：单击此按钮后，可以使声音波形在水平方向上缩小，这样便于在整体上对波形进行编辑，也可以方便地查看波形很长的声音文件，如图 7-24 所示。缩小后可以看到当前音乐文件的所有波形。

● 【时间】按钮：单击此按钮，使波形文件在显示窗口内按时间方式显示，刻度单位为秒，这是 Flash 默认的显示单位。如前面的几张图片都是以默认的秒为单位显示。

● 【帧数】按钮：单击此按钮，可以将波形在显示窗口内按帧数显示，刻度以帧为单位，效果如图 7-25 所示。

● 增减方形控制柄：在声音波形编辑窗口内单击一次，可以增加一个方形控制柄，最多可以添加 8 个控制柄。方形控制柄之间有直线连接，拖动各方形控制柄可以调整各部分声音段的音量大小，直线越靠上边，声音音量就越大，即声音振幅越大，如图 7-26 所示。如果要删除波形中的控制柄，只需将要删除的控制柄拖到波形窗口外即可。

● 截取声音片段：拖动上下声音波形之间刻度栏内的声音开始控制杆（图中红色圈中所示），可以控制声音开始的位置，从而截取声音片段，如图 7-27 所示。

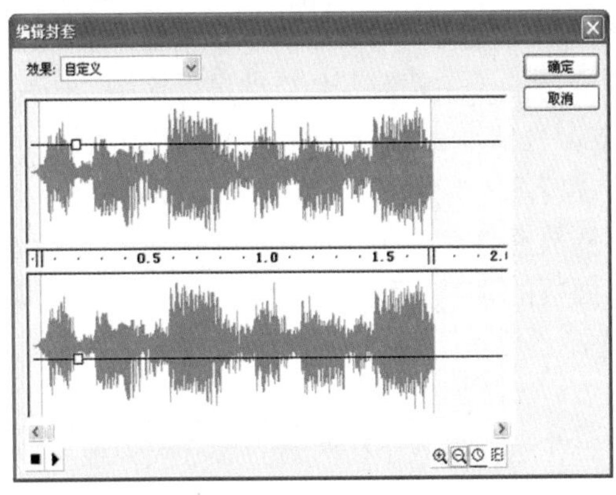

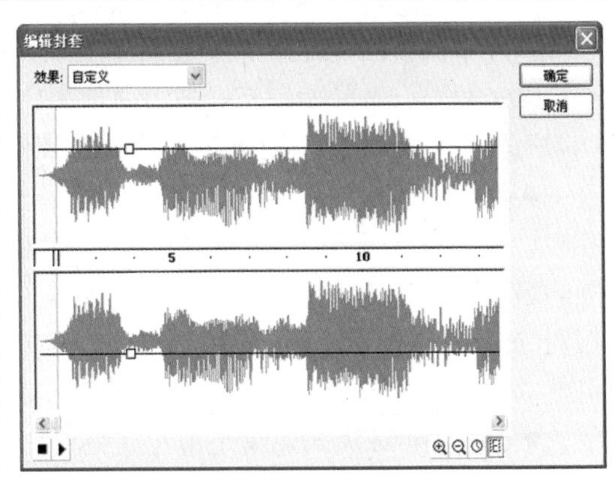

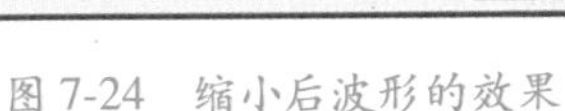

图 7-24　缩小后波形的效果　　　　图 7-25　水平轴以帧为单位显示

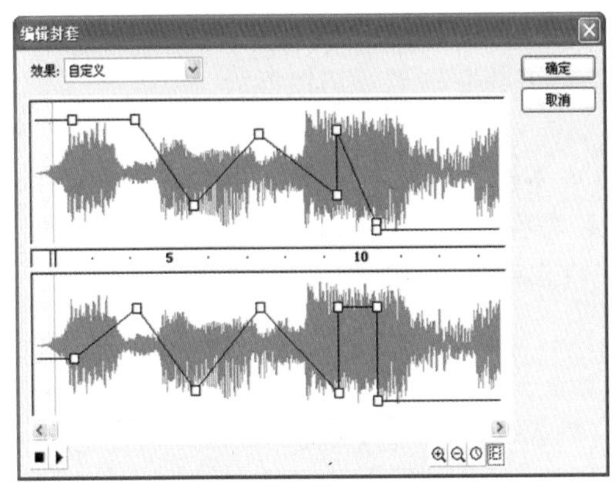

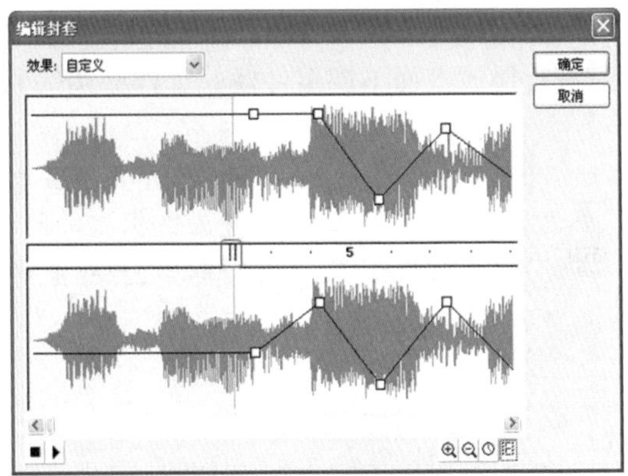

图 7-26　添加控制柄　　　　图 7-27　截取声音片段

2．设置声音的同步事件

如果要向动画中添加声音，那么声音和动画要采用一种什么样的形式播放，这是设计者需要考虑的问题，这关系到整个作品的总体效果和播放质量。在帧【属性】面板中就提供了同步模式选择功能。【属性】面板中的【同步】下拉列表框中共有 4 个选项，如图 7-28 所示。下面分别对几种模式进行介绍。

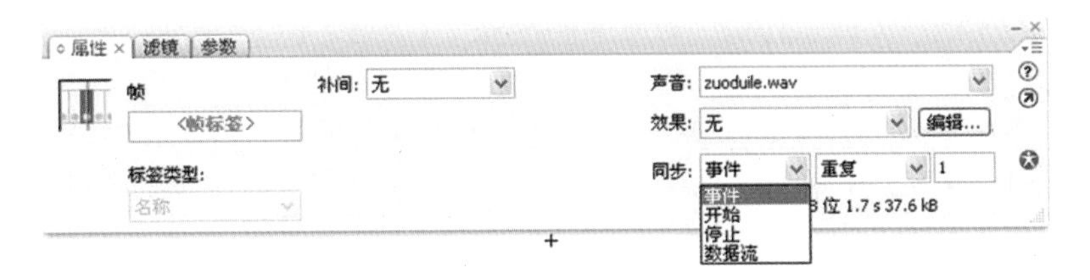

图 7-28　【同步】的模式

● 事件：该模式是默认的模式。选择该模式后，只要动画播放到插入声音的开始帧，就开始播放声音，且独立于【时间轴】面板，直到播放完毕。即使动画在它播放完毕之前结束，也不会影响它的播放。如果要在下载动画的同时播放动画，则动画要等到声音下载完才能开始播放。如果动画本身未下载完而声音已经先下载完了，则会将声音先播放出来。

● 开始：动画中使用了多个声音，如果使用事件模式，就会造成声音重叠、杂乱无章；但是如果设置开始模式，则当动画播放到声音的开始帧时，会自动进行检测，如果此时有其他声音播放，则该声音将不会被播放，直到没有其他声音播放时才播放。

● 停止：该模式用于将指定的声音停止。如 7.3.2 小节中“向时间轴添加声音”内容中，影片播放完毕后，背景音乐却还要继续播放直到完毕，这时就可以在音乐层中动画的最后一帧插入关键帧。然后在帧【属性】面板的【声音】下拉列表框中选择与前面相同的声音文件，在【同步】下拉列表框中选择“停止”，这样，动画播放结束后声音也就立即停止播放了。

● 数据流：该模式通常是用在网络传输中，在这种模式下，动画的播放被强迫与声音的播放保持同步，有时如果动画帧的传输速度与声音相比相对较慢，则会跳过这些帧进行播放。另外，当动画播放完毕时，即使声音还没播完，也会与动画同时停止播放，这一点也与事件模式不同。在下载动画的时候，使用数据流模式可以在下载的过程中同时进行播放，而不像事件模式那样必须等到声音下载完毕后才可以播放。

> **提示**：制作 Flash MTV 时必须要求声音与画面同步，这时就需要将声音的同步设置为数据流。而且设置为数据流的同步形式后，可以直接按 Enter 键即刻看到动画效果和听到播放的声音，再按 Enter 键就可以立刻停止（设为“事件”则动画停止，而声音继续播放）。

3．设置声音的重复次数

声音文件的体积较大，如果在一个动画中引用多个声音，就会造成文件过大。此时，可以采取声音文件重复播放的方法来减小文件的体积。

具体操作步骤如下：

（1）先向动画中添加一个声音，如图 7-29 所示。

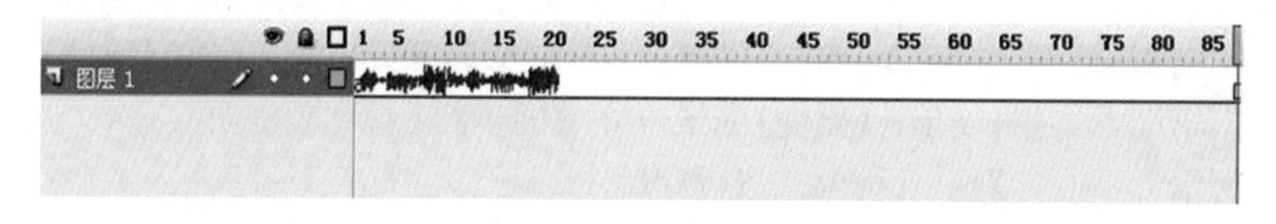

图 7-29　时间轴上声音重复 1 次的波形

（2）如果想要将此声音重复播放4次，则要先单击选中插入了声音的帧，然后在【属性】面板中的【重复】下拉列表框输入“4”，鼠标在其他任意位置单击一下，时间轴上就复制出 4 个波形，如图 7-30 所示。

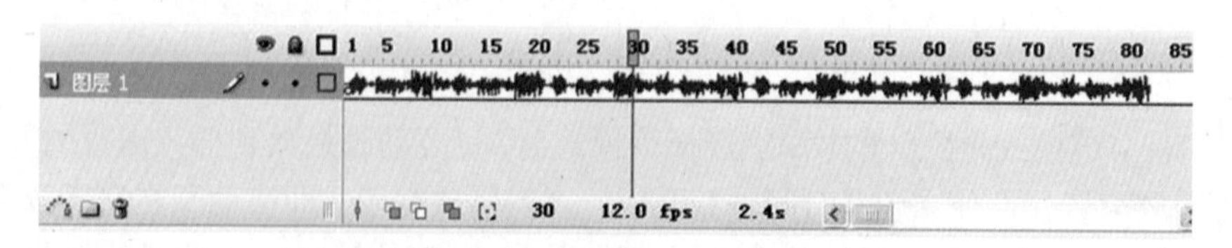

图 7-30　时间轴上声音重复 4 次的波形

（3）如果需要在播放过程中使声音不停地反复播放，可以在【重复】下拉列表框中

选择“循环”，如图 7-31 所示。测试影片时，音乐会一直从头到尾循环播放。

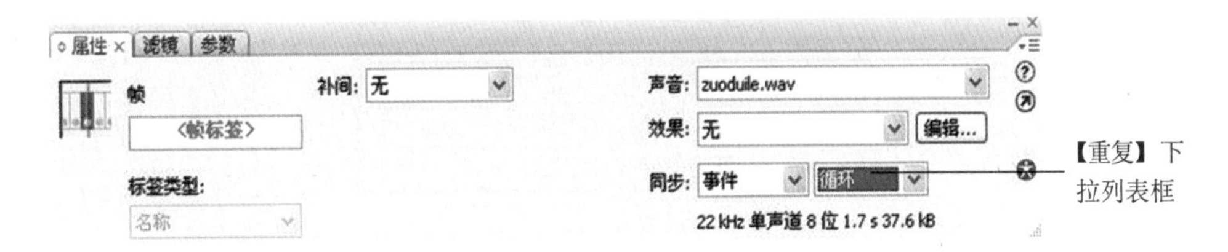

图 7-31　设置循环播放声音

7.3.5　声音的输出

Flash 中的声音一般都是跟动画结合在一起的，所以在输出影片的同时声音也进行了输出。在输出影片时，声音设置不同的取样率和压缩比对影片中声音播放的质量和大小影响很大。压缩比越大，取样率越低，则影片中声音所占的空间越小，但是声音回放的质量却越差，因此必须两者兼顾。

如 7.3.3 小节中已经介绍过，打开【声音属性】对话框，可以在里面对输出影片中的单个声音元件的回放质量和大小进行设置。如果未对声音进行设置，Flash 将按【发布设置】对话框中有关声音的设置进行输出，该对话框中对声音的设置将作用于影片中所有的声音。如果影片只在本地机器上使用，可以把声音设置成高保真；如果用于网络，则要在保持声音效果的同时尽量减少声音所占的空间。

在菜单栏中选择【文件】/【导出】/【导出影片】命令，弹出【导出影片】对话框，如图 7-32 所示，选择好要保存影片的路径和文件名，单击【保存】按钮，则会弹出【导出 Flash Player】对话框，如图 7-33 所示。

图 7-32　【导出影片】对话框

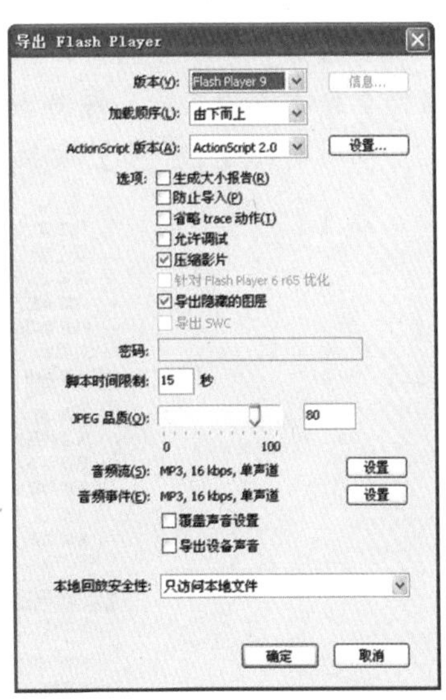

图 7-33　【导出 Flash Player】对话框

在【导出 Flash Player】对话框中可以重新设置输出声音的属性（因为此处设置与前面声音属性部分设置类似，这里就不再赘述），选择以 Flash 的哪种版本导出该动画等功能。设置完后单击【确定】按钮，会出现一个导出影片的进度条，如图 7-34 所示。当

进度条结束时，带声音的影片就导出完成。

图 7-34　导出影片进度条

7.4　导 入 视 频

Flash CS3 的视频导入功能比低版本更强大，因为它增设了一个专门用于视频的【导入】菜单。

Flash CS3 支持的视频格式比较多。其中常用格式有如下几种：

- QuikTime 影片，扩展名为.mov。
- Windows 视频，扩展名为.avi。
- MPEG 影片，扩展名为.mpg 或.mpeg。
- 数据视频文件，扩展名.dat。
- Windows Media，扩展名为.asf 或.wmv。
- Adobe Flash 视频，扩展名为.flv。
- 数字视频，扩展名为.dv 或.dvi。
- 用于移动设备的 3GPP/3GPP2，扩展名为.3gp、.3gpp、.3gp2 或.3gpp2 等。

导入视频及设置的操作步骤如下：

(1) 在菜单栏中选择【文件】/【导入】/【导入视频】命令，如图 7-35 所示。会弹出一个【导入视频】的对话框，如图 7-36 所示。单击【浏览】按钮，在弹出对话框中选择需要的视频文件，再单击【打开】按钮，如图 7-37 所示。

(2) 单击【下一步】按钮，打开【导入视频-部署】对话框，在对话框中可以根据

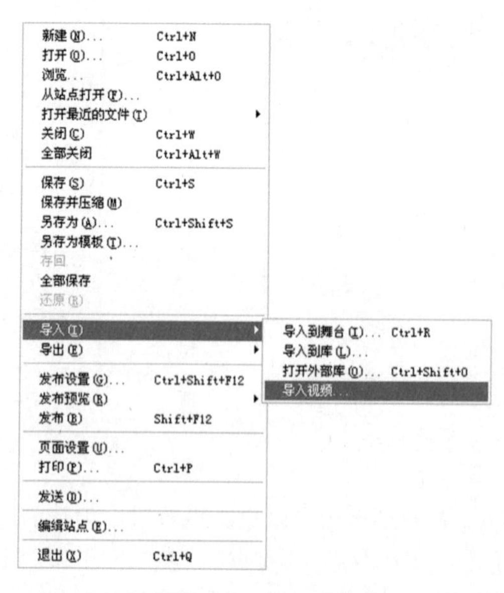

图 7-35　导入视频的菜单

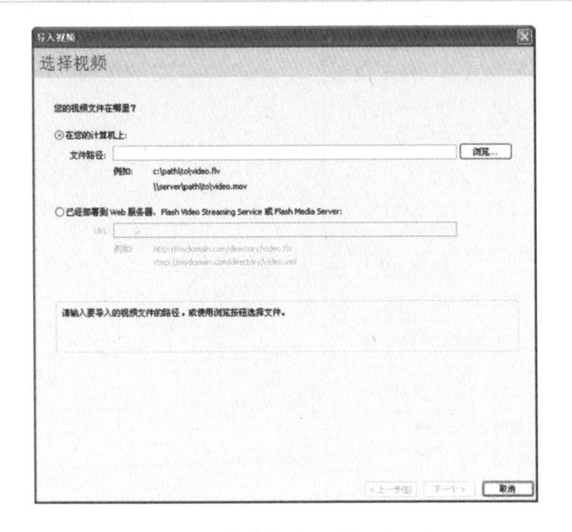

图 7-36　【选择视频】对话框

图 7-37　在【打开】对话框中选择要打开的文件

需要，对视频进行部署设置，如图 7-38 所示。

(3) 选择合适的部署，单击【下一步】按钮，打开【导入视频 - 编码】对话框，在此对话框可以对视频进行一些设置，如图 7-39 所示。

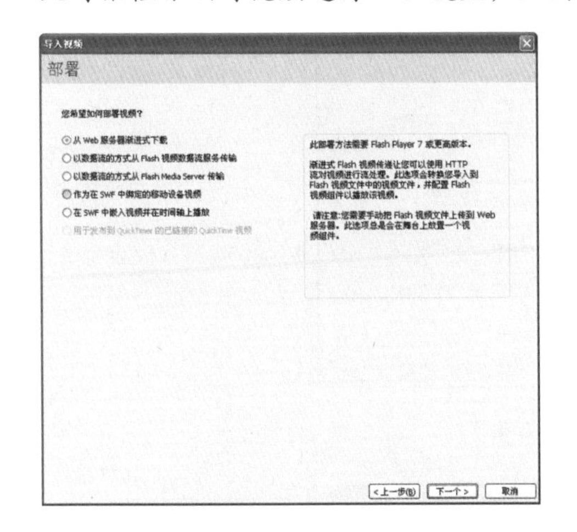

图 7-38　【导入视频 - 部署】对话框

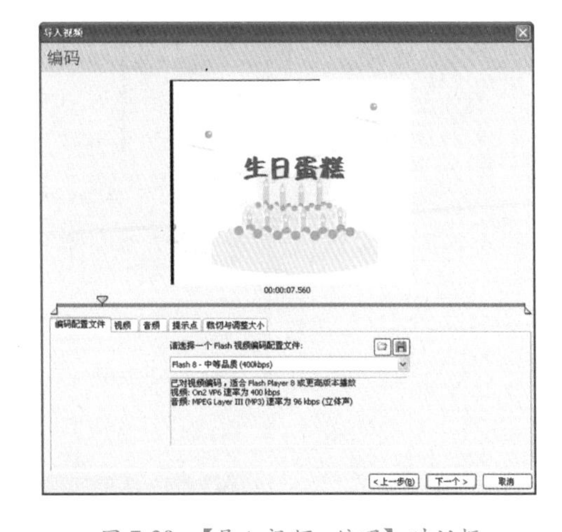

图 7-39　【导入视频 - 编码】对话框

(4) 拖动按钮，可以调整视频的开始位置，拖动按钮可以调整视频的结束位置，而拖动按钮则可以预览视频效果。在【编码配置文件】选项卡，可以根据需要在下拉列表框中选择一个 Flash 视频编码配置文件，默认为“Flash8- 中等品质 (400kbps)”。在【视频】选项卡中，勾选【对视频编码】复选框，可以选择“视频编码器”、“帧频”、“品质”、“关键帧放置”，设置【最大数据速】率和【关键帧间隔】，如图 7-40 所示。

(5) 在【音频】选项卡中可以对音频进行编码设置，在【数据速率】下拉列表框中可以选择适当的数据速率值，如图 7-41 所示。

(6)【提示点】选项卡可以进行一些提示点的设置，如图 7-42 所示。

(7)【裁切与调整大小】选项卡可以对视频的界面进行裁剪和调整大小，如图 7-43 所示。

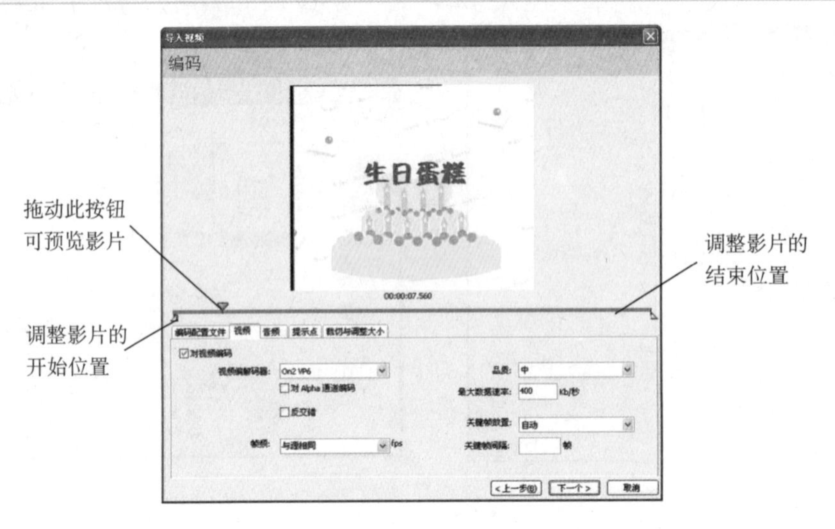

图 7-40 【视频】选项卡

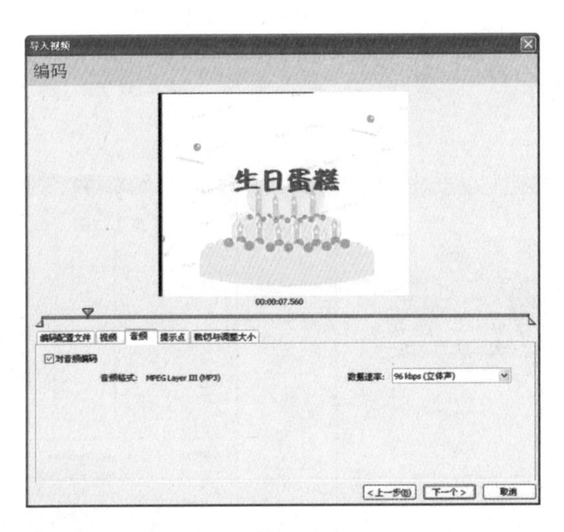

图 7-41 【音频】选项卡

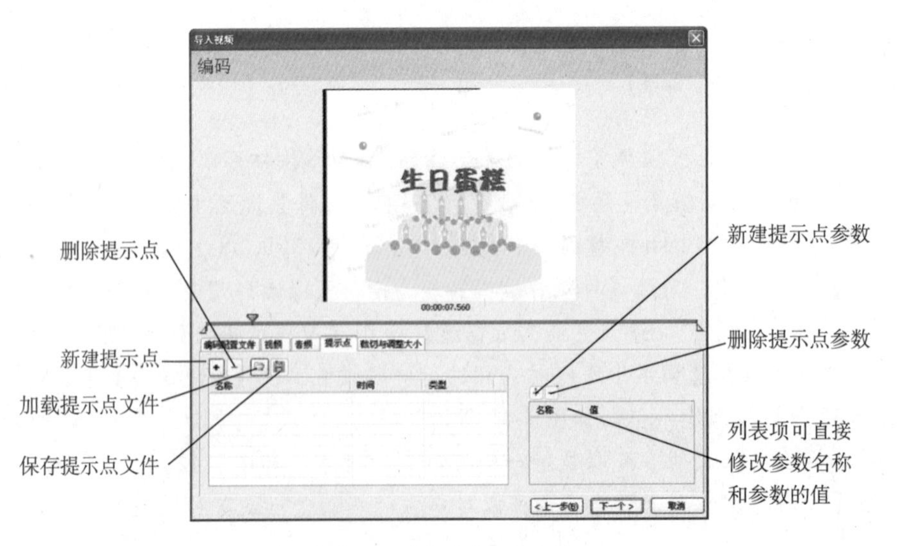

图 7-42 【提示点】选项卡

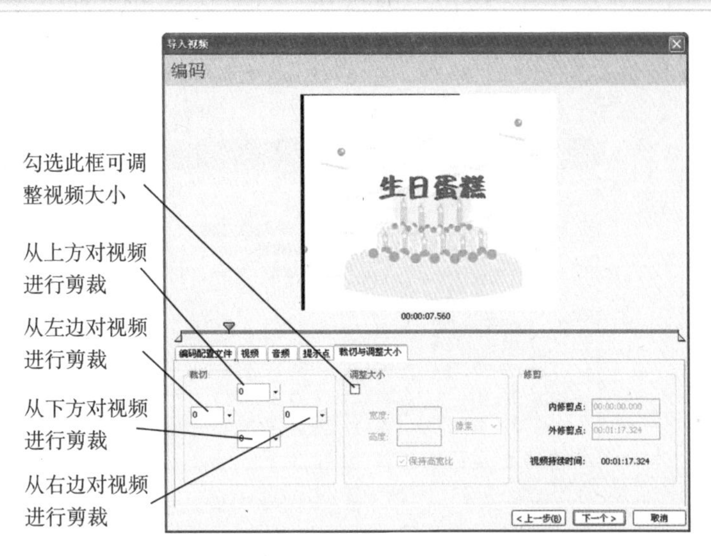

图 7-43 【剪切与调整大小】选项卡

(8) 设置好后单击【下一步】按钮，打开【外观】设置对话框，在【外观】下拉列表框中有很多外观格式可以选择，对话框上方的预览框可以及时预览外观的效果，如图 7-44 所示。

(9) 选择好外观，单击【下一步】按钮，打开【完成视频导入】对话框，在这一步可以看到之前的部分设置，如图 7-45 所示。

图 7-44 【导入视频 - 外观】设置对话框

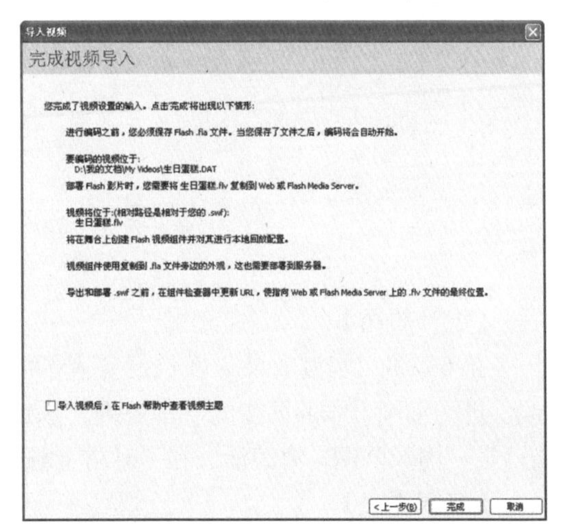

图 7-45 【完成视频导入】对话框

(10) 单击【完成】按钮，则 Flash 开始对视频进行编码，并打开【Flash 视频编码进度】对话框，如图 7-46 所示，同时可以看到一些该视频文件的信息。如果此时发现有设置不合适的内容，可以单击【取消】按钮，然后再单击【上一步】按钮重新进行设置。

(11) 视频导入后就可以测试影片了，按 Ctrl+Enter 组合键可以看到视频播放的效果，如图 7-47 所示。

(12) 当然，也可以像编辑普通动画那样再往动画中添加新的图层，然后加入一些文本、图形、图像、声音等，也可以将视频作为整个动画的一部分（如开场），然后按普通动画来设计，以丰富动画，如图 7-48 所示。

(13) 至此，本实例制作完毕。

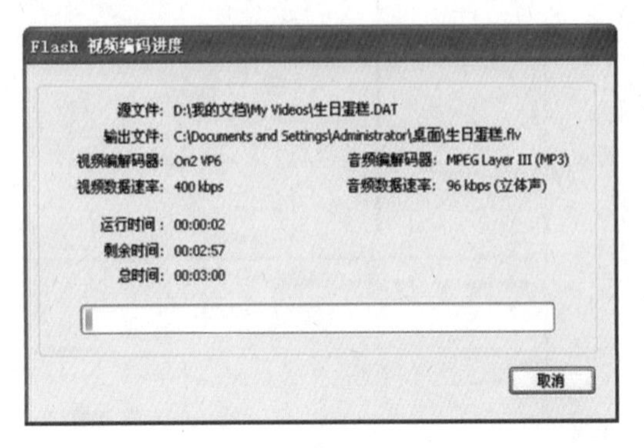

图 7-46 【Flash 视频编码进度】对话框

图 7-47 视频测试效果

图 7-48 插入一些文本、图形等内容后视频播放的效果

7.5 实例剖析——水波效果

【设计思路】

第6章的“水波效果”实例已实现了简单的声音和动画同步。本章对该实例稍做修改，再为动画上添加同步的字幕效果。添加的字幕有“大海啊，大海”、“是我生长的地方！”、“海风吹啊，海浪涌”和“时常奏响在我的梦中！”，共四句，效果如图 7-49 所示。

【技术要点】

- 元件的创建和编辑。
- 帧的基本操作。
- 声音的属性设置。
- 字幕的添加。

打开“水波效果”实例后，先构思好实例中的动画和声音要播放多少帧，并据此修改帧的长度和相关属性，然后将每一句字幕制作成一个元件，最后将字幕添加至动画适当的位置。

操作步骤如下：

(1) 打开“水波效果”实例，拖动“背景”图层的最后一个关键帧至第 240 帧

图 7-49　声音与字幕的同步效果

处放下，将整个背景延长到第 240 帧。用同样的方法将“海浪声”和“翻滚”层的帧延长至第 240 帧。设置好之后，为了避免以后误操作，单击按钮锁定所有图层。

单击按钮插入一个新图层并用来专门放字幕，再将图层重命名为“字幕”，如图 7-50 所示。

字幕
翻滚
背景
海浪声

图 7-50　添加一个“字幕”层

(2) 从时间轴可以看出，海浪声音的长度短于 240 帧。根据前面介绍的声音编辑技术，选中“海浪声”图层的第 1 帧，在帧【属性】面板中设置【同步】选项为“数据流”，【重复】为 4 次，如图 7-51 所示。

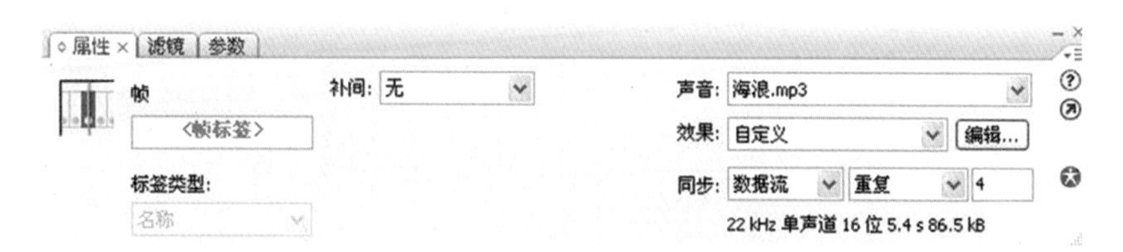

图 7-51　声音帧的属性设置

(3) 制作字幕元件。在菜单栏中选择【插入】/【新建元件】命令，打开【创建新元件】对话框，在【名称】文本框中输入“字幕 1”，【类型】中选择“影片剪辑”，设置好后单击【确定】按钮，如图 7-52 所示。

(4) 在“字幕 1”元件的编辑窗口，使用【文本工具】T 在舞台中央输入文本“大海啊，大海”。设置其属性，类型为“静态文本”，字体为“华文新魏”，字号为“40”，白色、加粗、居中，文本【属性】面板设置如图 7-53 所示。

图 7-52　创建字幕元件

提示：为便于整体设计，可以先将文本设置为其他颜色，调整好以后再设置为白色，此处设置白色是为了配合大海蓝色的背景。

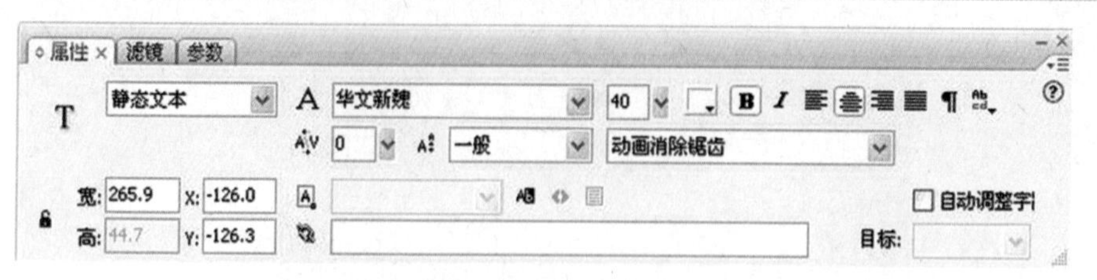

图 7-53　设置字幕元件的文本属性

(5) 拖动文本，使文本框的中心（有个空心圆圈）与元件舞台的中心（有个十字准星）重合在一起，如图 7-54 所示。选定文本，按两次 Ctrl+B 组合键将文字打散。

提示：因为字体的问题，可将文字打散，以避免不能输出影片。

(6) 重复上述第 (3)、(4)、(5) 步骤，进行“字幕2”(文字为“是我生长的地方！”)，“字幕3”(文字为“海风吹啊，海浪涌”)，“字幕4”（文字为“时常奏响在我的梦中！”）元件的制作。四个字幕元件制作完毕后，通过【库】面板可以查看，如图 7-55 所示。

大海啊，大海

图 7-54　拖动文本放到舞台中心

图 7-55　【库】面板中的元件

提示：字幕元件还可以按前面章节文本动画中介绍的方法做出特殊效果，如文字缓慢移入、颜色改变、旋转等。

(7) 设计歌词播放帧数。设计思路为：1～9 帧空白，10～60 帧显示“字幕 1”，61～69 帧空白，70～120 帧显示“字幕 2”，121～129 帧空白，130～180 帧显示“字幕 3”，181～189 帧空白，190～240 帧显示“字幕 4”。这些操作都在“字幕”图层中实现。

提示：建议在制作字幕之前就先设计好基本步骤。如果是歌曲的 MTV，则要根据每一句歌词的起始位置来确定字幕插入的帧。

(8) 根据第 (7) 步，按 F6 键在第 10 帧处插入一个关键帧，将“字幕 1”元件拖入舞台，调整好它的位置。为了能方便调整所有插入的字幕都处于相同的垂直位置，可以

插入一个新图层并重命名为“对齐”（此图层最后需删除），在“对齐”图层的第1帧中画一条颜色分明（如红色）的线段，放置在“字幕1”元件实例的下面，如图7-56所示。

图7-56　在插入的图层中画一条线段来统一字幕显示的位置

(9) 按F6键在第60帧插入一个关键帧，按F7键在第61帧插入一个空白关键帧。“字幕1”添加完毕。

(10) 选中第70帧，按F6键插入一个关键帧，将“字幕2”元件拖入舞台，调整好位置。选中第120帧，按F6键插入一个关键帧，再按F7键在第121帧插入一个空白关键帧，“字幕2”添加完毕。参照第(7)步，使用同样的方法插入“字幕3”和“字幕4”。字幕插入满意后，删除“对齐”图层。

(11) 最后，查看帧的整体效果。单击【时间轴】面板右上角的按钮，在弹出的菜单中选择【很小】命令，则时间轴的帧以很小的形式显示，便于我们查看整体效果，如图7-57所示。

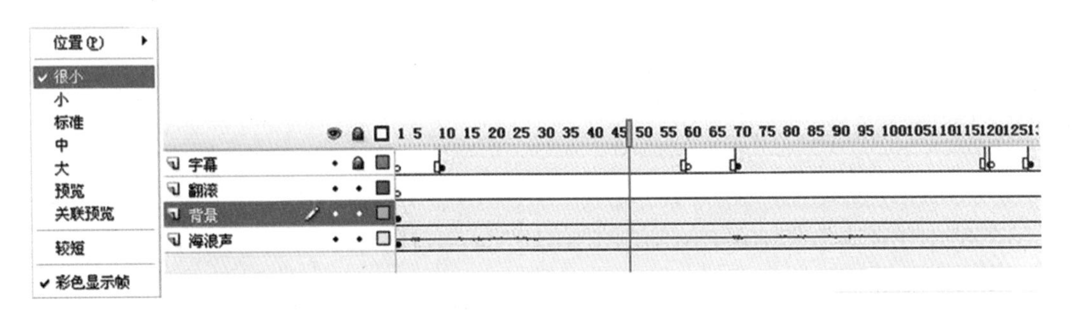

图7-57　以“很小”形式显示的菜单和时间轴效果

(12) 在操作过程中可以按Enter键随时预览动画的播放效果。最后按Ctrl+Enter组合键查看影片测试的效果。动画、声音、字幕同步显示的效果制作完毕。

提示：在字幕插入以后也可以使用“动画补间”动画设置字幕特效。通过编辑每个字幕的起始帧和结束帧的方法制作。

如果是歌曲的MTV，则每句歌词字幕的插入点应该对齐每句歌的起始帧，结束点

应该对齐该句歌的结束帧。因为歌曲会有许多重复的歌词，一般将字幕做成元件以便重复使用，做成元件也便于随时修改歌词。

7.6 习　　题

1．仿照书中按钮的例子，制作一个简单的按钮元件，并在按钮“按下”时设置一个简短的音效。

2．为第6章的“激光字”实例添加一个激光的音效，具体音效可以到互联网去查找。

3．选一首歌曲，自己试着为其制作简单的动画MTV。

第 8 章　动画的测试、导出与发布

精彩的 Flash 动画制作完成之后，就需要将.fla 格式的文件转换为支持面更广的.swf 文件。本章介绍与 Flash 影片发布相关的测试、优化、导出以及发布 Flash 影片的方法。

本章学习目标

- 动画的测试与优化。
- 动画的导出。
- 动画的发布。

8.1　动画的测试与优化

利用 Flash 的导出与发布功能，可以把当前 Flash 动画的全部内容导出为 Flash 支持的所有文件格式。为了保证影片与图像在导出时的质量，在导出文件之前，需要对文件进行测试和优化等准备工作。

8.1.1　测试动画

在发布 Flash 动画作品之前，需要对作品进行测试。Flash CS3 中提供的测试工具，功能非常强大，这使得测试变得非常简单，不仅能够发现和消除动画作品中存在的错误，还可以达到优化动画的效果。

1. 测试类型

Flash 集成环境中提供了测试环境。也许它不是用户的理想测试环境，但在动画制作过程中，使用该环境进行一些简单的测试工作还是非常方便的。例如，测试按钮的状态、主时间轴上的声音、主时间轴上的动作、动画编辑、动作、动画速度和下载性能等。

根据被测试对象的不同，测试可以分为：测试影片、测试场景、测试环境、测试动画功能和测试动画作品下载性能等。

(1) 测试影片和测试场景实际上是产生格式为.swf 的文件，并将该文件放置在与源文件.fla 相同的目录下。如果测试文件正常运行，且用户希望将它用作最终文件，那么可将它保存在硬盘中，并加载到服务器上。

(2) 测试环境，即选择【控制】/【测试影片】命令或【控制】/【测试场景】命令进行测试。虽然仍处于 Flash 环境中，但界面已经改变。这是因为现在是处于测试环境中而非编辑环境中。

(3) 测试动画，应该完整地观看动画，并对动画中的所有互动元素进行测试，如按钮、影片剪辑元件等，查看动画中有无遗漏、错误或不合理的内容。

2．测试动画下载性能

因为大多数 Flash 动画都要在 Web 上发布，所以需要在计划、设计和创建动画的同时兼顾带宽的限制，即要考虑测试动画的下载性能。本步骤可以发现在下载过程中可能导致中断的帧。动画在下载过程中，如果所需数据在动画到达该帧时还未下载完毕，则动画暂停，直到数据下载完毕。

测试动画在 Web 上下载性能的操作步骤如下：

(1) 在菜单栏中选择【控制】/【测试影片】命令，Flash CS3 会将当前影片导出为.swf 文件，并在新窗口中打开，如图 8-1 所示。

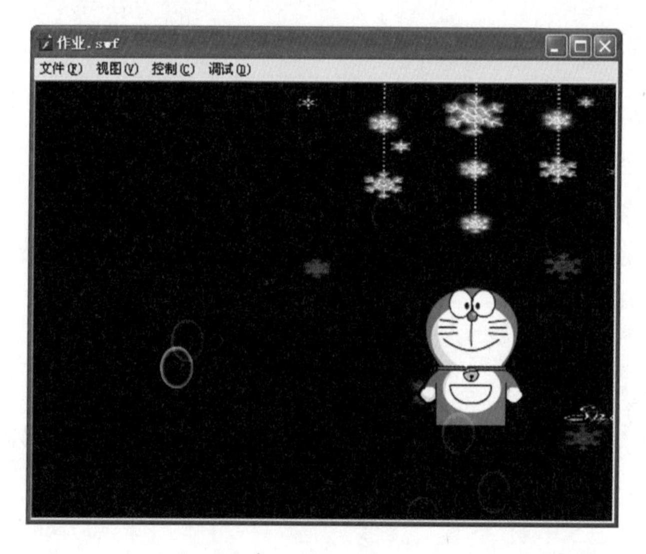

图 8-1　打开的 Flash 测试窗口

(2) 打开动画的测试窗口，选择菜单栏中的【视图】/【下载设置】命令，在其子菜单中选择一种带宽，用以测试动画在该带宽下的下载性能，如图 8-2 所示。

Flash CS3 允许用户以不同的调制解调器速度测试动画在 Web 上的传输，除了图 8-2 所示的几种速度外，还允许用户以不常用的速度或者用户自己决定的速度进行测试，这样就可以完全控制动画的测试。要创建自定义调制解调器速度以测试流动性，可选择【自定义】命令，打开【自定义下载设置】对话框进行设置，如图 8-3 所示。

(3) 在菜单栏中选择【视图】/【带宽设置】命令，此时“数据流图表”自动选定，并打开【数据流图表】，如图 8-4 所示。在该图中，红线以上的块表示流动过程中可能引起暂停的区域，根据红线上的块可以看到能引起暂停的具体帧。

在数据流图表的左边，有一个提供测试动画时的信息栏，各项功能如下。

- 尺寸：动画的大小。
- 帧速率：动画放映的速度，单位用 fr/sec（帧每秒）表示。
- 大小：整个动画文件的大小（如果测试的是场景，则是在整个动画中所占的文件大小），括号中的数字是用字节表示的精确数字。
- 持续时间：动画的帧数（如果测试的是场景，则是场景的帧数），括号中的数字表示动画或场景的持续时间（用秒计时）。
- 预加载：从动画开始下载到开始放映之间的帧数，或者根据当前的放映速度折算

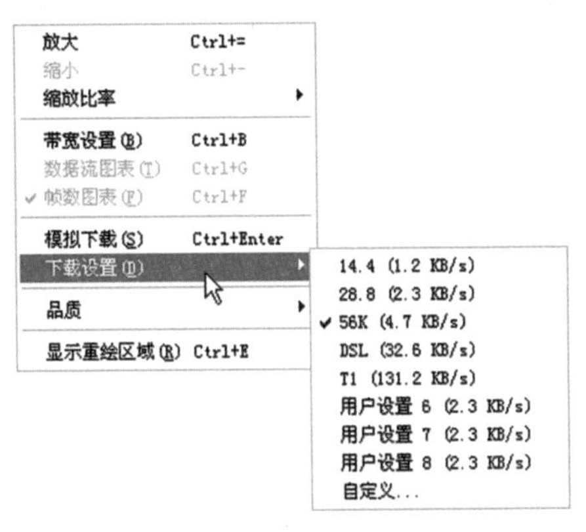

图 8-2 从【视图】菜单选择带宽进行测试

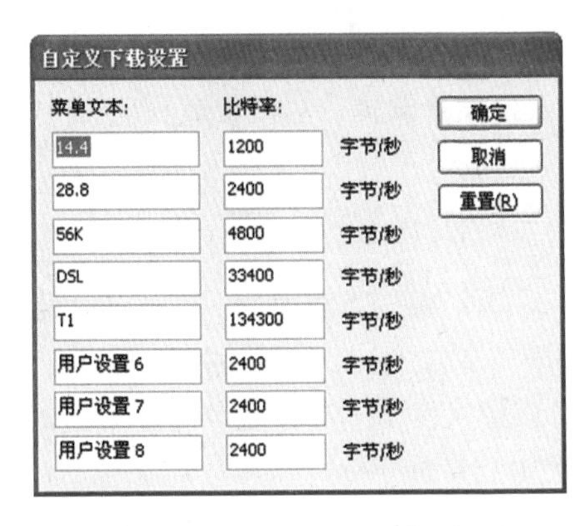

图 8-3 【自定义下载设置】对话框

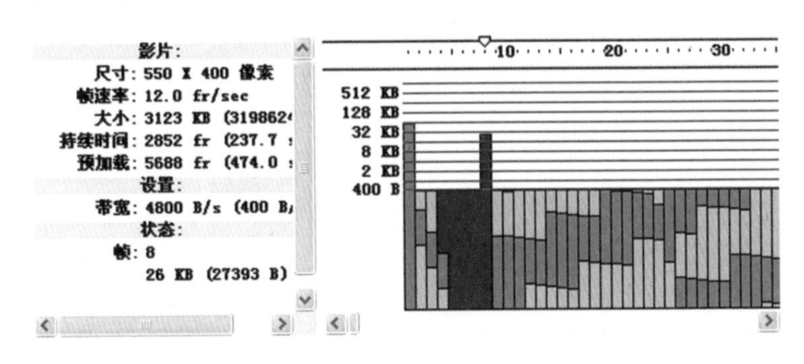

图 8-4 数据流图表

成相应的时间。

● 带宽：用于模拟实际下载的带宽速度。

● 帧：显示两个数字，上面的数字表示时间轴上放映头当前所在的测试环境中的帧编号；下面的数字则是表示当前帧在整个动画中所占的文件大小。括号中的数字是文件大小的精确数字。将放映头移到时间线，按 Enter 键测试，出现各个帧的信息，此信息可以找到特大帧。

(4) 在菜单栏中选择【视图】/【帧数图表】命令，将会出现帧的图形表示。灰色块表示动画中的帧，灰色块的高度表示帧的大小，如图 8-5 所示。

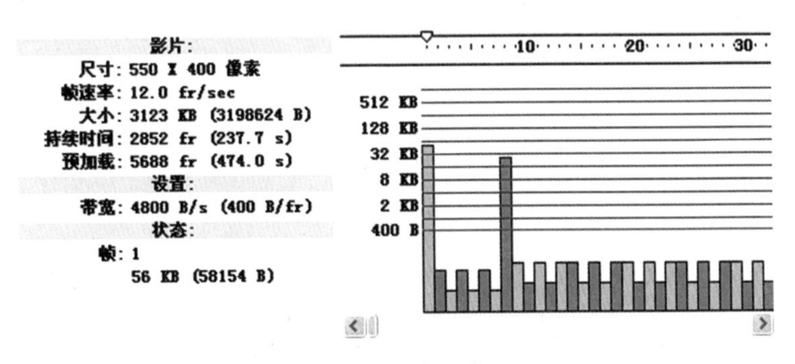

图 8-5 帧数图表

(5) 在菜单栏中选择【视图】/【模拟下载】命令，进入模拟下载界面，其速度为第 (2) 步选择的连接带宽。

提示：通过模拟调制解调器速度，可以检测流程中因重负荷帧而引起的暂停，以便重新编辑，从而提高性能。

8.1.2 优化动画

为了减少下载时间，在导出动画之前必须对动画进行优化。优化是文件发布过程中的一个必要环节。优化时 Flash 将自动检查在动画中是否有重复的形状等。如果有，则对该形状仅作一次导出，从而减小文件大小，缩短下载时间。对动画进行优化，可从如下几个方面进行。

1. 总体上优化影片

- 对于动画中多次出现的元素，应将其转换为元件。
- 在制作动画时，尽可能使用补间动画。因为补间动画与逐帧动画相比，占用的文件空间要小得多。
- 对于动画序列，最好使用影片剪辑而不使用图形元件。因为在场景中只需要一个关键帧就可放置该影片剪辑元件，而图形元件则需要多帧。
- 尽量减少位图图像元素的使用。一般情况下，只使用位图图像作为静态元素或背景。
- 限制每个关键帧中的元素变化区域，应使元素之间的变化动作发生在尽量小的区域内。
- 尽可能使用 MP3 声音格式，因为该格式的声音文件占用空间最小。

2. 优化元素和线条

- 尽量组合元素。
- 对于随动画过程而改变的元素，最好利用图层对这些元素进行分隔与组织。
- 如果需要绘制线条，使用【铅笔工具】生成的线条比使用【刷子工具】生成的线条所需内存更少。
- 多用实线，尽可能避开虚线、点状线、锯齿状线等特殊线条的使用，因为实线占用内存少。
- 在菜单栏中选择【优化】/【形状】/【优化】命令优化线条，以达到线条的最优化。

3. 优化文本和字体

- 限制字体和字体样式的使用数量，尽可能多地使用同一种字体和样式，尽量少用嵌入字体。
- 如果文件中包含文本域，则可以在文本域的【属性】面板中，选择系统默认的字体。

4. 优化颜色

- 对于形状相同颜色不同的对象，将其转换为元件，创建具有不同颜色的多个实例。
- 创建图像对象的各种颜色效果时，应使用【混色器】面板进行颜色的选择和设置。

- 尽量少用渐变色，使用渐变色填充区域要比纯色填充大概多占用 50 个字节。
- 尽可能少用 Alpha 透明度，它会减慢回放速度。

5．优化动作脚本

- 在【发布设置】对话框的【Flash】选项卡中不选中【省略跟踪动作】复选框，从而在发布影片时不使用 trace 动作。
- 将经常重复使用的代码定义为函数。
- 尽量使用本地变量。

提示：在制作动画时注意动画的优化,会大大减小文件的大小。

8.2　动画的导出

在 Flash CS3 菜单栏中选择【文件】/【导出】命令，可将影片导出为供其他应用程序进行编辑的内容。它可以把当前的 Flash 动画的全部内容导出为 Flash 支持的任一文件格式。例如，可将整个影片导出为 Flash 影片、单一的帧或图像文件、一组位图图像、不同格式的动态或静态图像，如 GIF、JPEG、PNG、BMP、AVI、QuickTime 等。影片的导出有两种方式，即导出图像和导出影片。

8.2.1　导出图像

如果要从影片中导出图像，可在当前影片中选择要导出的帧或图像，然后在菜单栏中选择【文件】/【导出】/【导出图像】命令，在打开的【导出图像】对话框中进行设置，则可将当前帧的内容保存为各种图像格式。

【导出图像】命令的使用方法如下：

(1) 启动 Flash CS3 程序，在菜单栏中选择【文件】/【打开】命令，打开已制作好的.fla 格式的文档。

(2) 在【时间轴】面板上选择一个帧，或在影片中选择要导出的图像。

(3) 在菜单栏中选择【文件】/【导出】/【导出图像】命令，打开【导出图像】对话框，如图 8-6 所示。

(4) 在【文件名】文本框中输入文件名，如“11”，在【保存类型】下拉列表框中选择文件的保存格式为“JPEG 图像（*.jpg）”。

(5) 单击【保存】按钮，打开如图 8-7 所示的【导出 JPEG】对话框，用户可在该对话框中设置相应的导出选项。

(6) 设置完毕后，单击【确定】按钮，保存该文件。

提示：将图像导出为矢量图形文件，如 Adobe Illustrator 格式，可保留其矢量信息，并能够在其他基于矢量绘图程序中编辑该文件。将图像导出为位图，如 GIF、JPEG、PICT 和 BMP 文件时，图像的矢量属性即被破坏。

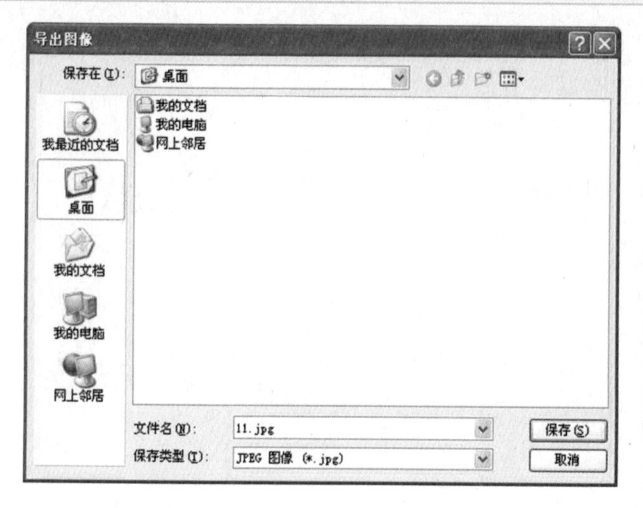

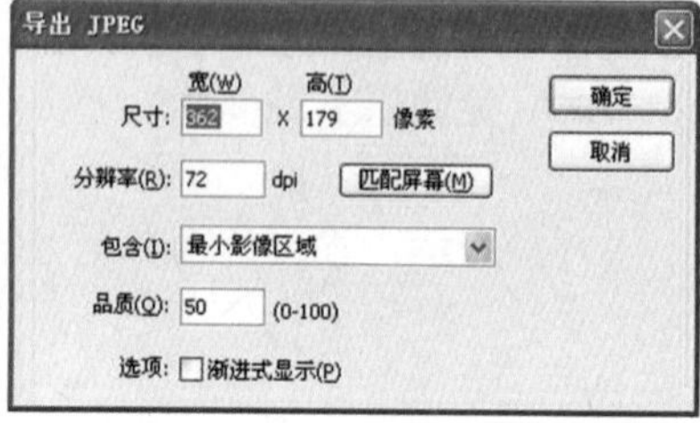

图 8-6 【导出图像】对话框

图 8-7 【导出 JPEG】对话框

8.2.2 导出影片

如果要导出影片，可在菜单栏中选择【文件】/【导出】/【导出影片】命令，在打开的【导出影片】对话框中进行设置，则可将动画保存为指定的文件格式，默认的导出格式为 Flash 播放文件“.swf”。

1. 上机试用【导出影片】命令

【导出影片】命令使用方法如下：

(1) 在菜单栏中选择【文件】/【导出】/【导出影片】命令，打开【导出影片】对话框，如图 8-8 所示。

图 8-8 【导出影片】对话框

(2) 在【导出影片】对话框中，用户可以在【保存类型】下拉列表框中选择各种输出格式，如图 8-9 所示。在 Flash CS3 中默认的格式是“Flash 影片 (*.swf)”。

(3) 如果选择默认的“Flash 影片 (*.swf)”格式，单击【保存】按钮，则会弹出【导出 Flash Player】对话框，如图 8-10 所示。设置参数后，单击【确定】按钮，就会出

现一个输出进度条，作品就被导出成一个独立的 Flash 动画文件了。

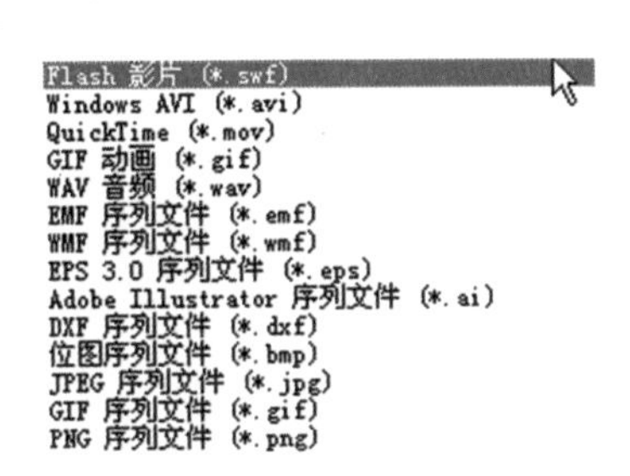

图 8-9　选择保存类型

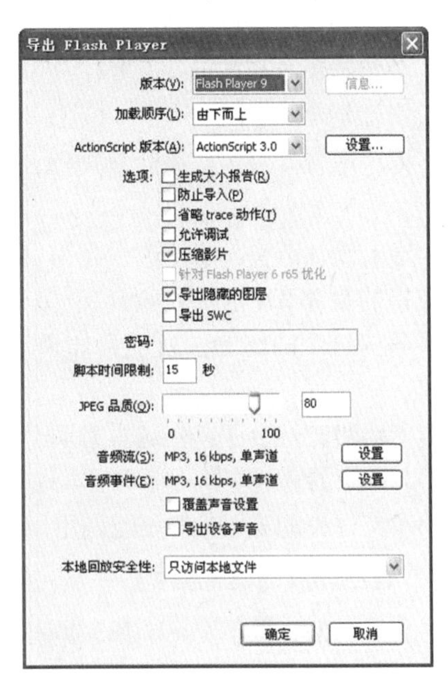

图 8-10　【导出 Flash Player】对话框

提示：“Flash 影片（*.swf）”格式不但在播放时具有动画效果和交互功能，而且文件小，一般情况下都是选择此种格式。

2.【导出 Flash Player】对话框的选项

在导出影片时选择“Flash 影片（*.swf）”格式，会出现【导出 Flash Player】对话框，如图 8-10 所示。每个选项具体说明如下：

● 版本：设置导出作品使用哪种版本的播放器播放。一般情况下使用默认的版本。

● 加载顺序：设置动画作品中各层的下载显示顺序，也就是下载时，用户看到的动画对象的先后顺序。可在“由上而下”和“由下而上”两种方式中选择，这个选项只对动画的开始帧起作用。

● ActionScript 版本：设置脚本语言的版本，可在 1.0～3.0 之间选择。

● 选项：此部分为多个复选框。若选中【生成大小报告】选项，在导出 Flash 作品的同时，将生成一个记录作品中动画对象容量大小的文本文件，该文件与导出作品的文件同名；若选中【防止导入】选项，则导出的 Flash 作品不能再导入到另外的 Flash 作品中；若选中【省略 trace 动作】，则不在输出面板中显示跟踪信息。其他还有【允许调试】、【压缩影片】、【导出隐藏的图层】、【导出 SWC】这几种选项。

● 密码：在【选项】部分选中【防止导入】复选框时，【密码】选项才可以使用。在这里可以为 Flash 作品设置密码保护。以后就只有使用密码，才能再次导入到其他 Flash 作品中。

● 脚本时间限制：指执行脚本的限制时间。

● JPEG 品质：设置位图图像的压缩率。在输出作品的过程中，Flash 将作品中的所

有位图图像都转换为可以压缩的JPEG格式的图像，并通过压缩比例进行压缩处理。压缩率在0～100之间选择。

● 音频流和音频事件：设置作品中音频素材的压缩格式和参数。单击【设置】按钮，可以进行详细的设置。

● 覆盖声音设置：选择此复选框，音频流和音频事件两项设置对影片中的所有声音起作用。

● 导出设备声音：该复选框是为发布用在手机等设备上的动画设置的，因为手机等一般支持的是MIDI格式的声音文件，Flash不支持MIDI，【导出设备声音】复选框就是为了解决这个问题的。所以，如果不是为手机做的动画，就不要选这一复选框，取消即可。

● 本地回放安全性：在这里有两个选项。如果选择“只访问本地文件”选项，则表示.swf文件中的AS脚本只能调用本地文件，如变量文本；如果选择“只访问网络”，则表示.swf文件中的AS脚本只能调用网络文件，如XML数据。

3．导出影片的其他格式

导出影片时，除了Flash CS3默认的“Flash播放文件（*.swf）”格式外，还有多种格式供用户选择，用户可以根据自己的需要，选择具体的格式来输出影片。

● Windows AVI（*.avi）：Windows的标准视频文件，该文件可以在Windows的Windows Media Player中播放。

● QuickTime（*.mov）：QuickTime视频文件格式。

● GIF动画（*.gif）：导出GIF文件序列，动画中的每一帧都被转换为一个单独的GIF文件。

● WAV音频（*.wav）：将作品中的音频对象按WAV格式导出。

● EMF序列文件（*.emf）：导出Enhanced Metafile（*.emf）格式的矢量图片文件序列，动画中的每一帧都是一个EMF格式的文件。

● WMF序列文件（*.wmf）：导出Windows Metafile（*.wmf）格式的矢量图片文件序列，动画中的每一帧都是一个WMF格式的文件。

● EPS 3.0序列文件（*.eps）：导出EPS 3.0格式的矢量图片文件序列，动画中的每一帧都是一个EPS格式的文件。

● Adobe Illustrator序列文件（*.eai）：导出EPS格式的矢量图片文件序列，这种格式支持曲线、线条样式和填充信息的精确转换。

● DXF序列文件（*.dxf）：导出AutoCAD格式的矢量图片文件序列，动画中的每一帧都是一个DXF格式的文件。

● 位图序列文件（*.bmp）：导出位图文件序列，动画中的每一帧都被转换为一个单独的BMP文件。

● JPEG序列文件（*.jpg）：导出JPG文件序列，动画中的每一帧都被转换为一个单独的JPG文件。

● PNG序列文件（*.png）：导出PNG文件序列，动画中的每一帧都被转换为一个单独的PNG文件。

选择好导出文件的格式和保存的路径后，在相应的路径中就会生成所选类型的文件。

提示：导出图片序列时，只能导出场景中各帧的图片，而不能将元件中各帧的图片导出。

8.3　动画的发布

在动画制作完成后，需要将.fla 的文件发布成.swf 格式的文件用于播放。如果需要在浏览器中运行，还可以发布成 HTML 格式的文件。在 Flash CS3 中，提供了多种发布格式供用户选择，默认的发布格式有.swf 文件和 HTML 文件，除此之外，其他发布格式有 GIF、JPEG、PNG、Windows 放映文件、Macintosh 放映文件、带 Flash 音轨的 QuickTime 文件。在发布之前，使用【发布设置】对话框进行设置，输入了必要的发布设置后，就可以一次发布多种选定的格式。

8.3.1　发布设置

在菜单栏中单击【文件】/【发布设置】命令，可打开如图 8-11 所示的【发布设置】对话框。

默认情况下，Flash（.swf）和 HTML 复选框处于选中状态，这是因为.swf 文件是 Flash 的播放文件，而在浏览器中显示.swf 文件，需要相应的 HTML 文件。

在【发布设置】对话框中有多种发布格式，当用户选择了某种发布格式后，就会显示相应的格式选项卡，供用户设置发布的相关参数。

在默认情况下，发布影片时会使用文件原来的名称。若有需要，用户可以在【文件】一栏对应的文本框中输入新的文件名。不同格式的扩展名是不相同的，在输入新的文件名时不要更改扩展名。

提示：如果不小心改动了扩展名而又忘了正确的扩展名，可以单击【使用默认名称】按钮，文件名就会变为默认的文件名，扩展名也会变为正确的扩展名，然后再输入新的文件名即可。

1. Flash 发布设置

扩展名为.swf 的文件是 Flash 的播放文件，因此它是发布动画的默认格式。选择【发布设置】对话框中的 Flash 选项卡，可以设置.swf 动画的图像和声音压缩比率等参数，如图 8-12 所示。

Flash 选项卡中各项参数和【导出 Flash Player】对话框中的参数相同，8.2.2 小节已经详细介绍，在这里不再一一说明。

2. HTML 发布设置

HTML 格式也是发布的默认格式。发布为 HTML 格式要和发布为.swf 格式相结合，因为导出的 Flash 影片同时也放置在生成的 HTML 网页上。HTML 选项卡如图 8-13 所示。

在 HTML 选项卡中，具体选项的设置功能如下。

- 模板：用于选择产生 HTML 程序段的模板。系统提供了 8 个模板，单击【信息】按钮，可查看所选模板的各项信息。

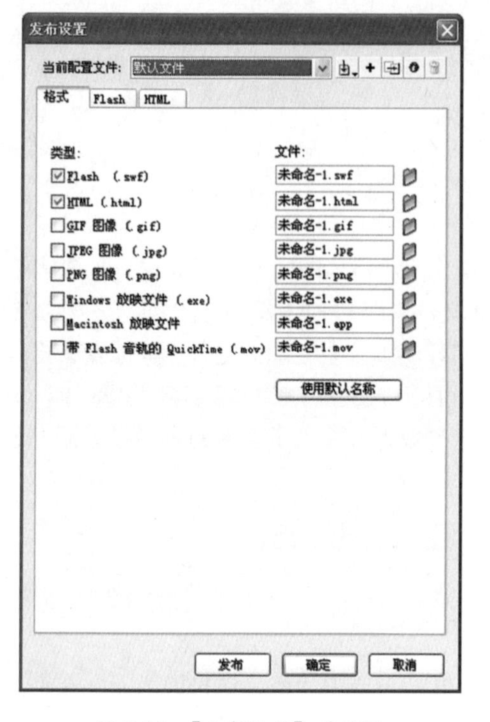

图 8-11 【发布设置】对话框

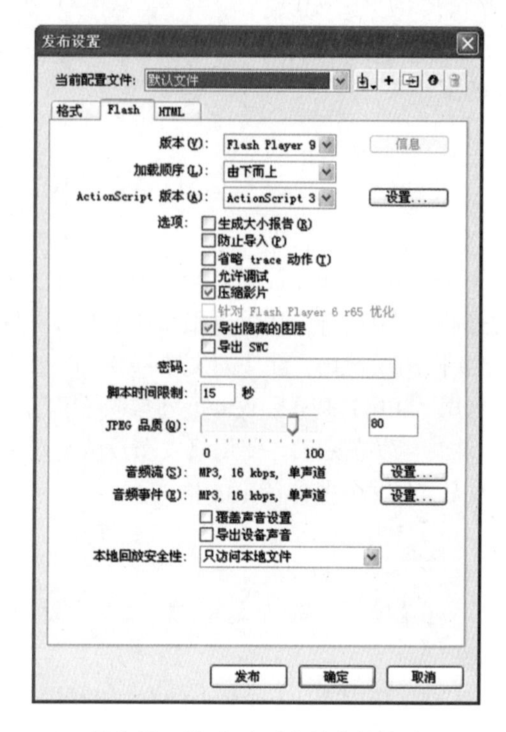

图 8-12 Flash 选项卡的参数设置

● 检测 Flash 版本：检测打开当前影片所需要的最低的 Flash 版本。选中该复选框，可设置版本的范围。

● 尺寸：设置影片的宽度和高度。选择“匹配影片”选项后，浏览器的尺寸与影片的尺寸大小相同；选择“像素”选项后，可在【宽】和【高】文本框中输入具体的像素值；选择“百分比”选项后，设置和浏览器窗口相对大小的影片尺寸，在【宽】和【高】文本框中输入具体的百分比数值。

● 回放：设置控制动画的播放属性。选中【开始时暂停】复选框，影片只有在用户启动时才播放。用户可单击影片中的按钮，或右击鼠标后在弹出的快捷菜单中选择【播放】命令来启动影片。默认情况下，该选项为关闭，这样影片载入后就可立即开始播放。选中【显示菜单】复选框，用户在浏览器中右击鼠标后可看到快捷菜单。选中【循环】复选框，影片播放完毕后可返回重新播放。选中【设备字体】复选框，将使用设备字体来替换用户系统中未安装的字体。

● 品质：设置动画作品在播放时的图像质量。其中包括“高”、“中”、“低”、“自动降低”、“自动升高”、“最佳”六种列表项。

● 窗口模式：设置动画作品在浏览器中的透明模式。该选项只有在具有 Flash ActiveX 控件的 Internet Explorer 中有效。选择“窗口”选项，可在网页上的矩形窗口中以最快速度播放动画；选择“不透明无窗口”选项，可以移动 Flash 影片后面的元素（如动态 HTML），以防止它们透明；选择“透明无窗口”选项，将显示该影片所在的 HTML 页面的背景，透过影片的所有透明区域都可以看到该背景，但这样将减慢动画。

● HTML对齐：设置动画作品在浏览器中的对齐方式或图片在浏览器指定矩形区域中的放置位置。选择“默认”选项，可使影片在浏览器窗口内居中显示，若浏览器窗口

小于影片，则会裁剪影片的边缘；选择“左对齐”、“右对齐”、“顶部”、“底部”选项，影片则会与浏览器窗口的相应边缘对齐，并在需要时裁剪其余的 3 条边。

● 缩放：设置当播放区域与动画作品的播放尺寸不相同时画面的调整方式。选择“默认（全部显示）”选项，可在指定区域内显示整个影片，并且不会发生扭曲，同时保持影片的原始宽高比；选择“无边框”选项，可以对影片进行缩放，使其填充指定的区域，并保持影片的原始宽高比，同时不会发生扭曲，如果有需要则会裁剪影片的边缘；选择“精确匹配”选项，可以在指定区域显示整个影片，它不保持影片的原始宽高比，因此可能会发生扭曲；选择“不缩放”选项，可禁止影片在调整 Flash Player 窗口大小时进行缩放。

● Flash 对齐：设置动画作品在浏览器中的对齐方式，或图片在浏览器指定矩形区域中的放置位置。

● 显示警告消息：标记在设置发生冲突时显示错误消息。

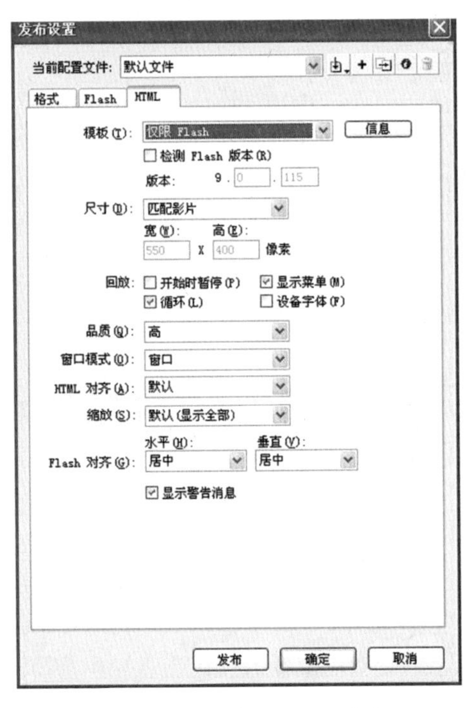

图 8-13　HTML 选项卡的参数设置

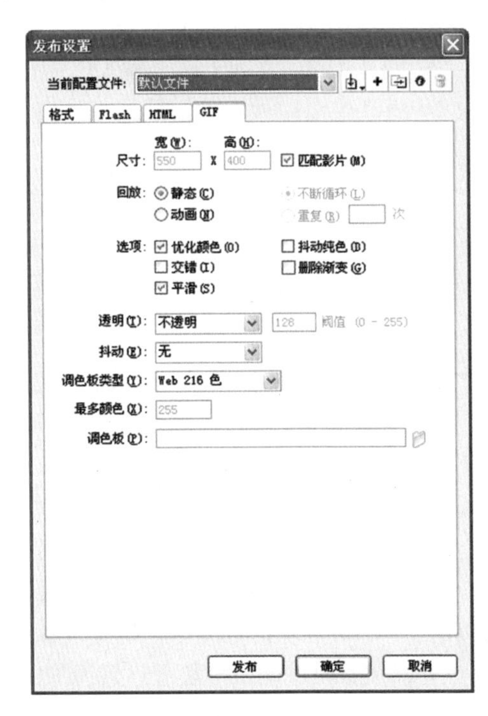

图 8-14　GIF 选项卡的参数设置

3. GIF 发布设置

选择【发布设置】对话框的 GIF 标签，则会显示【GIF】选项卡。选中该选项卡，可设定 GIF 格式的相关参数，如图 8-14 所示。

在 GIF 选项卡中，具体选项的设置功能如下：

● 尺寸：设置动画的尺寸。选中【匹配影片】复选框，则不需要设置宽度和高度。如未选中，则可以自定义影片的宽度和高度，单位为像素。

● 回放：设置控制动画的播放效果。选中【静态】单选按钮，文件发布成静态的序列图片格式；选中【动态】单选按钮，文件发布为 GIF 动画格式。选中【动态】单选按钮后，【不断循环】和【重复】才可以选择。如选择【不断循环】选项，动画可以循环

播放；选中【重复】选项，并在旁边的文本框中输入播放次数，可以让动画循环播放指定的次数。

● 选项：设置GIF的外观。选中【优化颜色】复选框，将对图片的颜色进行优化处理，从而减小发布的GIF文件大小；选中【抖动纯色】复选框，可使纯色产生渐变色效果，以防止出现不均匀的色带；选中【交错】复选框，则在下载过程中，以交错方式逐渐显示在舞台上，但对于GIF动画不能选择【交错】复选框；选中【删除渐变】复选框，可使所有的渐变色转变为以渐变的第一种颜色为基础的纯色，从而减小文件的大小；选中【平滑】复选框，可减小位图的锯齿，使画面质量提高，但是平滑处理后会增大文件的大小。

● 透明：设置背景是否为透明状态以及将Alpha设置转换为GIF的方式。选中“不透明”选项，使图像的整个区域不透明，导出的图像将以它在Flash中的样式出现HTML上；选中“透明”选项，使导出的GIF图形背景透明；选择“Alpha”选项，并激活后面的文本框，可输入0～255之间的一个值，Alpha值超过这个输入值的任何颜色导出时为不透明，Alpha值低于这个输入值的任何颜色导出时都为透明。

● 抖动：对图片中的色块进行处理，以防止出现不均匀的色带。

● 调色板类型：选择一种调色板，可以定义图像的调色板。

● 最多颜色：在【调色板类型】中选择“最合适”和“接近Web最适色”时，可输入【最多颜色】的值来设置GIF图像中使用的颜色数量。选择颜色数量越多，图像的颜色品质就会越高，生成的文件就会越大。

● 调色板：在【调色板类型】中选择了“自定义”选项，就可以自定义调色板。

4．JPEG发布设置

一般情况下，GIF适合导出图形，而JPEG则适合导出图像。使用JPEG格式可将图像发布为高压缩的24位图像。选择【发布设置】对话框中的JPEG选项卡，可设定JPEG格式的相关参数，如图8-15所示。

在JPEG选项卡中，具体选项的设置如下。

● 尺寸：设置动画的尺寸。选中【匹配影片】复选框，则不需要设置宽度和高度。如未选中，则可以自定义影片的宽度和高度，单位为像素。

● 品质：通过调节滑块来设置图像的质量。设置0，将以最低的视觉质量导出JPEG，此时图像文件体积最小；设置100，将以最高的视觉质量导出JPEG，此时图像文件体积最大。

● 渐进：类似于GIF选项卡的【交错】复选框。当在Web浏览器中以较慢的速度下载JPEG图像时，此选项将使图像逐渐清晰地显示在舞台上。

5．PNG发布设置

PNG是Macromedia Fireworks的文件格式。使用PNG发布影片，具有支持压缩和24位色彩功能，同时还支持Alpha通道的透明度。选择【发布设置】对话框中的PNG选项卡，可设定PNG格式的相关参数，如图8-16所示。其中部分选项的设置与发布GIF文件的参数设置基本一致。还有几点不相同，分别说明如下。

● 位深度：设置创建图像时使用的每个像素的位数和颜色数。图像位数决定用于图像中的颜色数。对于256色图像，可以选择“8位”选项；如果要使用数千种颜色，可

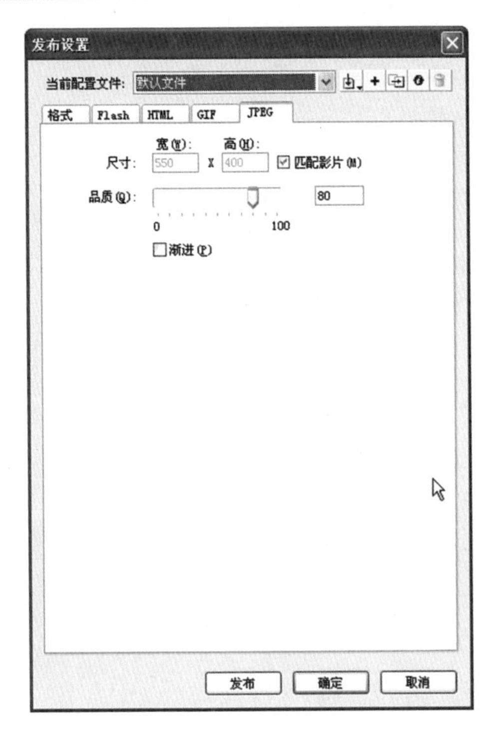

图 8-15　JPEG 选项卡的参数设置

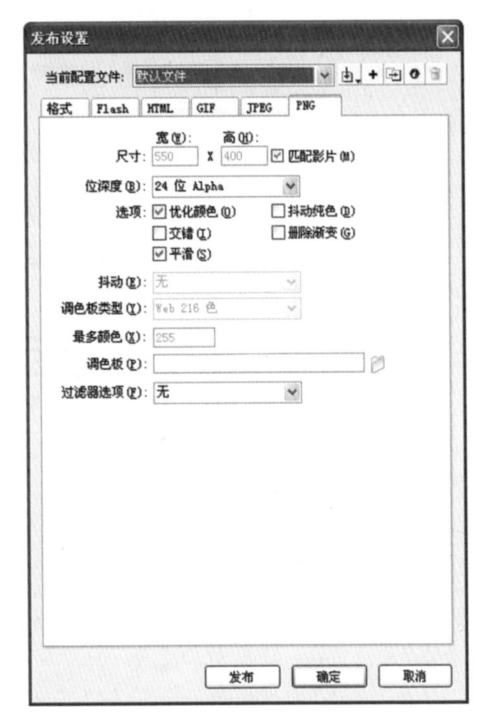

图 8-16　PNG 选项卡的参数设置

选择“24 位”选项；如果颜色数超过数千种，还要求有透明度，则要选择“24 位 Alpha”选项。位数越高，文件越大。

● 过滤器选项：压缩过程中，PNG 图像会经过一个筛选的过程，此过程使图像以一种最有效的方式进行压缩。过滤可同时获得最佳的图像质量和文件大小。但是要使用此过程可能需要一些实践，通过选择“无”、“下”、“上”、“平均”、“线性函数”和“最适应”等不同的选项来比较它们之间的差异。

6．QuickTime 发布设置

Flash 影片在 QuickTime 中播放和在 Flash Player 中播放完全一样，可以保留所有的交互功能。导出到 QuickTime 视频的任何 Flash 内容都称为 Flash 轨道，无论实际的 Flash 项目中有多少层，它们都被看做是单个 Flash 轨道中的一部分。选择【发布设置】对话框中的 QuickTime 选项卡，可设定 QuickTime 格式的相关参数，如图 8-17 所示。具体的选项设置如下。

● 尺寸：设置导出动画的尺寸。选中【匹配影片】复选框，则不需要设置宽度和高度。如未选中，则可以自定义影片的宽度和高度，单位为像素。

● Alpha：设置 Flash 轨道在 QuickTime 电影中的透明模式。Flash 影片中所使用的 Alpha 设置不受此选项设置的影响。若选择“自动”选项，当某个 Flash 轨道出现在其他轨道上时，该轨道将变成透明，如果该轨道在电影的底层或是电影中的唯一轨道，将变成不透明；若选择“Alpha 透明”选项，则 Flash 轨道透明，这样它下面的所有内容都将变得模糊；若选择“复制”选项，则 Flash 轨道不透明，这样它下面的所有内容都将变得模糊。

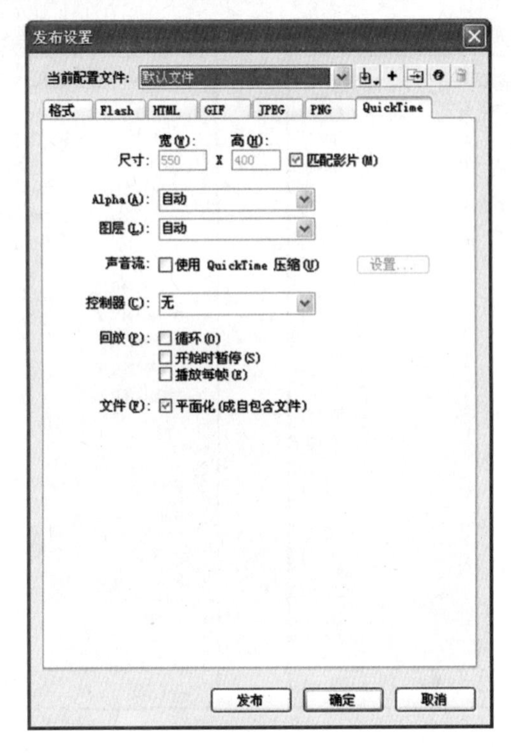

图 8-17　QuickTime 选项卡的参数设置

● 图层：定义 Flash 轨道放置在 QuickTime 电影中的位置。“自动”选项是指 Flash CS3 自动定位；“顶部”选项是指将 Flash 轨道放置在 QuickTime 电影中的最上层；“底部”选项是指将 Flash 轨道放置在 QuickTime 电影中的最底层。

● 声音流：选中【使用 QuickTime 压缩】复选框，可以将 Flash 影片中的所有流式音频转换成 QuickTime 声轨，并用标准的 QuickTime 音频设置重新压缩音频。

● 控制器：设置用于播放被导出电影的 QuickTime 控制器类型。

● 回放：选中【循环】复选框，则导出的 QuickTime 影片始终循环播放；选中【开始时暂停】复选框，影片在打开时不自动播放，只有单击某个按钮后才开始播放；选中【播放每帧】复选框，可使 QuickTime 播放电影的每一帧，此复选框还关闭导出的 QuickTime 电影中的所有声音。

● 文件：选中【平面化】复选框，Flash 内容和导入的视频内容将组合在一个自包含的 QuickTime 影片中，否则 QuickTime 影片从外部引入导入的视频文件。

7．Windows 放映文件

在【发布设置】对话框中的【格式】选项卡中选择【Windows 放映文件】复选框（见图 8-11），可创建 Windows 独立运行的 EXE 格式文件，而不需使用 Flash Player 或其他播放器来播放动画文件。选中该复选框后，在【发布设置】对话框中将不会显示相应的选项卡。

8．Macintosh 放映文件

在【发布设置】对话框中的【格式】选项卡中选择【Macintosh 放映文件】复选框，可创建 Macintosh 独立放映文件。选中该复选框后，在【发布设置】对话框中将不会显示相应的选项卡。

8.3.2　发布动画

完成【发布设置】对话框中各项参数的设置后，单击【确定】按钮，关闭对话框。然后在菜单栏中选择【文件】/【发布】命令，即可生成刚才设置发布所指定格式的文件。若不单击【确定】按钮，而直接单击【发布】按钮，Flash CS3 会将动画文件直接发布到源文件所在的目录下。

8.4　习　　题

1．填空题

（1）优化影片时，对于重复出现的元素，应把它制作成＿＿＿＿。

（2）为了避免其他人导入 Flash 动画，可以在【导出 Flash Player】对话框中选择＿＿＿＿。

（3）若用户在动作脚本中使用了 trace 动作，可在影片运行时向＿＿＿＿面板发送特定的信息，如表达式的值等。

（4）在 Flash CS3 中，有＿＿＿＿和＿＿＿＿两种输出文件的方式。

（5）选择＿＿＿＿格式的输出，可以将 Flash CS3 文档发布成“.exe”文件。

2．问答题

（1）优化动画有哪些基本原则？

（2）简述在导出 HTML 文件时，选择不同【回放】设置的不同效果。

（3）简要介绍发布“.swf”文件时，都有哪些参数需设置？

3．上机题

根据第 7 章制作的“水波效果”，测试其下载性能，并创建文件大小报告，最后将其发布为 GIF 文件格式。

第 9 章　动作脚本编程

在前面章节中，向读者介绍了 Flash CS3 制作动画的基本操作方法。此外，Flash CS3 还提供了一个重要的功能：动作脚本编程。也就是说，能够根据用户的选择在屏幕上呈现出不同的动画内容，使动画中的对象具有交互性，从而大大提高 Flash 作品的娱乐性。本章主要介绍动作脚本的数据类型、语法规则、变量以及运算符等内容。

本章学习目标

- 动作脚本的概念和特点。
- 【动作】面板。
- 动作脚本编程基础。

9.1　关于动作脚本

用户可以通过动作脚本语言告诉 Flash 将要执行的任务，如动态地控制动画的播放，进行各种计算，甚至获取用户的动作等，这样就可以让用户创建具有交互功能的作品。

9.1.1　动作脚本的概念

动作脚本语言即 ActionScript，简称 AS 语言。它是通过在动画的关键帧、按钮和影片剪辑实例上添加语句，来控制动画中的对象，实现交互。

在简单动画中，Flash 按顺序播放动画中的场景和帧；而在交互动画中，用户可以使用键盘或鼠标与动画交互。例如，可以单击动画中的按钮，然后跳转到动画中的不同部分开始播放；可以拖动动画中的对象；可以在表单中输入信息等。使用动作脚本可以控制 Flash 动画中的元素，扩展 Flash 创作交互动画和网络应用的能力。

Flash 的动作脚本语言 ActionScript 与 JavaScript 相似，是一种面向对象的编程语言。都有自己的语法规则、保留关键字、运算符等，并允许用户使用变量存储和获取信息，允许用户创建自己的对象和函数。但随着学习的深入，大家会发现两者的差异，并将得出自己的结论。

9.1.2　动作脚本的特点

跟所有脚本语言一样，Flash 动作脚本有自己的特点，具体表述如下。

1. 使用专门的术语

常用的术语如下：

- 事件与动作：交互式动画中，每个行为都包含两个内容，一个是事件，另一个就

是事件产生所执行的动作。事件是触发动作的信号，动作是事件的结果。如：

```
on（release）{gotoAndStop（2）；}
```

release 释放按钮是事件，gotoAndStop（2）跳转到第 2 帧是触发该事件的结果。

● 参数：通过参数可以把值传递给函数。如函数 add 使用两个值，由参数 a 和 b 接收：

```
function add（a，b）{s=Number（a）+Number（b）；}
```

● 类：是可以创建的数据类型，可以定义新的对象类型。要定义对象的类，需要创建一个构造函数。

● 结构体：用来定义类的属性和方法的函数。学过面向对象编程的用户对此都有接触。

● 数据类型：是一组值和对这些值进行运算的操作符。字符串、数值、逻辑值、对象和影片剪辑，都是 Flash 动作脚本语言的数据类型。

● 标志符：是用来表明变量、属性、对象、函数或方法的名称。第一个字符必须是字母、下划线“_”或美元符号“$”，不能是数字。后续字符可以是字母、数字、下划线或美元符号。如 firstName 是一个合法的标志符，而 2firstName 是一个非法的标志符。

● 关键字：有特殊含义的保留字。如 var 是用于声明本地变量的关键字，关键字不能作为标志符，即 var 不是合法的变量名。

● 实例：是属于某个类的对象。一个类的每个实例包含该类的所有属性和方法。

● 实例名：在脚本中指向影片剪辑实例的唯一名字。

● 对象：对象是属性和方法的集合。每个对象都有自己的名称，并且都是特定类的实例。如，内置的 Date 对象可以提供系统时钟的相关信息。

● 属性：是定义一个对象的属性。如 _Alpha 定义设置影片剪辑实例的透明度。

● 目标路径：目标路径是影片中影片剪辑的实例名称、变量和对象的分层结构地址。

● 表达式：语句中能够产生一个值的一部分。

● 函数：可以被传送参数并能返回值的可重用代码块。

● 变量：变量是保存任何数据类型的值的标志符。可以创建、更改和更新变量，也可以获得它们存储的值以在脚本中使用。

● 常数：是不能更改的元素。例如，常数 TB 总具有相同的值。常数在比较值时很有用。

● 运算符：运算符是通过一个或多个值计算新值的术语。如“+”是加法运算符。

● 布尔值：布尔值包含两个值，分别是 true 和 false。

2．动作脚本遵循逻辑顺序执行

Flash CS3 执行动作脚本语句，从第一句开始，然后按顺序执行，直至到达最后的语句或指令跳转到其他位置的语句。把动作脚本送到某个位置而不是下一条语句的动作有：if、for、while、do ... while、return、gotoAndPlay 和 gotoAndStop 动作。

提示：*在 Flash CS3 的动作脚本语言中，对于英文字母，严格区分大小写。如 Name 和 name 就是不同的变量名。*

9.2　动 作 面 板

要使用动作脚本编程，就要打开【动作】面板，它是Flash提供的专门用来编写脚本（即ActionScript程序）的开发环境。相对于以前的版本，Flash CS3的【动作】面板的功能得到了扩充和增强，现在可以选择ActionScript 2.0或ActionScript 3.0进行编程。

【动作】面板是Flash CS3提供的脚本编程专用环境，在开始学习编程之前，首先详细介绍如何使用【动作】面板。

选择【窗口】/【动作】命令，即可打开【动作】面板，如图9-1所示。

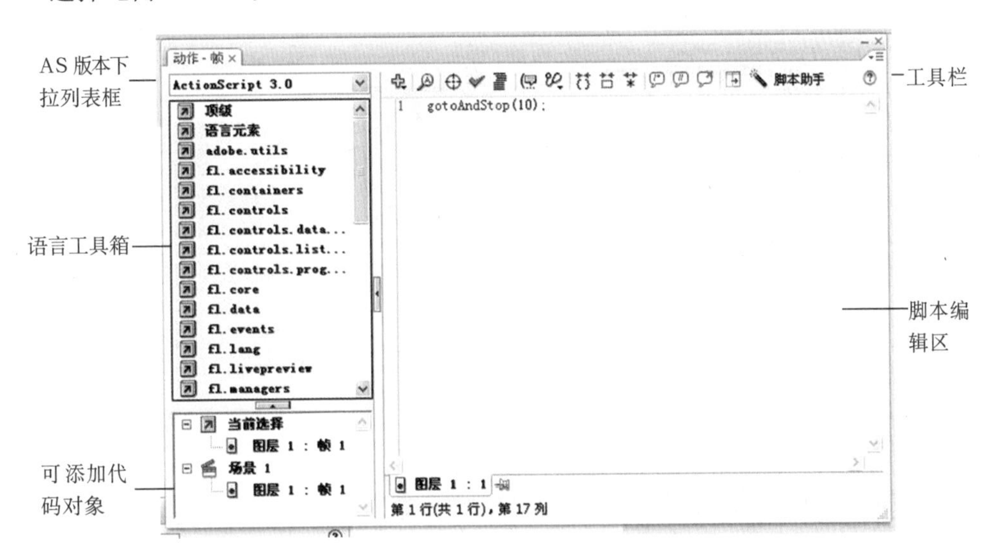

图 9-1　【动作】面板

【动作】面板中包含：AS版本下拉列表框、语言工具箱、可添加代码对象、工具栏和程序编辑区等几部分。下面分别予以介绍。

1．AS版本下拉列表框

该下拉列表框用于ActionScript版本的选择，如图9-2所示，最新版本为ActionScript 3.0。不同的脚本类型对应的语言工具箱有所不同。

图 9-2　脚本类型选择下拉列表框

2．语言工具箱

语言工具箱包含了动作脚本的所有动作命令及其相关的语法。在列表中，图标▣表示命令文件夹，单击可以展开/折叠这个文件夹；展开后的文件夹图标为▮；图标◉表明所指向的是一个可使用的命令、语法或者其他的相关函数，双击或用鼠标拖入它至脚本编辑区即可进行引用。语言工具箱的命令很多，在使用时可以不断积累和总结使用经验。

3．可添加代码对象

允许添加代码的对象有按钮、影片剪辑实例和关键帧。当选择可添加代码的对象

时，该对象所对应的图层、帧、类型等都会显示在此列表框中。用户可以根据列表框的内容来判断自己选择的添加代码对象是否正确。如果选择的是不可添加代码的对象时，在该列表中会提示“无法将动作应用于当前所选内容”，且脚本编辑区处于不可编辑状态，如图 9-3 所示。

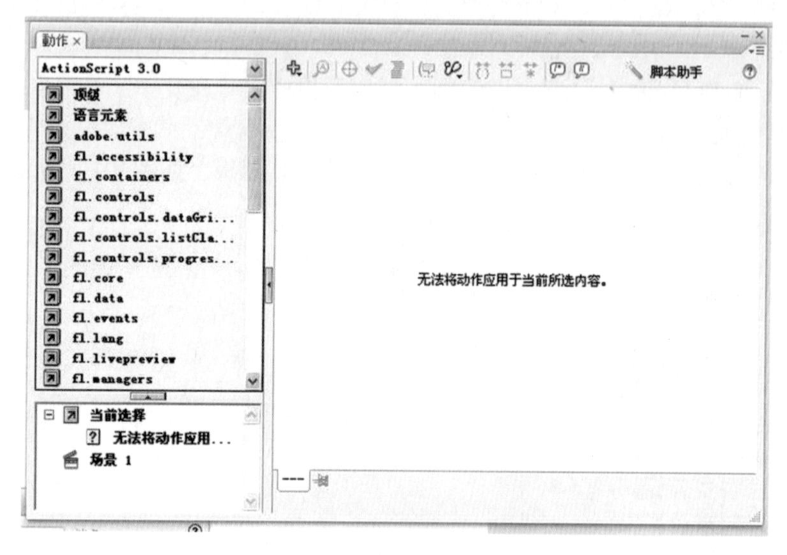

图 9-3　不可编辑状态的【动作】面板

4．工具栏

在脚本编辑区的上方是编辑工具栏，其中的工具在编辑动作脚本时会经常使用到。工具栏中的各个工具的功能如下：

● 将新项目添加到脚本中按钮：单击此按钮，打开动作下拉列表框，从中选择某个选项后，系统会自动将该命令添加到脚本编辑区中。

● 查找按钮：单击该按钮后，会弹出【查找和替换】对话框，查找的对象是【脚本编辑区】的动作脚本。该对话框的使用与 Word 文档中的【查找和替换】功能基本相似，在这里不再详细介绍。

● 插入目标路径按钮：指定了动作的名称和地址后，才能使用它来控制一个影片剪辑实例或者下载一个动画，这个名称和地址被称为目标路径。单击该按钮，打开【插入目标路径】对话框，如图 9-4 所示。

在对话框顶部的文本框中输入对象的目标路径，或者在对象列表中选择一个对象，系统会自动生成该对象的路径并显示在文本框中。系统默认的路径是相对路径，即对话框底部的【相对】处于选中状态，相对路径是以字符 this 开始，如图 9-4 所示。如果选择了【绝对】单选按钮，则生成的路径以字符“_root”开始，如图 9-5 所示。

● 语法检查按钮：单击该按钮，系统自动检查脚本编辑区的脚本，如果没有错误，系统会显示提示对话框：“此脚本中没有错误”，如图 9-6 所示。如果检查到错误，系统会弹出如图 9-7 所示的错误提示对话框，并打开如图 9-8 所示的【编译器错误】面板，将错误列表在其中。当然，语法检查按钮并不能检查所有的错误，比如单词的拼写错误就不能全部检查出来。当错误检查不完全，但又未能实现预期的效果时，应认真检查脚本，自己找出其中的错误。这些需要在学习中慢慢积累经验。

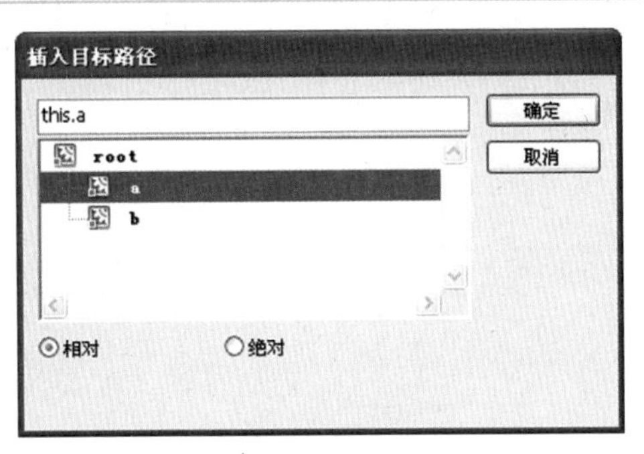

图 9-4　【插入目标路径】对话框

图 9-5　插入绝对路径

图 9-6　脚本没有错误

图 9-7　脚本有错误

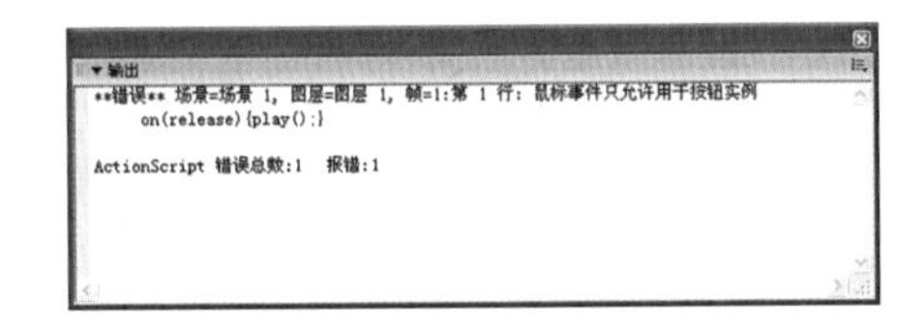

图 9-8　“编译器错误”显示错误信息

● 自动套用格式按钮：单击该按钮，Flash CS3 将自动对脚本编辑区的脚本按照规定的格式进行编排和缩进等工作，如图 9-9 所示的自动套用格式效果图。

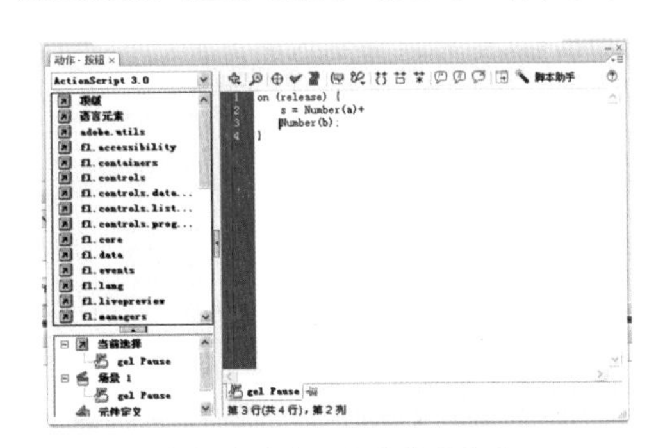

（a）自动套用格式前的脚本

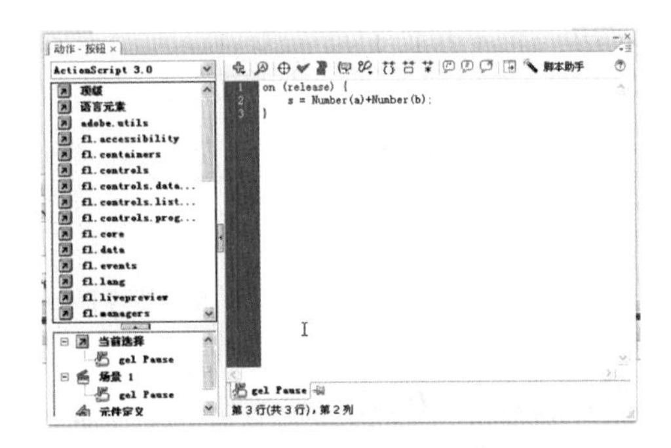

（b）自动套用格式后的脚本

图 9-9　自动套用格式

● 显示代码提示按钮：单击该按钮，系统将显示光标所在位置的函数的参数提示，如图 9-10 所示。

● 调试选项按钮：单击该按钮，将打开一个下拉列表框，下拉列表框有 2 个选项，其中一个为“切换断点”，选择该选项，可以在脚本编辑区中光标所在行设置一个程序断点，在行首将显示一个红色实心图标，即断点。另一个选项为“删除所有断点”，选择该命令，会将脚本编辑区中的所有断点清除。

● 折叠成对大括号：将代码中成对大括号中的内容折叠。

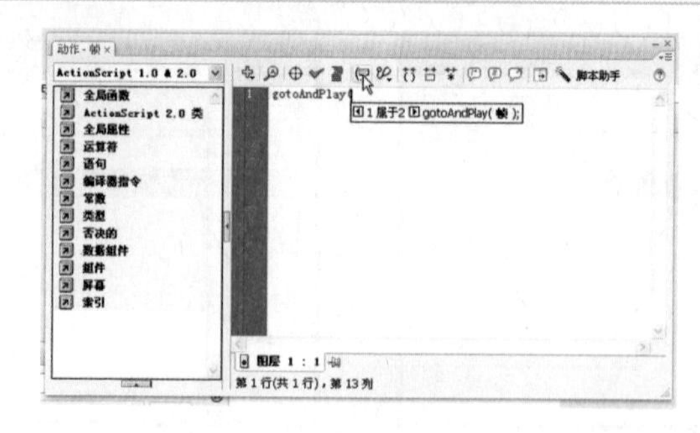

图 9-10　显示代码提示

● 折叠所选：单击该按钮，折叠选中的代码内容。

● 展开全部：单击该按钮，将展开脚本编辑区中所有折叠的语句。

● 应用块注释：单击该按钮，将在光标所在处显示块注释符号 /**/。

● 应用行注释：单击该按钮，将在光标所在处显示行注释符号 //。

● 删除注释：单击该按钮，将删除脚本编辑区中的所有注释。

● 显示/隐藏工具箱：单击该按钮，【动作】面板左边的“语言工具箱”将显示或隐藏。

● 脚本注释 脚本助手 ：单击该按钮，打开脚本注释，当输入一个函数时，会显示该函数的功能和相关参数。

5．程序编辑区

该区域是进行动作脚本编程的主要区域，当前对象的所有脚本程序都显示在该区域中。在制作动画时，也需要在该区域中编辑代码。

以上介绍的是【动作】面板的界面。该界面包含内容较多，而且和以前版本有很大的区别。但是在使用过程中可以逐渐体会到，使用【动作】面板可以非常方便地进行动作脚本的编写和相关动作的设计。

9.3　动作脚本编程基础

由于 ActionScript 是一种完整的脚本语言，它提供了完整的语法规则、丰富的数据类型、运算符、循环语句等。在进行编程前，了解这些编程基础是十分必要的。

9.3.1　数据类型

数据类型用于描述一个变量或动作脚本元素可以存储的信息类型。在 Flash CS3 中有两种数据类型：

● 基本数据类型：主要包括字符串、数值型和布尔型等。基本数据类型都有一个不变的值，可以保存它们所代表的元素的实际值。

● 指定数据类型：主要包括影片剪辑和对象。指定数据类型的值可以改变，因此它们包含的是对该元素实际值的引用。

此外，在 Flash CS3 中还包含两种特殊的数据类型：空值 null 和未定义 undefined。

1．字符串（String）

字符串是由数字、字母和标点符号组成的字符序列。在动作脚本中输入字符串时，

需要将其放在单引号或双引号中。字符串是作为字符来处理，而不是作为常量来处理。

例如，下面语句中的 kity 就是一个字符串：

```
myName="kity";
```

可以使用“+”操作符来连接两个或多个字符串，在字符串中的前后空格也看做是字符串的一部分。例如，执行下面语句后，变量 age 的值为“kity is ten”。

```
myName="kity";
a="is";
age="ten";
age=myName+a+age;
```

在 ActionScript 中，字符串是严格区分大小写的。如“HELLO”和“hello”就是两个不同的字符串。在具体使用过程中，一定要注意字母大小写的书写。

字符串需要用单引号或双引号括起来，如果要在字符串中包含单引号或双引号，必须在其前面加上一个反斜杆字符“\”，该字符称为转义字符。在动作脚本中，还有其他的一些字符可以被转义，表 9-1 列出了 ActionScript 中可以被转义的字符及转义后的结果。

表 9-1　动作脚本中的转义字符及转义后结果

转义字符	转义结果
\b	退格符（ASCII 8）
\f	换页符（ASCII 12）
\n	换行符（ASCII 10）
\r	回车符（ASCII 13）
\t	制表符（ASCII 9）
\"	双引号
\'	单引号
\\	反斜杠
\000~\377	以八进制指定的字节
\x00~\xFF	以十六进制指定的字节
\u000~\uFFF	以十六进制指定的双字节

例如，字符串“b”与“\b”是不同的，“b”表示的是字符串 b，而“\b”表示的是“退格符”。字符串“n”与“\n”是不同的，“n”表示的字符串 n，而“\n”表示的是“换行符”。

2．数值型

数据类型中的数值型数据都是双精度浮点数。用户可以使用算术运算符加（+）、减（–）、乘（*）、除（/）、取模（%）、自增（++）、自减（––）处理数值，也可以使用预定义的数学对象来操作字符。如可以使用下列的方法来返回数值 16 的平方根：

```
Math.sqrt(16);
```

3．布尔型

布尔型数值只有两个值 true（真）和 false（假）。在需要时，动作脚本也可把 true 和

false转换成1和0。布尔值最常用的方法是与逻辑运算符号结合使用，用于进行比较和控制一个程序脚本的流向。例如，在下面例子中，当变量i和j的值都为true时，转到第10帧开始播放：

```
if ( (i= =true)&& (j= =false)) {
        gotoAndPlay(10);
}
```

9.3.2 指定数据类型

1．对象

对象类型是多个属性的集合，每个属性都是单独的一种数据类型，都有其自身的名称和数值，这些属性可以是普通的数据类型，还可以是对象数据类型。当需要具体指出某个对象或属性时，可以使用“.”运算符。如：

```
Date.dynamicDate.myDate
```

上述语句中，myDate是dynamicDate对象的一个属性，同时dynamicDate又是Date的一个属性，通过此语句可以调用myDate属性。

2．影片剪辑

影片剪辑实例是一个对象，也是一种数据类型，这种数据类型用来对某个动画进行操作和控制。当一个变量被赋予了影片剪辑实例数据类型的对象后，就可以通过影片剪辑实例的方法来控制影片剪辑实例的播放。这在面向对象编程中，经常会用到。

9.3.3 动作脚本的语法

用动作脚本语言编写脚本之前，需要对语法有充分的了解，这样才能在编程中游刃有余，不至于在编程中出现低级错误。动作脚本语言有自己特定的语法规则，这些规则规定了一些字符和关键字的含义，以及他们的书写顺序等。以下是一些重要的ActionScript语法规则。

1．点语法

在动作脚本语言中，点（.）语法通常用来指明一个对象的属性或方法。这个对象可以是影片剪辑，也可以是系统内建的对象，如Math，也可以是自定义对象。

点语法表达式中一开始是对象名，接着是一个点，最后是要指定的属性、方法或变量。如表达式qiuMC._x，是指影片剪辑实例qiuMC的_x属性。如要表示一个名为ball的高度，则可表示为ball._height。方法的表示也是一样，如果要让一个名为ball的影片剪辑实例开始播放，则表示为ball.play（），让其停止则表示为ball.stop（）。

在动作脚本语言中，点语法还有一个功能，就是用来表示对象的路径。功能如同Windows操作系统中的“\”。在Windows中要表示D盘下的document目录下的文件a.txt，则表达式为D:\document\a.txt。在动作脚本语言中，要表达舞台上影片剪辑实例well下的剪辑片段good，则表达式为_root.well.good。其中_root是指主时间轴，相对于根目录，可以使用_root创建一个绝对路径。与_root相似的还有_parent和this，_parent表示父场景，也就是上一级的影片剪辑，相对于上一级目录。可以用_parent创建一个相对目标路径，例如，如果实例rose被嵌套在影片剪辑flower中，在实例rose上的下

列语句告诉 flower 停止播放：

```
_parent.stop( );
```

this 表示当前场景，相当于当前目录。例如，在影片剪辑实例 ball 上的下列语句告诉 ball 开始播放：

```
this.play( );
```

2．大括号

大括号“{ }”可以把一段动作脚本语句分割一段程序区。括号中的代码组成一个相对完整的代码段来完成一个相对的功能。如下列的语句所示：

```
on(release){
s=Number(a)+Number(b);}
```

3．圆括号

圆括号在动作脚本中的作用非常大。

（1）定义一个函数时，需要把参数放到圆括号中：

```
function add(a,b){...}
```

（2）调用函数时，需要把传递的参数放到圆括号中：

```
add(s1,s2);
```

（3）圆括号可以用来改变动作脚本语句的优先级。例如，在下面的语句中，圆括号先使表达式 new Color(this)得到计算，然后创建了一个新的颜色对象：

```
onClipEvent(enterFrame){
        (new Color(this)).setRGB(0xfffaa0);}
```

如果不使用圆括号，就需要在上例的语句中增加一个语句来实现：

```
onClipEvent(enterFrame){
        myColor = new Color(this);
        myColor.setRGB(0xfffaa0);
```

4．分号

在动作脚本语句中，任何一条语句都是以分号结束的。但是如果省略了语句结尾的分号，Flash 仍然可以成功地编译该脚本。

例如，下列的语句中，一条语句采用分号作为结束标志，另一条则没有，但它们都可以通过 Flash 编译器的编译：

```
A=10；
B=8
```

但在实际的动作脚本编写时，最好养成添加分号的习惯，这样容易把不同的语句区分开来。

5．大小写字母

在动作脚本语言中，只有关键字是严格区分大小写的。对于其余的动作脚本，可以

大写或小写字母混用。如下列语句在编译时是等价的：

```
Ball.visible=0;
BALL.visible=0;
```

在使用关键字时一定要使用正确的大小写字母，否则脚本就会出错。在【动作】面板中单击右上角的【菜单选项】按钮，在弹出的快捷菜单中选择【首选项】命令，打开【首选项】对话框，在【动作脚本编辑器】选项卡中选中【语法颜色】，字母大小写正确的关键字就会显示为蓝色。例如：

```
gotoAndStop(10)；
gotoandstop(10)；
```

其中第一行语句是正确的，可以被动作脚本识别，颜色显示为蓝色；而第二行语句则不会被动作脚本识别，颜色显示为黑色。

6. 注释

使用注释是程序开发人员的一个良好习惯。注释在编写脚本程序时具有举足轻重的作用，它可以增强代码的可读性，也为以后修改程序带来方便。

注释主要分为两种，一种是行注释，另一种是块注释。

● 行注释：若要单独注释一行内容，可在【动作】面板中单击按钮，在光标所在处显示行注释符号“//”，可在“//”符号之后输入注释内容。

● 块注释：若要同时注释多行内容，可在【动作】面板中单击按钮，在光标所在处显示块注释符号“/* */”，可在“/*”和“*/”符号之间输入注释内容。

默认情况下，注释在脚本编辑区中显示为灰色，其作用是方便阅读程序，在运行时会自动被跳过，并且注释可以是任意长度的，这个不会影响文件的大小，而且它们不必遵循动作脚本的语法或关键字规则。

9.3.4 变量

变量是相对常量而言，其参数值在语句中可以改变。可以把变量形象地比作存储信息的容器，容器本身总是相同的，但内容可以改变。当播放动画时，通过变量可以记录和保存用户操作的信息，记录动画播放时改变了的值，或者计算某些条件是真还是假。初次定义一个变量时，一般赋给它一个已知的值，这叫初始化变量。变量的初始化一般在动画的第 1 帧中进行。

变量可以存储任意类型的数据：数值、字符串、逻辑值、对象或影片剪辑等。在脚本中给变量赋值时，变量存储数据的类型会影响该变量的值如何变化。

1. 变量的命名规则

在 Flash 中命名一个变量时，必须遵守如下规则：

(1) 变量名必须是一个合法的标志符。

(2) 变量名不能是一个关键字或逻辑常量（true 或 false）。

(3) 变量名在同一作用范围内必须是唯一的。

2. 变量的赋值

在Flash 中，不需定义一个变量的数据类型。Flash 在给变量赋值时会自动根据所赋值的类型来确定变量的数据类型。例如："i=1；" 在表达式 i=1 中，赋值运算符右边的元素是属于数值型，所以 i 的类型为数值型。如果再一次赋值：

```
x="hello";
```

则会将 x 的类型改为字符串型。没有赋值的变量的数据类型为 undefined（未定义型）。

当然，也可以使用"var"命令给变量赋值。如："var score=90"；该语句是在声明变量的同时进行赋值。

9.3.5　表达式与运算符

表达式是结果为一个块的代码块，它们存在于语句中。一个表达式可能是单个变量或者是一个公式，如下面的例子：

```
10+8;
A=b+c+10;
Add(a,b);
```

以上这些例子都是有效的表达式，但它们不全是有效的语句。在表达式中，利用运算符将操作数连接起来组合成表达式。在动作脚本中，运算符用于指定表达式中的值如何被连接、比较或改变，运算符操作的元素称为操作数。运算符和表达式一样是用户在进行动作脚本编程过程中经常用到的元素。【动作】面板语言工具箱中包含了各种运算符，如图 9-11 所示。

图 9-11　运算符工具栏

1. 操作符的优先级

在同一语句中使用了两个或两个以上运算符时，一些操作符比其他操作符相比具有更高的优先级。例如，乘法总是在加法前执行，因为乘法优先级高于加法优先级，但括号内的项却比乘法优先。动作脚本语言就是严格遵循运算符的优先等级来决定先执行哪个操作。

例如，在下面的代码中，先执行括号里的内容，再执行乘法，结果为 16：

```
Total= (3+5) *2;
```

而在下面的代码中，先执行乘法，再执行加法，结果为 13：

```
Total=3+5*2;
```

当一个表达式中只包含相同优先级的运算符时，动作脚本按照从左到右的顺序依次进行计算；而当表达式中包含有较高优先级的运算符时，动作脚本将按照从左到右的顺序，先执行优先级高的运算符，然后再执行优先级较低的运算符；当表达式中包含括号时，则先对括号中的内容进行计算，然后按照优先顺序依次进行计算。

2. 数值运算符

数值运算符也叫算术运算符，表 9-2 列出了动作脚本语言中的数值运算符。

表 9-2　数值运算符

运算符	执行的运算
+	加法
–	减法
*	乘法
/	除法
%	求模（除后的余数）
++	递增
——	递减

在递增运算中，常用 i++，而不用比较烦琐的 i=i+1；同样，在递减运算中，常用 i--，而不用 i=i-1。递增 / 递减运算符可以在操作数前面使用，也可以在操作数后面使用。若递增 / 递减运算符出现在操作数的前面，则表示先进行递增 / 递减运算，然后再使用操作数。如下例中，n 先加 1，然后再与数字 50 进行比较：

```
if（++n>=50）
```

若递增 / 递减运算符出现在操作数的后面，则表示先使用操作数，再进行递增 / 递减操作。如下例中，n 先与数字 50 进行比较，比较结束后 n 的值再加 1：

```
if（n++>=50）
```

3．比较运算符

比较运算符用于比较表达式的值，然后返回一个逻辑值 true 或 false。这些运算符主要应用在循环语句和条件语句之中。例如，在下面的例子中，如果变量 i 的值大于等于 50，则返回第 1 帧播放；否则返回到第 10 帧播放：

```
if (i>=50){gotoAndPlay(1);}
else{gotoAndPlay(10);}
```

表 9-3 中列出了动作脚本中常用的比较运算符。

表 9-3　比较运算符

运算符	执行的运算
<	小于
>	大于
<=	小于或等于
>=	大于或等于
< >	不等于

4．字符串运算符

字符串运算符主要是指“+”，其作用是连接两个字符串操作数。例如，下面的语句会将“Hello,”连接到“kitty”上。

```
"Hello，"+"kitty"；
```

结果是“Hello，kitty”。如果“+”操作符的操作数只有一边是字符串，Flash 会自动

将另一个操作数转换为字符串。

比较操作符“<”、“>”、“<=”、“>=”和“<>”用于操作字符串时特别有效。这些操作符比较两个字符串，以确定哪一个字符串排在前面。如果两个操作数都是字符串，这些比较操作符比较这两个字符串。如果仅有一个操作数是字符串，动作脚本把两个操作数转换为数值，然后执行数值比较。

5．逻辑运算符号

逻辑运算符用于比较布尔类型表达式或布尔类型值（true 和 false），然后再返回一个布尔类型的值。例如，只有两个操作数都为 true，使用逻辑“与”运算符（&&）操作后，才返回 true。只要其中一个操作数的运算结果是 true，使用逻辑或运算符（||）就返回 true。逻辑运算符通常与比较运算符一起使用，以确定一个 if 动作的条件。例如，在下面的脚本中，只有两个表达式的值都为 true，if 动作才会被执行：

```
if ((i>20) && (n <50)){
    Play( );}
```

表 9-4 列出了动作脚本中常用的逻辑运算符。

表 9-4　逻辑运算符

运算符	执行的运算
&&	逻辑与
||	逻辑或
!	逻辑非

6．位运算符

位运算符在内部处理浮点数，把浮点数当作整数来处理。精确位运算的完成取决于运算符，但所有的位运算都是分别计算浮点数的每个数值，得出一个新的值。

表 9-5 列出了动作脚本中常用的位运算符。

表 9-5　位运算符

运算符	执行的运算
&	按位“与”
|	按位“或”
^	按位“异或”
~	按位“非”
<<	位左移
>>	位右移
>>>	位右移，用零填充

7．赋值运算符

“=”是赋值运算符，用于给变量指定值，或在一个表达式中同时为多个参数赋值。格式如下：

```
变量名 = 值;
```

例如：

N=5；

A=B=C=10；

在表达式 N=5 中将数值 5 赋给变量 N；在表达式 A=B=C=10 中，则会将数值 10 分别赋予变量 A、B 和 C。

使用扩展赋值运算符可以联合多个运算，扩展运算符可以对两个操作数都进行运算，然后将新值赋给第一个操作数。例如，下列两条语句将得到相同的结果：

X+=10；

X=X+10；

表 9-6 列出了动作脚本中常用的赋值运算符。

表 9-6　赋值运算符

运算符	执行的运算
=	赋值
+=	相加并赋值
−=	相减并赋值
*=	相乘并赋值
%=	求模并赋值
/=	相除并赋值
<<=	按位左移位并赋值
>>=	按位右移位并赋值
>>>=	右移位填零并赋值
^=	按位“异或”并赋值
|=	按位“或”并赋值
&=	按位“与”并赋值

8. 等于运算符

等于（= =）运算符常用于确定两个操作数的值或标志是否相等。这个比较运算会返回一个布尔值。若操作数为字符串、数值或布尔值将按照值进行比较；若操作数为对象或数组，则按照引用进行比较。

要严格区分赋值运算符（=）和等于运算符（= =），这是用户经常犯错误的地方。例如，代码 if (x = =5), 表示将 x 与 5 进行比较；代码 if （x =5），则是将数值 5 赋予变量 x，而不是将 x 和 5 进行比较。

表 9-7 列出了动作脚本中常用的等于运算符。

表 9-7　等于运算符

运算符	执行的运算
= =	等于
= = =	全等
！=	不等于
！= =	不全等

9．点运算符和数组访问运算符

点运算符（.）和数组访问运算符（[ ]）可用来访问任何预定义的或自定义的动作脚本对象属性，包括影片剪辑的属性。点运算符可结合前面讲的点语法来使用。对象名称一般位于点运算符的左侧，其属性或变量名位于点运算符的右侧。属性或变量名不能是字符串或字符串的变量，它必须是一个合法的标志符。例如，下面是使用点运算符的例子：

```
ball._visible=true；
year.month.day=10；
```

点运算符和数组访问运算符完成同样的任务，但点运算符用标志符作为它的属性，而数组访问运算符会将其内容当做名称，然后访问该名称变量的值。例如，下面的语句访问影片剪辑 ball 中的同一个变量 var_weight：

```
ball.var_weight;
ball["var_weight"] ;
```

数组访问运算符还可以动态设置、检索实例名和变量。例如，在下面的代码中，先计算[ ]中运算符内的表达式，判断的结果用于在影片剪辑 ball 中检索所得到的变量名：

```
ball ["mc"+i ] ;
```

数组访问运算符还可以用在赋值语句的左边。这样可以动态设置实例、变量和对象的名称，如下例所示：

```
ball [index]="basketball";
```

9.4　函　　数

在 Flash 影片中，许多非常精妙的交互操作都是通过动作函数来实现的。使用函数可以实现影片对象的移动、复制、时间延迟、控制播放等众多效果。下面以 ActionScript 2.0 中的函数分类为基础进行详细的讲解，使读者对各种函数的语法格式及使用技巧有一个全面的了解。

9.4.1　时间轴控制函数

影片的播放是有一定顺序的。在普通情况下，影片按照时间轴顺序进行播放，当然这样的顺序也是可以改变的。在 Flash 动画制作过程中，通过控制帧来实现交互也是一种常见的方法。常用的时间轴控制函数有如下几种。

1．goto 函数

goto 函数用于控制影片时间轴中影片的位置，它可以使影片跳转到一个特定的帧编号、帧标记或场景，并从该处停止或开始播放，所以也叫做跳转函数。

goto 函数包含两个子函数，分别是 gotoAndPlay( )和 gotoAndStop( )。gotoAndPlay( )是指跳转到指定帧播放；gotoAndStop( )是指跳转到指定帧停止。这两个函数的参数是相同的。

goto 函数如图 9-12 所示。

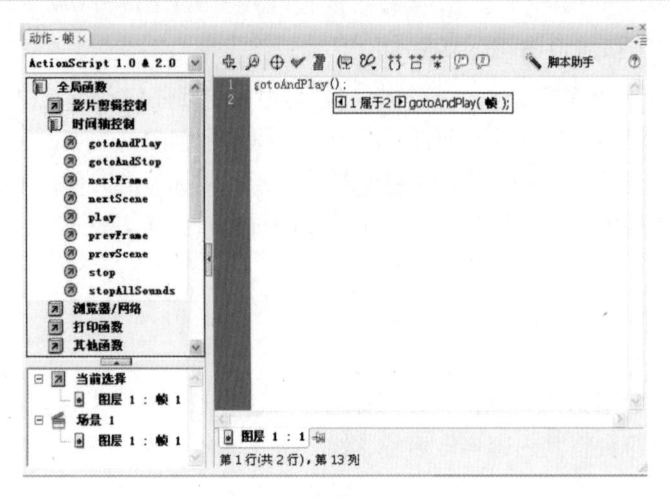

图 9-12　goto 函数

在 goto 函数中，参数“1 属于 2”是指跳转到当前场景的帧编号。单击 1 前面的按钮，参数变为“2 属于 2”，是指跳转到另一场景的多少帧，需要指定场景名和帧编号。

以下脚本展示了一个鼠标事件，它使当前影片跳转到场景的第 20 帧，然后开始播放：

```
on(release){
    gotoAndPlay(20);
}
```

下列的语句展示的是当单击按钮时，当前影片跳转到第 10 帧并停止播放。

```
on(release){
    gotoAndStop(10);
}
```

2．play 函数

play 函数使影片从它的当前位置开始播放。如果影片由于 stop 动作或 gotoAndStop 动作而停止，那么用户只能使用 play 函数启动，才能使影片继续播放。

play 函数的书写形式为 play( )，没有参数，但小括号同样要写上，不能省略。

以下脚本展示了一个鼠标事件，当单击按钮时，影片在当前位置开始播放：

```
on(release){
    play( );
}
```

3．stop 函数

stop 函数使得影片停止播放。

stop 函数的书写形式为：stop( )。stop( )函数和 play( )函数一样，不带参数，但小括号不能省略。

以下脚本展示了一个鼠标事件，当单击按钮时，当前影片停止播放：

```
on(release){
```

```
        stop( );
}
```

4．stopAllSounds 函数

stopAllSounds 函数使当前在 Flash Player 中播放的所有声音停止。此动作不影响影片的视觉效果。

stopAllSounds 函数的书写形式为 stopAllSounds( )，不带参数。

以下脚本展示了一个鼠标事件，当单击按钮时，当前正在 Flash Player 中播放的声音停止。

```
on(release){
        stopAllSounds( );
}
```

9.4.2　影片剪辑控制函数

影片剪辑控制函数是 Flash 针对影片片段进行操作的动作集合。在 Flash CS3 中经常用到的影片剪辑控制函数主要有如下几种。

1．duplicateMovieClip 函数

duplicateMovieClip 函数用于动态地复制影片剪辑实例。书写格式：

```
duplicateMovieClip(目标，新名称=" ",深度)；
```

各参数含义如下。

● 目标：要复制的“影片剪辑”实例的目标路径。

● 新名称：复制的“影片剪辑”实例的名称。只需输入名称，而无须输入目录路径。复制的“影片剪辑”实例保持原“影片剪辑”实例的相对路径。

● 深度：深度是一个值，它表示“影片剪辑”实例副本与同一影片加载级别中其他副本的相对堆叠深度。例如，原“影片剪辑”的深度为 0，新复制的“影片剪辑”实例总是出现原“影片剪辑”实例之上，深度可以设置为 1、2、3、4。它们都是堆叠在一起的，如果要将复制出的“影片剪辑”实例显示出来，就需要更改复制的“影片剪辑”实例的属性。

以下脚本展示了一个鼠标事件，当单击按钮时，复制实例名为“ball”的“影片剪辑”实例。复制的新名称为“ball2”，深度为 2。创建副本时，改变它的 _x（x 坐标）为 200，以便不直接出现在原“影片剪辑”实例的上方（参考源文件“duplicate 实例”）。

```
on(release){
        duplicateMovieClip("ball"，"ball2"，2)；
        setProperty("ball2"，_x，200)；// 设置新复制的 ball2 的 x 坐标为 200}
```

提示：当要创建多个副本时，新名称一般书写为“原实例名+i”，其中，i 为变量。而深度设置为 i。如下所示（参考源文件“duplicate 实例 2”）：

```
for(i=1；i<50；i++){
```

```
duplicateMovieClip("ball", "ball"+i, i);
setProperty("ball"+i, _x, random(500)); //random(x)函数为创建一个随机数，范围为[0, x);
setProperty("ball"+i, _y, random(400)); }
```

2．getProperty 函数

getProperty 函数用于获取影片剪辑实例的指定属性。书写格式为：

```
getProperty(目标，属性);
```

各参数含义如下。

- 目标：要获取属性的“影片剪辑”实例名。
- 属性：“影片剪辑”实例的一个属性。

该函数将返回“影片剪辑”实例的指定属性的值。例如，有影片剪辑实例 ball，以下脚本将利用 getProperty 获取 ball 的透明度，并通过 trace 函数在【输出】面板中显示该 Alpha 值（参考源文件“trace 实例”）。

```
trace(getProperty("ball", _alpha));
```

3．on 函数

on 函数用于触发动作的鼠标事件或者按键事件。

on函数可以捕获当前按钮（button）中的指定事件，并执行相应的程序块（statements）。书写格式为：

```
on(参数){程序块; //触发事件后执行的程序块}
```

其中“参数”指定了要捕获的事件，具体事件如下。

- press：当按钮被按下时触发该事件。
- release：当按钮被释放时触发该事件。
- releaseOutside：当按钮被按住后鼠标移动到按钮以外并释放时触发该事件。
- rollOut：当鼠标滑出按钮范围时触发该事件。
- rollOver：当鼠标滑入按钮范围时触发该事件。
- dragOut：当按钮被鼠标按下并拖出按钮范围时触发该事件。
- dragOver：当按钮被鼠标按下并拖入按钮范围时触发该事件。
- keyPress（"key"）：当参数（key）指定的键盘按键被按下时触发该事件。

> 提示：“参数”为触发事件的关键字，表示要捕获的事件；“程序块”为响应事件的动作所对应的程序代码。

4．onClipEvent 函数

onClipEvent 函数用于触发特定影片剪辑实例定义的动作。书写格式为：

```
onClipEvent(参数){程序块; //触发事件后执行的程序块}
```

其中“参数”是一个称为事件的触发器。当事件发生时，执行事件后面大括号中的语句。具体的参数如下。

- load：影片剪辑实例一旦被实例化并出现在时间轴上，即启动该动作。

● unload：从时间轴中删除影片剪辑后，此动作在第 1 帧中启动。在向受影响的帧附加任何动作之前，先处理与 unload 影片剪辑事件关联的动作。

● enterFrame：以影片剪辑帧频不断触发此动作。首先处理与 enterFrame 剪辑事件关联的动作，然后才处理附加到受影响帧的所有帧动作。

● mouseDown：当按下鼠标左键时启动此动作。

● mouseUp：当释放鼠标左键时启动此动作。

● keyDown：当按下某个键时启动此动作。使用 key.getCode( )获取有关最后按下的键的信息。

● keyUp：当释放某个键时启动此动作。使用 key.getCode( )获取有关最后按下的键的信息。

● Data：当在 loadVariables( )或 loadMovie( )动作中接收数据时启动此动作。当与 loadVariables( )动作一起指定时，data 事件只在加载最后一个变量时发生一次。当与 loadMovie( )动作一起指定时，获取数据的每一部分时，data 事件都重复发生。

例如，在以下脚本中，当鼠标移动时，影片剪辑实例“cat”的透明度在减小，当按下鼠标左键时，透明度恢复为原来的 100（参考源文件“onClipEvent 实例”）。

```
onClipEvent(mouseMove){
        setProperty("_root.cat",_alpha,_alpha-0.01);
}
onClipEvent(mouseDown){
        setProperty("_root.cat",_alpha,100);
}
```

提示：以上代码是写在影片剪辑实例“cat”上。即先选定影片剪辑实例，给实例命名为“cat”然后打开【动作】面板输入以上代码。

5．removeMovieClip 函数

removeMovieClip 函数用于删除指定的影片剪辑。书写格式为：

removeMovieClip（目标）；

其中，“目标”主要是指用 duplicateMovieClip()创建的影片剪辑实例，或者用 MovieClip.attachMovie( )或MovieClip.duplicateMovieClip( )创建的影片剪辑实例。

例如，在下列语句中，单击按钮时，删除用 duplicateMovieClip( )复制的影片剪辑实例 mc_bee1（参考源文件“removeMovieClip 实例”）。

```
on(release){
        removeMovieClip("mc_bee1");
}
```

6．setProperty 函数

setProperty 函数用于当影片剪辑时，更改影片剪辑的属性值。书写格式为：

setProperty(目标，属性，值)；

各参数含义如下。

● 目标：指定要设置其属性的影片剪辑实例名称的路径。

● 属性：指定要设置的属性。

● 值：指定属性的新文本值。

例如，在下列语句中，复制30个ball的影片剪辑实例，对新复制的对象更改其x坐标，y坐标和alpha值（参考源文件“setProperty实例”）。

```
if(i=1；i<30;i++){
        duplicateMovieClip("ball", "ball"+i, i);
        setProperty("ball"+i, _x, random(500));
        setProperty("ball"+i, _y, random(400));
        setProperty("ball"+i, _alpha, random(100));
}
```

7．startDrag函数

startDrag函数用于使指定的影片剪辑实例在影片播放过程中可拖动。书写格式为：

```
startDrag(目标，固定，左，顶部，右，底部);
```

各参数含义如下。

● 目标：指定要拖动的影片剪辑的目标路径。

● 固定：一个布尔值，指定可拖动影片剪辑是锁定到鼠标位置中央（true），还是锁定到用户首次单击该影片剪辑的位置上（false）。此参数是可选的。

其他四个参数“左”、“顶部”、“右”、“底部”都是相对与影片剪辑父级坐标的值，这些坐标指定该影片剪辑的约束矩形。这些参数也是可选的。

8．stopDrag函数

stopDrag函数用于停止当前影片剪辑实例的拖动操作。书写格式如下：

```
stopDrag ();
```

startDrag是使“目标”影片剪辑实例在影片播放过程中可拖动，而一次只能拖动一个影片剪辑。执行startDrag动作后，影片剪辑实例保持可拖动状态，直到被stopDrag动作明确停止为止，所以这两个函数通常是结合在一起使用的。

例如，在如下的语句中，利用startDrag( )拖动影片剪辑实例“phone”，然后用stopDrag( )停止“phone”的拖动（参考源文件“startDrag实例”）。

```
on(press){
   startDrag("_root.phone");
}
on(release){
   stopDrag( );
}
```

提示：为遵循鼠标使用的习惯，使用startDrag( )拖动影片剪辑实例时用“press”按下的鼠标事件，使用stopDrag( )停止拖动时用“release”释放的鼠标事件。即“按下”鼠标左键时可拖动，当“释放”左键时停止拖动。

9.4.3　浏览器/网络函数

“浏览器/网络”函数中的命令是用来控制Web浏览器和网络播放等动作效果的。通过这部分的动作脚本，可以实现影片与浏览器及网络程序的交互操作。常用的“浏览器/网络”函数如下。

1．fscommand 函数

fscommand函数用于.swf文件与Flash Player之间的通讯。还可以通过使用fscommand动作将消息传递给Macromedia Director，或者传递给Visual Basic、Visual C++和其他可承载ActiveX控件的程序。书写格式为：

```
fscommand(命令，参数);
```

各参数含义如下。

- 命令：一个传递给外部应用程序使用的字符串，或者是一个传递给Flash Player的命令。
- 参数：一个传递给外部应用程序用于任何用途的字符串，或者是传递给Flash Player的一个变量值。

fscommand函数有多种用法，具体如下：

用法1：若要将消息发送给Flash Player，必须使用预定义的命令和参数。表9-8显示了fscommand函数的预定义命令和参数，这些值用于控制在Flash Player中播放的.swf文件。

表 9-8　fscommand 函数预定义的命令和参数

命　令	参　数	目　　的
quit	无	关闭播放器
fullscreen	true 或 false	指定 true，则将 Flash Player 设置为全屏播放； 指定 false，播放器返回到常规菜单视图
allowscale	true 或 false	指定 true，则强制 SWF 文件缩放到播放器的 100%； 指定 false，播放器使用按 SWF 文件的原始大小播放而不进行缩放
showmenu	true 或 false	指定 true，则启用整个上下文菜单项集合； 指定 false，使除“关于 Flash Player”外的上下文菜单项变暗
xec	应用程序的路径	在播放器中执行应用程序
trapallkeys	true 或 false	指定 true，则将所有按键事件（包括快捷键事件）发送到 Flash Player 中的 onClipEvent（keyDown/keyUp）处理函数

用法2：若要在Web浏览器中使用“fscommand”动作将消息发送到脚本语言（如JavaScript），可以在“命令”和“参数”中传递任意两个参数。这些参数可以是字符串或表达式，它们在捕捉或处理fscommand动作的JavaScript函数中使用。

在Web浏览器中，fscommand动作在包含SWF文件的HTML页中调用JavaScript函数“moviename_DoFScommand”。“moviename”是Flash Player影片的名称，该名称由EMBED标签的NAME属性指定，或由OBJECT标签的ID属性指定。如果为Flash Player影片指定名称“myMovie”，则调用的JavaScript函数就是“myMovie_DoFScommand”。

用法3：fscommand 动作可以把消息发送给 Macromedia Director，Lingo 将消息解释为字符串、事件或可执行的Lingo代码。如果该消息为字符串或事件，则必须编写Lingo代码以便从 fscommand 动作接收该消息，并在 Director 中执行动作。

用法4：在Visual Basic、Visual C++和可承载ActiveX控件的其他程序中，fscommand利用其所在环境的编程语言中处理的两个字符串发送 VB 事件。

例如，在如下语句中，展示了当单击按钮时，使影片放大到全屏播放（参考源文件“fscommand 实例”）。

```
on(release){
    fscommand("fullscreen",true);
}
```

2. getURL 函数

getURL 函数将来自特定“URL”的文档加载到 Web 浏览器窗口中，或将变量传递到位于所定义“URL”的另一个应用程序。若要测试此动作，确保要加载的文件位于指定的位置。若要使用绝对“URL”（例如：http://www.baidu.com），则需要网络连接。书写格式如下：

```
getURL（url，窗口，方法）；
```

各参数含义如下。

● url：从该处获取文档的 URL。

● 窗口：可选参数，指定文档应加载到其中的窗口或HTML 框架。可输入特定窗口的名称，或从下面的保留目标名称中选择：

_self：指定当前窗口中的当前框架。

_blank：指定一个新窗口。

_parent：指定当前框架的父级。

_top：指定当前窗口中的顶级框架。

● 方法：选择发送变量的方法，有 GET 和 POST 两种方法。如果没有变量，则省略此参数。GET 方法将变量追加到 URL 的末尾，该方法用于发送少量变量。POST 方法在单独的 HTTP 标头中发送变量，用于发送长的变量字符串。

例如，下列语句中，当单击按钮，将在新窗口中打开“http://www.baidu.com”页面（参考源文件“getURL 实例”）。

```
on(release){
    getURL("http://www.baidu.com", "_blank");  }
```

3. loadMovie 函数

loadMovie 函数是指在播放原始.swf 文件的同时将.swf 文件或 JPEG 文件加载到 Flash Player 中。书写格式为：

```
loadMovie(url，目标，方法);
```

各参数含义如下。

● url：要加载的.swf 文件或 JPEG 文件的绝对或相对 URL。相对路径必须相对于级别 0 处的.swf 文件，该 URL 必须与影片当前的 URL 在同一子域。为了在 Flash Player 中使用.swf 文件或在 Flash 创作应用程序的测试模式下测试.swf 文件，必须将所有的.swf 文件存储在同一文件夹中，而且其文件名不能包含文件夹或磁盘驱动器的说明。绝对路径必须包括协议的引用，例如“http://”或“file://”。

● 目标：指向目标影片剪辑的路径。目标影片剪辑将替换为加载的.swf 文件或图像。一般可创建一个空的影片剪辑元件作为目标。

● 方法：可选参数，为一个证书，指定用于发送变量的 HTTP 方法。该参数必须是字符串 GET 或 POST。如果没有要发送的变量，则省略此参数。GET 方法将变量追加到 URL 的末尾，它用于发送少量的变量。POST 方法在单独的 HTTP 标头中发送变量，用于发送大量的变量。

例如，在下列语句中，当单击按钮时，将外部的“特殊遮罩效果.swf”加载到空的影片剪辑实例“blank”中（参考源文件“loadMovie 实例”）。

```
on(release){
    loadMovie(" 特殊遮罩效果.swf ",blank);
}
```

提示：在浏览器内嵌的 Flash 播放器内使用“loadMovie”语句装载动画时，会受到浏览器的安全限制，所以只能装载同一服务器上的 SWF 文件。

4．unloadMovie 函数

unloadMovie 函数是从 Flash Player 中删除影片剪辑实例。书写格式为：

```
unloadMovie (目标);
```

其中，目标是要删除的影片剪辑的目标路径。

例如，在下列语句中，当单击按钮时，卸载主时间轴上的名为“a”的影片剪辑实例（参考源文件“loadMovie 实例”）。

```
on(release){
    unloadMovie("a");
}
```

5．loadVariables 函数

loadVariables 函数用于加载外部文件中的变量值。使用 loadVariables 函数，可以让 Flash 从外部装载指定数据文件中的数据，并将数据以变量的方式存储到指定的“影片剪辑”对象中。书写格式为：

```
loadVariables(url，目标，方法);
```

各参数含义如下。

● url：指定要装载数据文件的 URL 地址。

● 目标：指定存放数据的“影片剪辑”名称。

● 方法：决定在装载数据文件时发送变量数据的模式，设定为“GET”，表示使用“GET”方式发送数据变量；设定为“POST”，表示使用“POST”方式发送变量数据。省略该参数则表示不发送变量数据。和 loadMovie 语句一样，在浏览器内嵌的 Flash 播放

器内使用 loadVariables 语句装载数据文件时，只能装载同一服务器上的数据文件。

例如，在下列语句中，单击按钮时，将来自文本文件“data.txt”的信息加载到主场景上的“varTarget”影片剪辑的文本字段中，其中文本字段的变量名必须与“text.txt”文件中的变量名匹配（参考源文件“loadVariables 实例”）。

```
on(release){
    loadVariables("text.txt","_root.varTarget");
}
```

9.4.4 条件/循环语句

在Flash动作脚本语句中，程序流程常常使用如下3种结构方式：顺序执行方式、条件执行方式和循环执行方式。其中，顺序执行方式是按照语句的顺序从上到下逐行执行；而条件执行方式是根据条件有选择的执行，常用的条件语句有“if”和“switch”语句；循环执行方式是重复的执行部分语句，常用的循环语句有“for”、“do...while”和“while”语句。

1．if 语句

If 语句是动作脚本中用来处理根据条件有选择地执行程序代码的语句。当 Flash 程序执行到 if 语句时，先判断参数条件中逻辑表达式的计算结果。如果结果为 true，则执行当前 if 语句内的程序代码。如果结果为 false，则检查当前 if 语句中是否有 else 或 else if 子句，如果有，则继续进行判断；如果没有，则跳过当前 if 语句内的所有执行代码，继续执行下面的程序。书写的格式为：

```
if(条件){ statement（s）;
}
```

各参数含义如下。

- 条件：是计算结果为“true”或“false”的表达式。
- statement（s）：语句块，当条件的结果为 true 时要执行该语句块。

例如，在下列语句中，判断影片剪辑实例“ball”的 x 坐标，当 x 坐标小于等于 200 时，继续往前移动，当大于 200 时，则返回 0 点（参考源文件“if~else 实例”）。

```
if(ball._x<=200){
        ball._x+=1;
}
else{
    ball._x=0;
}
```

2．switch 语句

switch 语句是多分支选择语句。如果多个执行路径依赖同一个表达式，则 switch 语句非常有用。它能根据输入的参数动态选择要执行的程序代码块，功能大致相当于一系列 if...else if 语句，但是它更便于阅读。书写格式为：

```
switch(条件){
  case 条件 1: // 如果“条件”=“条件 1”，则执行语句 statement（s）
```

```
    statement（s）1；
    break；    //终止 statement（s）语句块的执行，跳出本 switch
    case 条件 2；
    statement（s）2；
    break；
      ⋮
    default：  //如果“条件”没有匹配的值，则执行下面的 statement（s）_df 语句
    statement（s）_df；
    break；
}
```

其中“条件”是能计算出具体值的表达式。将计算的结果和“case”子句的数据相比较，以确定要执行哪个代码块。代码块以“case”语句开头，以“break”语句结尾。

例如，在如下代码中，根据条件“n”来确定在【输出】面板中显示的结果（参考源文件“switch 实例”）。

```
n=random(7);
switch(n){
   case 0:
         trace("Today is Sunday");
         break;
   case 1:
         trace("Today is Monday");
         break;
   case 2:
         trace("Today is Tuesday");
         break;
   case 3:
         trace("Today is Wednesday");
         break;
   case 4:
         trace("Today is Thursday");
         break;
   case 5:
         trace("Today is Friday");
         break;
   case 6:
         trace("Today is Saturday");
         break;
   default:
         trace("Out of range");
         break;
 }
```

3. for语句

for 语句可以让指定程序代码块执行一定次数的循环。书写的格式为：

```
for(初始值; 条件; 下一个){
    statement (s);
}
```

各参数含义如下。

● 初始值：是一个在开始循环前要计算的表达式，通常为赋值表达式。

● 条件：是一个计算结果为“true”或“false”的表达式。在每次循环前计算该条件，当条件的计算结果为“false”时退出循环。

● 下一个：是一个在每次循环执行后要计算的表达式，通常是使用“++”或“--”运算符的赋值表达式。

● statement（s）：循环体内要执行的语句。

在一个 for 循环语句的开始，Flash 会先查看参数“初始值”中定义的循环计算器的初始值，再查看参数“条件”中定义的判断条件是否满足。如果条件满足，就执行“for”语句循环体中程序代码，同时执行参数“下一步”中的循环计数器操作语句增加或减少循环计算器内的值。在参数“条件”中定义的判断条件成立的情况下，for 语句会一遍又一遍的执行循环体内的程序代码，直到条件不成立时，才执行 for 循环后面的语句。

例如，在下列代码中，根据条件，将执行循环体语句30次（参考源文件“for实例”）。

```
for(i=1;i<=30;i++){
    duplicateMovieClip("fish ","fish"+i,i);
    setProperty("fish"+i,_x,random(00));
    setProperty("fish"+i,_y,random(500));
    setProperty("fish"+i,_alpha,random(100));
    setProperty("fish"+i,_xscale,random(100));
    setProperty("fish"+i,_yscale,random(100));
}
```

4. while 语句

while 语句可以实现程序按条件循环执行效果。书写格式为：

```
while (条件){
    statement (s);
}
```

各参数含义如下。

● 条件：每次执行while语句时都要重新计算的表达式。计算结果为“true”或“false”，如果结果为“true”则执行循环体；如果结果为“false”则跳出当前循环体，继续执行后面的语句。

● statement（s）：循环体内要执行的语句。

for 语句和 while 语句都可用来实现循环，语句可互换。下列语句的功能和前面 for 语句实现的功能相同。

```
i=1;
while(i<=30){
        duplicateMovieClip("fish", "fish"+i,i);
        setProperty("fish"+i,_x,random(300));
        setProperty("fish"+i,_y,random(500));
        setProperty("fish"+i,_alpha,random(100));
        setProperty("fish"+i,_xscale,random(100));
        setProperty("fish"+i,_yscale,random(100));
        i++;
}
```

5．do...while 语句

do...while 语句也可以实现程序按条件循环的执行效果。书写格式为：

```
do{
  statement(s);
} while(条件)
```

各参数含义如下。

- statement（s）：循环体内要执行的语句。
- 条件：执行循环体语句的条件，当条件表达式计算结果为“true”时才会执行循环体语句。

do...while 语句和 while 语句结构基本相同，但 do...while 语句先执行循环体，再判断，如果判断结果为“true”则返回继续执行循环体语句；而 while 语句先判断，当判断结果为“true”时才执行循环体语句。当第一次判断条件的结果为“false”时，执行结果不同。如果第一次判断条件的结果为“true”，两者计算结果相同。

把上述的 while 语句改成 do...while 语句，具体程序如下：

```
i=1;
do{
        duplicateMovieClip("fish", "fish"+i,i);
        setProperty("fish"+i,_x,random(300));
        setProperty("fish"+i,_y,random(500));
        setProperty("fish"+i,_alpha,random(100));
        setProperty("fish"+i,_xscale,random(100));
        setProperty("fish"+i,_yscale,random(100));
        i++;
} while(i<=30);
```

9.4.5　其他函数

除了上述介绍的四类函数外，Flash CS3 中还包含很多其他函数，简单介绍如下 。

1．setMask 函数

setMask 函数用于实现遮罩效果。书写格式为：

被遮罩的影片剪辑实例名.setMask（当作遮罩层的影片剪辑实名）；

如：

pic.setMask(mask)；

即让 mask 实例作为遮片去遮蔽 pic 实例（参考源文件“特殊遮罩效果”）。

2．escape 函数

escape函数能将所有非字母数字的字符都转义为十六进制序列，并以URL编码格式进行编码。书写格式为：

escape（表达式）；

escape 是一个转换函数，使用 escape 函数可以将指定的 URL 地址转换为适合 URL 协议传输的字符串，参数“表达式”指定要转换 URL 地址。返回的字符串值，表示转换后的结果。在使用 URL 地址传递参数时可能会用到这个转换函数。

3．eval 函数

eval 函数能返回由表达式命名的变量的值。书写格式为：

eval（表达式）；

使用 eval 函数，可以对指定表达式进行求值计算。参数“表达式”指定要进行计算求值的表达式。如果“表达式”是变量或属性，则返回该变量或属性的值；如果“表达式”是对象或影片剪辑，则返回指向该对象或影片剪辑的引用；如果无法找到“表达式”指定的元素，则返回“undefined”。

在多数情况下，eval 语句有优先计算权，也就是说在包含 eval 的语句执行前会先执行 eval 进行求值，再执行包含它的语句。

4．getTimer 函数

getTimer 函数能获取从影片开始播放到现在的总播放时间，计时单位是毫秒。书写格式为：

getTimer（）；

使用 getTimer 函数，可以获取 Flash 动画已经播放了多少毫秒的数据信息。返回的数字信息，表示经过的毫秒总数。

5．getVersion 函数

getVersion 函数能获取浏览器的 FlashPlayer 的版本号和平台信息。书写格式为：

getVersion（）；

使用 getVersion 函数，可以获取当前 Flash 播放器的版本号。返回的字符串信息用（WIN 9,0,45,0）格式，返回版本信息。

提示：利用 getVersion 函数返回的字符串，如（WIN 9，0，45，0），其中版本号为 9，次要版本号为 45，即版本号为 9.45。

6．trace 函数

trace 函数能在测试模式下，计算表达式并在“输出”面板中显示结果。书写格式为：

trace（参数）;

“参数”一般为表达式，在测试 SWF 文件时，在【输出】面板显示表达式的值。

7. unescape 函数

unescape 函数能保留字符串中的格式 %XX 的十六进制码，表示用十六进制 ASCII 码表示 XX 的特殊字符。书写格式为：

unescape（表达式）;

unescape 函数是一个转换函数，使用该函数可以将经过编码的 URL 字符串转换为非编码的普通 URL 地址字符串。参数“表达式”指定要转换的经过编码的 URL 字符串，返回的字符串值，表示转换后的结果。

8. isFinite 函数

isFinite 函数用于测试数值是否为有限数。书写格式为：

isFinite（表达式）;

使用 isFinite 函数，可以检测参数“表达式”中算术表达式的计算结果是否是一个有限数。如果是，则返回“true”；如果不是，则返回“false”。

9. isNaN 函数

isNaN 函数用于测试是否为数值。书写格式为：

isNaN（表达式）;

使用 isNaN 函数，可以检测参数“表达式”中算术表达式的计算结果是否是一个数字值。如果不是，数字则返回“true”；如果是，数字则返回“false”。

10. parseFloat 函数

parseFloat 函数用于将字符串转换成浮点数，书写格式为：

parseFloat（字符串）;

parseFloat 函数是一个转换函数，使用该函数可以解析指定字符串中表示的浮点型数字值。参数“字符串”指定要解析成浮点型数字值的字符串。返回的数字值，表示转换后的结果。如果返回 NaN，则表示要解析的字符串值不能被合理地解析为浮点型数字。

11. parseInt 函数

parseInt 函数用于将字符串转换为整数。书写格式为：

parseInt（字符串，基数）;

parseInt 函数是一个转换函数，使用该函数可以解析指定字符串中表示的整形数字值。参数“字符串”是指定要解析成整形数字值的字符串。参数“基数”指定解析时使用的数字进制标准。返回的数字值，表示转换后的结果。如果返回 NaN，则表示要解析的字符串不能被合理地解析为整型数字。

12. array 函数

array 函数用于创建新的空数组，或者指定元素转换为数组。书写格式为：

array（）；

或

array（参数）；

array 对象就是一组数据的集合，也就是数组。可以把一些常用的数据或者需要进行处理的数据存放到一个数组当中。使用数组的原因是为了简化代码、方便数据管理。

13．boolean 函数

boolean 函数用于将参数转换为布尔类型。书写格式为：

boolean（表达式）；

使用 boolean 函数，可以对指定数据表达式进行运算求值，并把结果强制转换为逻辑值。参数“表达式”表示要转换的数据表达式。返回的逻辑值，表示获取强制转换为逻辑值后的数据表达式结果。该语句经常用在对某些变量进行逻辑求值时使用。

14．number 函数

number 函数用于将参数转换为数字类型。书写格式为：

number（表达式）；

使用 number 函数，可以对指定数据类型表达式进行运算求值，并把结果强制转换为数字值。参数“表达式”指定要转换的数据表达式。如果参数“表达式”是一个字符串值，则返回经过分析后的数字结果；如果该字符串不能被转换为数字，则返回 NaN。如果参数“表达式”是一个逻辑值，当逻辑值为“true”时返回 1，为“false”时返回 0；如果参数“表达式”是未定义（undefined）值，返回 0。

15．object 函数

object 函数用于将参数转换为相应的对象类型。书写格式为：

object（值）；

object 对象是 Flash 提供的自定义数据对象。自定义数据对象，就是将各种类型的数据，以属性的方式存储在一个“object”对象中。用户可以通过访问对象属性的方式，访问存放在对象里的数据。在 Flash 中有很多对象方法，需要使用自定义数据对象来提供参数。

16．string 函数

string 函数用于将参数转换为字符串类型。书写格式为：

string（表达式）；

使用 string 函数，可以指定数据表达式的计算结果转换为字符串值。参数“表达式”指定要转换的数据表达式。返回的字符串值，表示数据转换后的字符串值。

9.5　实例剖析——遥控电视

【设计思路】

本实例制作一个遥控电视。利用遥控板控制电视的打开、关闭和电视节目的选择。

【技术要点】

- 遮罩层的应用。
- GIF 动画的导入。
- goto 语句的使用。

操作步骤如下：

1. 准备工作

新建一个 Flash 文档，选择【修改】/【文档】命令，打开【文档属性】对话框，尺寸大小不变，设置背景颜色为淡红色。并以“遥控电视”为名保存该文件。

2. 制作元件

(1) 制作“电视机”影片剪辑元件。利用【矩形工具】和【椭圆工具】，绘制如图 9-13 所示的电视机图形。

(2) 制作“遥控器”影片剪辑元件。利用【矩形工具】和【文本工具】，绘制如图 9-14 所示的遥控器图形。

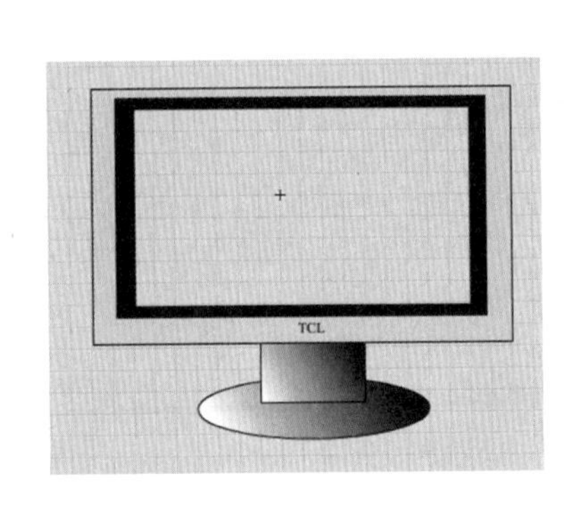

图 9-13 “电视机”元件图形

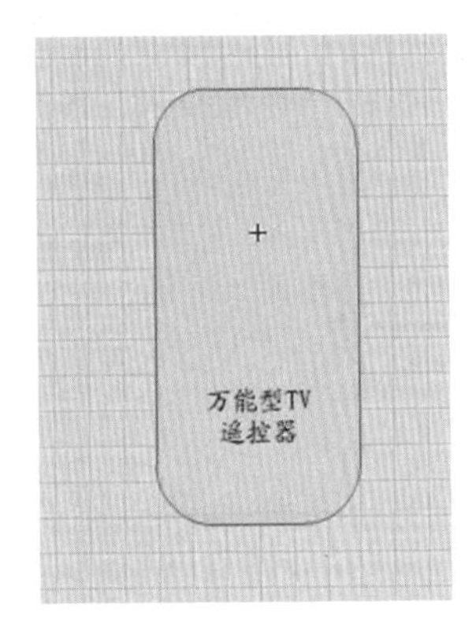

图 9-14 “遥控器”元件图形

(3) 制作电源“开关”按钮和 6 个“频道”按钮，如图 9-15 所示。

图 9-15 “开关”按钮和 6 个“频道”按钮

(4) 制作“黑白”图形元件，从外部导入素材图片“黑白”到该元件中，如图 9-16 所示。

(5) 制作“黑白跳动”影片剪辑元件。利用“黑白”图形元件，插入 3 个关键帧，不同关键帧所对应的“黑白”图形元件实例位置不同，创建动作补间动画实现黑白图形的跳动，如图 9-17 所示。

(6) 制作频道节目的影片剪辑元件。这一步通过导入外部的 GIF 格式动画来完成。选择【文件】/【导入】/【导入到库】命令，导入 6 幅 GIF 格式图片，在【库】面板中可以看到以图片名命名的6个影片剪辑元件，分别是“过河.gif”、“卡通.gif”、“玫瑰.gif”、

图 9-16 “黑白”图形元件

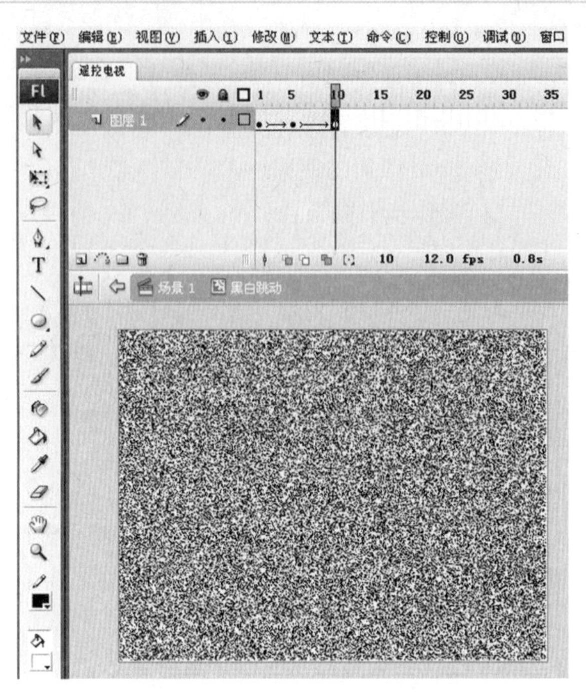

图 9-17 “黑白跳动”影片剪辑元件

“人物.gif”、“闪光星.gif”、“文本.gif”。

(7) 元件制作完毕，返回场景。

3. 布置场景

(1) 将“图层 1”改名为“电视机”。将“电视机”影片剪辑元件拖入舞台，并调整位置，在第 35 帧插入普通帧，如图 9-18 所示。“电视机”图层制作完毕，锁定该图层。

> 提示：在操作一个或多个图层时，锁定制作好的图层是一个很好的习惯。这样，在操作别的图层时，就不会对该层产生影响。

(2) 新建“图层 2”，并改名为“遥控器”。将“遥控器”影片剪辑元件拖入舞台的右下角，如图 9-19 所示。

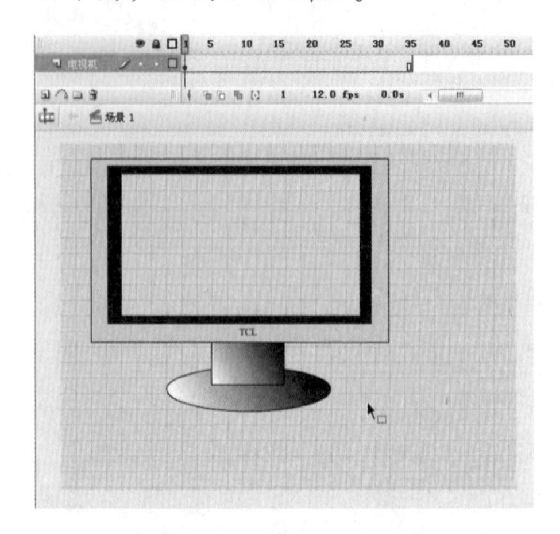

图 9-18 “电视机”图层

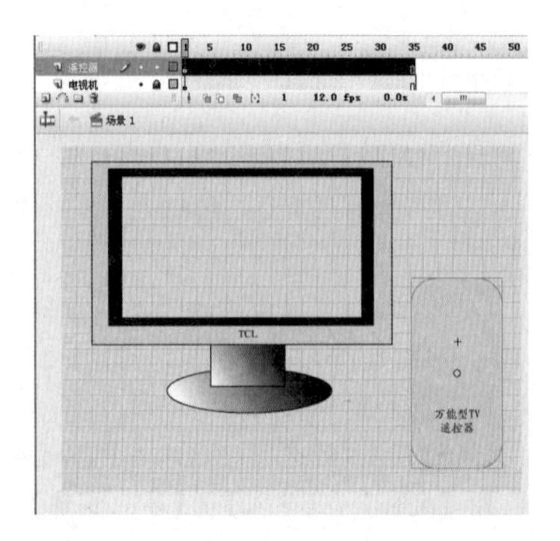

图 9-19 “遥控器”图层

(3) 新建"图层 3"，并改名为"电源按钮"，将电源按钮拖入到舞台的遥控器上，如图 9-20 所示。

(4) 新建"图层 4"，并改名为"频道按钮"，将【库】面板中的 6 个频道按钮拖入到舞台的遥控器上，并调整位置，如图 9-21 所示。

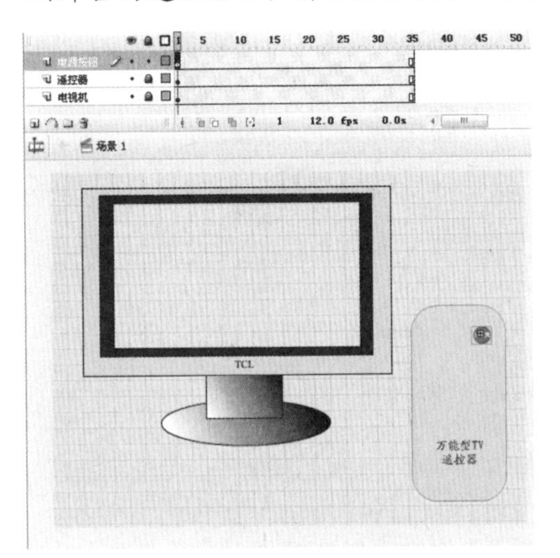

图 9-20　"电源按钮"图层

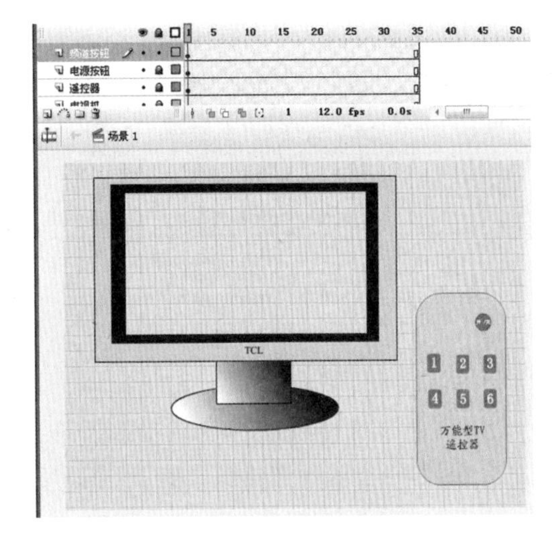

图 9-21　"频道按钮"图层

(5) 新建"图层 5"和"图层 6"，将"图层 5"改名为"频道"，将"图层 6"设置为遮罩层，"频道"图层自动转换为被遮罩层，如图 9-22 所示。

(6) 将"图层 6"和"频道"图层解锁。在"图层 6"中绘制一个矩形，盖住电视机的空白处，如图 9-23 所示。

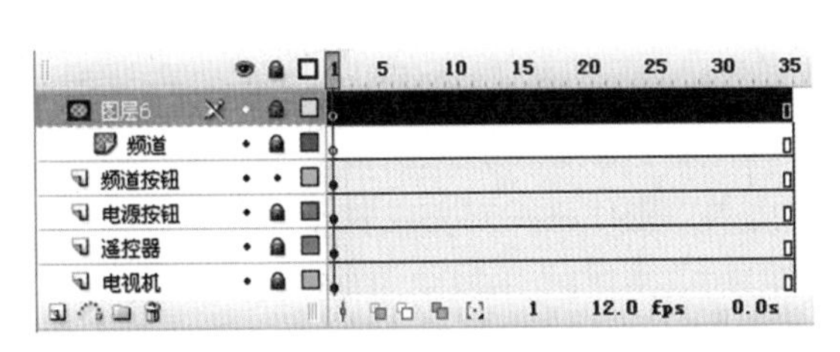

图 9-22　设置遮罩层和被遮罩层

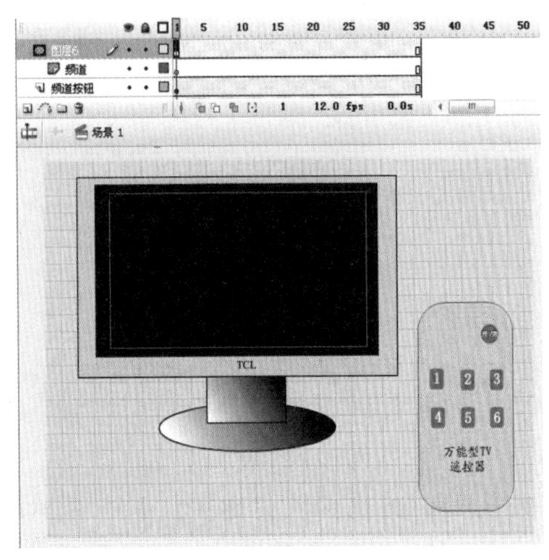

图 9-23　设置"图层 6"的图形

(7) 将"图层 6"隐藏。在"频道"图层的第 2 帧插入关键帧，并将"黑白跳动"元件拖入到舞台，覆盖电视机，然后在第 4 帧插入关键帧，如图 9-24 所示。

(8) 在第 5 帧插入空白关键帧，将"人物"元件拖入到电视机上，并调整大小，然后在第 9 帧插入关键帧，如图 9-25 所示。

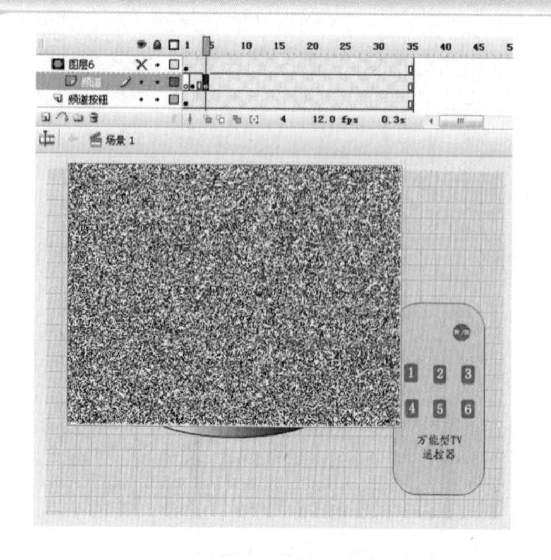

图 9-24 设置“黑白跳动”元件实例

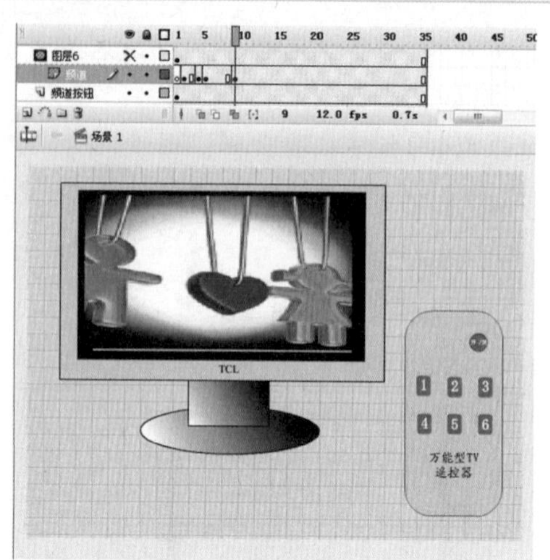

图 9-25 设置“人物”元件实例

(9) 在第10帧插入空白关键帧，将“闪光星”元件拖入到电视机上，并调整大小，然后在第14帧插入关键帧，如图9-26所示。

(10) 在第15帧插入空白关键帧，将“过河”元件拖入到电视机上，并调整大小，然后在第19帧插入关键帧，如图9-27所示。

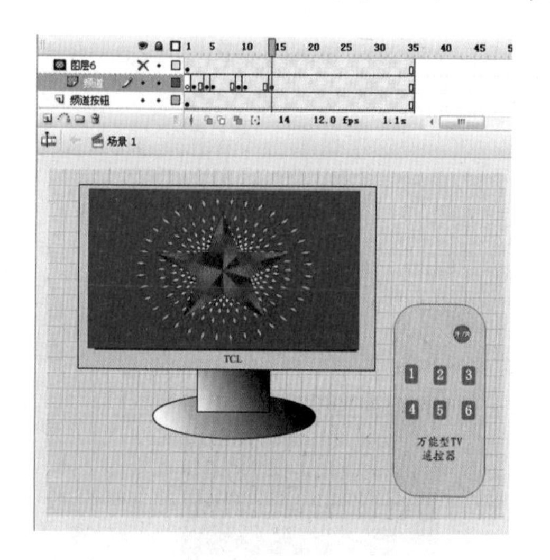

图 9-26 设置“闪光星”元件实例

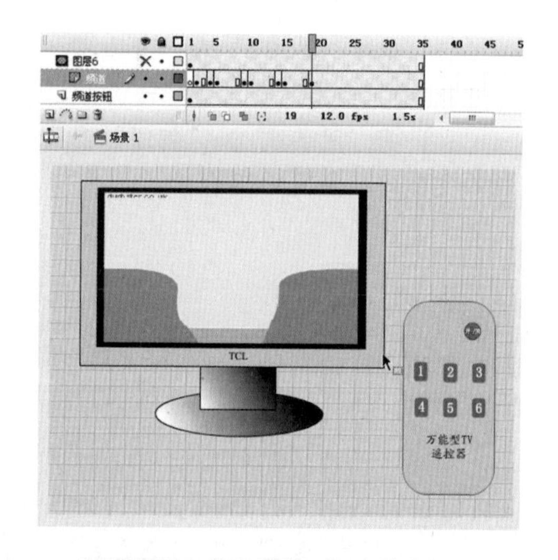

图 9-27 设置“过河”元件实例

(11) 在第20帧插入空白关键帧，将“文本”元件拖入到电视机上，并调整大小，然后在第24帧插入关键帧，如图9-28所示。

(12) 在第25帧插入空白关键帧，将“卡通”元件拖入到电视机上，并调整大小，然后在第29帧插入关键帧，如图9-29所示。

(13) 在第30帧插入空白关键帧，将“玫瑰”元件拖入到电视机上，并调整大小，然后在第35帧插入关键帧，如图9-30所示。

4. 添加代码

(1) 选中“电源按钮”图层，在第2帧插入关键帧。选中该图层第1个关键帧的“开

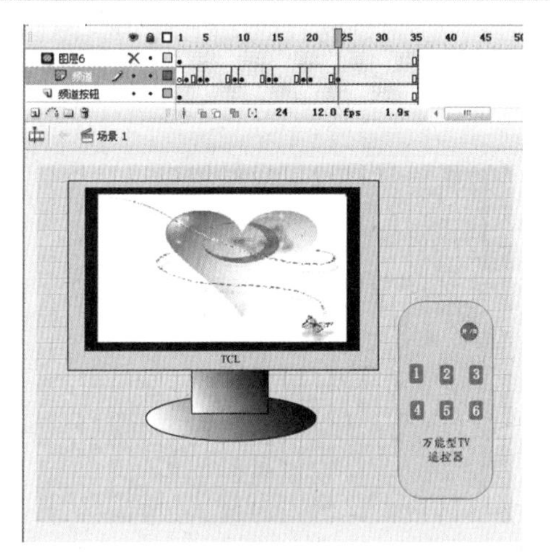

图 9-28　设置“文本”元件实例

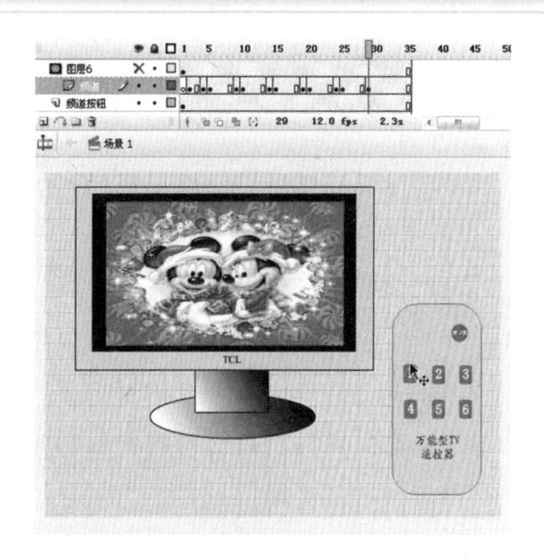

图 9-29　设置“卡通”元件实例

关”按钮，在【动作】面板中输入代码：

```
on(release){play();}
```

选中该图层第 2 个关键帧的“开关”按钮，在【动作】面板中输入代码：

```
on(release){gotoAndStop(1);}
```

(2) 选中“频道按钮”图层，在第 2 帧插入关键帧。选中第 2 个关键帧的“频道 1”按钮，在【动作】面板中输入代码：

```
on(release){gotoAndPlay(5);}
```

选中第 2 个关键帧的“频道 2”按钮，在【动作】面板中输入代码：

```
on(release){gotoAndPlay(10);}
```

选中第 2 个关键帧的“频道 3”按钮，在【动作】面板中输入代码：

```
on(release){gotoAndPlay(15);}
```

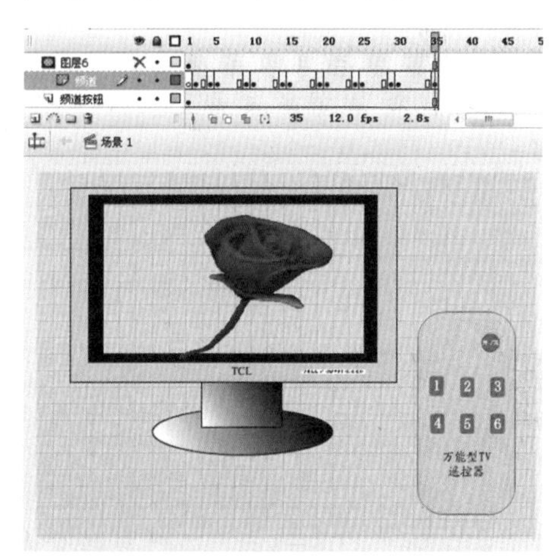

图 9-30　设置“玫瑰”元件实例

选中第 2 个关键帧的“频道 4”按钮，在【动作】面板中输入代码：

```
on(release){gotoAndPlay(20);}
```

选中第 2 个关键帧的“频道 5”按钮，在【动作】面板中输入代码：

```
on(release){gotoAndPlay(25);}
```

选中第 2 个关键帧的“频道 6”按钮，在【动作】面板中输入代码：

```
on(release){gotoAndPlay(30);}
```

(3) 选中“频道”图层的第 1 帧，在【动作】面板中输入代码：

```
Stop ();
```

选中第 4 帧，在【动作】面板中输入代码：

```
gotoAndPlay(2);
```

选中第 9 帧，在【动作】面板中输入代码：

```
gotoAndPlay(5);
```

选中第 14 帧，在【动作】面板中输入代码：

```
gotoAndPlay(10);
```

选中第 19 帧，在【动作】面板中输入代码：

```
gotoAndPlay(15);
```

选中第 24 帧，在【动作】面板中输入代码：

```
gotoAndPlay(20);
```

选中第 30 帧，在【动作】面板中输入代码：

```
gotoAndPlay(25);
```

5. 测试影片

实例制作完毕。最后按 Ctrl+Enter 组合键进行影片测试。

9.6 习　　题

1. 填空题

(1) 在脚本的编写中，“if”和“IF”是________（等价 / 不等价）的。

(2) 在 Flash 的脚本编写过程中，通常以________（符号）作为一句话的结束标志。

(3) 要访问一个名为“fish”影片剪辑实例的“_rotation”属性，在脚本中应写成________。

(4) 通常要设置对象的缩放比例,可以修改实例的________和________属性值。

(5) “开始拖动”影片剪辑实例可以使用________语句；“停止拖动”影片剪辑实例可以使用________语句。

(6) 装入和卸载影片，可以使用________语句和________语句。

2. 上机操作题

(1) 利用三个按钮控制小球的运动，当单击【播放】按钮时，小球开始向右运动；当单击【停止】按钮时，小球停止运动；当单击【返回】按钮时，小球返回到原位，如图 9-31 所示。

提示：先制作一个小球沿着从左到右运动的影片剪辑元件，然后在舞台上创建该元件的实例，命名为“qiu”。接下来从【库】面板中拖入三个按钮到舞台，在“播放”按钮上添加如下语句：

```
on(release){ qiu.play( );}
```

再给【暂停】和【返回】按钮添加相关语句。

(2) 制作按钮的滑入、滑出效果。当按钮滑入长方体时，长方体向上运动；滑出时向下运动，效果如图 9-32 所示。

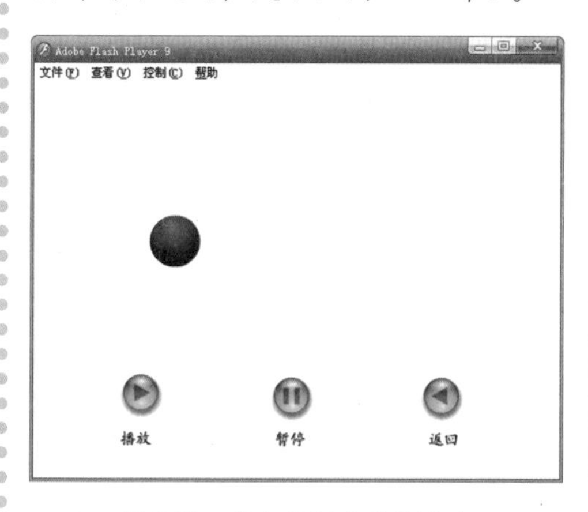

图 9-31　按钮控制小球的运动

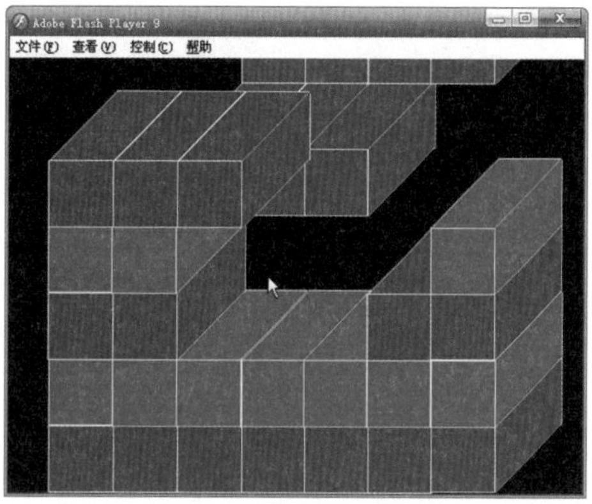

图 9-32　按钮反应

提示：先制作影片剪辑元件 a，效果为先上移再落下，并在第 1 个关键帧和第 2 个关键帧（如第 10 帧）添加 stop（）语句；再制作按钮 b，在弹起帧放 a 实例即可。在舞台创建多个 b 的实例，即可实现按钮的滑入、滑出效果。

(3) 利用五个按钮控制蝴蝶属性的变化，当单击【放大】按钮时，蝴蝶逐渐放大；当单击【缩小】按钮时，蝴蝶逐渐缩小；当单击【旋转】按钮时，蝴蝶进行旋转；当单击【上移】按钮时，蝴蝶向上移动；当单击【下移】按钮时，蝴蝶向下移动。效果如图 9-33 所示。

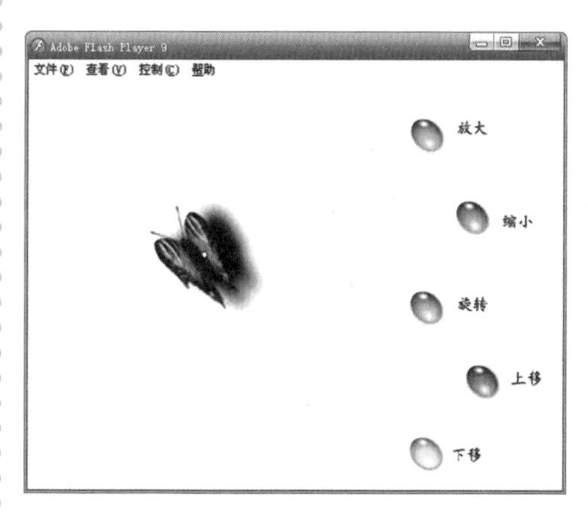

图 9-33　受控制的蝴蝶

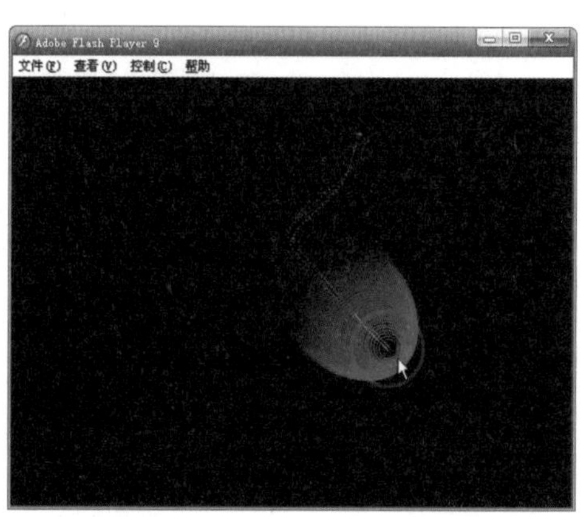

图 9-34　星光鼠标

提示：放大和缩小改变的是 _xscale 和 _yscale 属性；旋转改变的是 _rotation 属性；上移和下移改变的是 _y 属性。

(4) 利用语句制作鼠标跟随效果，效果如图 9-34 所示。

第10章　组件、行为、模板与幻灯片

组件是一组在文档编辑期间已经定义参数的复杂影片剪辑，它们还具有一组允许用户在影片运行时设置参数和附加选项的方法。

通过【行为】面板，可以给任何选中的对象添加行为。当为某一对象添加行为后，在【动作】面板中会自动生成该行为的脚本代码，从而大大方便了不熟悉动作脚本语法又想为动画添加交互行为的制作者。

Flash CS3还提供了强大的模板功能，通过系统内置的模板生成文件，可以省去许多花费在布局文档上的精力，能够大大提高工作效率。

使用Flash CS3的幻灯片功能，不仅可以制作出像PowerPoint创建的一样漂亮的幻灯片，还可以为自己的幻灯片添加任何动画效果。

本章将重点介绍Flash CS3中的组件、行为、模板和幻灯片等功能的使用。

本章学习目标

- 常用组件。
- 【行为】面板。
- 模板的使用。
- Flash幻灯片的制作。

10.1　组　　件

在制作交互影片的时候，除了自行创建交互元件之外，还可以使用Flash CS3提供的组件进行创建。使用组件可以减少影片开发的工作量，提高开发速度。

10.1.1　【组件】面板

组件是Flash CS3为开发交互式影片提供的一组标准Windows风格的人机交互元件。选择【窗口】/【组件】命令，打开【组件】面板，如图10-1所示。

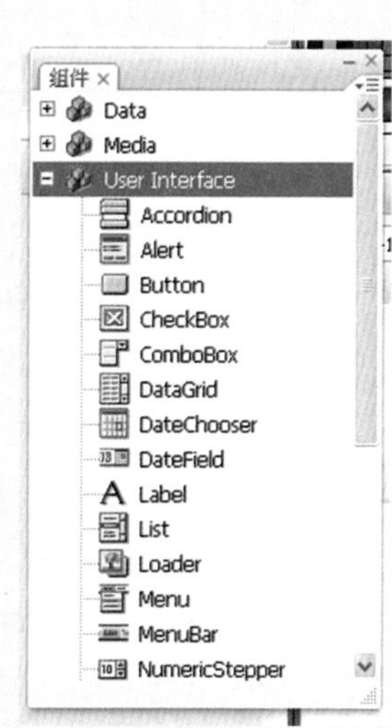

图10-1　【组件】面板

使用组件的操作步骤如下：

(1) 将所需组件从【组件】面板拖到舞台上，创建该组件的实例。

(2) 单击舞台上的组件实例，打开【属性】面板，单击【参数】标签。按钮组件的【参数】标签如图10-2所示。

(3) 为组件设置各项参数，并编写所需的动作脚本，实现特定的功能。

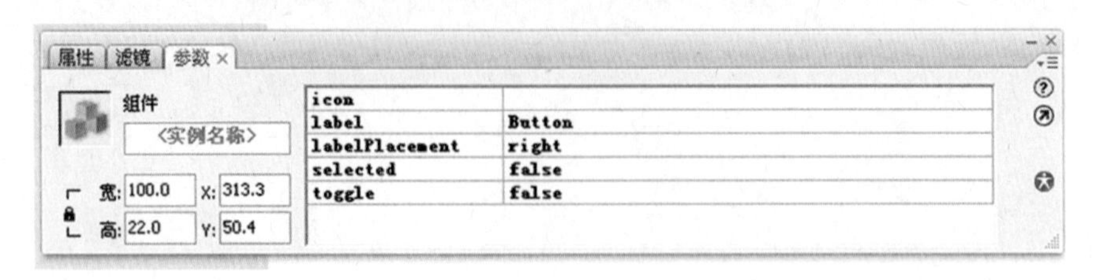

图 10-2 按钮组件的【参数】标签

10.1.2 UI组件的应用

Flash CS3中包括Data、Media、User Interface和Video四大类组件。其中User Interface简称UI组件，是使用频率最高的组件。下面通过一些实例来介绍UI组件在交互动画制作中的应用。

1. Button（按钮）组件

Button

图 10-3 创建 Button 组件实例

使用按钮组件可在Flash影片中添加简单的按钮。按钮组件接受所有的标准鼠标和键盘交互操作。打开组件面板，在该面板中将Button组件拖到舞台上，创建按钮组件实例，如图 10-3 所示。

选择舞台上的Button组件，在【属性】面板中单击【参数】标签，该标签中显示了Button组件中的设置项，如图 10-4 所示。

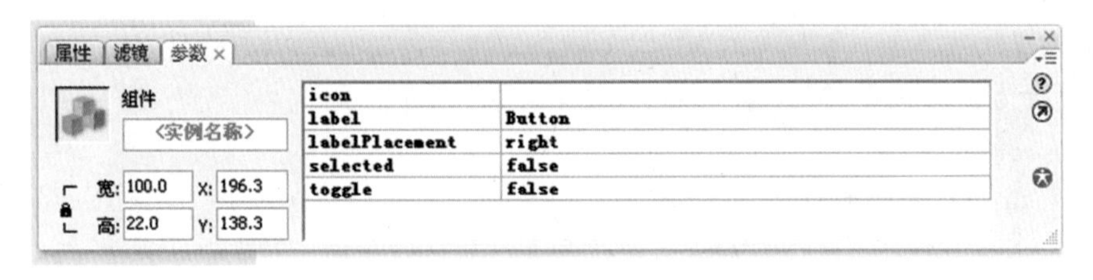

图 10-4 Button 组件的【参数】标签

Button 组件的参数设置如下。

- icon：图标。该设置可在 Button 组件上添加一个自定义的图标。
- label：标签。用以显示按钮的名称。
- labelPlacement：设置按钮标签的位置。
- selected：若 toggle 参数为 true，该参数指定按钮是按下（true）状态还是释放（false）状态。
- toggle：设置按钮的翻转状态。

例如，图 10-5 创建了一个标签名为“Play”的按钮。

Play

图 10-5 创建标签为“Play”的按钮组件实例

2. CheckBox（复选框）组件

使用CheckBox组件可以在Flash影片中添加复选框。创建复选框组件后，用户可使用属性面板的【参数】标签，为其设置各参数，如图 10-6 所示。

各参数的含义同 Button 组件。选中的 CheckBox 组件显示为☑CheckBox，未选中的 CheckBox 组件显示为☐CheckBox。例如，图 10-7 创建了一组 CheckBox 组件，其中“上网”和“听音乐”呈选中状态。

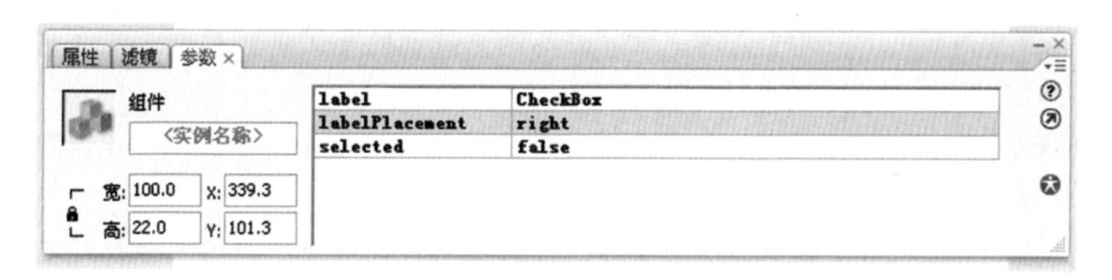

图 10-6　CheckBox 组件的【参数】标签

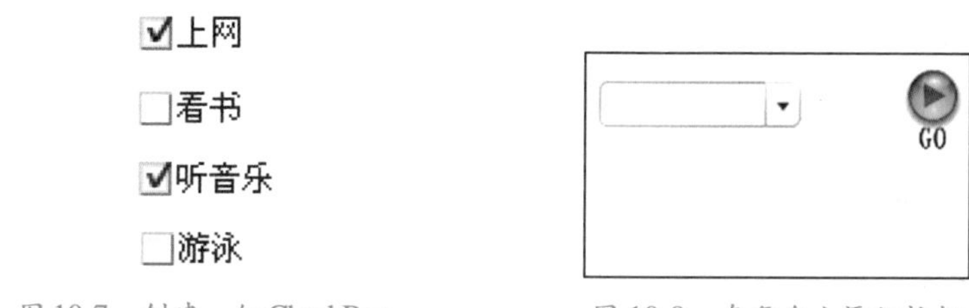

图 10-7　创建一组 CheckBox 组件实例

图 10-8　在舞台上添加按钮

3．ComboBox（组合框）组件

使用 ComboBox 组件可以在 Flash 影片中添加可滚动的单选下拉列表框。下面通过一个实例使用该组件。在本例中，利用 ComboBox 组件制作“网页链接”下拉列表框，当在下拉列表框中选择一个网络地址后，单击【GO】按钮，系统会自动调用默认的网络浏览器打开该网页。

制作“网页链接”下拉列表框的操作步骤如下：

(1) 新建影片文件，将其以“网页链接”命名并保存。

(2) 选择【窗口】/【组件】命令，打开【组件】面板，从该面板中拖动 ComboBox 组件到舞台中，创建该组件的实例。

(3) 使用【公用库】中的按钮，或者自己创建一个按钮元件，将其放在下拉列表框的右侧，如图 10-8 所示。

(4) 单击舞台上的 ComboBox 组件，打开【属性】面板，然后单击【参数】标签，如图 10-9 所示。

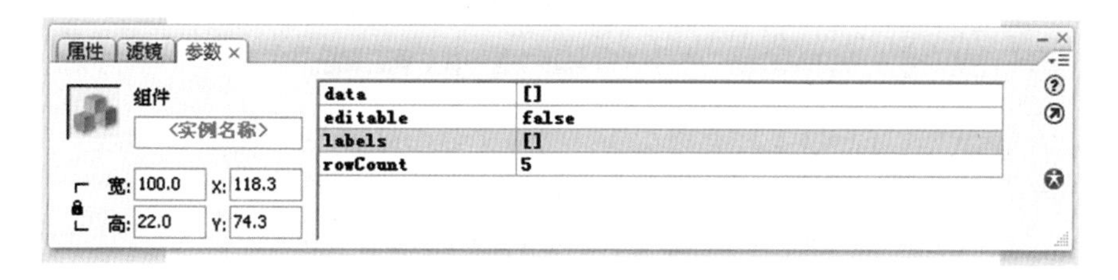

图 10-9　ComboBox 组件的【参数】标签

其参数含义如下。

● data：数据。数据是和标签相对应的，使用不同的函数可以返回当前选中的标签或标签对应的数据。

● editable：可编辑。默认设置为 false，表示不可编辑，此时文本框中显示的是静态

文本框；设置为true，表示可编辑，此时文本框中显示的是文本域对象，允许浏览者在文本框中输入字符串。

- labels：标签。对于ComboBox组件，它的标签实际上是一个数组对象，数组中的每个字符串表示一个列表项内容。
- rowCount：列数。默认设置值为5，当ComboBox组件中的列表项数超过该设置值后，就会自动出现滚动条。

(5) 在本例中，ComboBox组件的参数设置如下：

① 单击labels参数项，右侧将显示按钮。单击此按钮，打开【值】对话框，单击四次按钮，为labels添加四个新的标签，如图10-10所示。

② 单击data参数项，右侧将显示按钮。单击此按钮，打开【值】对话框，单击四次按钮，为data新的标签，如图10-11所示。

图 10-10　为labels添加四个标签

图 10-11　为data添加四个标签

③ 保持editable参数项的默认设置为false，即设置文本框为静态文本框。

④ 保持rowCount参数项的默认设置值为5。

⑤ 在【实例名称】文本框中将该ComboBox组件命名为“link”。

完成各项参数设置后，ComboBox组件的【参数】标签如图10-12所示。

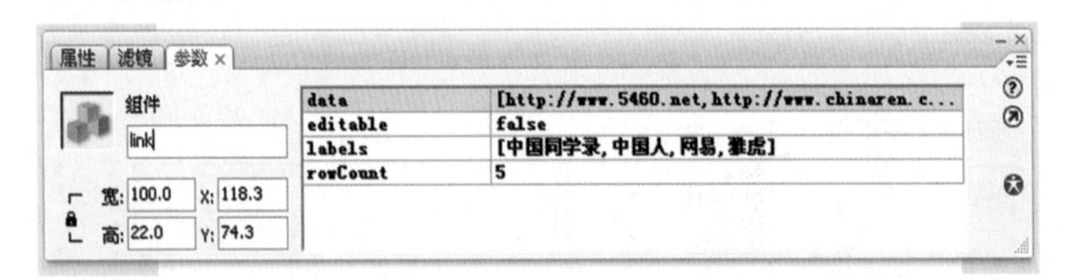

图 10-12　ComboBox组件的【参数】标签

(6) 选择“图层1”的第1帧，打开【动作】面板，然后在脚本编辑窗口中输入以下代码：

```
stop ()；//将画面停止在第1帧
```

(7) 单击【GO】按钮，打开【动作】面板，添加如下代码：

```
on(release){
```

```
control=link.getValue();
GetURL(control);
}
```

（8）接下来测试影片。在影片测试窗口中选择下拉列表框中的选项，然后单击【GO】按钮，系统会自动调用默认的网络浏览器打开选中的网页。

（9）选择【文件】/【保存】命令，保存影片文件。

4．List（列表框）组件

使用 List 组件可以在 Flash 影片中添加可滚动的单选或多选下拉列表，其使用方法与 ComboBox 组件类似，只是它能在窗口中同时显示多个选项。

选择【窗口】/【组件】命令，打开【组件】面板，将 List 组件拖入舞台，创建列表框实例，如图 10-13 所示。

图 10-13　创建 List 组件实例

单击舞台上的 List 组件，然后在【属性】面板中单击【参数】标签，显示如图 10-14 的设置参数。

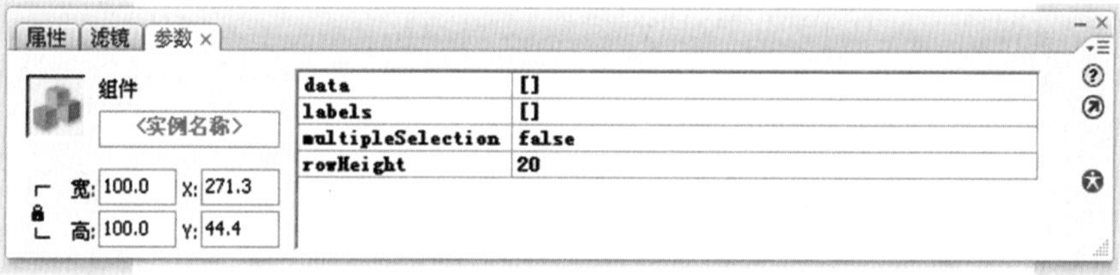

图 10-14　List 组件的【参数】标签

List 组件的参数含义如下。

- data：数据。数据与标签相对应，设置每个标签所对应的实际数据值。
- labels：标签。每个标签对应一个列表框。
- multipleSelection：多项选择。默认设置为 false，表示不能同时选中多个列表项；如果设置为 true，表示可以同时选中多个列表项。
- rowHeight：设置标签之间的间隔距离。

单击 labels 参数项，右侧将显示按钮。单击此按钮，在弹出的【值】对话框中即可添加标签项，如图 10-15 所示。

单击 data 参数项，右侧将显示按钮。单击此按钮，在弹出的【值】对话框中即可添加标签项，如图 10-16 所示，保持 multipleSelection 和 rowHeight 参数项为默认值。

完成设置后，List 组件的【参数】标签如图 10-17 所示。此时舞台上的 List 组件实例如图 10-18 所示。

5．DataChooser（日期）组件

使用 DataChooser 组件可在 Flash 影片中添加电子万年历。选择【窗口】/【组件】命令，将 DataChooser 组件拖入到舞台上，创建日期组件实例，如图 10-19 所示。

单击舞台上的 DataChooser 组件，然后在【属性】面板中单击【参数】标签，显示如图 10-20 所示的设置参数。

图 10-15　设置 labels 值

图 10-16　设置 data 值

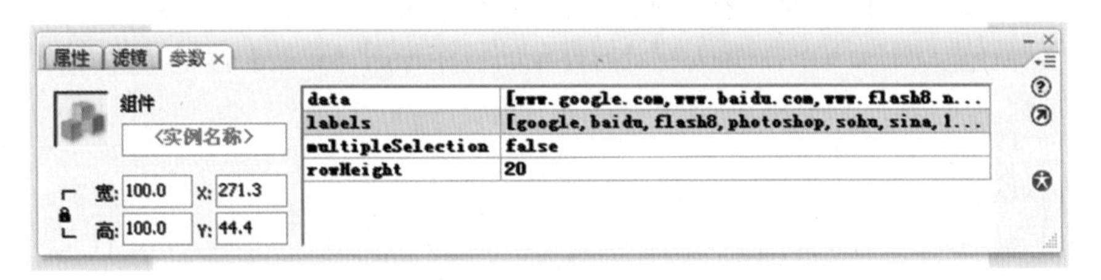

图 10-17　完成参数设置后的 List 组件【参数】标签

图 10-18　添加了标签的 List 组件实例

图 10-19　创建 DataChooser 组件实例

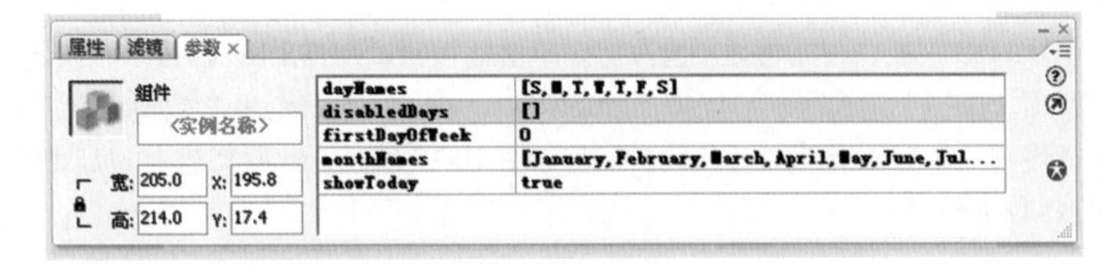

图 10-20　DataChooser 组件的【参数】选项卡

DataChooser 组件的参数含义如下。

- dayNames：星期。显示星期天至星期六的英文缩写。
- disabledDays：设置不显示星期几。

● firstDayOfWeek：设置一个星期的第一天。若设置为0，则表示星期天为一个星期的第一天；若设置为1，则表示星期一为一个星期的第一天，依此类推。

● monthNames：月份名称。默认方式为英文月份名称。

● showToday：显示当前日期。默认设置为true，表示显示当前的日期；设置为false，则表示不显示当前的日期。

单击 dayNames 参数项，右侧将显示按钮，单击此按钮，在弹出的【值】对话框中即可添加或更改标签项，如图 10-21 所示。

单击 monthNames 参数项，右侧将显示按钮，单击此按钮，在弹出的【值】对话框中即可添加或更改标签项，如图 10-22 所示，其他参数均采用默认值。

图 10-21 设置 dayNames 值

图 10-22 设置 monthNames 值

完成参数设置后，DataChooser 组件的【参数】标签如图 10-23 所示，此时舞台上的 DataChooser 组件实例如图 10-24 所示。

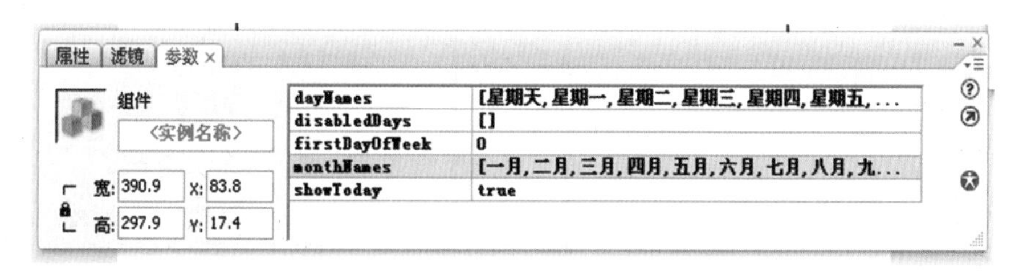

图 10-23 完成设置后 DataChooser 组件的【参数】标签

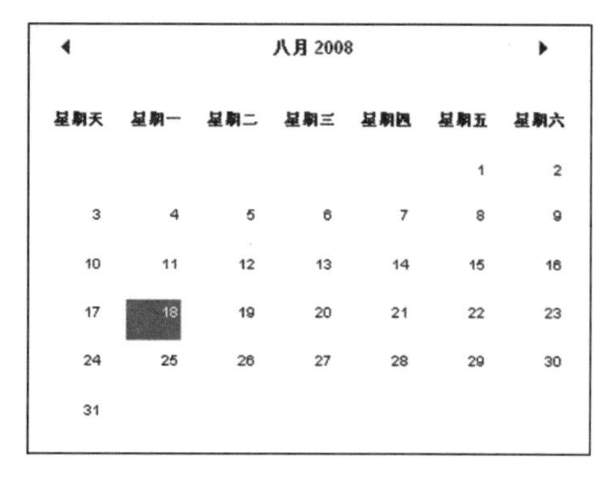

图 10-24 完成参数设置后的 DataChooser 组件实例

6. Loader 组件

使用 Loader 组件可以将外部的 SWF 文件或 JPEG 文件加载到 Flash Player 中，同 loadMovie 函数功能基本相同。选择【窗口】/【组件】命令，将 Loader 组件拖入到舞台上，可创建 Loader 组件实例，如图 10-25 所示。

单击舞台上的 Loader 组件，然后在【属性】面板中选择【参数】标签，显示如图 10-26 的设置参数。

图 10-25 创建 Loader 组件实例

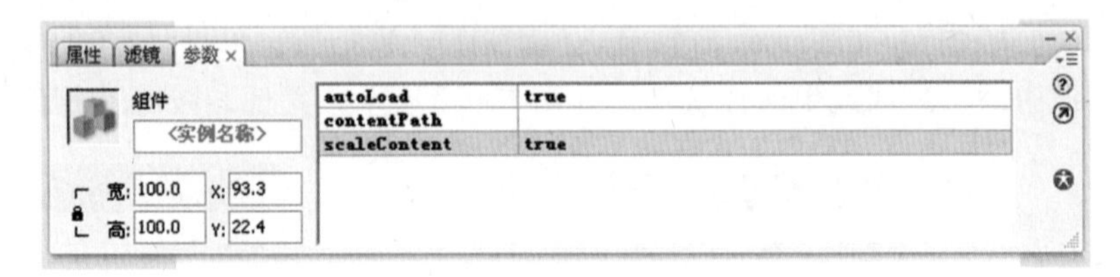

图 10-26 Loader 组件的【参数】标签

Loader 组件的参数含义如下。

● autoLoad：自动加载。默认设置为 true，表示自动加载；设置为 false，则不自动加载，只有单击按钮时才能加载。

● contenPath：加载文件的路径。

● scaleContent：加载文件的尺寸。默认设置为 true，则文件大小适应加载器的大小，加载器大小可自行调节，如图 10-27 所示。设置为 false，则加载器适应文件大小，如图 10-28 所示。

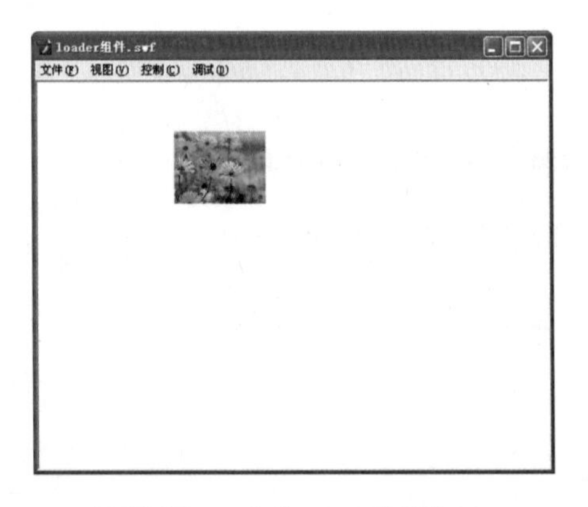

图 10-27 scaleContent 设置为 true

图 10-28 scaleContent 设置为 false

7. RadioButton（单选按钮）组件

使用单选按钮可以在 Flash 影片中添加成组的单选按钮。与复选框不同，单选按钮对于同一项目下的选项只允许选择其一，不能多选。选择【窗口】/【组件】命令，打开【组件】面板，在该面板中将 RadioButton 组件拖入到舞台上，创建该组件的实例，如图 10-29 所示。

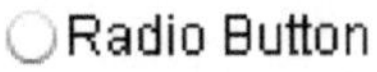

单击舞台上的 RadioButton 组件，然后在【属性】面板中选择【参数】标签，显示如图 10-30 所示的设置参数。

Radio Button

图 10-29 创建 RadioButton 组件实例

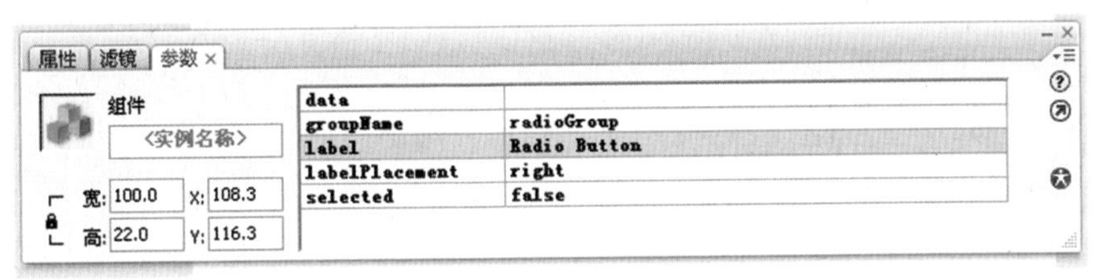

图 10-30 RadioButton 组件的【参数】标签

RadioButton 组件的参数含义如下。

- data：数据。设置该 RadioButton 组件对应的数据，可使用函数获取当前选中单选按钮的数据。
- groupName：组名。对于同一组中的 RadioButton 组件，同一时间只能有一个单选按钮处于选中状态。
- label：标签。用于设置单选按钮组件的显示名称。
- labelPlacement：设置标签的位置。
- selected：RadioButton 组件的初始状态。false 为未选中状态，true 为选中状态。

使用 RadioButton 组件时，需注意：将同一类的单选按钮设置为同一个组名；位于同一组的单选按钮，同一时间只能有一个单选按钮处于选中状态，如图 10-31 所示的两组单选按钮。

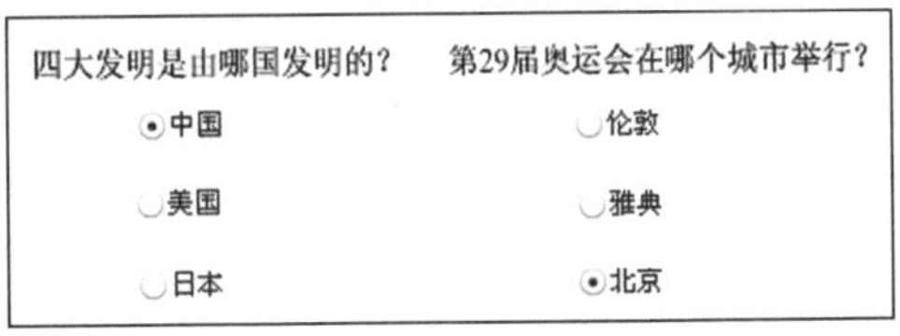

四大发明是由哪国发明的？ 第29届奥运会在哪个城市举行？
中国 伦敦
美国 雅典
日本 北京

图 10-31 两组单选按钮

10.2 【行为】面板

行为是预先编写的动作脚本，可以将它们添加到某个对象中，从而控制该对象。行为可以将动作脚本编码的强大功能、控制能力以及灵活性添加到文档中，而不必使用用户组件创建动作的脚本代码。在制作动画的过程中，可以使用行为来控制实例、视频、声音和幻灯片等对象。

10.2.1 【行为】面板的介绍

在 Flash 编辑窗口中，选择【窗口】/【行为】命令，打开【行为】面板，如图 10-32 所示。

在【行为】面板的正上方，有提示文字或提示标志，提示用户当前场景中选中的对象。例如，在舞台上选中一个按钮元件 buttona 的实例后，行为面板中的提示如图 10-33 所示。

1. 添加行为

选中对象的类型不同，可以添加的行为类型和数量也不同。当需要给选中的对象添加行为时，可以单击【行为】面板中的【+】按钮，从打开的菜单中选择所需要的行为，

图 10-32 【行为】面板

图 10-33 选中按钮后的【行为】面板

如图 10-34 所示。当菜单末尾有三角号时，把鼠标移动到该菜单上，系统会打开一个下拉菜单。

当给某个对象添加了行为后，所添加的行为会出现在【行为】面板的行为列表框中。如果给某个对象添加了多个行为，这些行为会根据添加时间的先后顺序，从上到下排列在列表框中，如图 10-35 所示。

图 10-34 添加行为

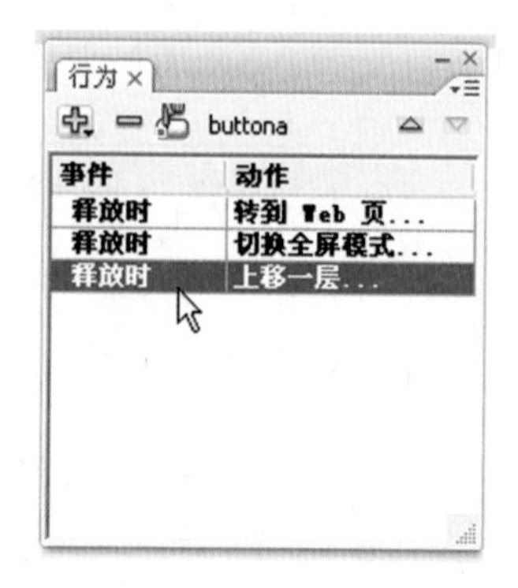

图 10-35 行为列表

给某一对象添加了行为之后，在【动作】面板中自动为所添加的行为生成脚本代码，如图 10-36 所示。当给某一对象添加了多个行为后，【动作】面板会根据行为所添加的先后顺序依次生成脚本代码。

2．删除行为

如果要删除某一对象的某个行为，可以在舞台中选中该对象，此时【行为】面板中显示该对象所添加的所有行为列表。选中需要删除的行为列表项，单击面板上的【-】即可，如图 10-37 所示。

3．修改行为

（1）可以改变行为列表项的排列顺序。当给某个对象添加多个行为时，系统根据行为添加的先后顺序，从上到下依次排列所添加的行为列表项。如果要改变某个行为列表项的顺序，可以选中它，单击【行为】面板右上角的向上、向下三角形即可，如图 10-38 所示的是将一个行为列表项下移的操作。

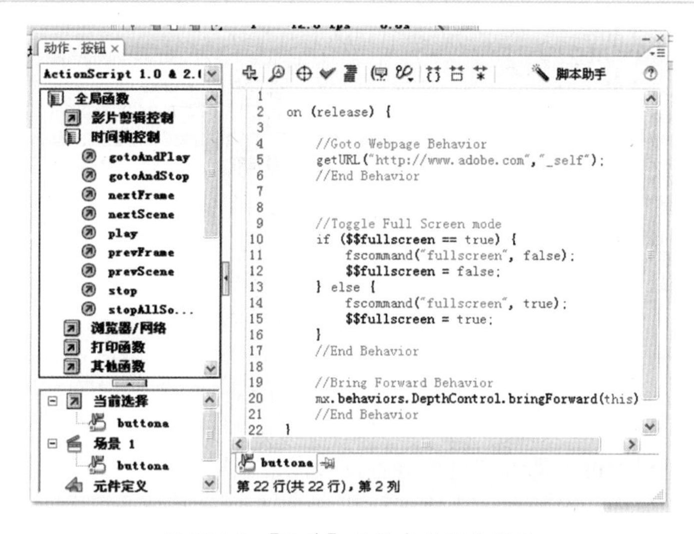

图 10-36　【动作】面板中的行为代码

图 10-37　删除行为

图 10-38　改变行为列表项的排列顺序

（2）给对象添加的行为是由行为的动作和触发行为的事件组成。例如，给一个按钮添加行为：当使用鼠标单击按钮时，切换到全屏模式。则该行为的动作是“切换到全屏模式”，触发行为的事件是“用鼠标单击按钮”。

系统默认触发行为的事件是“释放时”，即当释放鼠标时触发事件。如果要改变触发某个行为的事件，可以单击该行为的【事件】列表，弹出【事件】下拉列表，如图 10-39 所示。

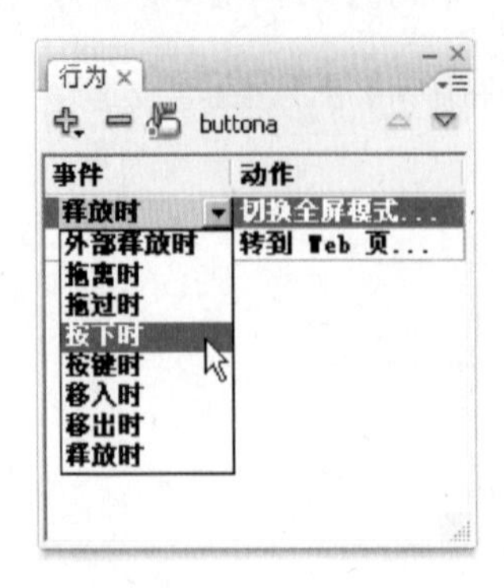

图 10-39　改变行为的事件

如果想知道某个行为动作的具体内容，可以把鼠标指向该行为的【动作】部分，系统会自动出示该行为动作的具体内容或代码，如图 10-40 所示。

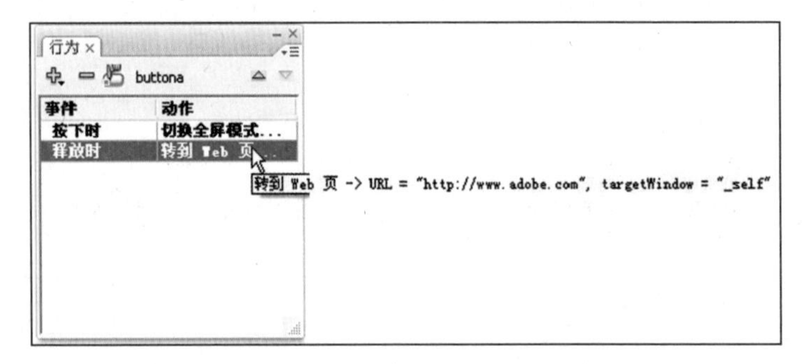

图 10-40　查看【动作】的具体内容

如果要改变某个行为动作的内容，可以双击该行为的【动作】部分，系统会打开相关的设置对话框，在该对话框中改变动作的内容即可，如图 10-41 所示的是改变动作“转到 Web 页”中的 URL 的内容。

图 10-41　改变【动作】的内容

如果在使用【行为】面板的过程中遇到困难，可以单击【行为】面板右上角的按钮，选择【帮助】命令，调出关于【行为】面板以及行为的帮助信息。要将 Flash 行为掌握熟练，需要在实践中不断地演练，充分地掌握 Flash 行为的应用，对于 Flash 动画制作者来说，在制作交互式动画时会如虎添翼。

10.2.2 【行为】面板的使用

在本小节中，将使用Flash中的行为来制作一个实例。实例为“随意拖动外部加载的图片”。影片播放时，自动将外部的6幅图片加载到Flash影片中，它们层次叠放在一起，用鼠标单击任意一张图片，这张图片就显示在最前面，并且用鼠标还可以拖动它放在任意的位置上。

具体操作步骤如下：

（1）准备素材。准备6幅大小相同的图片，在本例中提供了6张尺寸大小为105×140像素的JPG图像，保存在“我的文档”中。将图片名称分别改为a1.jpg、a2.jpg、a3.jpg、a4.jpg、a5.jpg、a6.jpg。

（2）创建文档。在Flash CS3中新建一个文档，将背景颜色改为“#FFCC33”。选择【文件】/【保存】命令将其保存为“行为应用实例.fla”，保存路径必须和第（1）步中的图片保存路径相同，即保存在“我的文档”中。影片文档的其他属性采用默认设置，如图10-42所示。

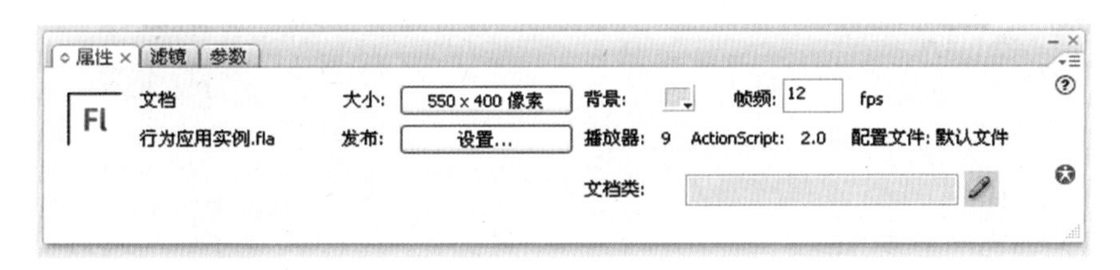

图10-42　文档属性设置

（3）创建“图像显示区”元件。新建一个名为“图像显示区”的影片剪辑元件，在这个元件的编辑场景中用【矩形工具】绘制一个填充色为深灰色的矩形图形，矩形大小设置为105×140像素，元件的中心点放在矩形的左上角，如图10-43所示。

（4）创建“图像显示框”元件。新建一个名为“图像显示框”的影片剪辑元件，在这个元件的编辑场景中，新建一个图层，并将两个图层重新命名为“边框”和“显示区”。在“边框”图层上，用【矩形工具】绘制一个黑色边线、白色填充的矩形图像，大小设置为120×150像素，元件的中心点放在矩形的左上角。在“显示区”图层上，将【库】面板中的“图像显示区”影片剪辑元件拖放到白色矩形图像上面，调整图形，如图10-44所示。

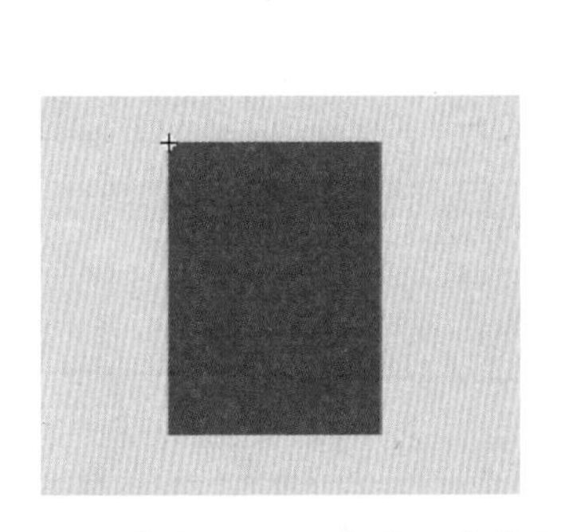

图10-43　“图像显示区”影片剪辑元件

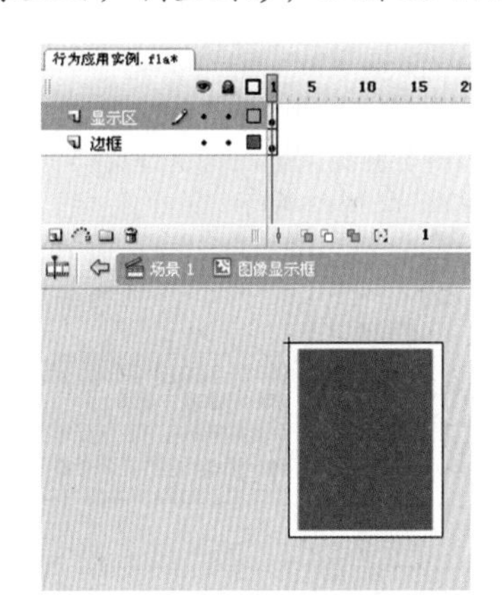

图10-44　“图像显示框”影片剪辑元件

在“显示区”图层上，选择“图像显示区”影片剪辑实例，在【属性】面板中定义它的实例名为“image”，如图 10-45 所示。

(5) 在场景中布局元件。返回场景。将“图层 1”重新命名为“标题”，在该图层中输入文字“行为控制影片剪辑实例”。在“标题”图层上插入一个新的图层，重命名为“图像”，在该图层中，从【库】面板中拖放“图像显示框”影片剪辑元件到舞台上，共创建 6 个实例，将它们按如图 10-46 所示叠放在一起。

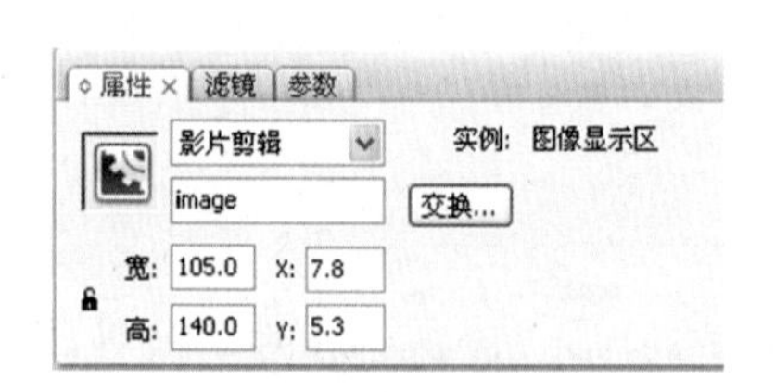

图 10-45　给“图像显示区”实例命名为“image”

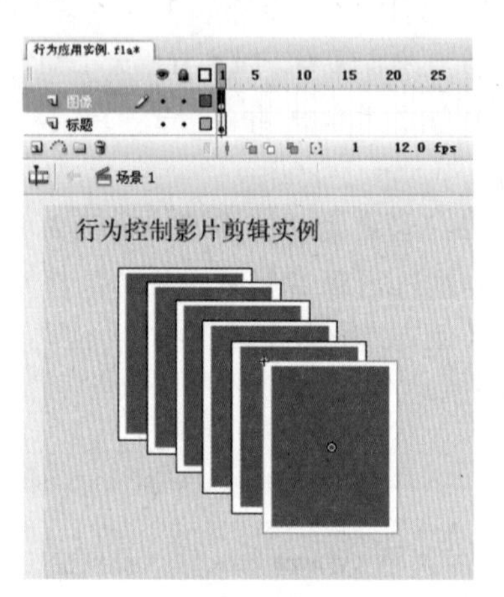

图 10-46　创建 6 个“图像显示框”实例

(6) 定义实例名称。在【属性】面板中，分别定义舞台上这 6 个影片剪辑元件实例的名称为 snap1、snap2、snap3、snap4、snap5、snap6。

(7) 设置【加载图像】行为。在“图像”图层上新建一个图层，命名为“action”。选择这个图层的第 1 帧，打开【行为】面板，选择【添加行为】/【影片剪辑】/【加载图像】命令,如图 10-47 所示。

选择【加载图像】行为后，弹出【加载图像】行为设置对话框。在其中的【输入要加载的.jpg 文件的 URL】文本框中输入“a1.jpg”。在【选择要将该图像载入到哪个影片剪辑】窗口中，选择 snap1/image，如图 10-48 所示。

图 10-47　选择【加载图像】行为

图 10-48　设置【加载图像】行为

单击【确定】按钮，就完成了一个加载图像的行为的定义。这个行为的定义实现了将一个名字为a1.jpg的图像加载到snap1影片剪辑元件中的image元件上。

按F9键打开【动作】面板。【动作】面板中自动出现了一些动作脚本代码，该代码就是通过前面定义加载图像行为时，系统自动产生的脚本代码，如图10-49所示。

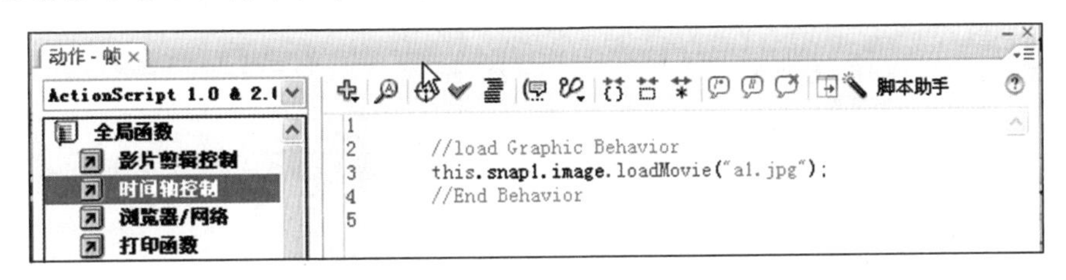

图10-49　自动生成的脚本代码

通过以上步骤，就实现了将a1.jpg图像加载到snap1影片剪辑元件中的image元件上的目的。用同样的方法再定义5个加载图像的行为，以实现另外5个外部图像加载到相应的影片剪辑元件的目的。

完成以后，在【动作】面板中自动生成了“action”图层第1帧的动作代码，如图10-50所示。

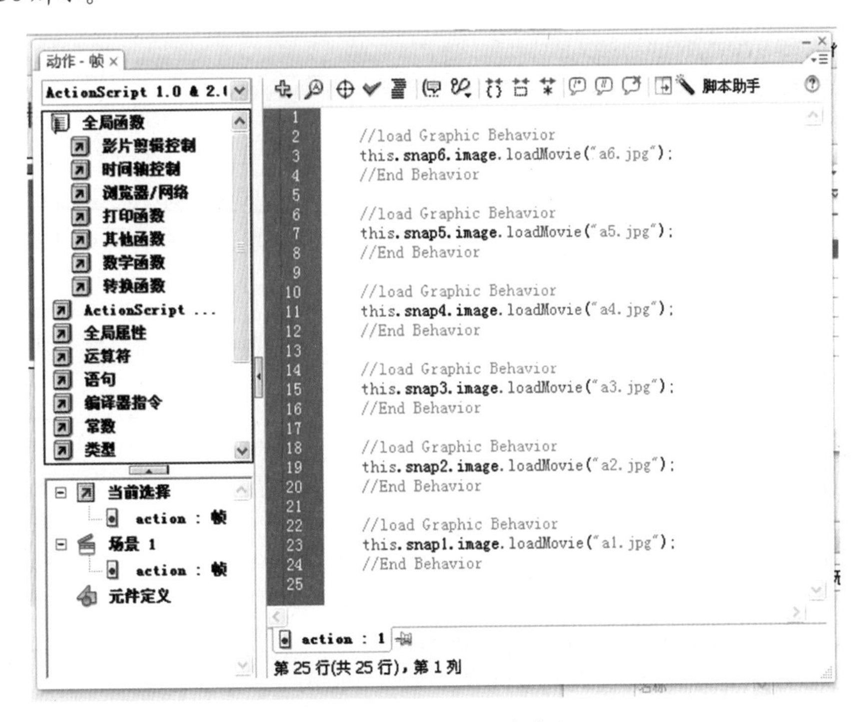

图10-50　自动生成的所有脚本代码

(8) 设置“图像显示框”实例的行为。先定义施加到实例snap1上的第一个行为。选择名称为snap1的影片剪辑实例，在【行为】面板中选择【添加行为】/【影片剪辑】/【开始拖动影片剪辑】命令，如图10-51所示。

选择【开始拖动影片剪辑】行为后，弹出【开始拖动影片剪辑】行为对话框，在其中选择窗口中的“snap1”实例名，如图10-52所示。

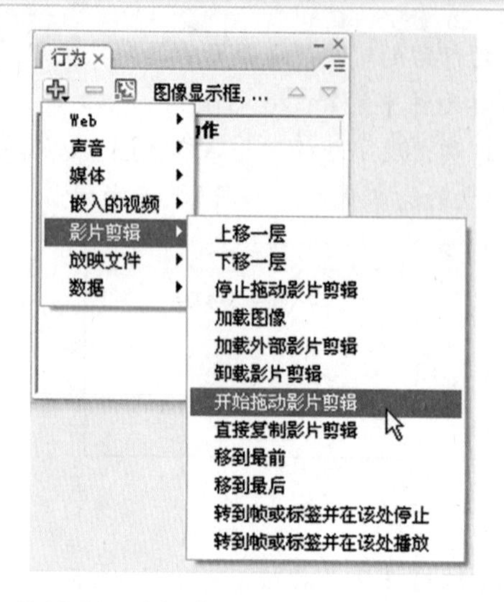

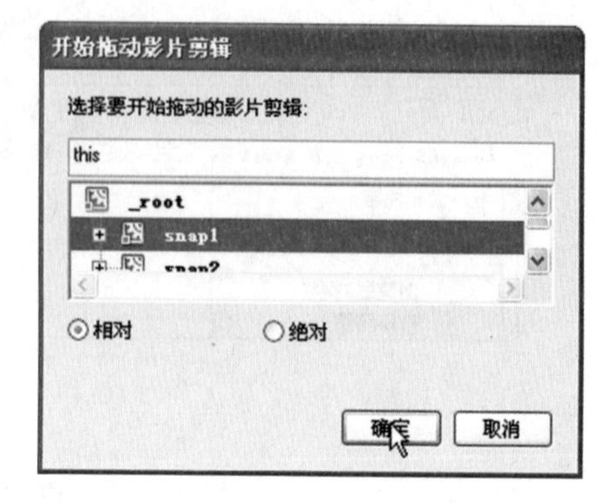

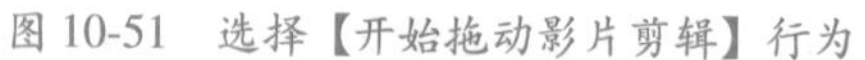

图 10-51　选择【开始拖动影片剪辑】行为　　　　图 10-52　设置【开始拖动影片剪辑】行为

单击【确定】按钮后，完成【开始拖动影片剪辑】对话框中的设置，返回到【行为】面板，选择【事件】/【释放时】命令，再单击右边的下三角按钮，弹出下拉列表，选择其中的【按下时】命令，如图 10-53 所示。

提示：当定义按钮、影片剪辑的行为时，系统默认的事件类型是“释放时”。如果想更改事件类型，可以按照上面的步骤操作。

下面继续定义施加到实例 snap1 上的第 2 个行为。保持实例 snap1 处在选中状态，在【行为】面板中，选择【添加行为】/【影片剪辑】/【移到最前】命令，弹出【移到最前】对话框，如图 10-54 所示，直接单击【确定】按钮即可。

图 10-53　改变事件类型

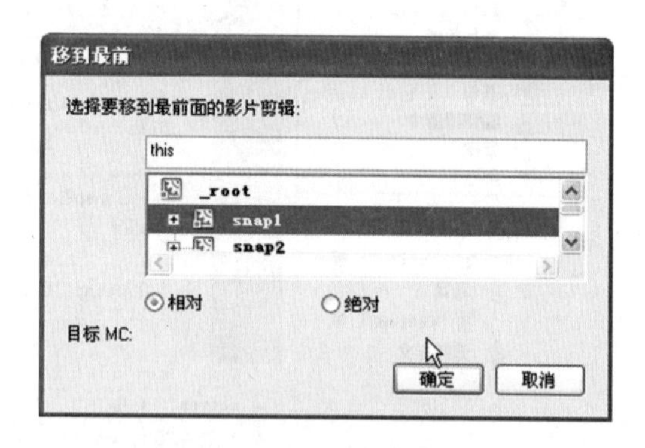

图 10-54　设置【移到最前】行为

按照前面相同的方法，将【释放时】事件改为【按下时】事件。

最后定义施加到实例 snap1 上的第 3 个行为。保持实例 snap1 处在选中状态，在【行为】面板中，选择【添加行为】/【影片剪辑】/【停止拖动影片剪辑】行为，弹出【停止拖动影片剪辑】对话框，如图 10-55 所示，直接单击【确定】按钮即可。

添加到实例 snap1 上的 3 个行为定义完成后，【行为】面板的效果如图 10-56 所示。

按照以上的步骤，再分别定义另外 5 个影片剪辑实例的行为，施加到每个实例上的

行为也是 3 个，并且和施加到 snap1 上的一样。这里不再详述，参考配套的源程序。

(9) 至此，实例制作完毕。按 Ctrl+Enter 组合键进行测试。

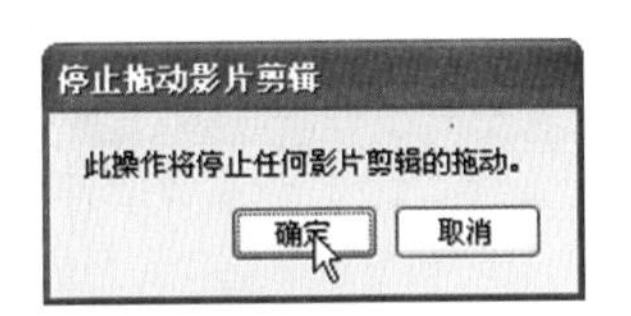

图 10-55　设置【停止拖动影片剪辑】行为

图 10-56　添加到 snap1 上的 3 个行为

10.3　Flash 幻灯片

Flash 幻灯片演示文稿，适用于创建幻灯片演示或多媒体演示等连续性内容。在 Flash 中制作幻灯片，由于 Flash 本身存在时间轴，所以，不仅可以制作出像在 PowerPoint 中一样漂亮的幻灯片，制作者还可以为自己的幻灯片制作任何理想的动画显示效果。

10.3.1　Flash 幻灯片的创建

创建 Flash 幻灯片，有如下两种方法。

1．新建 Flash 幻灯片演示文稿

启动 Flash CS3，选择【文件】/【新建】命令，打开【新建文档】对话框，如图 10-57 所示。选择【常规】标签，将对话框切换到【常规】选项卡，在【类型】列表框中选择“Flash 幻灯片演示文稿”选项，单击【确定】按钮，即可进入 Flash 幻灯片的编辑窗口。

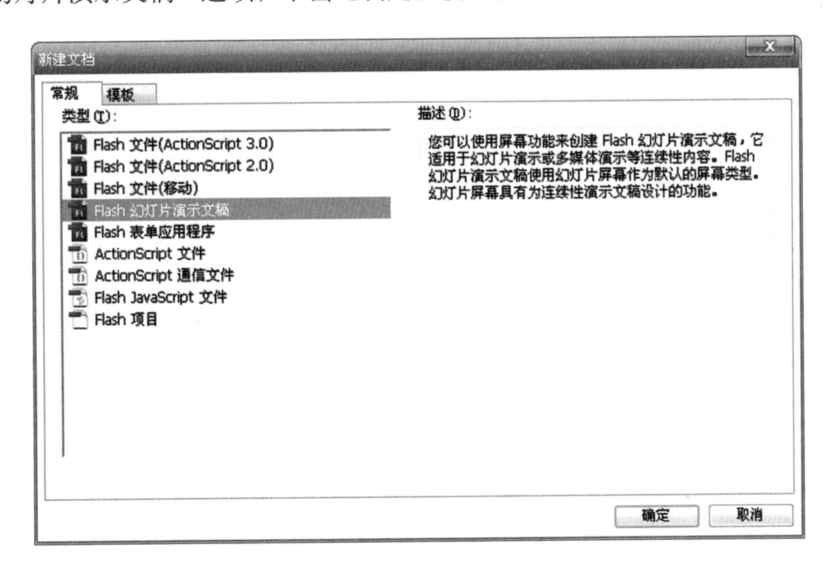

图 10-57　【新建文档】对话框

2．从模板新建 Flash 照片幻灯片

启动Flash CS3，选择【文件】/【新建】命令，打开【新建文档】对话框，选择【模板】标签，将对话框切换到【模板】选项卡，如图 10-58 所示。在【类别】列表框中选择【照片幻灯片放映】选项，单击【确定】按钮，即可进入该模板的编辑窗口。

从模板新建“照片幻灯片放映”文件，该文件具有模板文件中所有的对象、行为、布局和特性，制作者只需替换模板文件中的对象即可。由于该模板文件的帧数有限，在必要时，可以使用复制帧和粘贴帧的办法，扩展时间轴中关键帧的长度。

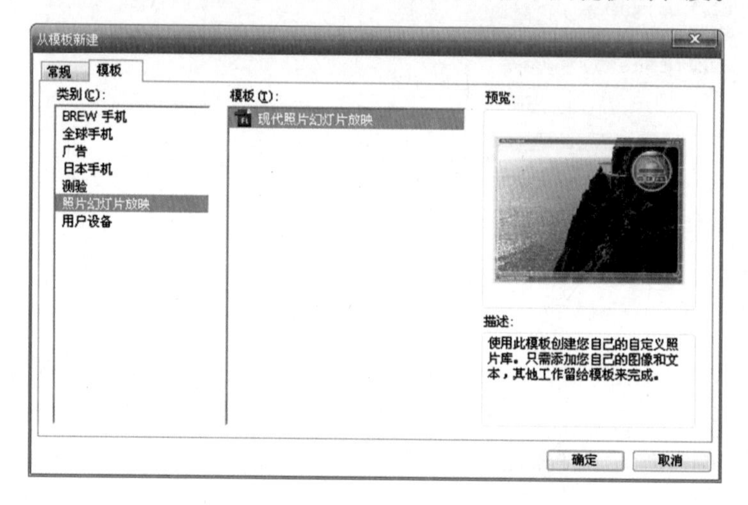

图 10-58 【从模板新建】对话框

10.3.2 Flash 幻灯片的编辑

Flash 幻灯片与普通 Flash 文档的编辑窗口有很大的差别。在 Flash 幻灯片编辑窗口中，除了可以进行普通的 Flash 文档操作外，还可以进行针对幻灯片所特有的操作。这些操作包括幻灯片的添加、命名、删除和改变顺序等。下面专门讲解有关 Flash 幻灯片的编辑操作。

1．幻灯片编辑窗口

新建一个 Flash 幻灯片文件后，幻灯片的编辑窗口如图 10-59 所示。

窗口的右下角为幻灯片的编辑区，在编辑区中编辑对象的操作方法与在普通 Flash 文档中相同。使用时间轴，可以为编辑区中的对象添加任何动画效果，并且还可以为编辑区中的对象添加任何交互行为。

在窗口的右上角的文本框中依然可以设置当前画布显示的百分比。在百分比文本框的左侧，有一个幻灯片标志，单击它可以打开一个列表，该列表中包含了当前幻灯片文件中所有的幻灯片。选择其中的任何一个幻灯片，在舞台上可以切换到相应的幻灯片。

在时间轴的左下方有一个向左的箭头，单击它可以从任何一个幻灯片返回到名为【演示文稿】的页面。箭头的右侧是【演示文稿】，单击该按钮也可返回【演示文稿】页面。在【演示文稿】的右侧，显示的是当前处于编辑状态的幻灯片名称。

窗口的左下角，以缩略图的形式列出了当前文件所拥有的所有幻灯片列表。通过该窗口上方的加、减按钮，可以为当前文件添加或删除幻灯片。单击【演示文稿】前的减

号或加号按钮，可以折叠或展开文件中的所有幻灯片列表。

选中任意一张幻灯片，【属性】面板上会显示出该幻灯片所具有的属性选项，即幻灯片的名称和类名称等。

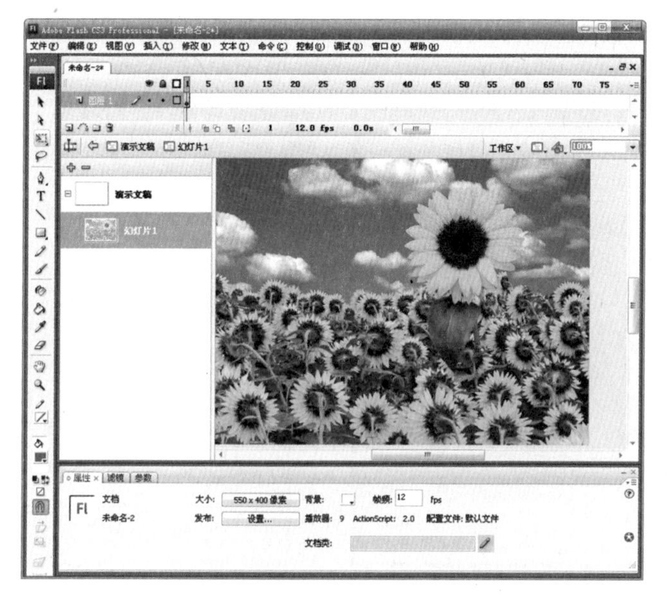

图 10-59　新建 Flash 幻灯片的编辑窗口

2. 幻灯片的命名

系统默认的幻灯片的名称为“幻灯片 1”、“幻灯片 2”等，也可以为幻灯片重新命名。给幻灯片重命名和给文件重命名的方法相同。只要双击幻灯片的名称，鼠标变成“I”形，幻灯片的名称变成可编辑状态并且处于选中状态，将原来的名称删除，给幻灯片重新输入一个新名称即可。

3. 添加幻灯片

新建 Flash 幻灯片文件后，系统只生产一个默认的“幻灯片 1”，而在实际制作中，需要很多张幻灯片才能满足需要，这就要求添加幻灯片。

添加幻灯片的操作步骤如下：

(1) 通过菜单命令添加幻灯片

选择需要添加幻灯片位置的上方相邻幻灯片后，选择【插入】/【屏幕】命令，即可在所选幻灯片的下方添加一张幻灯片。

(2) 直接添加幻灯片

选择需要添加幻灯片位置的上方相邻幻灯片后，单击幻灯片窗口上方的【+】按钮，即可在所选幻灯片的下方添加一张幻灯片。

(3) 添加嵌套幻灯片

通过以上两种方法添加的幻灯片都直接从属于名称为“演示文稿”的幻灯片。但有时候有必要添加从属于每个幻灯片的子幻灯片，以便这些子幻灯片继承父幻灯片（它们所从属的幻灯片）所有的特性及布局。就像任何应用程序中模板的应用一样，这种技术为制作者省略许多相同且重复的布局工作，从而大大提高了工作效率。

① 选中需要添加从属子幻灯片的幻灯片，右击鼠标，从打开的快捷键菜单中选择【插入嵌套屏幕】命令，如图 10-60 所示。

选择【插入嵌套屏幕】命令后，在所选的幻灯片之下嵌入一张子幻灯片，子幻灯片比父幻灯片缩进一定距离，表明子幻灯片从属并继承父幻灯片的特性和布局，如图 10-61 所示。

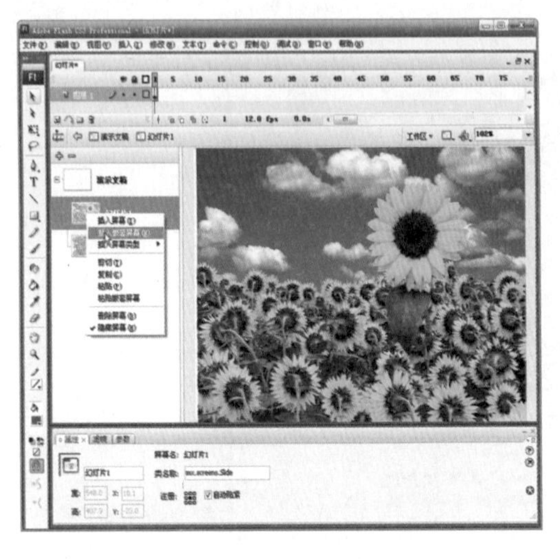

图 10-60　选择【插入嵌套屏幕】命令

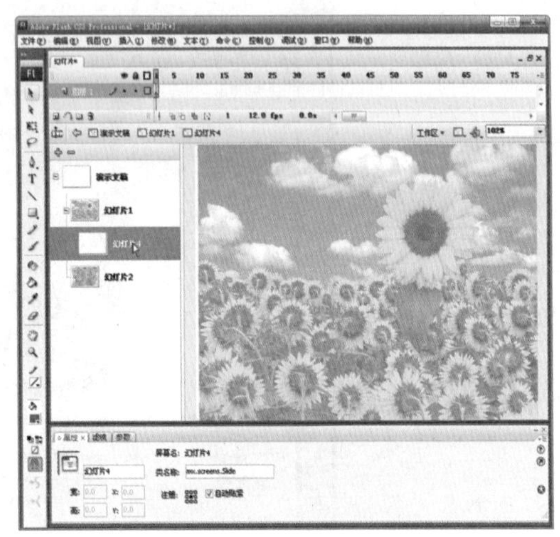

图 10-61　插入子幻灯片

② 选择某张幻灯片后，选择主菜单栏中的【插入】/【嵌套屏幕】命令，即可为选中的幻灯片添加一张子幻灯片。

提示：在制作大型演示文稿时，为某个幻灯片添加嵌套屏幕是很重要的。往往在一个大型的演示文稿中，不可能做到让演示文稿中每个幻灯片的母板都不相同，所以在显示的演示文稿中，很多幻灯片都采用相同的布局结构，然后更改幻灯片上的文字或图片即可。而采用插入嵌套屏幕的方法添加幻灯片，可以使插入的幻灯片继承父幻灯片中的所有属性和布局结构，省去了大量的重复性工作，大大提高了工作效率。

4．改变幻灯片的顺序

Flash 幻灯片属于连续播放方式，在播放幻灯片时，往往需要调整幻灯片的播放顺序。

改变幻灯片的顺序和改变图层顺序的方法相同。选中需要改变顺序的幻灯片后，在该幻灯片上按下左键并拖动鼠标，鼠标指针显示一个幻灯片的标志，并以一条蓝色横线代表当前拖动所到位置，如图 10-62 所示。

当把幻灯片拖到需要的位置后，释放鼠标，所选幻灯片被插入到该位置，如图 10-63 所示。

5．删除幻灯片

在制作过程中，对于不需要的幻灯片可以删除掉。选中需要删除的幻灯片后，把鼠标指向幻灯片窗口顶部的【－】按钮，单击【－】按钮，即可删除选定的幻灯片。

图 10-62　拖动幻灯片

图 10-63　改变幻灯片的位置

10.3.3　Flash 幻灯片的播放

Flash 幻灯片的播放与 PowerPoint 幻灯片的播放方法截然不同。在 PowerPoint 中放映幻灯片时，如果没有特殊的设置，单击鼠标就会继续播放下一张幻灯片，也可以按键盘上的任一键播放下一张幻灯片。但是在播放 Flash 幻灯片时，不能通过单击鼠标来控制 Flash 幻灯片的播放，除非幻灯片已经添加了通过鼠标控制播放的行为。在播放 Flash 幻灯片时，可以通过键盘上下左右方向键来控制幻灯片的播放，也可按空格键播放下一张幻灯片。

在播放 Flash 幻灯片时，如果有嵌套幻灯片，则会播放以父幻灯片作为模板的子幻灯片，而父幻灯片不会单独播放。

以下举一个例子来说明幻灯片的播放方法。

操作步骤如下：

(1) 当前窗口是一个具有 3 张幻灯片的文件，其中有两张是子幻灯片，如图 10-64 所示。

(2) 选择【控制】/【测试影片】命令，播放幻灯片，开始显示的是第一张子幻灯片，如图 10-65 所示。在这张幻灯片中，是以父幻灯片作为模板的幻灯片。

图 10-64　幻灯片编辑窗口

图 10-65　播放幻灯片

(3) 按键盘上的向右方向键，当前窗口切换到下一张幻灯片，如图 10-66 所示。如果需要切换到上一张幻灯片，按向左的方向键即可。

图 10-66 切换幻灯片

10.4 Flash 模 板

使用 Flash 系统内置模板生成文件，可以省去许多花费在布局文档上的精力，能够大大提高工作效率。如果系统内置模板满足不了用户的要求，系统还允许用户将自己的 Flash 文档添加为模板文件。

10.4.1 从模板新建文件

具体操作步骤如下：

(1) 选择【文件】/【新建】命令，打开【新建文档】对话框。

(2) 选择【新建文档】对话框中的【模板】标签，切换到【从模板新建】对话框，如图 10-67 所示。

(3) 在【类别】列表中选择需要使用的模板类型，在【模板】列表中选择所需的模板，单击【确定】按钮，即可用所选的模板新建文件。

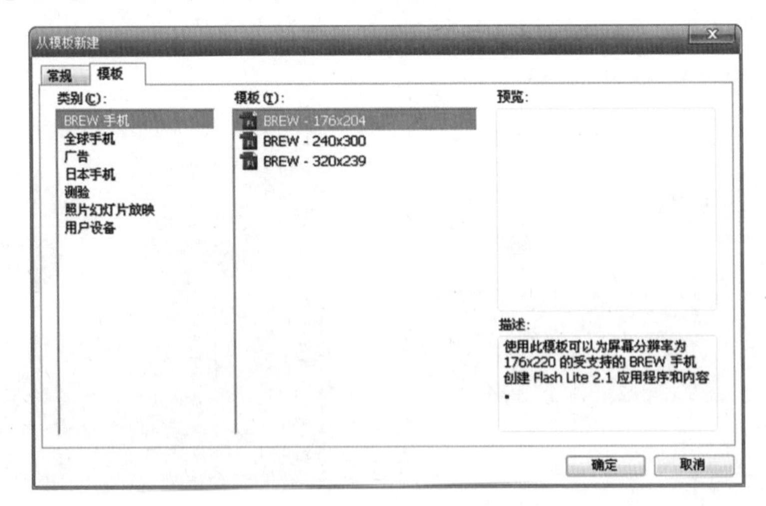

图 10-67 【从模板新建】对话框

10.4.2　编辑由模板生成的文件

从模板新建的文件继承了模板文件的所有特性，也可以对原有的对象进行编辑修改。

具体操作步骤如下：

(1) 选择【文件】/【新建】命令，打开【新建文档】对话框，选择其中的【模板】标签，切换到【从模板新建】对话框，从【类别】列表框中选择“照片幻灯片放映”选项后，选中【模板】中唯一的模板“现代照片幻灯片放映”，如图10-68所示。

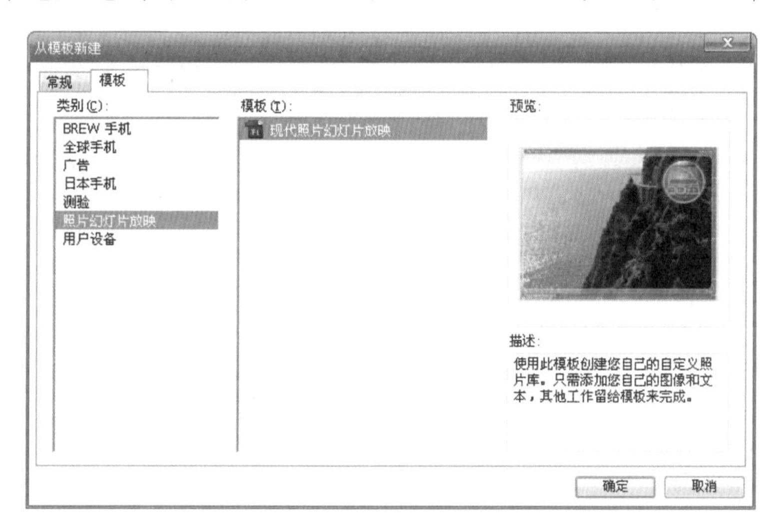

图10-68　【从模板新建】对话框

(2) 单击【确定】按钮后，所选的模板即刻生成一个文件。从窗口以及舞台上的内容可以看出，新建的文件继承了模板文件所有的特性，如图10-69所示。

图10-69　由模板生成的文件

（3）该文件中共有四张照片，现在编辑将第 4 张照片用另外的照片替换。选中“picture layer”图层的第 4 帧，然后按 Del 键将该帧中的图片删除，删除后的效果如图 10-70 所示。

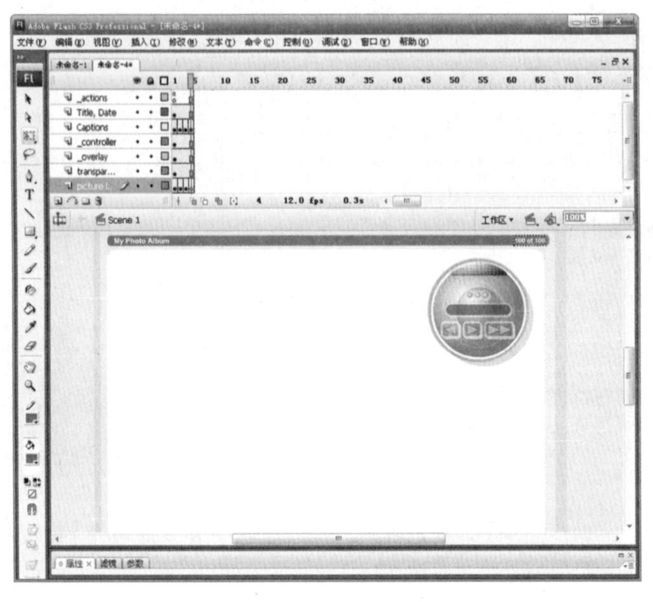

图 10-70 删除第 4 帧的照片

（4）选中“picture layer”图层的第 4 帧，选择【文件】/【导入】/【导入到舞台】命令，导入一张图片。使用变形面板，调整该图片的大小，使该图片与舞台大小相同，并与舞台对齐，如图 10-71 所示。

（5）现在再为该文件增加一幅照片。选中“picture layer”图层的第 5 帧，按 F7 键将其转换为空白关键帧，选择【文件】/【导入】/【导入到舞台】命令，导入一张图片。使用【变形】面板调整图片大小，使该图片与舞台大小相同，并与舞台对齐。在“Captions”图层第 5 帧插入关键帧，其他图层的第 5 帧插入普通帧，如图 10-72 所示。

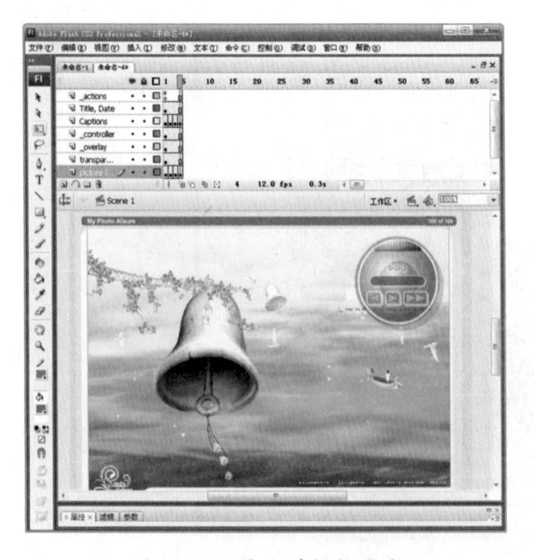

图 10-71 导入并调整图片

图 10-72 增加一幅图片

(6) 使用同样的方法可以编辑“picture layer”图层上各帧的内容。编辑完毕后，选择【文件】/【另存为】命令，打开【另存为】对话框，保存当前文件即可。

10.4.3　创建模板文件

在 Flash 中，创建模板文件最常用的方法就是，将一个制作好的文档保存为模板文件。如要将 10.4.2 小节中的文件保存为模板，可以在编辑完毕后，选择【文件】/【另存为模板】命令，打开【另存为模板】对话框，如图 10-73 所示。

在【名称】中给模板命名；在【类别】中选择模板所属的类型；在【描述】中输入有关该模板作用和功能的描述文本。输入完毕后，单击【保存】按钮，即可将当前文档保存为模板。

选择【文件】/【新建】命令，在打开的对话框中选择【模板】选项卡，切换到【从模板新建】对话框，选择在【类别】中选择刚才保存模板的所属类别，在【模板】列表中可以看到所保存的模板，如图 10-74 所示。

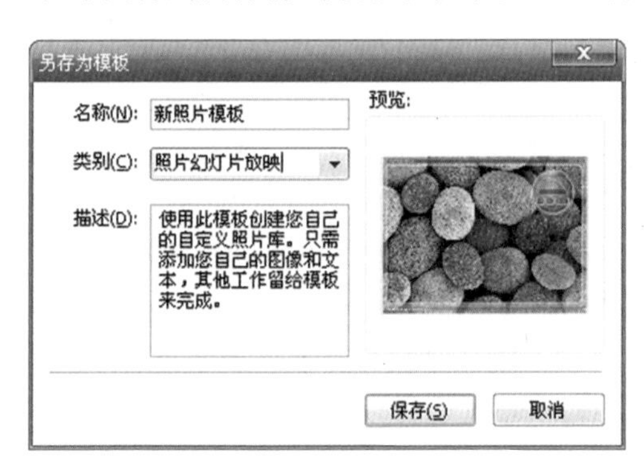

图 10-73　【另存为模板】对话框

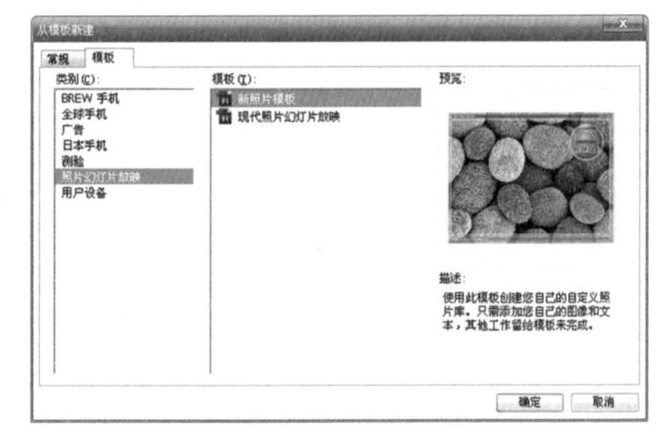

图 10-74　查看模板

10.5　实 例 剖 析

10.5.1　组件实例——调查问卷

【设计思路】

这里设计一个大家熟悉的调查问卷。问卷主要包括个人基本情况、个人毕业选择以及调查结果。在这份调查问卷当中，使用的组件主要有RadioButton、CheckBox、Button，还使用了输入文本。

【技术要点】

- 单选按钮和多选按钮的使用。
- 输入文本框的使用。
- 动作语句的添加。

具体操作步骤如下：

(1) 打开 Flash CS3，创建一个新文件，并以“调查问卷”为文件名保存。

(2) 打开文档属性，将尺寸设置为 700×500 像素。

(3) 把“图层 1”改名为“背景”。选择工具箱中的【矩形工具】，设置填充色为线

型渐变，颜色由白色到墨蓝（RGB：0、100、155）。在舞台上画出一个能盖住整个舞台的矩形，并在第3帧插入帧，如图10-75所示。

(4) 新建“图层2”，并改名为“个人情况”。使用工具箱中的【文本工具】，在舞台上输入文本。使用【直线工具】，在“个人基本情况”下绘制一条粗细为4的黑色直线，如图10-76所示。

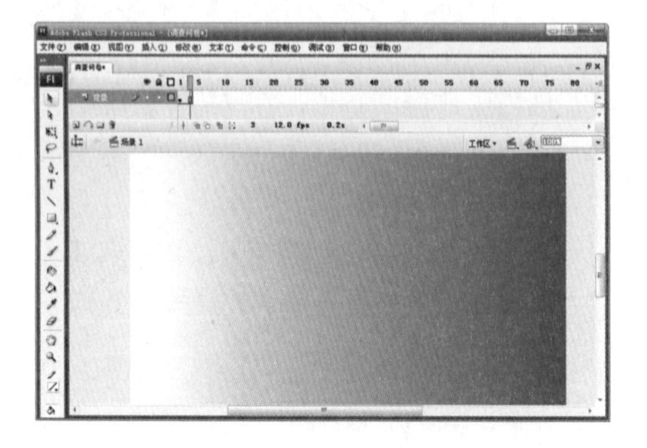

图10-75 设置背景图层

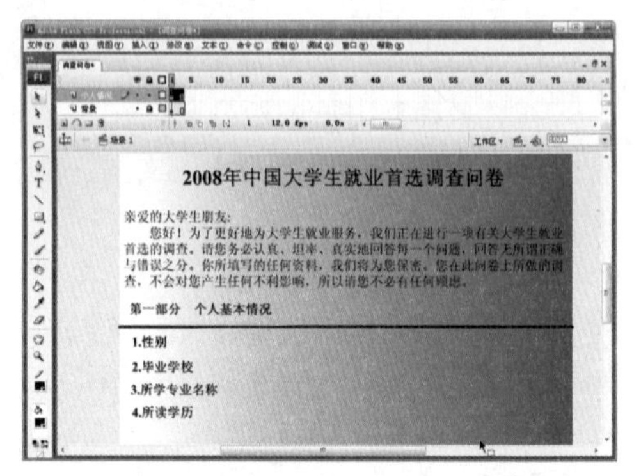

图10-76 输入静态文本和绘制直线

(5) 选择【窗口】/【组件】命令，打开【组件】面板，选择RadioButton组件，拖入到“性别”后面，创建两个该组件的实例。打开【参数】面板，将groupName名都改为“radioGroup1”，将label参数分别设置为“男”、“女”，如图10-77所示。

(6) 接下来设置“所读学历”对应的单选按钮，方法如步骤(5)。在参数面板中，将该组的groupName设置为“radioGroup2”，将label分别设置为“专科”、“本科”、“研究生”，如图10-78所示。

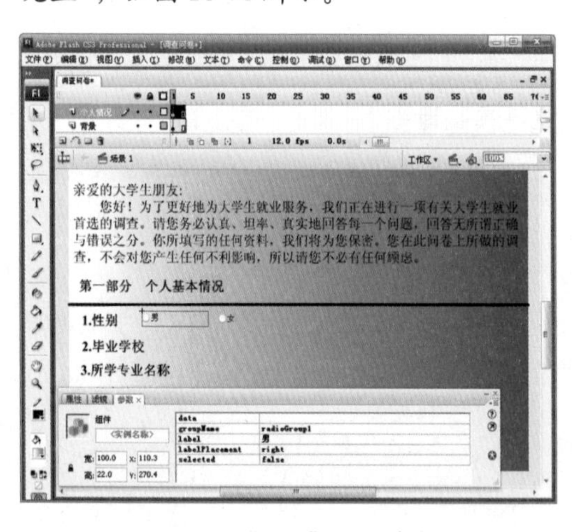

图10-77 给“性别”设置单选按钮

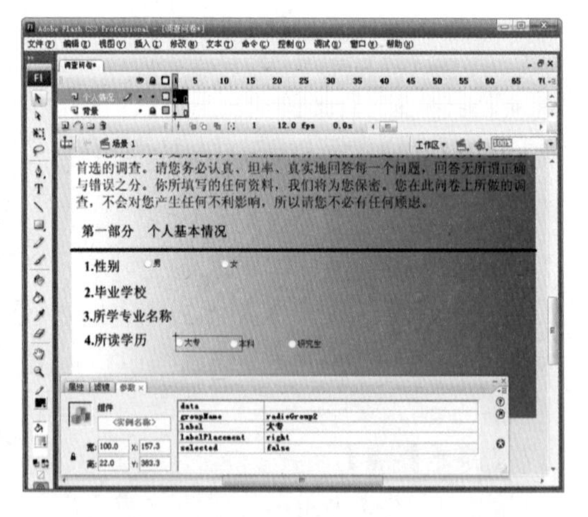

图10-78 给“所读学历”设置单选按钮

(7) 在“毕业学校”和“所学专业名称”后设置一个输入文本框，并在每个输入文本框的下面绘制一条粗细为1的黑色直线。在【属性】面板中，将第一个输入文本框的变量命名为“s2”，第二个输入文本框的变量命名为“s3”，如图10-79所示。

(8) 从【组件】面板中拖入一个Button按钮组件到舞台中，在【参数】面板中将label改为“下一页”，如图10-80所示。

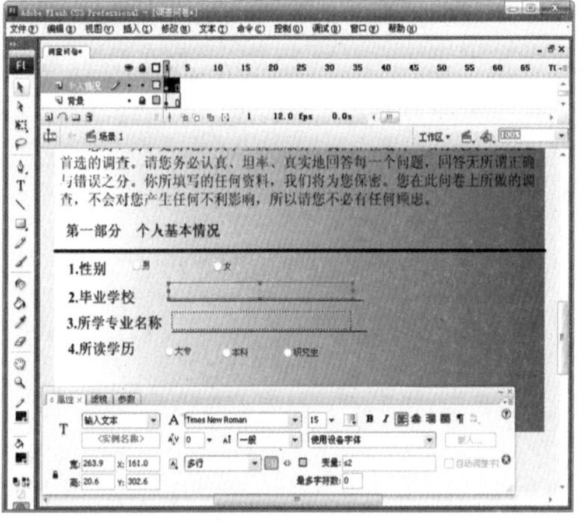

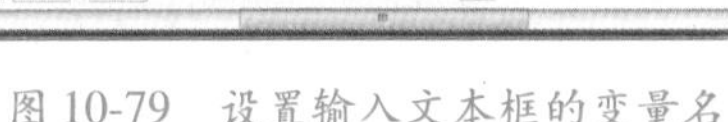
图 10-79　设置输入文本框的变量名

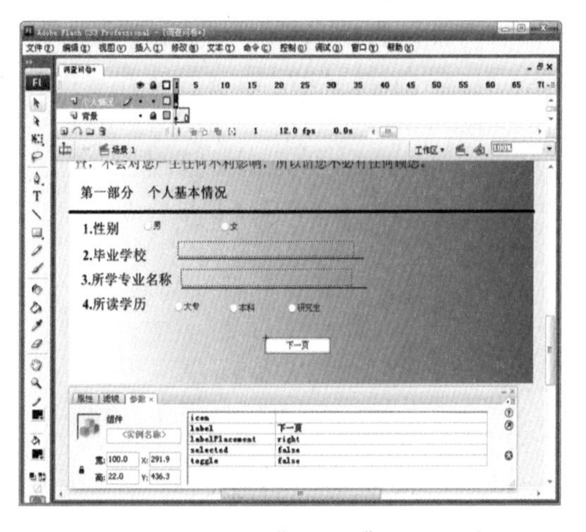

图 10-80　设置"下一页"按钮组件

(9) 将"个人情况"图层的第2帧、第3帧删除掉，在第1个关键帧上添加语句"stop"，使动画在播放时首先停止在第1帧。

(10) 新建"图层3"，并改名为"正式问卷"。在该图层的第2帧插入关键帧，并删除第3帧。给第2帧设置如图10-81所示的题目。其中第5题使用的是radioButton的单选按钮，将该组的groupName设置为"radioGroup3"，label分别设置为"求职"、"考研"、"出国"、"求职考研两手准备"。第6题同样使用radioButton组件，将该组的groupName设置为"radioGroup4"，label分别设置为如图所示的金额。第7题为多选题，采用checkBox组件，将这5个组件的label分别设置为如图所示的文本，同时将checkBox组件实例名分别设置为"checkbox1"、"checkbox2"、"checkbox3"、"checkbox4"和"checkbox5"。

(11) 选择【公用库】/【按钮】命令，从中拖入一个按钮，将按钮上的文本改为"提交"，如图10-82所示。

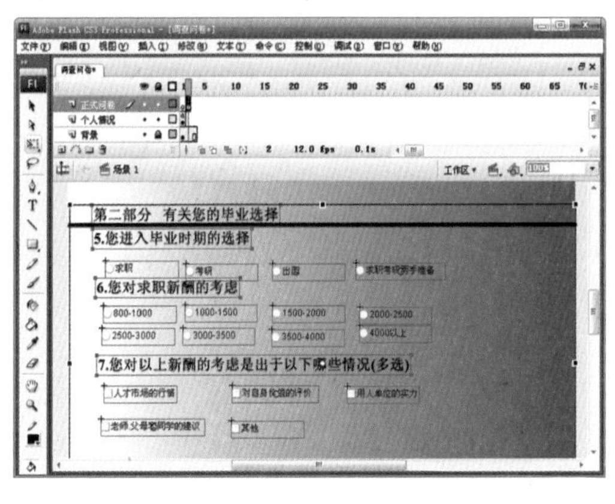

图 10-81　设置"正式问卷"的题目

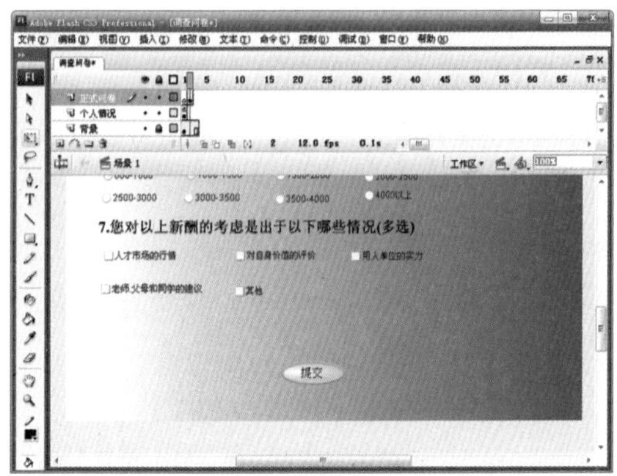

图 10-82　设置【提交】按钮

(12) 新建"图层4"，改名为"调查结果"，在第3帧插入关键帧。设置如图10-83所示的内容。其中第2题、第3题后对应的为输入文本框，其他均为动态文本框。把这7个文本框的变量分别命名为s1、s2、s3、s4、s5、s6和s7。

(13) 选择【公用库】/【按钮】命令，从中拖入一个按钮，将按钮上的文本改为“返回”，如图 10-84 所示。并在该按钮上添加动作语句“on(release){gotoAndPlay(1);}”。

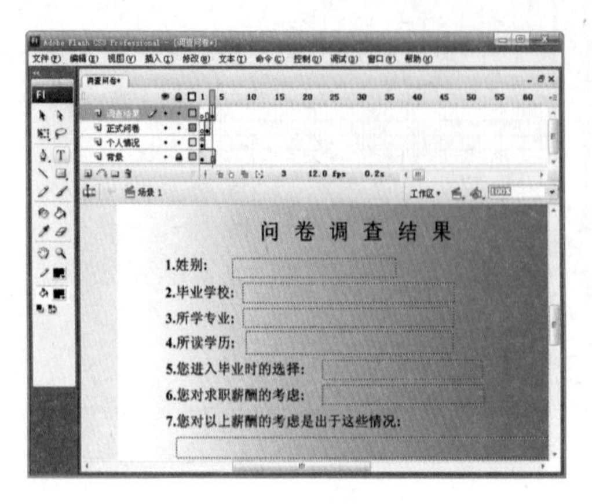

图 10-83　设置“调查结果”的内容

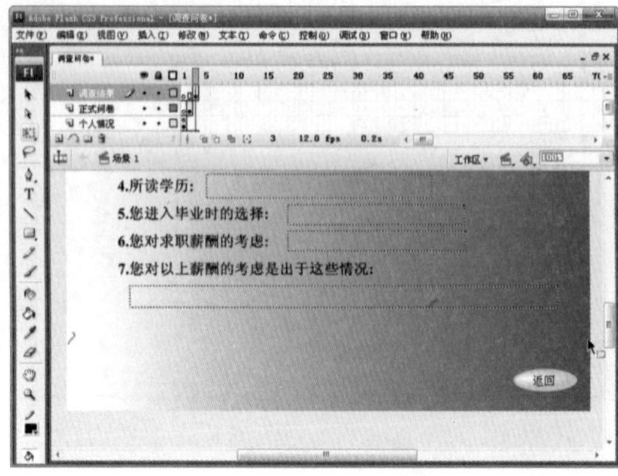

图 10-84　设置【返回】按钮

(14) 接下来设置【下一步】按钮和【提交】按钮的动作语句。在【下一步】按钮上添加如下语句：

```
on(click){
    _root.s1=_root.radioGroup1.getValue();        // 将“radioGroup1”的值赋给变量 s1
    _root.s4=_root.radioGroup2.getValue();        // 将“radioGroup2”的值赋给变量 s2
    _root.gotoAndStop(2);                         // 跳转到第 2 帧并停止播放
}
```

在【提交】按钮上添加如下语句：

```
on(release){
    _root.s5=_root.radioGroup3.getValue();        // 将“radioGroup3”的值赋给变量 s5
    _root.s6=_root.radioGroup4.getValue();        // 将“radioGroup4”的值赋给变量 s6
    _root.s7=" ";                                 // 将空值赋给变量 s7
    if (checkbox1.selected==true) {
    _root.s7="人才市场的行情";
}
    if (checkbox2.selected==true) {
        _root.s7=_root.s7+",对自身价值的评价";
    }
    if (checkbox3.selected==true) {
        _root.s7=_root.s7+",用人单位的实力";
    }
    if (checkbox4.selected==true) {
        _root.s7=_root.s7+",老师父母和同学的建议";
    }
    if (checkbox5.selected==true) {
```

```
        _root.s7=_root.s7+",其他 ";
        }
    _root.gotoAndStop(3);}
```

（15）预览文档。选择【控制】/【测试影片】命令，观看文档效果，如图 10-85 所示。

（16）根据自我情况填写第一页的内容后，单击【下一页】按钮，将会进入到下页。填写完毕后，单击【提交】按钮，则显示“问卷调查结果”，如图 10-86 所示。

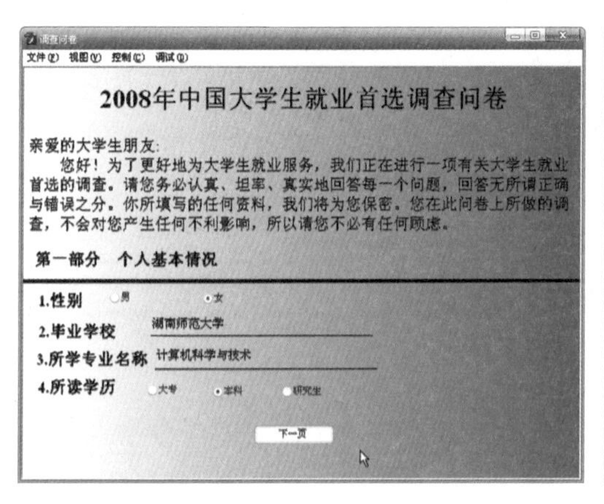

图 10-85 文档预览效果

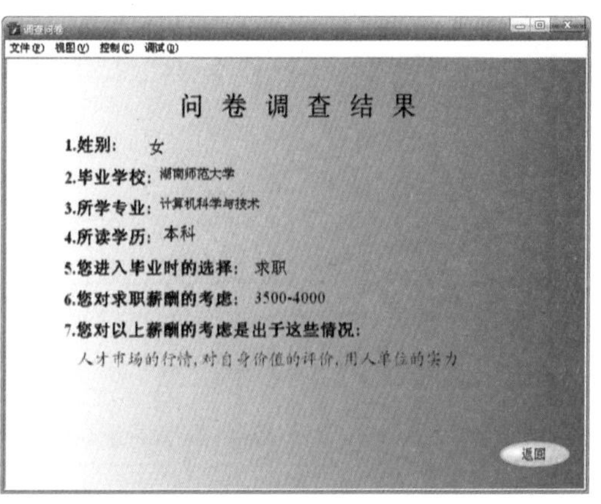

图 10-86 问卷调查结果

10.5.2 幻灯片和行为实例——艺术相册

【设计思路】

利用Flash中的幻灯片制作艺术相册，主要通过按钮来实现相册中相片的切换效果。根据前面介绍的幻灯片和行为，将结合两者的知识来制作一个简单的具有6张幻灯片的艺术相册。

【技术要点】

- 幻灯片的制作。
- 【行为】面板的使用。

具体操作步骤如下：

（1）选择【文件】/【新建】命令，打开【新建文档】对话框，选择【常规】标签，在【类型】列表中选择“Flash幻灯片演示文稿”选项，单击【确定】按钮，进入幻灯片的编辑环境，并以“艺术相册”为名保存。

（2）打开【属性】面板，将文档【尺寸】大小设置为 400×500 像素。

（3）选中“幻灯片 1”，选择【矩形工具】绘制一个笔触高度为 7 的矩形边框，边框大小刚好覆盖场景大小，如图 10-87 所示。

（4）选中矩形边框，选择【修改】/【形状】/【将线条转换为填充】命令，利用紫到黑的渐变色填充矩形边框，如图 10-88 所示。

（5）选择【文件】/【导入】/【导入到舞台】命令，打开【导入】对话框，从文件列表中选择一张图片后，单击【打开】按钮导入图片。选中导入的图片，使用【任意变形工具】调整图片大小，使图片放置在矩形边框内部，如图 10-89 所示。

(6) 新建“图层2”，并改名为“文本1”。在舞台上垂直输入“相册”文字，并用【矩形工具】绘制一个矩形边框，效果如图10-90所示。

图 10-87　绘制矩形边框

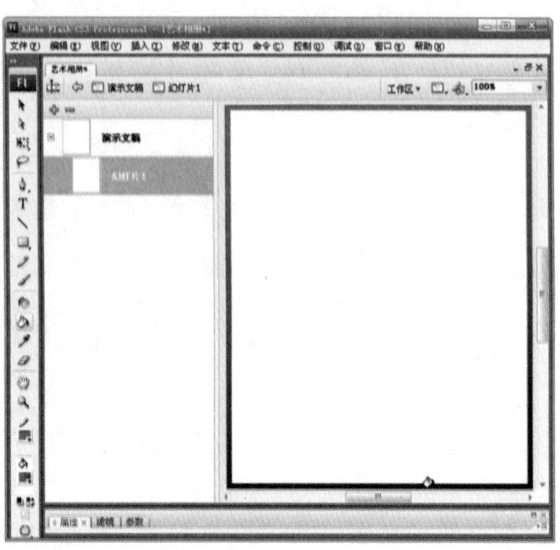

图 10-88　设置边框的填充色

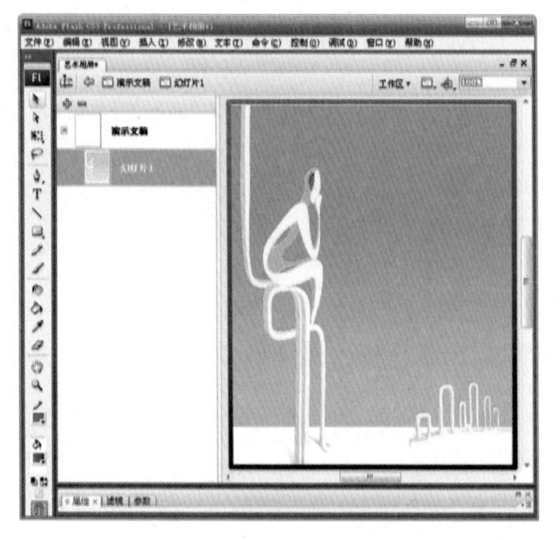

图 10-89　导入并调整图片

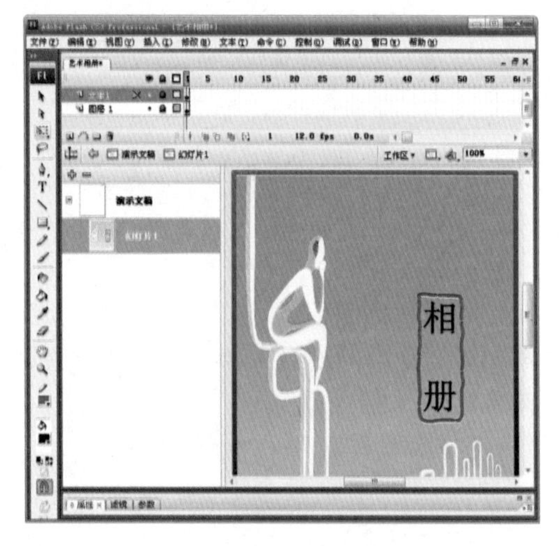

图 10-90　输入“相册”文本

(7) 新建“图层3”，并改名为“文本3”，使用【文本工具】输入水平文本“艺术”，设置字体为“华文行楷”，大小为“55”，颜色为“黑色”。利用【任意变形工具】将文本旋转，如图10-91所示。

(8) 将“艺术”文本进行2次分离，然后将“艺”字变大，把“艺”字的尾部拖长，并填充红黑渐变色，效果如图10-92所示。

(9) 选择【窗口】/【公用库】/【按钮】命令，打开按钮库。在按钮库中，打开文件夹“palyback rounded”，选择其中的【rounded green play】按钮，把它拖入到编辑窗口中，并调整大小，如图10-93所示。

(10) 选中按钮，选择【窗口】/【行为】命令，打开【行为】面板，单击面板上的加号【+】按钮，从打开的下拉列表中选择【屏幕】/【转到下一幻灯片】命令，如图10-94所示。

图 10-91　输入“艺术”文本

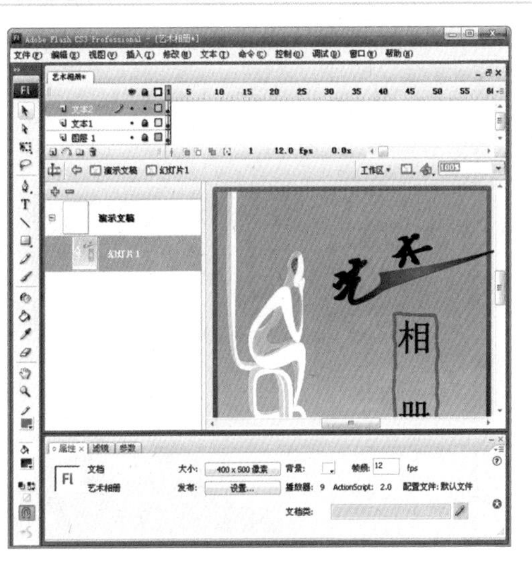

图 10-92　设置“艺术”字的艺术效果

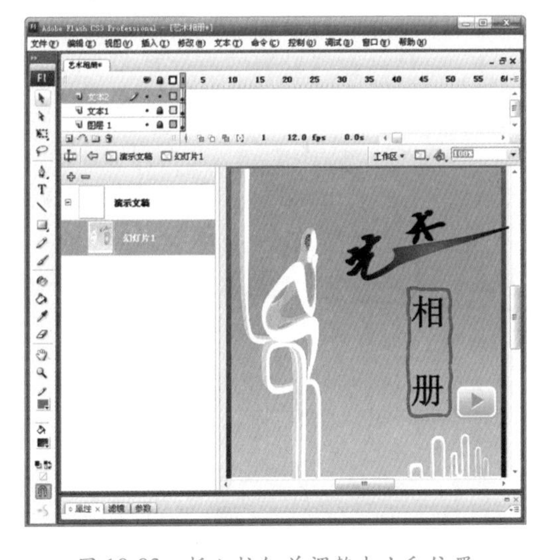

图 10-93　插入按钮并调整大小和位置

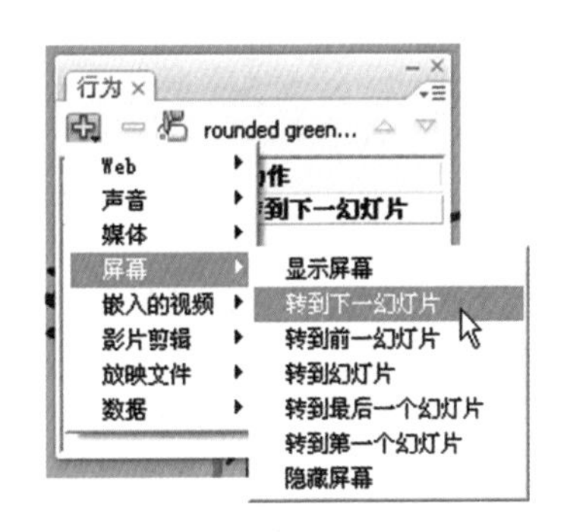

图 10-94　选择命令

(11) 选择命令后，【行为】面板中显示所添加的行为列表，如图 10-95 所示。第一张幻灯片制作完毕。

(12) 选中“幻灯片 1”，单击幻灯片列表顶部的加号【+】按钮，在“幻灯片 1”下方添加一张幻灯片，默认名为“幻灯片 2”。单击选中“幻灯片 2”后，选择【文件】/【导入】/【导入到舞台】命令，打开【导入】对话框，从中选择一张图片后，单击【打开】按钮将其导入。选中导入的图片，使用【任意变形工具】调整其大小，使图片大小与舞台大小相同，如图 10-96 所示。

事件	动作
释放时	转到下一幻灯片

图 10-95　添加行为

(13) 选择【矩形工具】，在【颜色】区中将笔触颜色设置为无色，填充色设置为蓝黑放射状填充色，在图片下方绘制如图 10-97 所示的矩形。

(14) 单击“幻灯片 1”，选中该幻灯片上的按钮后，按Ctrl+C 组合键复制，单击“幻

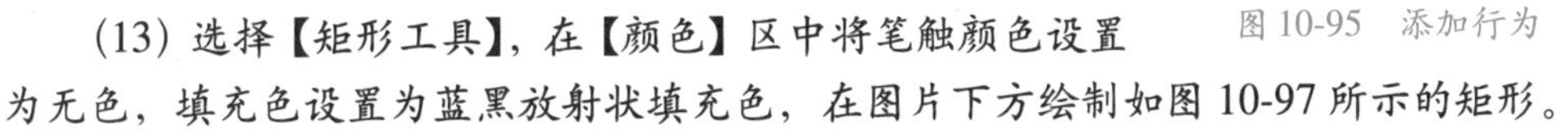

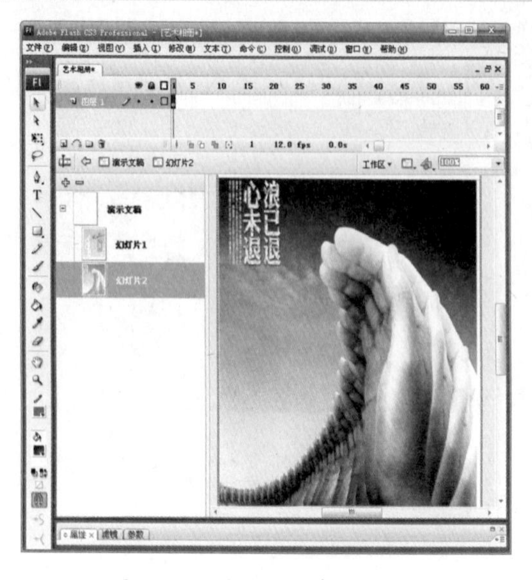

图 10-96　导入图片并调整大小

图 10-97　绘制矩形

灯片 2”，按 Ctrl+V 组合键粘贴，将“幻灯片 1”上的按钮粘贴到“幻灯片 2”上，并将粘贴的按钮移动到矩形框的右半部分。从【行为】面板上可以看出被复制过来的按钮，该按钮上的行为也一起被复制过来，如图 10-98 所示。

（15）将按钮库中“palyback rounded”文件夹下的“rounded green back”按钮拖入到编辑窗口中，将该按钮置于底部矩形的左半部分并调整其大小。选中该按钮，单击【行为】面板上的加号【+】按钮，从中选择【屏幕】/【转到前一幻灯片】命令，如图 10-99 所示。第 2 张幻灯片制作完毕。

图 10-98　复制按钮

图 10-99　给按钮添加行为

（16）幻灯片 3 至幻灯片 7 的制作方法完全相同。在最后一张幻灯片中，只需添加一个按钮，按钮行为设置为“转到第一个幻灯片”，如图 10-100 所示。

（17）选择【控制】/【测试影片】命令播放幻灯片。

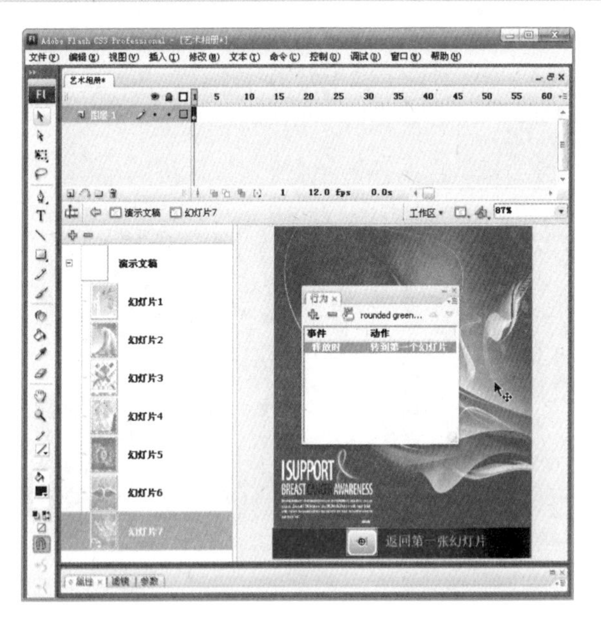

图 10-100 设置最后一张幻灯片的按钮行为

10.6 习 题

(1) 将DataChooser组件与Label组件绑定，实现如下功能：单击DataChooser组件中的任何日期，在Label上显示该日期，如图10-101所示。

图 10-101 日历

(2) 利用Button组件，制作"沁园春·雪"的课件，效果如图10-102所示。具体制作方法参考源文件。

(3) 利用按钮和【行为】面板，制作如下效果：当单击【停止】按钮时，影片停止播放；当单击【播放】按钮时，继续播放影片，如图10-103所示。

(4) 利用Flash幻灯片，制作个人相册。

图 10-102　沁园春 · 雪

图 10-103　【行为】面板的使用

第11章　Flash经典综合实例

本章主要是综合前面各章所学的知识，制作了四个经典的Flash实例。在实例的制作流程中，遵循了文档布局、制作元件、布置场景、添加代码和测试影片这五个Flash动画制作的基本原则。大家也可以根据自己的习惯来确定开发Flash项目的流程。有了自己的工作流程，才能在实际开发过程中体现自己严谨的思路，也才能成功地开发Flash项目。

本章学习目标

- 拼图游戏。
- 圣诞贺卡。
- 课件制作。
- 帝王之恋MTV。

11.1　拼 图 游 戏

【设计思路】

本实例根据大家熟悉的QQ秀来设计一个拼图游戏。绘制多幅头发、眼睛、鼻子、嘴巴和眼镜等图片，再使用这些图片进行人物形象拼图。

【技术要点】

绘图工具的使用；给影片剪辑实例添加实现其拖动的语句。

下面介绍本实例的实现方法。

11.1.1　文档布局

选择【文件】/【新建】命令，新建一个Flash文档。选择【修改】/【文档】命令，打开【文档属性】对话框，将尺寸大小设置为1000×700像素，背景色设置为#FF66CC。

11.1.2　制作元件

1. 头发元件

(1) 制作名为"hair1"的影片剪辑元件。使用【铅笔工具】，绘制如图11-1所示的图形。

(2) 制作名为"hair2"的影片剪辑元件。使用【铅笔工具】和【椭圆工具】绘制如图11-2所示的图形。

(3) 制作名为"hair3"的影片剪辑元件。使用【铅笔工具】和【箭头工具】，绘制如图11-3所示的图形。

（4）制作名为“hair4”的影片剪辑元件。使用【铅笔工具】和【箭头工具】绘制如图 11-4 所示的图形。

图 11-1 “hair1”影片剪辑元件图形

图 11-2 “hair2”影片剪辑元件图形

图 11-3 “hair3”影片剪辑元件图形

图 11-4 “hair4”影片剪辑元件图形

（5）制作名为“hair5”的影片剪辑元件。使用【铅笔工具】和【箭头工具】绘制如图 11-5 所示的图形。至此，头发的影片剪辑元件已经制作完毕。

图 11-5 “hair5”影片剪辑元件图形

2．眼睛元件

接下来制作眼睛的影片剪辑元件。分别命名为“eye1”、“eye2”、“eye3”、“eye4”、“eye5”、“eye6”，分别绘制如图 11-6 所示的图形。

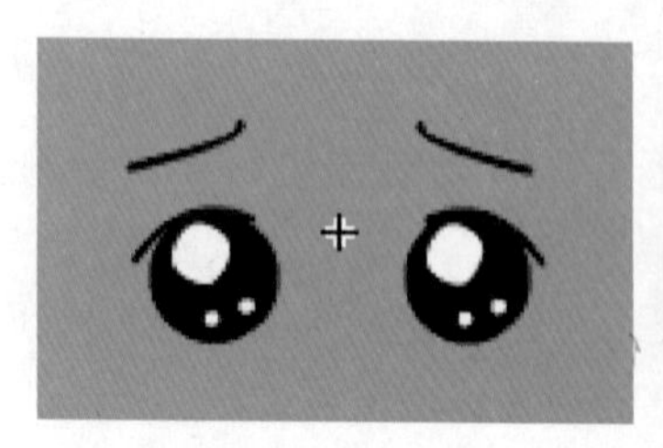

（a）“eye1”元件

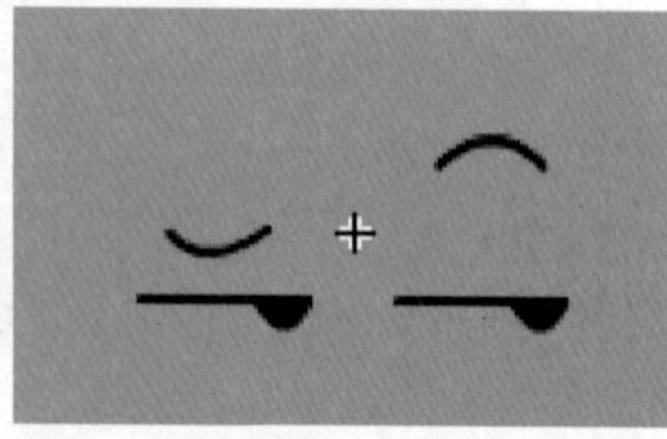

（b）“eye2”元件

（c）“eye3”元件

图 11-6 绘制眼睛影片剪辑元件图形

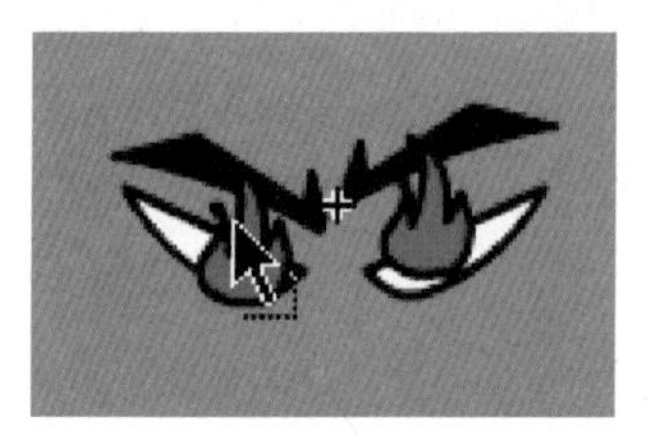
(d)"eye4"元件

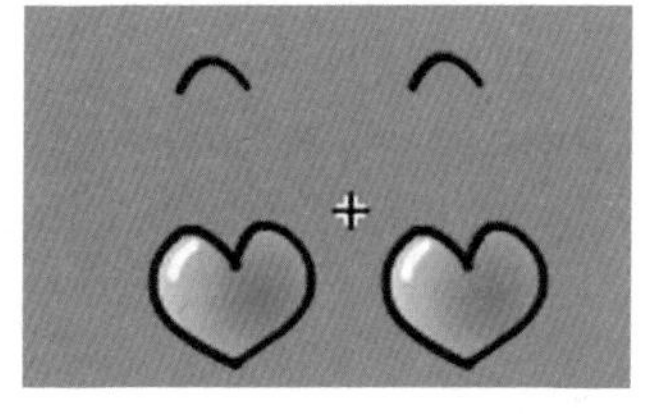
(e)"eye5"元件

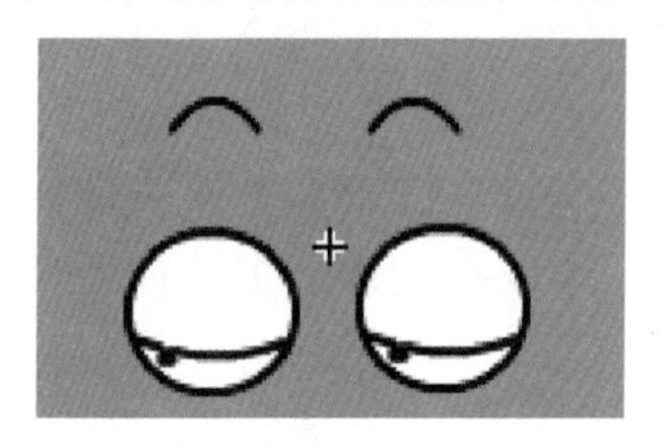
(f)"eye6"元件

图 11-6(续)

3. 眼镜元件

制作眼镜的影片剪辑元件。分别命名为"glass1"、"glass2"、"glass3"、"glass4"、"glass5",分别绘制出如图11-7所示的图形。

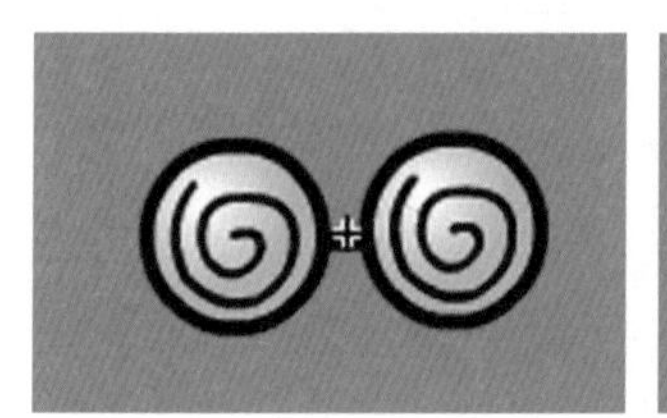
(a)"glass1"元件

(b)"glass2"元件

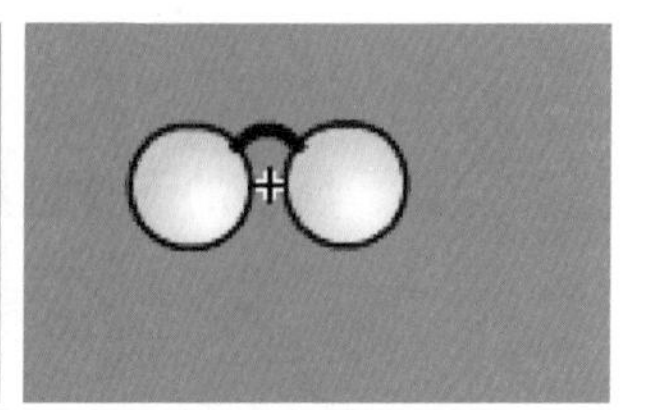
(c)"glass3"元件

(d)"glass4"元件

(e)"glass5"元件

图 11-7 绘制眼镜影片剪辑元件图形

4. 嘴巴元件

制作嘴巴的影片剪辑元件。分别命名为"mouth1"、"mouth2"、"mouth3"、"mouth4"、"mouth5"、"mouth6"、"mouth7"、"mouth8",分别绘制出如图11-8所示的图形。

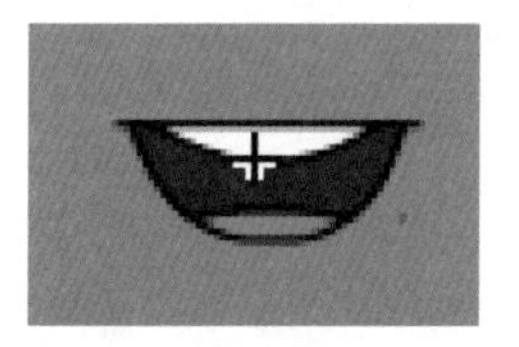
(a)"mouth1"元件

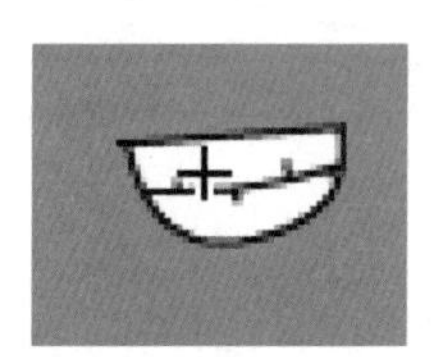
(b)"mouth2"元件

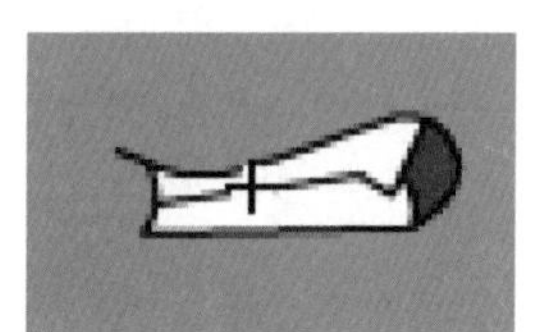
(c)"mouth3"元件

(d)"mouth4"元件

(e)"mouth5"元件

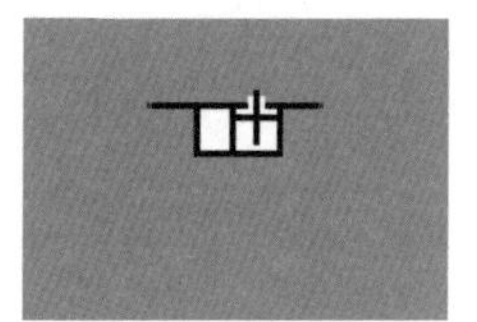
(f)"mouth6"元件

(g)"mouth7"元件

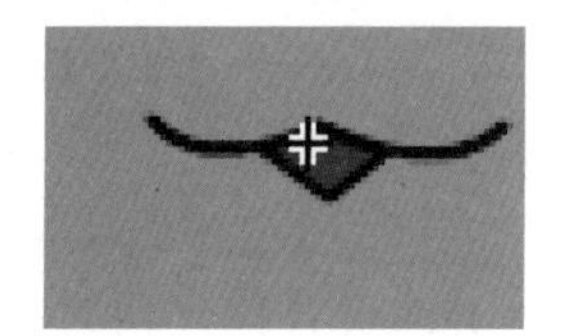
(h)"mouth8"元件

图 11-8 绘制嘴巴影片剪辑元件图形

5. 其他元件

(1) 接下来制作脸形影片剪辑元件，元件名为“face”，绘制如图 11-9 所示的图形。

(2) 制作一个按钮元件，命名为“重置”，如图 11-10 所示。

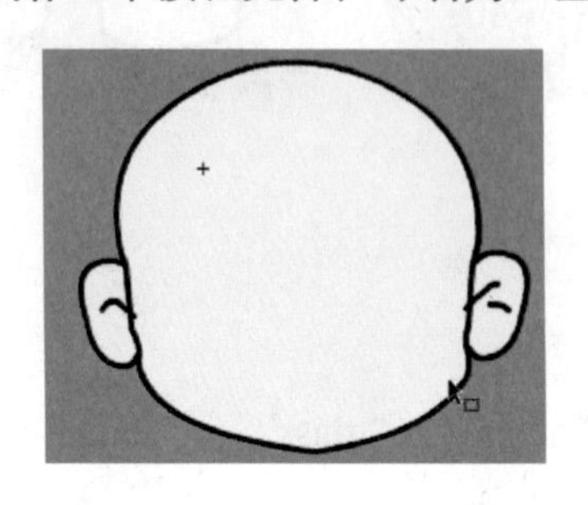

图 11-9 绘制“face”影片剪辑元件图形

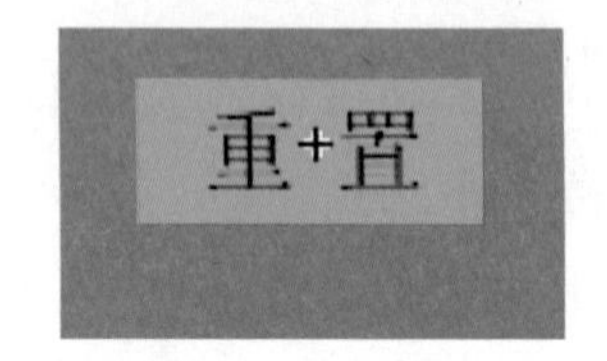

图 11-10 “重置”按钮元件

至此，所有的元件已经制作完毕。

11.1.3 布置场景

(1) 返回场景。将“图层 1”改名为“背景”，绘制如图 11-11 所示的背景图形。

(2) 新建“图层 2”，并改名为“范围”，使用【矩形工具】和【椭圆工具】绘制出如图 11-12 所示的图形。

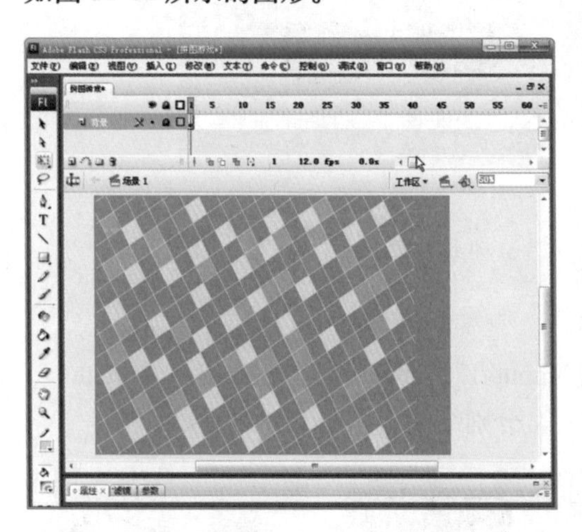

图 11-11 设置“背景”图层的图片

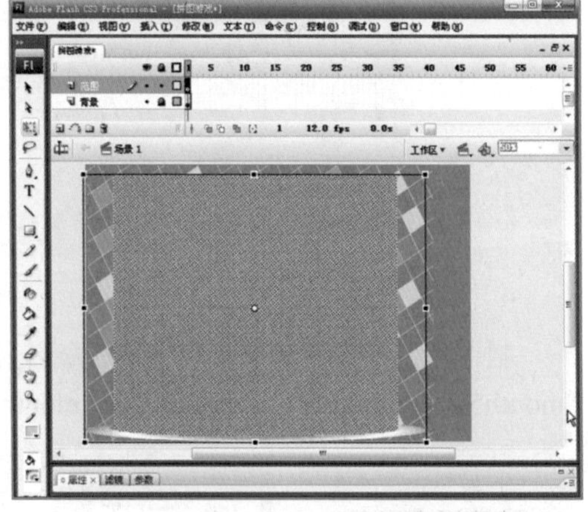

图 11-12 设置“范围”图层的图片

(3) 新建“图层 3”，并改名为“脸部对象”，先绘制如图 11-13 所示的虚线，虚线框用于放置不同的对象。

(4) 打开【库】面板，将【库】面板中不同类型的元件拖放到不同的虚线框内，如图 11-14 所示。

(5) 新建“图层 4”，并命名为“头部”，将该图层拖放到“脸部”图层的下面，并将 face 元件拖入到场景中，如图 11-15 所示。

(6) 新建“图层 5”，并命名为“按钮”，将【库】面板中的“重置”按钮拖入到舞台，并调整位置到舞台的右下角，如图 11-16 所示。

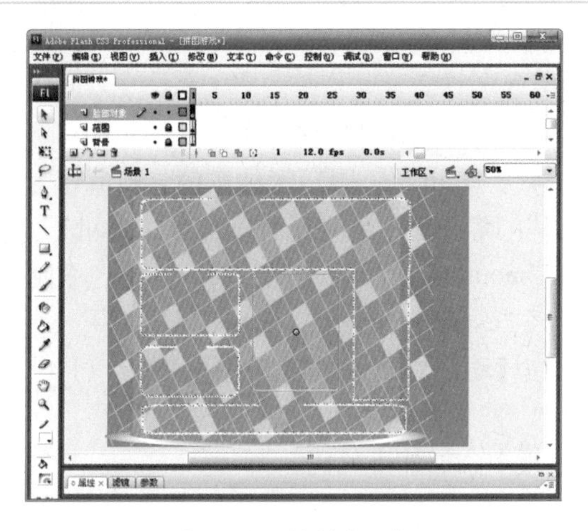

图 11-13　绘制虚线框

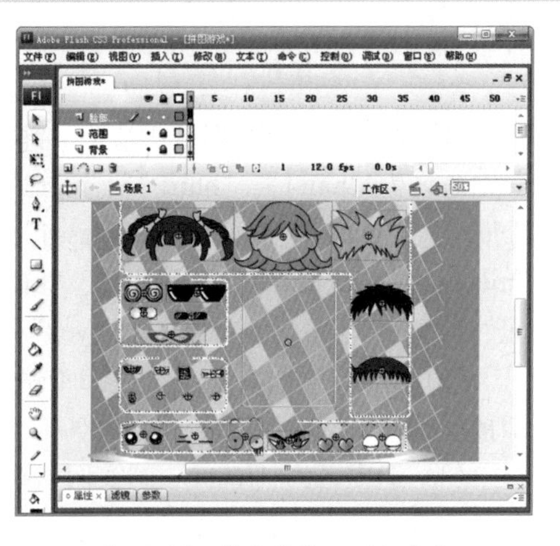

图 11-14　将元件拖入到场景中

图 11-15　将face元件拖入到场景中

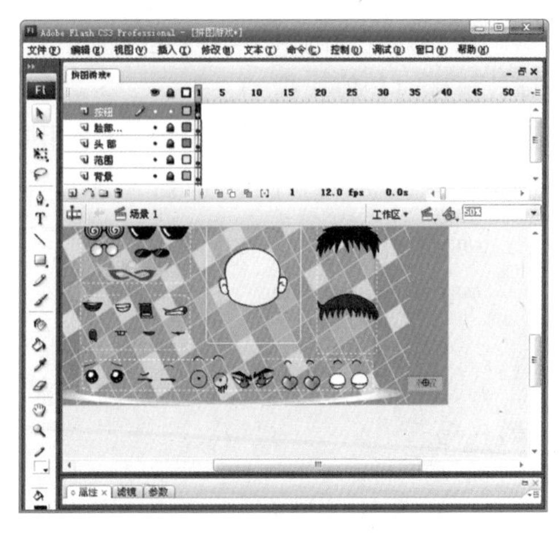

图 11-16　将按钮元件拖入到场景中

(7) 新建“图层6”，并命名为“文本”，在该图层的第1帧输入如图11-17所示的文本。

(8) 将这6个图层的第2帧都转化为关键帧，如图11-18所示。

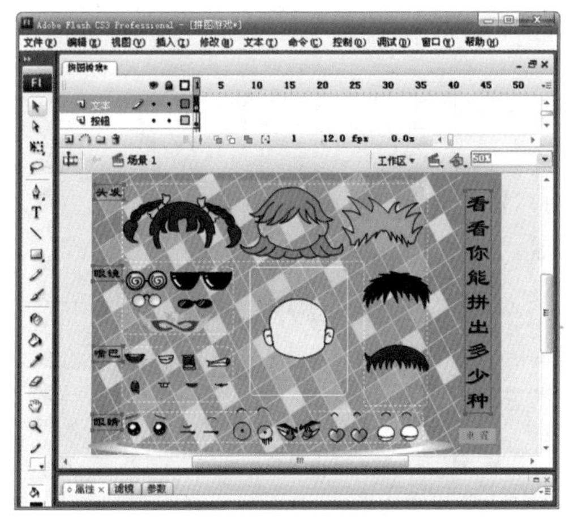

图 11-17　添加文本

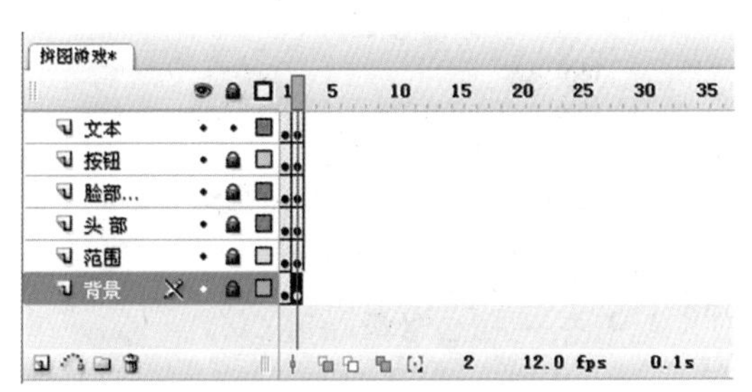

图 11-18　将图层的第2帧转换为关键帧

11.1.4 添加代码

(1) 选中“脸部”图层第2个关键帧的元件实例，给元件实例命名。头发元件实例分别命名为“hair1”、“hair2”、“hair3”、“hair4”、“hair5”；眼镜元件实例分别命名为“glass1”、“glass2”、“glass3”、“glass4”、“glass5”；嘴巴元件实例分别命名为“mouth1”、“mouth2”、“mouth3”、“mouth4”、“mouth5”、“mouth6”、“mouth7”、“mouth8”；眼睛元件实例分别命名为“eye1”、“eye2”、“eye3”、“eye4”、“eye5”、“eye6”。

(2) 选中“文本”图层的第2个关键帧，在【动作】面板中输入代码“stop ()；”即播放到第2帧时停止。

(3) 选中名为“hair1”的实例，在动作面板中添加如下代码：

```
on(press){startDrag("_root.hair1");}
on(release){stopDrag( );}
```

该部分的代码用于实现元件拖动。当按下鼠标时，可开始拖动 hair1 元件实例；当释放鼠标时，停止拖动。

在命名的其他元件实例上添加相同的代码，只需将元件实例名更改即可。如在“hair2”上添加的动作语句为：

```
on(press){startDrag("_root.hair2");}
on(release){stopDrag( );}
```

> 提示："脸部"图层第2个关键帧对应的所有元件实例，都需要添加实现拖动的代码。

(4) 选中“按钮”图层第2个关键帧的按钮，在【动作】面板上输入代码：

```
on(release){gotoAndPlay(1);}
```

11.1.5 测试影片

(1) 至此，拼图游戏制作完毕。测试影片，效果如图 11-19 所示。

(2) 拖动任意对象进行拼图，如图 11-20 所示。拼图后，若单击“重置”按钮，可返回到图 11-19 的状态。

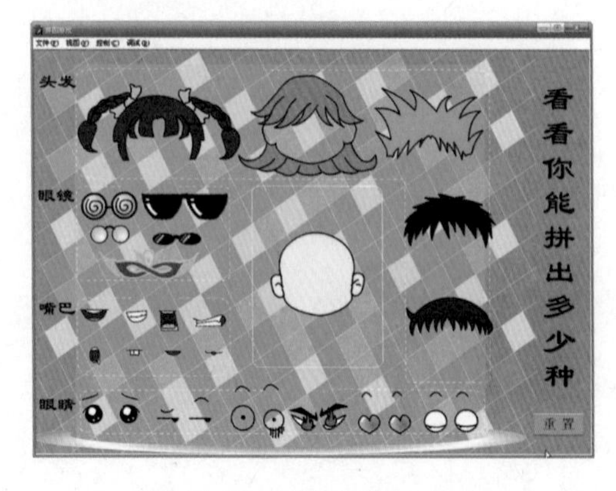

图 11-19 测试效果图（一）

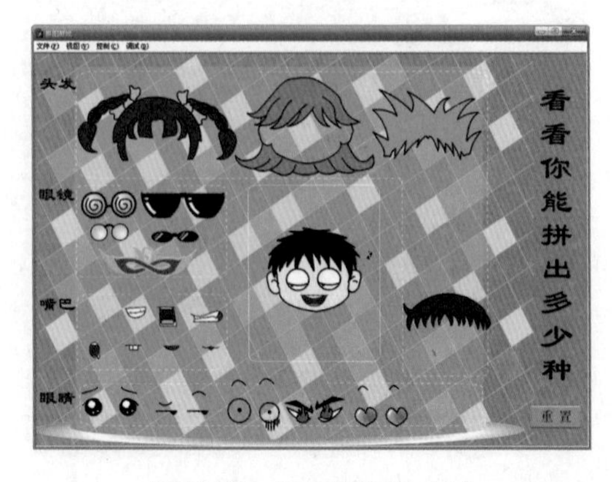

图 11-20 测试效果图（二）

11.2　贺卡——圣诞节快乐

【设计思路】

本实例制作圣诞贺卡。先用 12 月 24 日的日历显示圣诞节的到来，然后单击该日历，进入到第二个场景。随着圣诞老人、雪人的出现，进入到雪地的房间里。房间里有睡梦中的小宝宝，有漂亮的圣诞树和圣诞礼物，此时圣诞老人来给小朋友送礼物。送礼完毕，圣诞老人驾着雪鹿离开。最后出现字幕："亲爱的朋友，圣诞节快乐"，并用礼炮来结束圣诞节的祝福。

【技术要点】

- 绘图工具的使用。
- 元件的制作。
- 场景的切换。

下面介绍本实例的实现方法。

11.2.1　文档布局

文档属性采用默认属性，不需修改。

11.2.2　制作元件

本实例中，由于元件比较多，应分类建立相关元件。

1．鼠标标志元件

(1)"叶子"元件。制作名为"叶子"的图形元件，绘制如图 11-21 所示的图形。

(2)"标志"元件。

① 新建影片剪辑元件，命名为"标志"。

② 将"图层 1"改名为"叶子"，在第 1 个关键帧将"叶子"元件拖入到场景，在第 100 帧插入关键帧，创建补间动画，并在【属性】面板中的【旋转】下拉列表框中选择"顺时针"，后面一项"2 次"，如图 11-22 所示。

图 11-21　"叶子"图形元件

图 11-22　制作旋转的叶子

③ 新建"图层 2"，改名为"文本"，把该图层拖入到"叶子"图层下方，输入"三叶草"的文字，分离两次，并在叶子下方绘制两条曲线，如图 11-23 所示。

④ 新建"图层 3"，将该图层设置为遮罩层，那么"文本"图层就自动转变为被遮罩层。在这里使用遮罩来制作文字书写的效果。在遮罩层的第 4 帧插入关键帧，使用【刷子工具】制作逐帧动画，逐渐显示"三叶草"文本和线条，如图 11-24 所示。

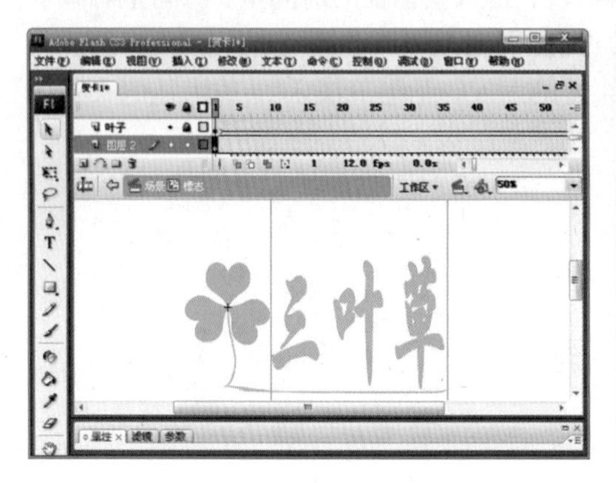

图 11-23 "三叶草"文字

图 11-24 制作遮罩效果

(3)"鼠标 1"元件。

① 新建影片剪辑元件，命名为"鼠标 1"。

② 选中"图层 1"的第 1 帧，将"标志"元件拖入到场景，并在"标志"实例的左侧绘制鼠标图形，如图 11-25 所示。

图 11-25 制作"鼠标 1"元件

(4)"鼠标"元件。

① 创建影片剪辑元件，命名为"鼠标"。

② 选中"图层 1"的第 1 帧，将"鼠标 1"元件拖入到场景，并将该实例命名为"mouse"。选中图层的第 1 关键帧，打开【动作】面板，输入如下代码：

```
mouse.hide( );              //隐藏鼠标
startDrag("mouse", true);  //实现名为"mouse"实例的拖动
```

至此，"鼠标"元件制作完毕。

2. 按钮元件"go"

(1)"日历 24"元件。新建影片剪辑元件，改名为"日历 24"，绘制如图 11-26 所示的图形。

(2)"日历 25"。新建影片剪辑元件，改名为"日历 25"，绘制如图 11-27 所示的图形。

(3)"翻页"元件。

① 新建影片剪辑元件，改名为"翻页"。

② 选中"图层 1"的第 1 帧，将"日历 25"元件拖入到场景中，并在第 9 帧插入帧。

③ 新建"图层 2"，将"日历 24"元件图片复制到场景中，将该图片与"元件 25"的实例重叠对齐，如图 11-28 所示。

④ 选中"图层 2"的第 3 帧，插入关键帧，对该图形变形，如图 11-29 所示。

图 11-26　制作“日历24”元件

图 11-27　制作“日历25”元件

图 11-28　两个元件实例重叠对齐

图 11-29　对第3帧的图形变形

⑤ 在图层的第5、7、9帧插入关键帧，并对图形变形。分别如图11-30~图11-32所示。

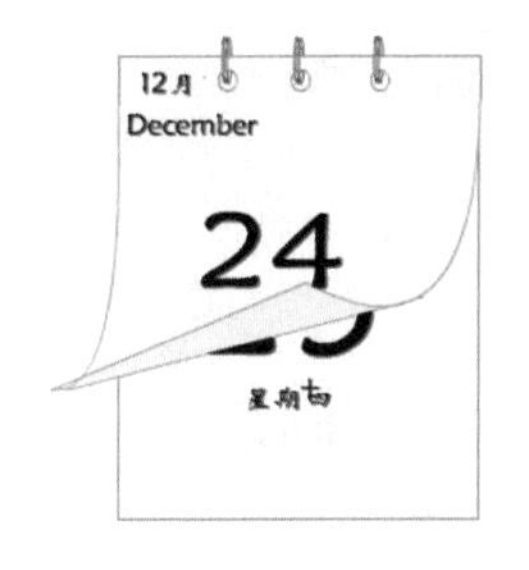

图 11-30　对第5帧图形变形

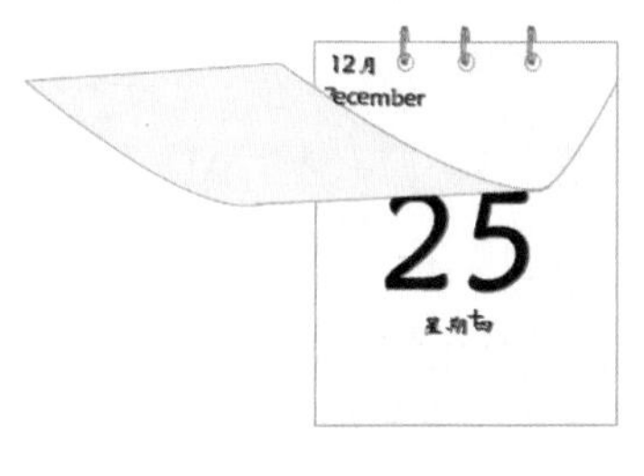

图 11-31　对第7帧图形变形

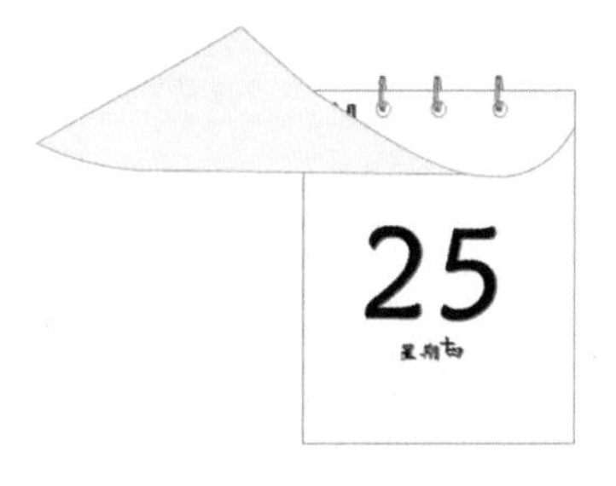

图 11-32　对第9帧图形变形

（4）“go”元件。

（1）新建按钮元件，命名为“go”。

（2）在按钮的“弹起”帧放“日历24”元件实例；按钮的“指针经过”帧放“翻页”元件实例；按钮的“按下”帧放“日历25”元件实例；在“点击”帧插入帧即可，如图11-33所示。

3．按钮元件“replay”

新建按钮元件，命名为“replay”。在按钮的弹起帧绘制如图11-34所示的图形，并在“指针经过”、“按下”帧插入关键帧。

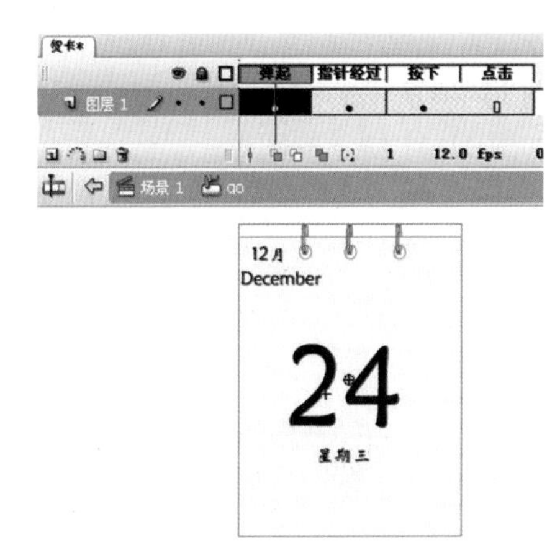

图 11-33　制作“go”按钮元件

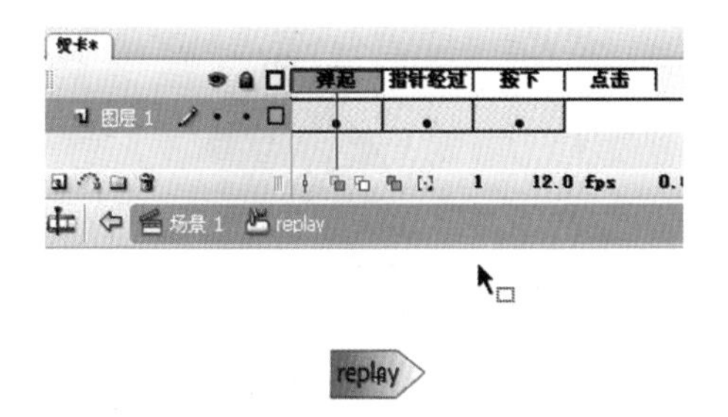

图 11-34　按钮“replay”元件

4. 图片元件

（1）新建名为“背景”的图形元件，绘制如图 11-35 所示的图片，该雪景图片作为部分场景的背景。

（2）新建名为“圣诞老人 1”的图形元件，导入如图 11-36 所示的图片。

（3）新建名为“圣诞老人 2”的图形元件，导入如图 11-37 所示的图形。

图 11-35 “背景”图形元件

图 11-36 “圣诞老人 1”图形元件

图 11-37 “圣诞老人 2”图形元件

（4）新建名为“圣诞老人 3”的图形元件，导入如图 11-38 所示的图形。

（5）新建名为“房子”的图形元件，绘制如图 11-39 所示的图形。

图 11-38 “圣诞老人 3”图形元件

图 11-39 “房子”图形元件

提示：“圣诞老人”的 3 幅图片均是在 Photoshop 里采用鼠标绘图绘制而成。

5. 圣诞树

（1）新建名为“圣诞树”的图形元件，绘制如图 11-40 所示的图形。

（2）新建名为“礼物”的影片剪辑元件，绘制如图 11-41 所示的图形。

图 11-40 “圣诞树”图形元件

图 11-41 “礼物”影片剪辑元件

(3) 新建名为“袜子”的图形元件，绘制如图 11-42 所示的袜子图形。

(4) 新建名为“飘动的袜子”的影片剪辑元件，使用“袜子”元件制作袜子随风飘动的效果，如图 11-43 所示。

(5) 新建名为“美丽的圣诞树”的影片剪辑元件，将制作好的“圣诞树”元件、“礼物”元件和“飘动的袜子”元件摆放好，组成如图 11-44 所示的美丽圣诞树。

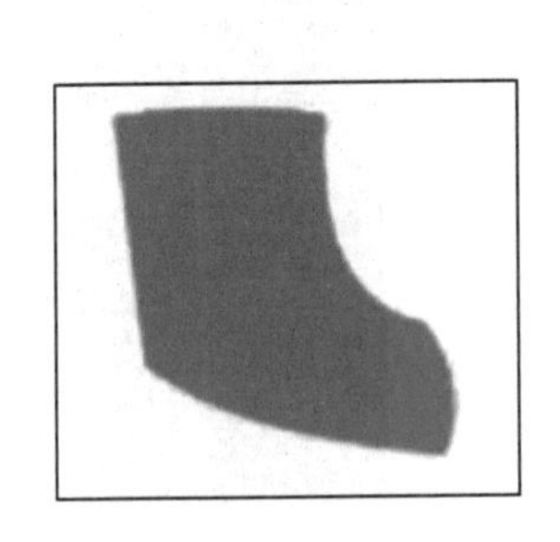

图 11-42 “袜子”图形元件

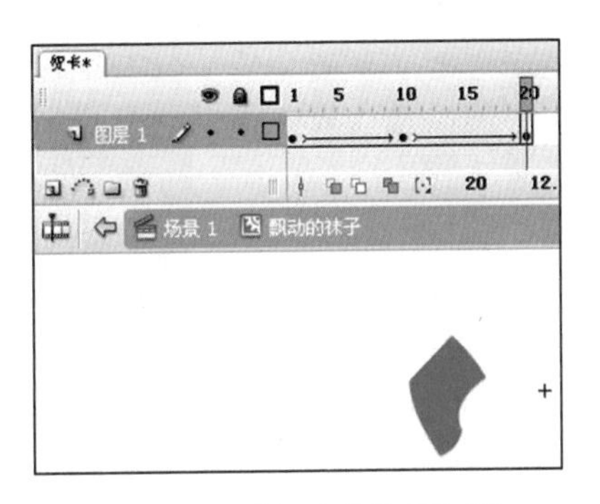

图 11-43 “飘动的袜子”影片剪辑元件

图 11-44 “美丽的圣诞树”影片剪辑元件

6. 床

(1) 新建名为“床”的图形元件，绘制如图 11-45 所示的图形。

(2) 新建名为“小孩”的影片剪辑元件，制作小孩睡觉的效果，如图 11-46 所示。

(3) 新建名为“合并”的影片剪辑元件，将小孩、床和袜子合并成一个元件，如图 11-47 所示。

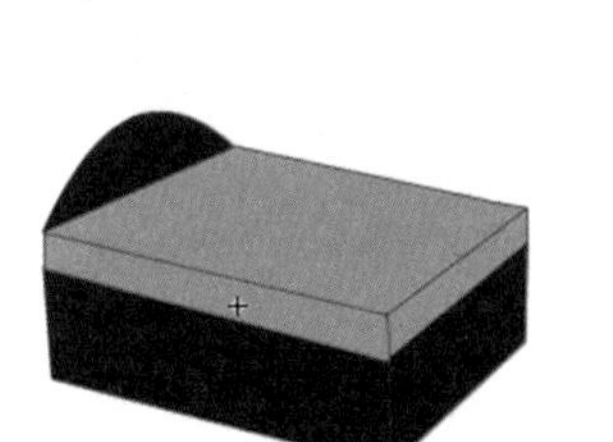

图 11-45 “床”的图形元件

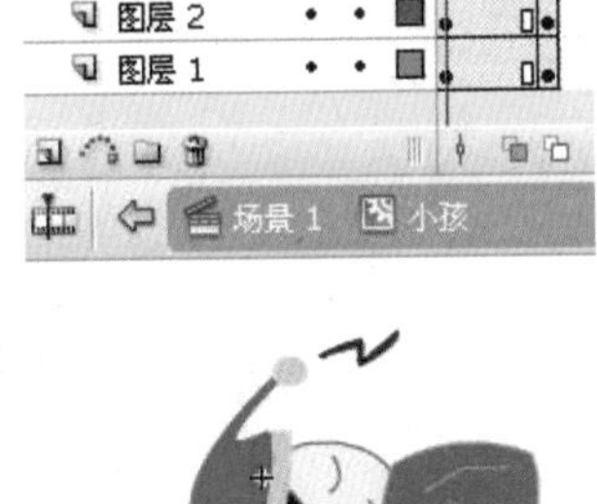

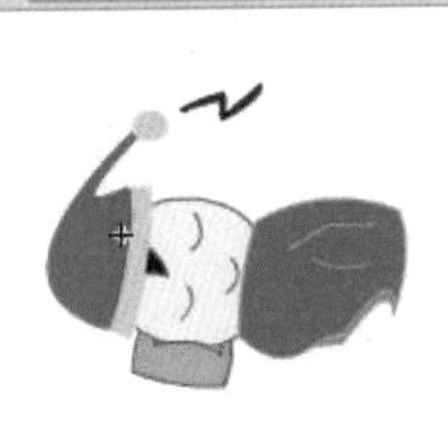

图 11-46 “小孩”影片剪辑元件

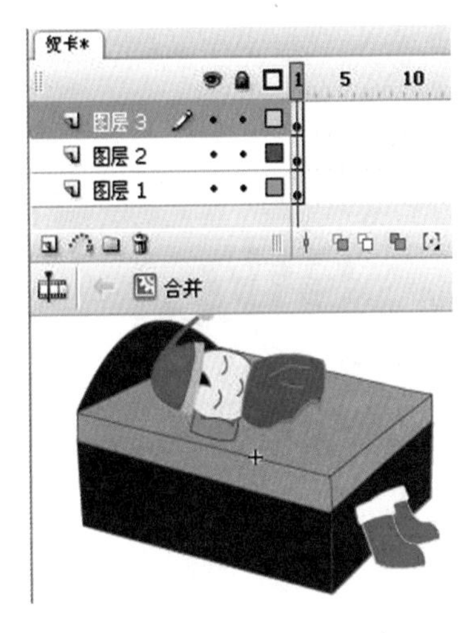

图 11-47 “合并”影片剪辑元件

7. 雪人

新建名为“雪人”的影片剪辑元件，绘制如图 11-48 所示的图形。

8. 烟花

(1) 新建名为“礼炮”的图形元件，绘制如图 11-49 所示的图形。

（2）新建名为“引线”的图形元件，绘制如图 11-50 所示的图形。

图 11-48 “雪人”影片剪辑元件

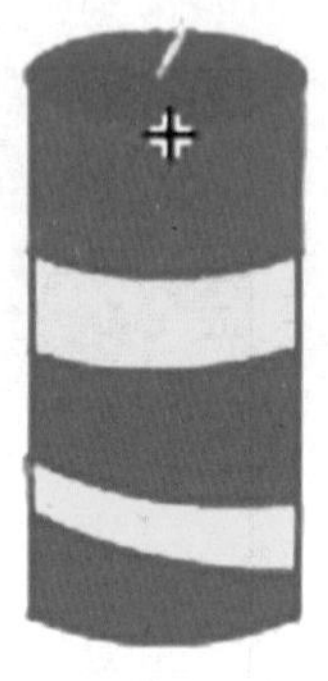

图 11-49 “礼炮”图形元件

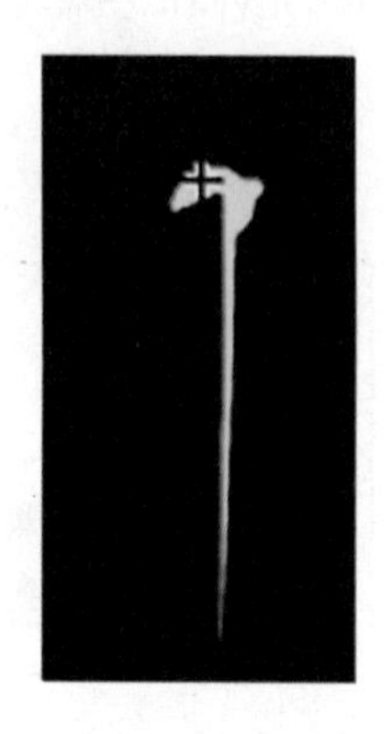

图 11-50 “引线”图形元件

（3）新建名为“烟花”的图形元件，绘制如图 11-51 所示的图形，该图形是作为礼炮引线引燃后的烟花图片。

（4）新建名为“烟花效果”的影片剪辑元件，使用“礼炮”、“引线”和“烟花”元件制作放烟花的过程，如图 11-52 所示。

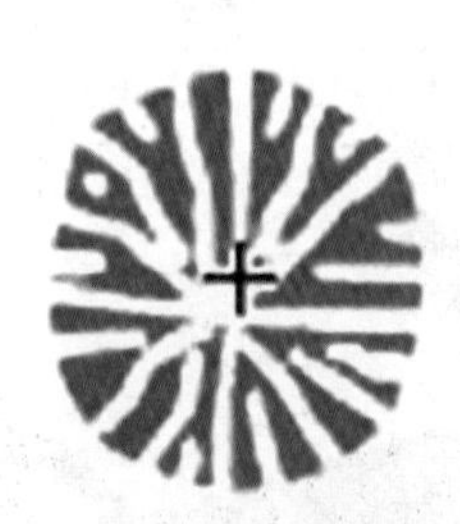

图 11-51 “烟花”图形元件

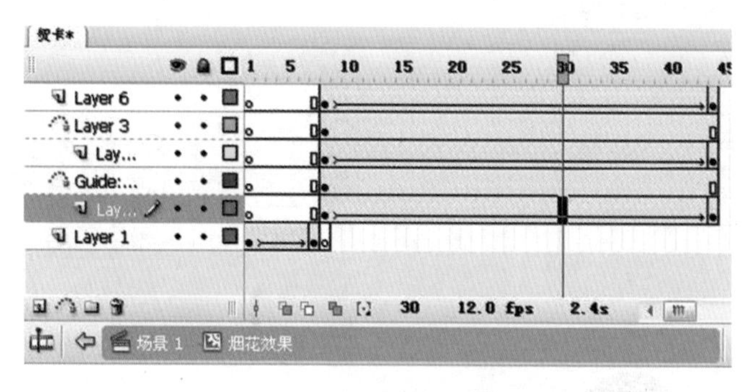

图 11-52 “烟花效果”影片剪辑元件

11.2.3 布置场景

（1）将“图层 1”改名为“背景”，绘制一个长方形，大小为 550 × 316，放置在场景的中央，并在第 470 帧插入关键帧，表明本动画的长度共为 470 帧，如图 11-53 所示。

（2）新建“图层 2”，并改名为“日历”。在该图层的第 1 帧放置“go”按钮元件，在第 2 帧插入空白关键帧。该按钮的作用是单击按钮时进入到下一个场景，如图 11-54 所示。

图 11-53 设置“背景”图层

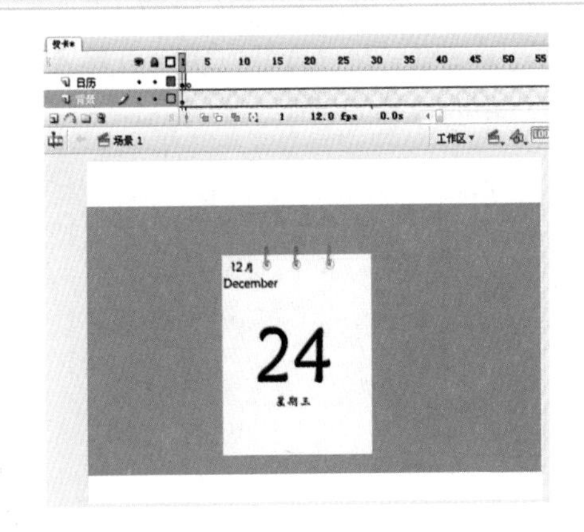

图 11-54 设置“日历”图层

（3）新建“图层 3”，并改名为“老人 1”。在该图层制作圣诞老人出现的场景。

① 在第 2 帧插入关键帧，保留第 1 帧为空白关键帧。选中第 2 帧，将【库】面板中的“圣诞老人 2”元件拖入到场景，并调整大小为 550×316。在第 30~69 帧插入关键帧，将第 69 帧的“圣诞老人 2”元件实例移动到场景最右边，创建第 30~69 帧之间的补间动画。这里制作的效果是，出现圣诞老人后停留一段时间，然后图片从左边移到右边，如图 11-55 所示。

② 当圣诞老人的图片移动到最右端时，房子的图片出现并移动。在第 70 帧插入关键帧，在该帧放“房子”元件；然后在第 119 帧插入关键帧，把房子的图片移动到舞台中央，并创建补间动画。这里制作的效果是房子慢慢地从左到右出现在读者面前，如图 11-56 所示。

图 11-55 “圣诞老人 2”图片的移动

图 11-56 “房子”图片的移动

③ 在该图层的第 164 帧插入关键帧，把房子图片扩大，使窗口基本覆盖整个场景，再创建补间动画。这里制作的效果是镜头拉近，焦点聚集到窗户上，如图 11-57 所示。

④ 在该图层的第 165 帧插入空白关键帧，准备转到下一个场景。将第 167 帧转化为关键帧，将“合并”元件拖入到舞台，放置在舞台中间靠下方的位置。在第 214 帧插入关键帧，将图片向左移动，实现镜头从右到左的移动，并创建补间动画。在第 260 帧

插入关键帧，将“合并”实例再移入到场景内，并将图片缩小，实现镜头由近到远的移动，并创建补间动画，如图 11-58 所示。

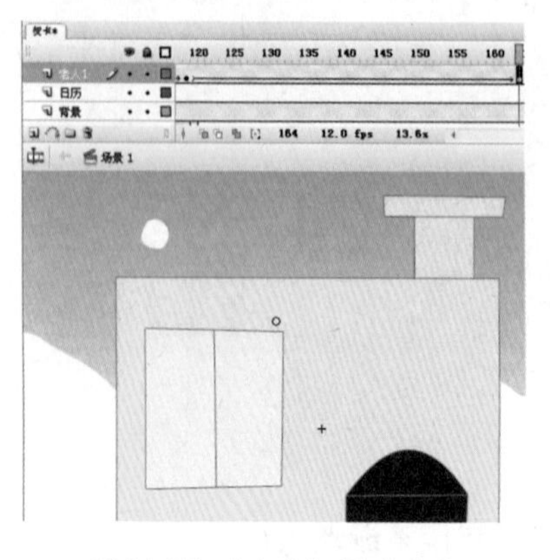

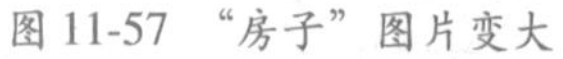

图 11-57 “房子”图片变大

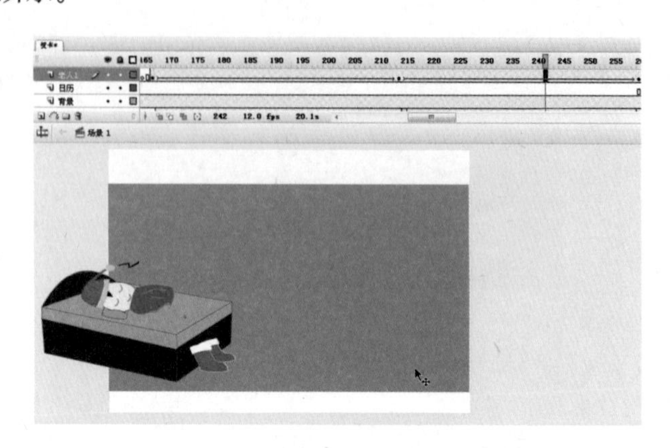

图 11-58 “合并”图片的效果

⑤ 接下来要制作的是圣诞老人来给熟睡的小孩送礼物。效果的制作就在“日历”图层的第 214~260 帧实现。在“日历”图层的第 214 帧插入关键帧，将“圣诞老人 1”元件拖入到场景的上方；在第 260 帧插入关键帧，将“圣诞老人 1”元件实例移动到床的旁边，并创建补间动画。实现圣诞老人从外面进入到房间，再走到小孩床边送礼物的效果，如图 11-59 所示。

(4) 新建“图层 4”，并将该图层改名为“雪人”。在该图层主要实现“雪人”和“圣诞树”的出现。该图层的制作应该结合“老人 1”图层来制作。

① 在该图层的第 30 帧插入关键帧，将“雪人”元件拖入到场景的最左端，在第 120 帧插入关键帧，将“雪人”实例拖入到场景的最右端，创建补间动画，实现“雪人”图片从左向右的移动，如图 11-60 所示。

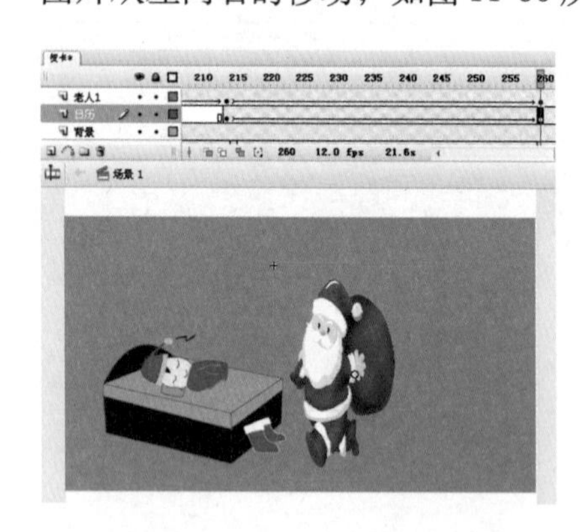

图 11-59 “圣诞老人 1”图片的移动

图 11-60 “雪人”图片的移动

② 在该图层的第 121 帧插入空白关键帧，结束雪人图片的出现；在第 217 帧插入关键帧，将“美丽的圣诞树”拖入到舞台右端的外部；在第 215 帧插入关键帧，将“美丽的圣诞树”实例移到舞台的中央，并创建补间动画。这里实现的圣诞树从舞台外部移入到舞台内的效果。在第 260 帧插入关键帧，将圣诞树向右移动并缩小，制作镜头由近及远的效果，并创建补间动画，如图 11-61 所示。

③ 在该图层的第 295 帧插入关键帧，实现圣诞树图片的停留效果。在第 296 帧插入空白关键帧，结束圣诞树的显示；在第 300 帧插入关键帧，将“背景”元件拖入到舞台左端的外部；在第 335 帧插入关键帧，将“背景”实例移动到舞台的中央，创建补间动画，如图 11-62 所示。

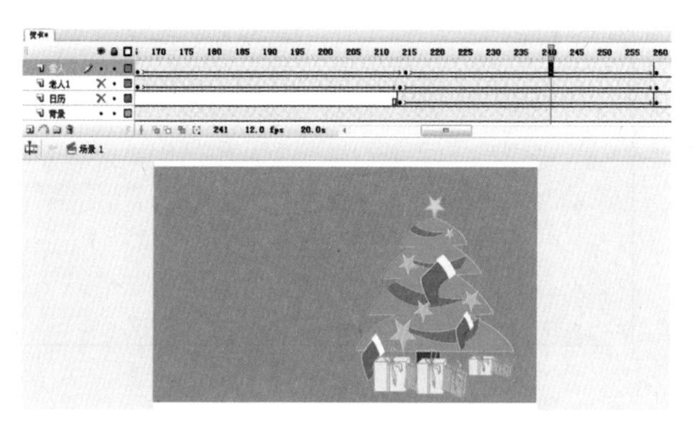

图 11-61 “美丽的圣诞树”图片的移动

图 11-62 “背景”图片的移动

（5）新建“图层 5”，并改名为“房子背景”。接下来要制作的效果是以房屋为背景，圣诞老人驾着雪鹿到其他的地方送礼物了。这个效果必须用多个图层的合成来完成。在该图层的第 300 帧插入关键帧，将“房子”元件拖入到舞台，并把该图层拉长；在第 335 帧插入关键帧，将“房子”实例移动到场景右边，如图 11-63 所示。

（6）新建“图层 6”，并改名为“老人 2”。在该图层的第 300 帧插入关键帧，将“圣诞老人 3”元件拖入到舞台，并放置在舞台的右下方；在第 335 帧插入关键帧，将“圣诞老人 3”实例移动到舞台的左下方，创建补间动画；在第 380 帧插入关键帧，将“圣诞老人 3”实例移动到舞台的左上方，并将图片缩小，旋转方向，创建补间动画，实现圣诞老人朝着远方离去的效果；在第 400 帧插入关键帧，将“圣诞老人 3”实例移动到舞台的外部，实例的透明度改为 0，并创建补间动画，如图 11-64 所示。

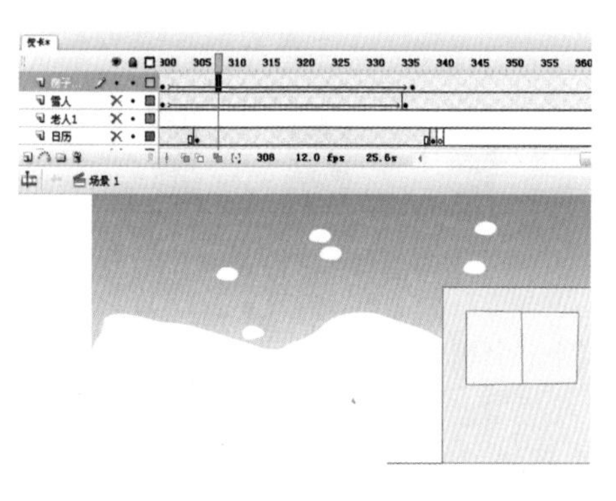

图 11-63 “房子”图片的移动

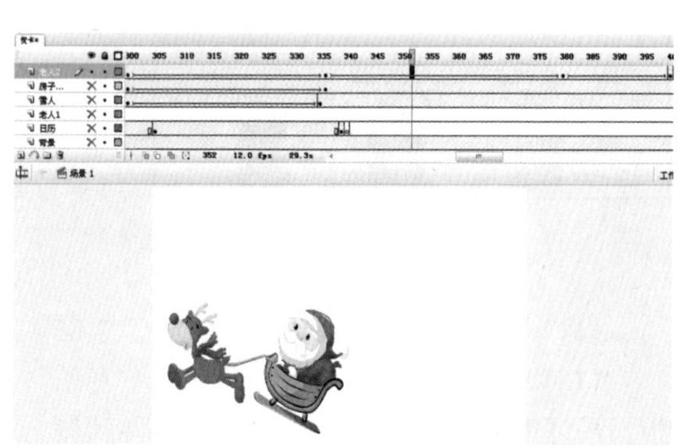

图 11-64 “圣诞老人 3”图片的移动

（7）新建“图层 7”，并改名为“礼炮 1”。在该图层的第 400 帧插入关键帧，将“礼炮”元件拖入到舞台的左上角；在第 425 帧插入关键帧，将“礼炮”实例移动到舞台的右下方，创建补间动画，并逆时针旋转 1 次，如图 11-65 所示。

（8）新建两个图层，分别命名为“礼炮 2”和“礼炮 3”，制作步骤同第（7）步。在

创建补间动画时，一个设置为顺时针旋转 1 次，另一个不设置效果，如图 11-66 所示。

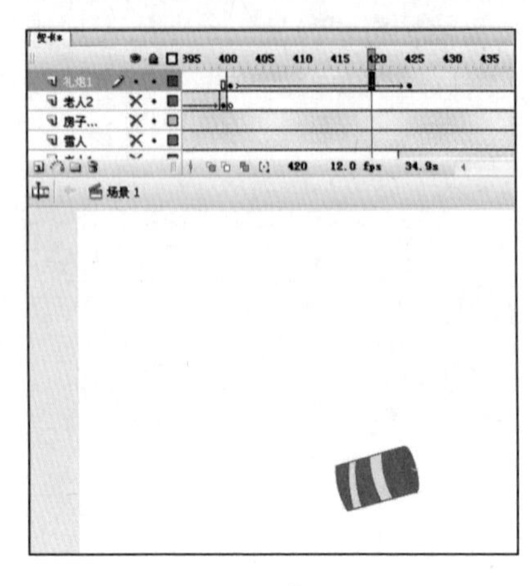

图 11-65 “礼炮”图片的移动

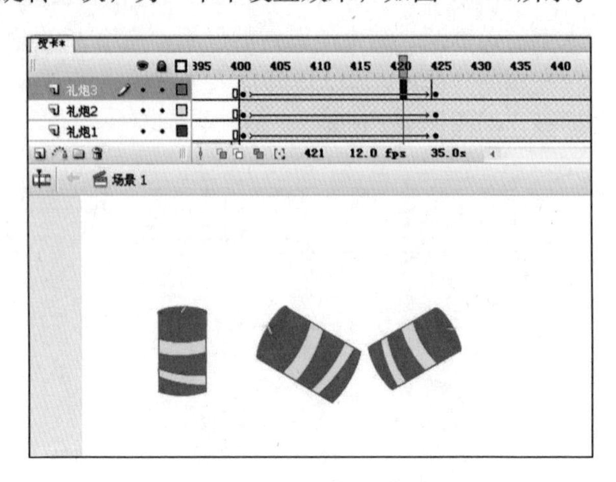

图 11-66 “礼炮”

（9）新建“图层 10”，并改名为“烟花”。在该图层的第 425 帧插入关键帧，将“烟花效果”元件拖入到舞台，创建 3 个实例，分别放在礼炮上面，如图 11-67 所示。

（10）新建“图层 11”，并改名为“文本”。在该图层的第 425 帧插入关键帧，从这帧开始，创建逐字显示的效果，并在后面改变“圣诞节快乐”文字的颜色；在第 470 帧插入关键帧，将“replay”按钮放置在舞台的右下角，如图 11-68 所示。

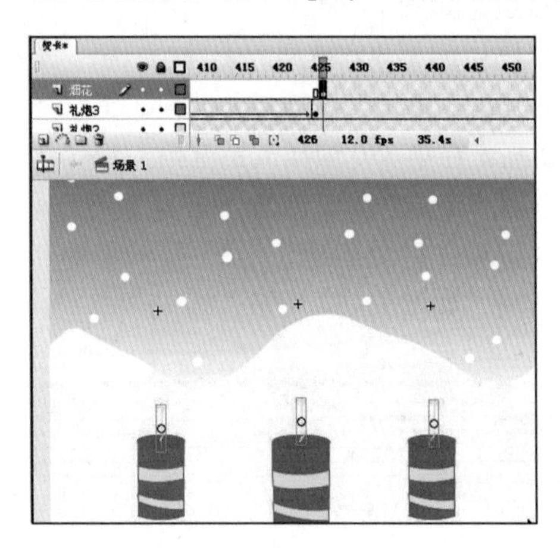

图 11-67 创建“烟花效果”元件实例

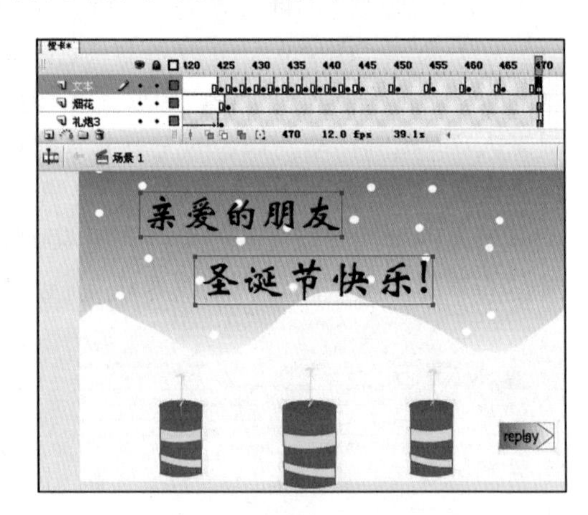

图 11-68 创建文本显示效果

（11）新建“图层 12”，并改名为“黑框”，绘制一个黑色的边框，如图 11-69 所示。

（12）新建“图层 13”，并改名为“音乐”。导入背景音乐“dzrqs.mp3”到【库】面板。从【库】面板中拖入“鼠标”元件到舞台，并添加“dzrqs.mp3”音乐，设置音乐类型为“事件”。如图 11-70 所示。

11.2.4 添加代码

（1）在“背景”图层的第 1 帧和第 470 帧上分别写上代码“stop( );”，即让动画在开始播放时先停止在第 1 帧，播放到最后一帧也停止。

（2）选择“日历”图层的“go”按钮元件实例，打开【动作】面板，添加代码如下：

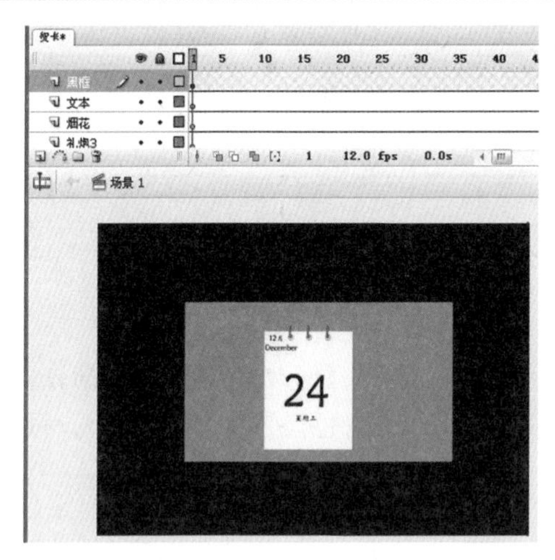

图 11-69　绘制黑框

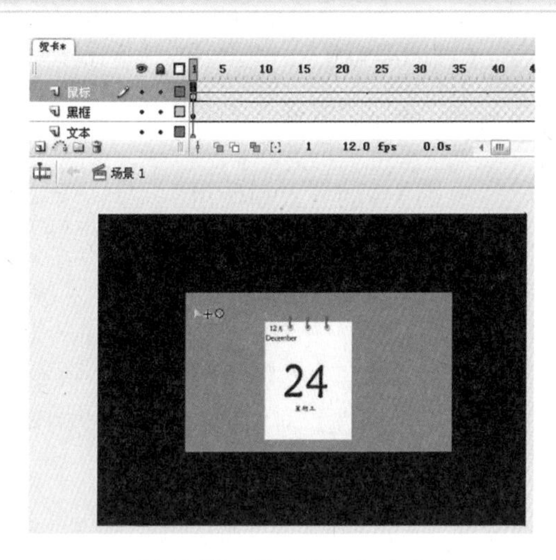

图 11-70　设置鼠标和音乐

```
on(release){gotoAndPlay(2);}
```

即单击该按钮时，转到第 2 帧并开始播放。

(3) 选择“文本”图层第 470 帧的“replay”按钮，打开【动作】面板，添加代码如下：

```
on(release){gotoAndPlay(2);}
```

即单击该按钮时，返回到第 2 帧重新开始播放。

11.2.5　测试影片

至此，贺卡已经制作完毕。测试影片效果如图 11-71 所示。

图 11-71　“贺卡”测试效果图

11.3　课件——什么是力

【设计思路】

本实例制作“什么是力”的物理课件。将课件的内容制作成不同的元件，然后通过按钮来实现课件内容的播放。

【技术要点】

- 元件的创建和编辑。
- 遮罩层的使用。
- 声音的导入和使用。

本实例的实现方法介绍如下。

11.3.1 文档布局

选择【文件】/【新建】命令，新建一个Flash文档。选择【修改】/【文档】命令，打开【文档属性】对话框，将尺寸大小设置为640×480，背景色设置为#F000033。将该文件以“课件”为文件名保存。

11.3.2 “封面”场景的制作

打开【窗口】/【其他面板】/【场景】命令，打开【场景】面板，将“场景1”名称改为“封面”。下面制作“封面”场景。

1．制作元件

(1) 新建按钮元件，改名为“上课”，制作如图11-72所示的按钮。

(2)“泡泡”影片剪辑元件。

① 新建图形元件，并改名为“水泡”，绘制如图11-73所示的图形。

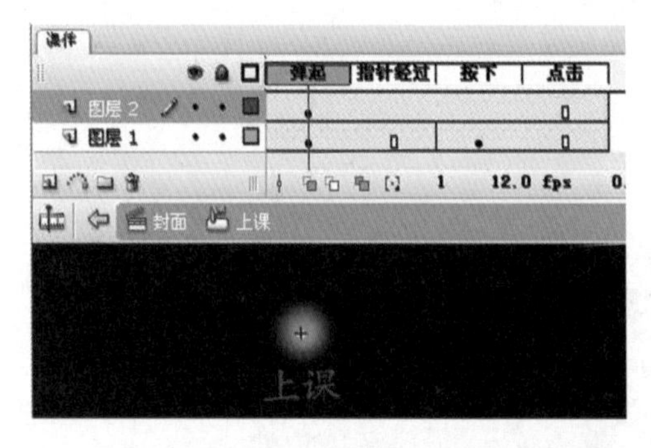

图11-72 “上课”按钮元件

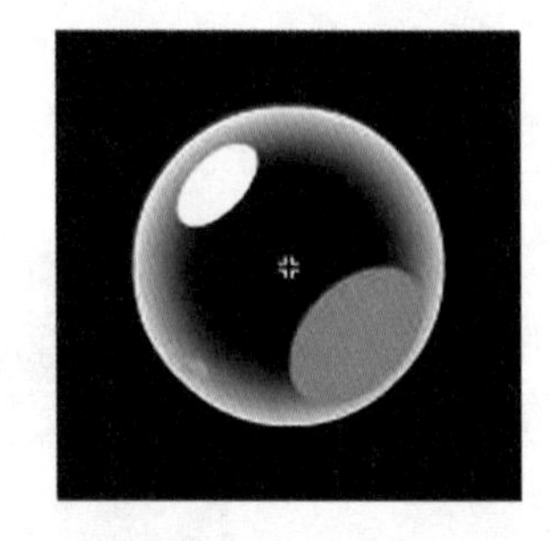

图11-73 “水泡”图形元件

② 新建影片剪辑元件，并改名为“泡泡”。在该元件编辑窗口的第1帧将“水泡”元件拖入进来，放在元件中心的下方。在第40帧插入关键帧，将“水泡”实例的位置移动到元件中心的上方；在第80帧插入关键帧，再将“水泡”实例往上移动一段距离。将第1帧和第80帧对应的“水泡”实例的透明度改为0，创建补间动画。这里制作的是“水泡”慢慢上升的过程，上升过程中，Alpha值由0到100%，然后再重新返回到0的过程，如图11-74所示。

(3) 新建影片剪辑元件，改名为“教材标题”。在第1帧输入文字“国家基础课程改革实验教科书8年级 物理”。选定该文字，将其转换为图形元件，改名为“教标”。接下来制作“教标”实例大小的变换。在第10帧、第20帧、第30帧、第40帧、第50帧、第60帧插入关键帧，改变每个关键帧所对应“教标”实例的大小，并适当更改透明度，创建相应的补间动画，效果如图11-75所示。

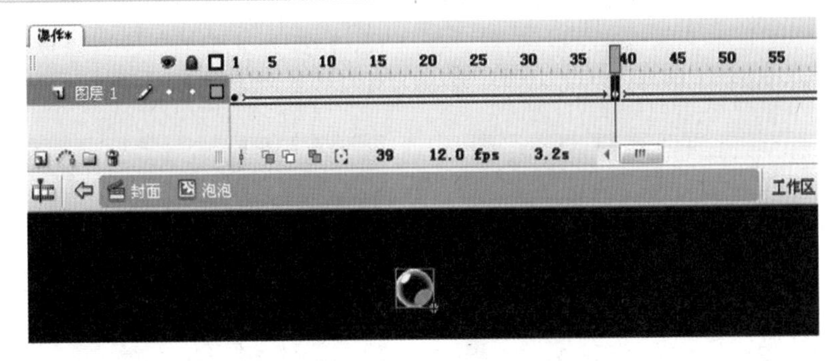

图 11-74 “泡泡”影片剪辑元件

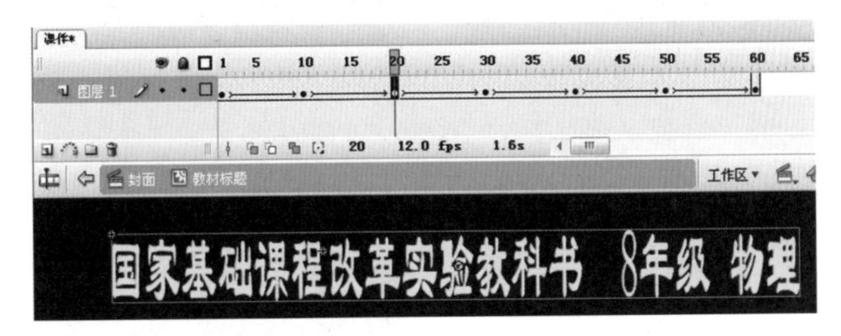

图 11-75 “教材标题”影片剪辑元件

(4) 新建影片剪辑元件，改名为“课题”。该元件的制作方法类似于“教材标题”的制作。先输入文字“什么是力”，将其分离2次，并填充七彩色。选定文字，将其转换为图形元件，改名为“课题名”，接下来制作“课题名”实例大小的变换，如图 11-76 所示。

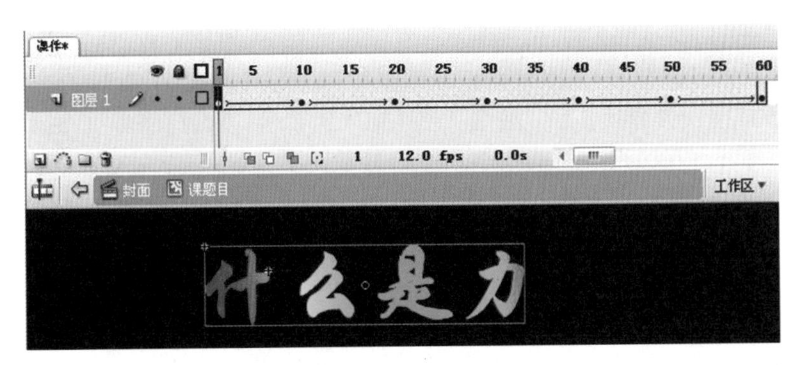

图 11-76 “课题”影片剪辑元件

(5) “光芒”影片剪辑元件。

① 新建图形元件，并改名为“光圈”，绘制如图 11-77 所示的光圈图形。

② 新建图形元件，并改名为“光线”，绘制如图 11-77 所示的光线图形。

③ 新建影片剪辑元件，并改名为“光芒”。该元件使用“光圈”和“光线”由小变大，并更改透明度来完成，如图 11-78 所示。

2. 布置场景

(1) 将“图层 1”改名为“水泡 1”，将【库】面板中的“泡泡”元件拖入到舞台，

并创建4个实例放置在舞台的不同位置。在第150帧插入关键帧，设置该场景的播放长度为150帧，如图11-79所示。

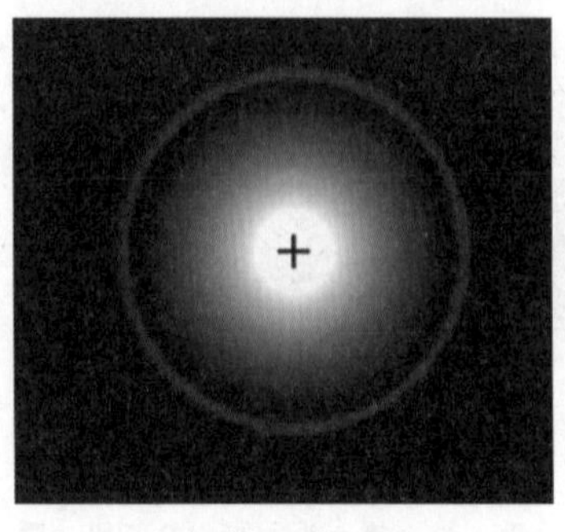

(a)“光圈”元件

(b)“光线”元件

图11-77 “光圈”和“光线”元件

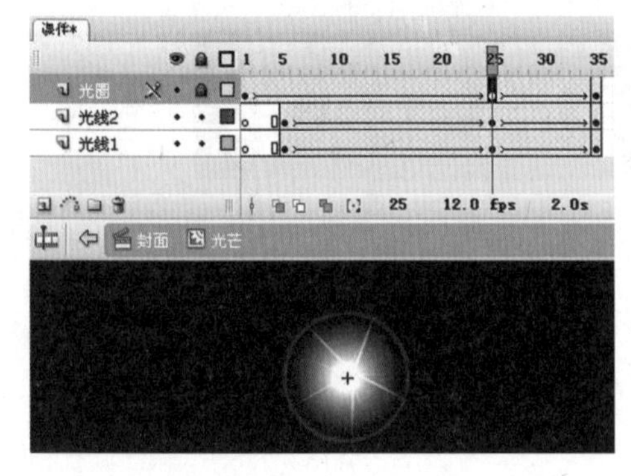

图11-78 “光芒”影片剪辑元件

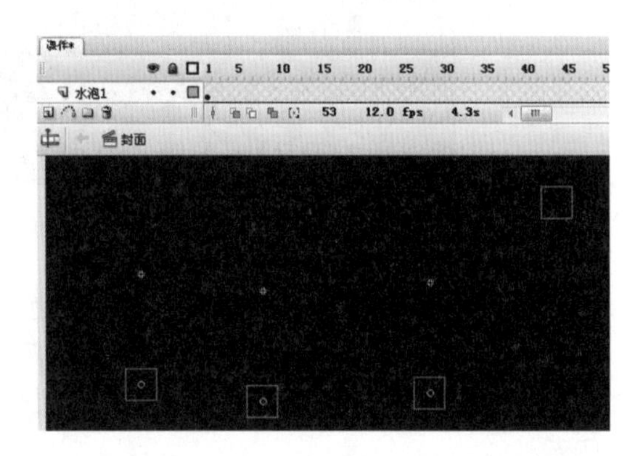

图11-79 设置“水泡1”图层

(2) 新建“图层2”和“图层3”，分别改名为“水泡2”和“水泡3”。在“水泡2”图层的第25帧插入关键帧，将“泡泡”元件拖入到舞台，放置在和“水泡1”图层中实例不相同的位置。在“水泡3”图层的第50帧插入关键帧，将“泡泡”元件拖入到舞台，如图11-80所示。

(3) 新建“图层4”，并改名为“光芒”。从【库】面板中将“光芒”元件拖入到舞台中央，如图11-81所示。

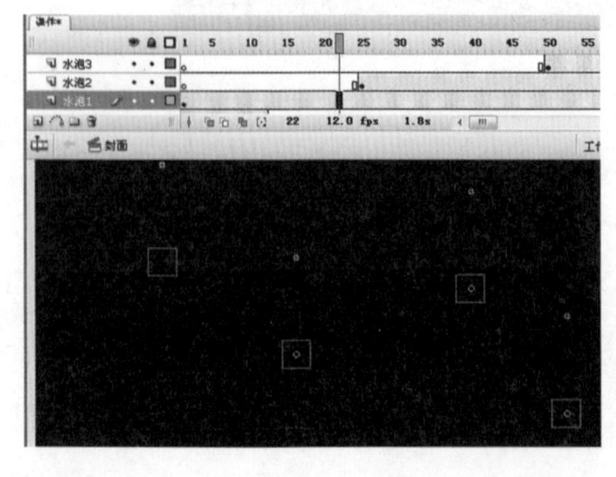

图11-80 设置“水泡2”和“水泡3”图层

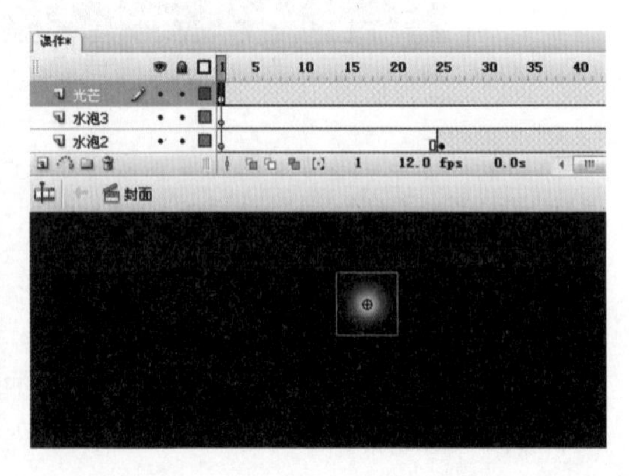

图11-81 设置“光芒”图层

（4）新建“图层 5”，并改名为“标题”。在第 50 帧插入关键帧，从【库】面板中将“教材标题”影片剪辑元件拖入到舞台的上方；新建“图层 6”，并改名为“课题”，在第 50 帧插入关键帧，从【库】面板中将“课题”影片剪辑元件拖入到舞台中央，如图 11-82 所示。

（5）新建“图层 7”，并改名为“按钮”。在第 150 帧插入关键帧，将“上课”按钮拖入到场景的左下角；新建“图层 8”，并改名为“音乐”，从外部导入声音文件“背景音乐”，设置同步属性为“事件”，如图 11-83 所示。

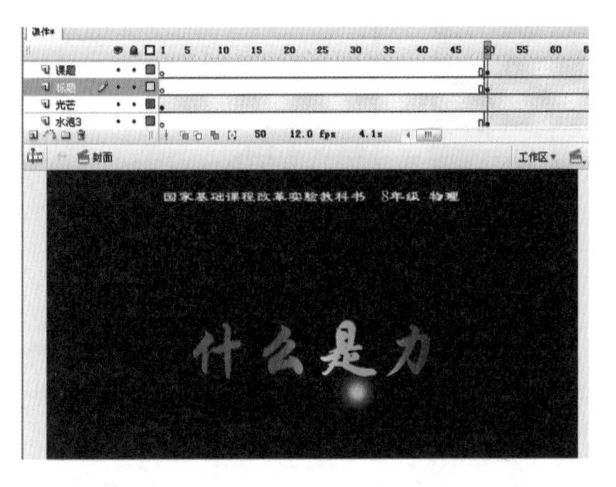

图 11-82　设置“标题”和“课题”图层

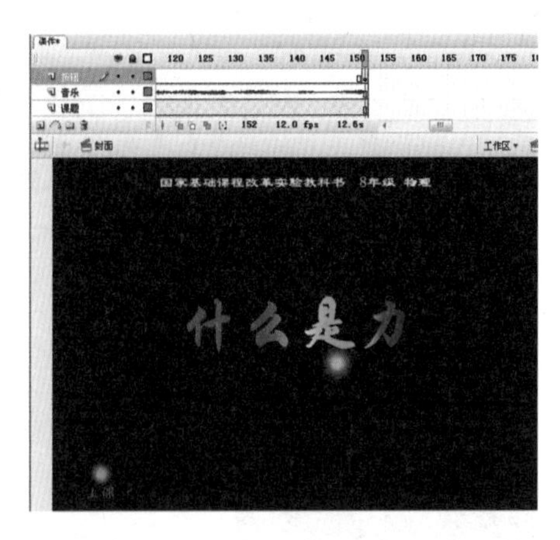

图 11-83　设置“按钮”和“音乐”图层

3．添加代码

（1）选定“水泡 1”图层的第 150 帧，打开【动作】面板，输入代码：

```
stop（）;
```

（2）选定“按钮”图层的按钮，在按钮上输入代码：

```
on (release) {
    gotoAndPlay(" 课件内容 ",1); }
```

11.3.3　“课件内容”场景的制作

选择【窗口】/【其他面板】/【场景】命令，新建一场景，改名为“课件内容”。

1．制作元件

（1）导入外部素材

① 导入声音文件“button”和“sound”到【库】面板。

② 导入视频文件“juzhong”到【库】面钣。

（2）背景元件

在【库】面板中建立一个文件夹，改名为“背景元件”。下面制作的元件全部放到该文件夹中。

① 新建影片剪辑元件，并改名为“背景 1”，绘制如图 11-84 所示的图形。

② 新建影片剪辑元件，并改名为“背景 2”，绘制如图 11-85 所示的图形。

③ 新建影片剪辑元件，并改名为“红球”，绘制如图 11-86 所示的图形。

④ 新建影片剪辑元件，并改名为“什么是力”。在“图层 1”的第 1 帧输入文字“什么是力”，选定该文字，转化为图形元件，命名为“力”。在“图层 1”的第 10 帧、第 20 帧、第 30 帧、第 40 帧、第 50 帧分别插入关键帧，改变“力”实例的大小，并创建补间动画，如图 11-87 所示。

图 11-84 “背景 1”影片剪辑元件

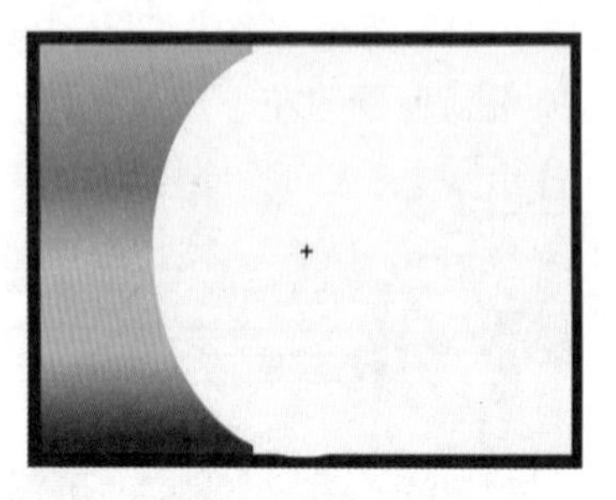

图 11-85 “背景 2”影片剪辑元件图

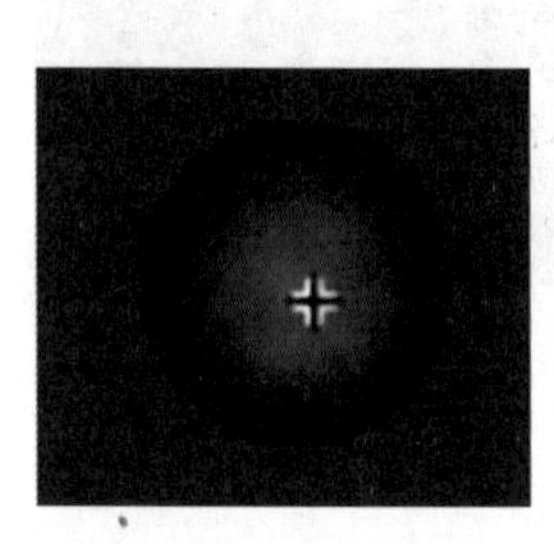

图 11-86 “红球”影片剪辑元件

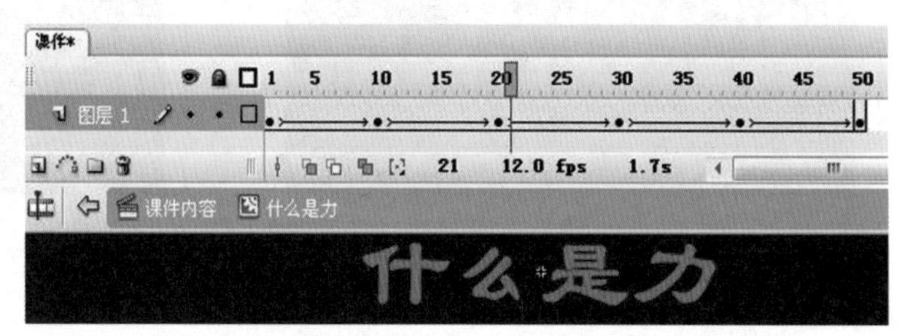

图 11-87 “什么是力”影片剪辑元件

(3) 按钮元件

在【库】面板中建立一个文件夹，改名为“按钮元件”。下面制作的元件全部放到该文件夹中。

① 新建按钮元件，改名为“导入课题”。在图层 1 的“弹起”帧绘制一个长方形，在“指针经过”、“按下”和“点击”帧插入关键帧，并使“指针经过”和“按下”帧所对应的长方形更改颜色。新建“图层 2”，输入文字“导入课题”。新建“图层 3”，在“指针经过”帧添加声音“button”，如图 11-88 所示。

② 新建按钮元件，改名为“力是什么”。该按钮的制作方法与“导入课题”按钮的制作方法完全相同，只需将文字改成“力是什么”，如图 11-89 所示。

③ 其他按钮。接下来制作“目标反馈”、“师生小结”、“相互作用”、“学习目标”和“作用效果”按钮元件。这些按钮的制作方法与“导入课题”按钮的制作方法相同，在这里不再一一介绍。

(4) 文字按钮

在【库】面板中建立一个文件夹，改名为“文字元件”。下面制作的元件全部放到该文件夹中。

① 新建一按钮元件，改名为“吊车举重”。在图层的“弹起”帧输入文字“吊车举重”，在“点击”帧插入帧，如图 11-90 所示。

② 接下来制作“结论”、“人拉车”、“手推墙”、“手压桌子”、“效果一”和“效果二”等按钮元件，制作方法与“吊车举重”按钮的制作方法相同，在这里不再一一介绍。

（5）内容元件

① 新建影片剪辑元件，并改名为“吊车举重”。将“图层 1”改名为“吊车”，从外部导入一幅图片，在第 20 帧插入帧。新建“图层 2”，并改名为“物体”，绘制一个物体，将该物体转换为图形元件，改名为“物体 1”。在“物体”图层的第 1 帧将物体放到吊车的底部，在第 20 帧插入关键帧，将物体移到吊车的上部，创建补间动画，并在第 20 帧的关键帧上添加语句“stop（）；”，让物体从吊车下部移动到上部后就停止下来，如图 11-91 所示。

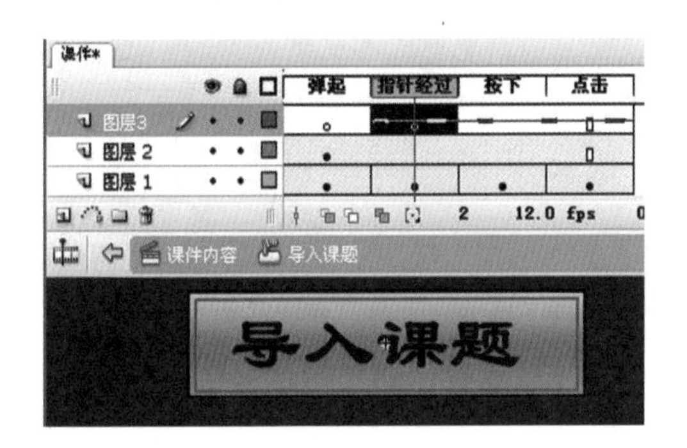

图 11-88　“导入课题”按钮元件

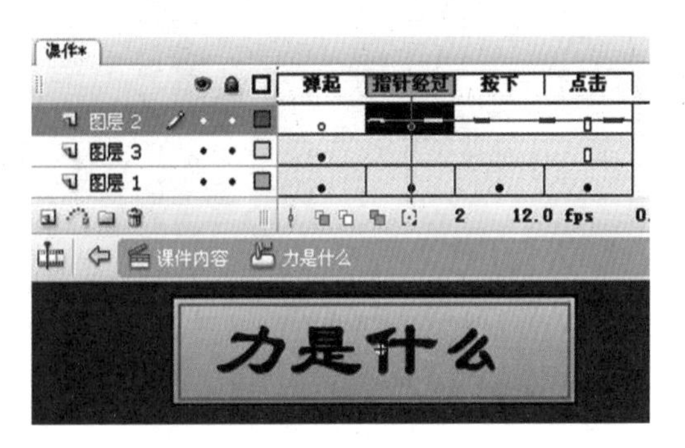

图 11-89　“力是什么”按钮元件

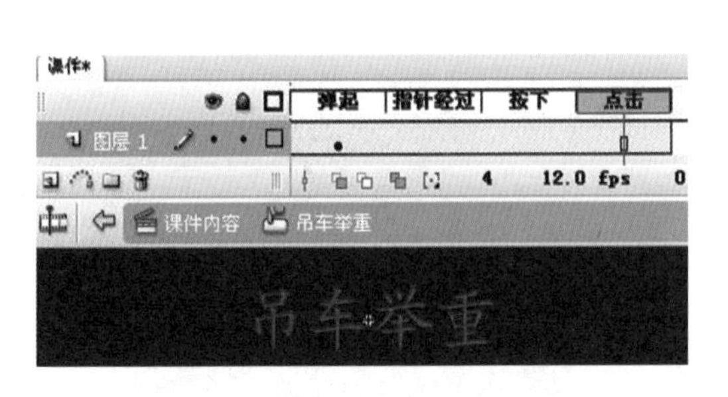

图 11-90　“吊车举重”文字按钮

图 11-91　“吊车举重”影片剪辑元件

② 新建影片剪辑元件，并改名为“举重”。选中“图层 1”，将“juzhong”视频拖入到舞台，并在第 120 帧插入帧；新建“图层 2”，在该图层设置文字的变化，如图 11-92 所示。

③ 新建影片剪辑元件，并改名为“人拉车”。选中“图层 1”的第 1 帧，从外部导入图片“人拉车”。在这里对该图片做些处理，选中该图片，选择【修改】/【位图】/【转换位图为矢量图】命令，然后将图中的背景黄色去掉。选中修改后的图片，将其转换为图形元件，并改名为“车”。选中第 30 帧，转换为关键帧，将“车”实例拉到右边，创

建补间动画。选中第 30 帧，在该关键帧上添加语句“stop ()；”，让“车”从左到右运动后停止下来，如图 11-93 所示。

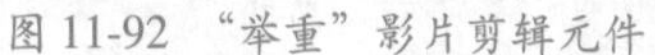

图 11-92 “举重”影片剪辑元件

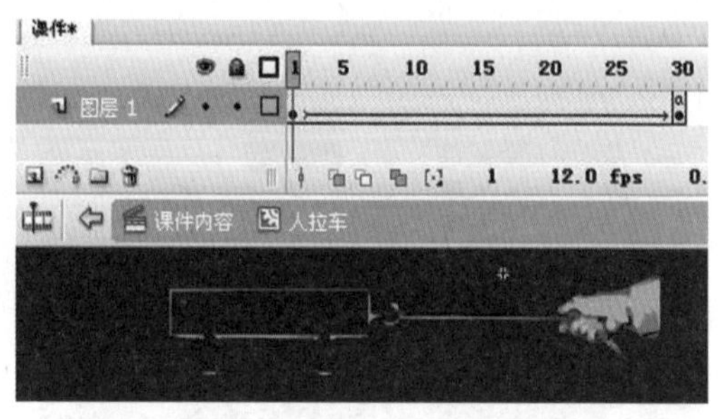

图 11-93 “人拉车”影片剪辑元件

④ “人推墙”影片剪辑元件。

● 新建按钮元件，改名为“演示”。在“图层 1”的“弹起”帧绘制一个绿球；在“按下”帧插入关键帧，将球的颜色改为红色；并在“点击”帧插入帧。新建“图层 2”，在“弹起”帧输入文字“演示”，然后在“点击”帧插入帧，如图 11-94 所示。

● 新建图形元件，并改名为“人”。从外部导入“人”的图片，选中该图片，选择【修改】/【位图】/【转换位图为矢量图】命令，然后将图中的背景黄色去掉，如图 11-95 所示。

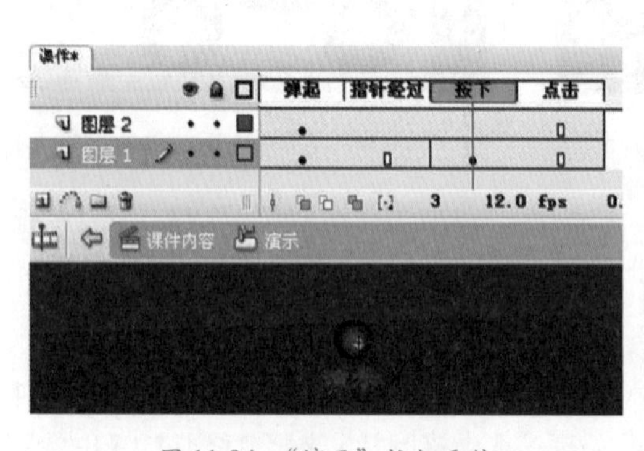

图 11-94 “演示”按钮元件

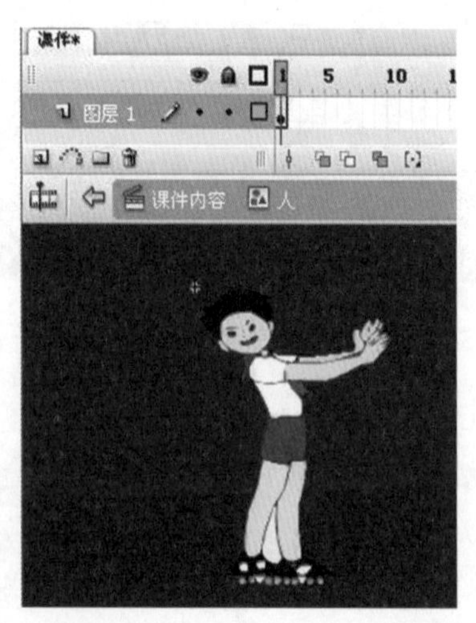

图 11-95 “人”图形元件

● 新建影片剪辑元件，并改名为“人推墙”。选中“图层 1”，将“人”元件拖入到舞台，在第25帧插入关键帧，将“人”实例移到舞台左边，并在第25帧添加语句“stop ();”，让“人”从右边运动到左边后停止下来。新建“图层2”，在该层绘制墙壁的背景图片。新建“图层3”，将“演示”按钮拖入到舞台，如图11-96所示。

⑤ 在制作“手压桌子”影片剪辑元件之前，先制作“手”、“桌子”的文字按钮和“痛”的影片剪辑元件。接下来再制作“手压桌子”的影片剪辑元件，该元件主要是添加文字，步骤比较简单，这里不再详细介绍，如图11-97所示。

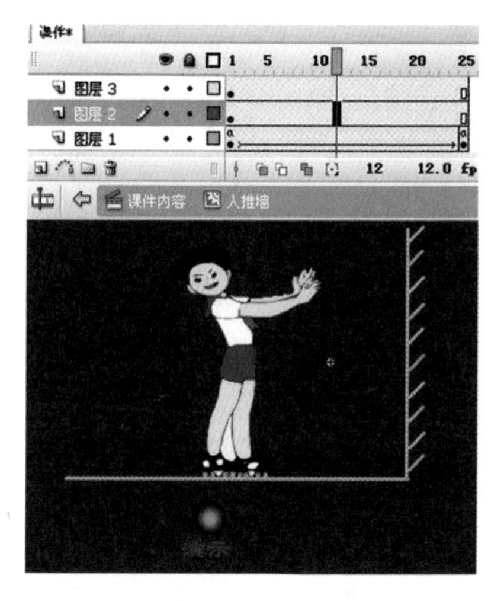

图 11-96 “人推墙”影片剪辑元件

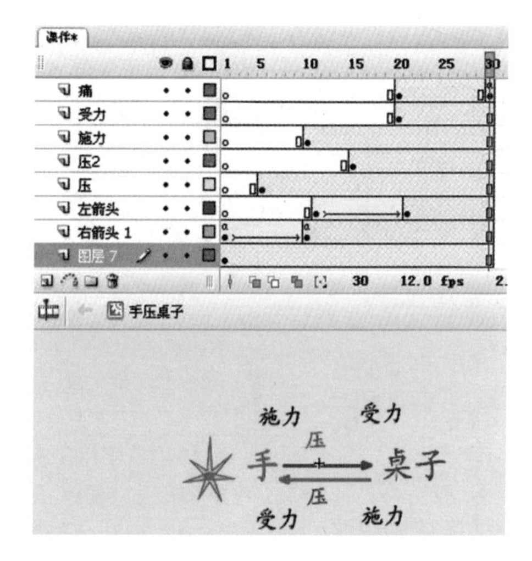

图 11-97 “手压桌子”影片剪辑元件

⑥ 新建影片剪辑元件，并改名为“形变”。将“图层1”改名为“桌腿”，在第1帧绘制桌腿的图形，并在第30帧插入帧。新建“图层2”，改名为“桌面”，在第1帧绘制桌面的图形，在第15帧、第30帧插入关键帧，并将第30帧的图形变形，接下来在第15帧和第30帧之间创建形状补间动画。新建“图层3”，并改名为“物体”。绘制一个长方形作为物体，并将该物体转换为图形元件，改名为“物体2”。在该图层制作“物体”从上面落下，并使桌面发生形变的效果，并在“物体”图层的第30帧添加代码“stop ();”，如图11-98所示。

2. 布置场景

进入名为“课件内容”的场景，接下来使用刚才制作好的元件来布置该场景。

(1) 将图层改名为“背景2”。从【库】面板中将“背景2”元件拖入到舞台，并在第145帧插入帧，如图11-99所示。

(2) 新建“图层2”，并改名为“背景1”。从【库】面板中将“背景1”元件拖入到舞台的左上方。在第10帧插入关键帧，将该实例移入到左上角，并缩小该实例，创建补间动画，如图11-100所示。

(3) 新建“图层3”，并改名为“标题”。将“什么是力”元件拖入到舞台，放置在舞台的左上角，如图11-101所示。

(4) 新建“图层4”，并改名为“红球”。在第15帧插入关键帧，从【库】面板中拖入“红球”元件，放置在弧线上。接着在第20帧插入关键帧，再创建一个“红球”实例，放置在第一个红球的下方。在第25帧、第30帧、第35帧、第40帧和第45帧都插

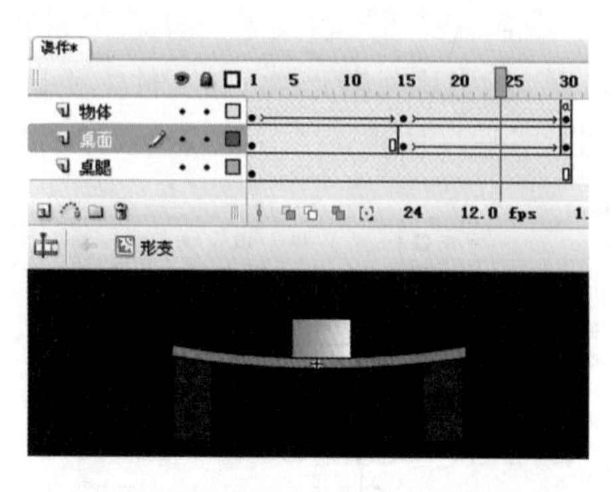

图 11-98 “形变”影片剪辑元件

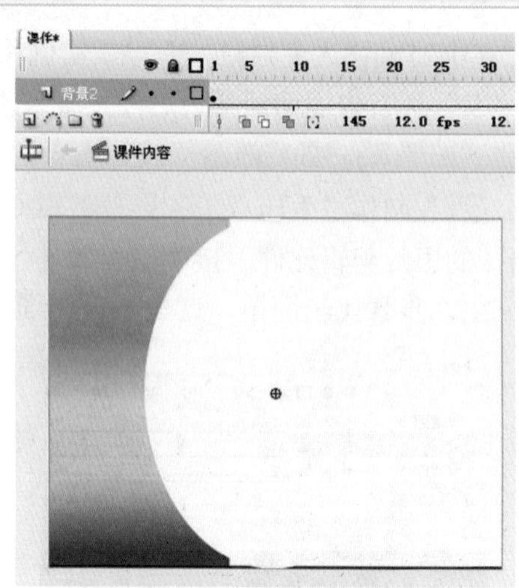

图 11-99 “背景 2”图层

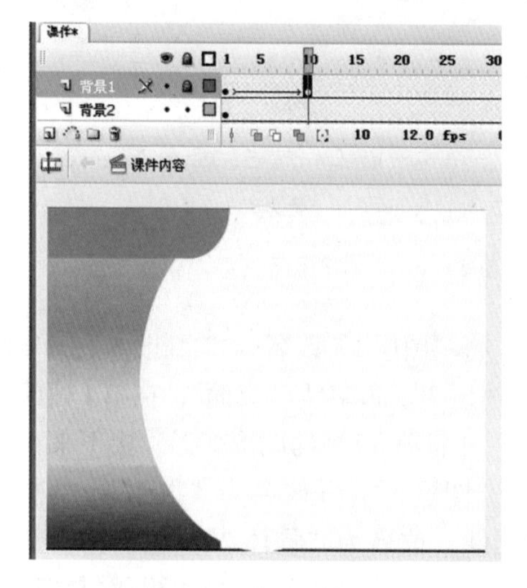

图 11-100 “背景 1”图层

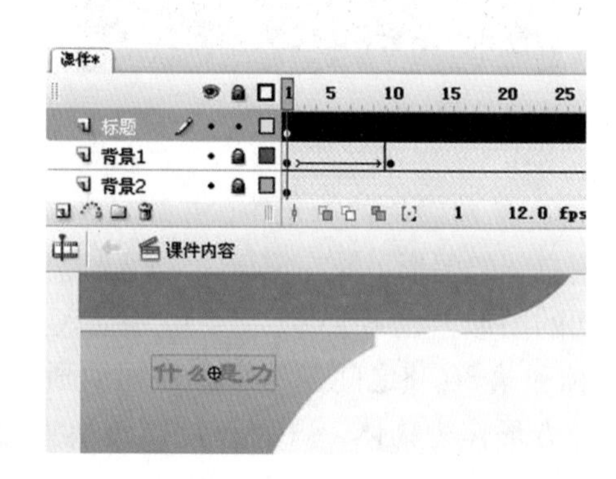

图 11-101 “标题”图层

入关键帧，每增加一个关键帧就增加一个红球，如图 11-102 所示。

(5) 新建“图层 5”，并改名为“导入课题”。在该图层的第 45 帧插入关键帧，将“导入课题”按钮拖入到第 1 个红球的左边；在第 55 帧插入关键帧，将第 45 帧对应的按钮缩小，并将 Alpha 设置为 10%，在两关键帧之间创建补间动画，如图 11-103 所示。

(6) 接下来将其他的按钮放入舞台，每个图层放一个按钮，共 6 个按钮，每个按钮进入的方法与“导入课题”按钮制作方法相同。但按钮进入的开始帧不同，采用逐个显示的方法，并在“目标反馈”图层的第 115 帧添加代码“stop( );”，如图 11-104 所示。

(7) 新建图层，并改名为“文字按钮”。在第 119 帧插入关键帧，将“人拉车”、“吊车举重”和“结论”三个按钮元件拖入到舞台，放置在“力是什么”按钮的右侧；在第 123 帧插入空白关键帧，将“手推墙”、“手压桌子”和“结论”三个按钮拖入到舞台，放置在“相互作用”按钮的右侧；在第 127 帧插入空白关键帧，将“效果一”和“效果二”两个按钮拖入舞台，放置在“作用效果”按钮的右侧；在第 130 帧插入空白关键帧。然后在第 119 帧、第 123 帧、第 127 帧都添加代码“stop( );”。效果如图 11-105 所示。

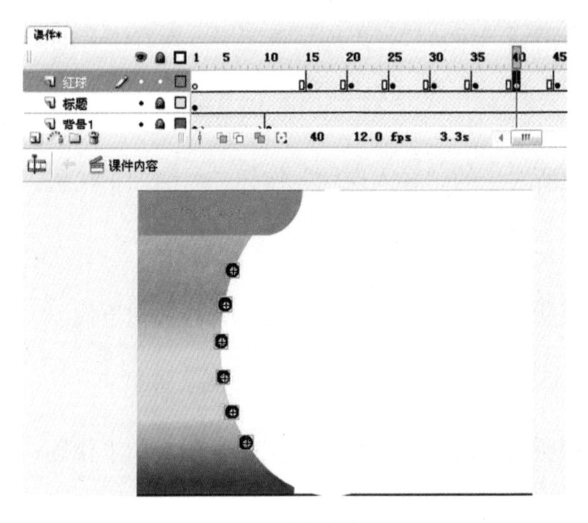

图 11-102　“红球”图层

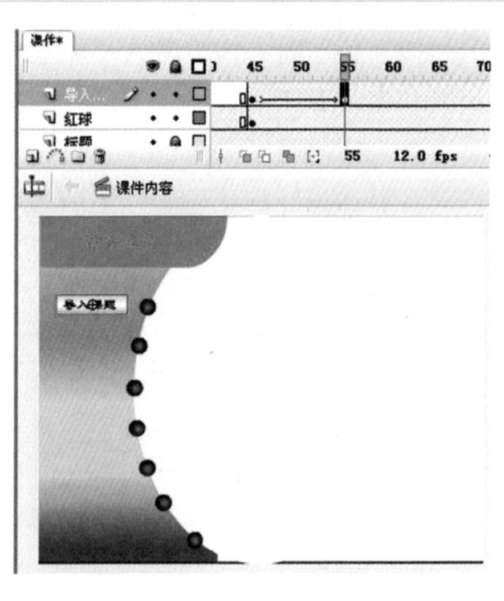

图 11-103　“导入课题”图层

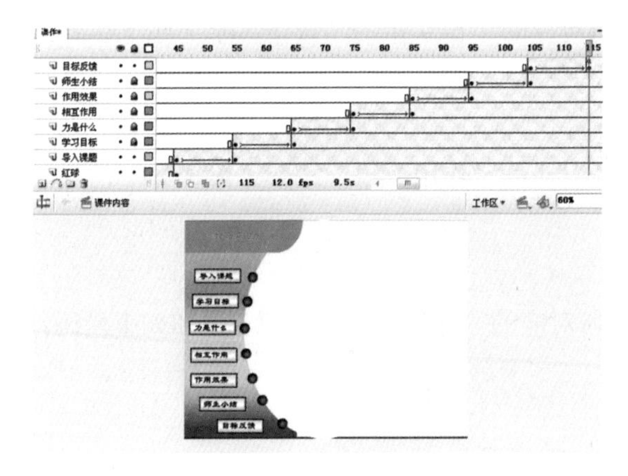

图 11-104　其他按钮图层

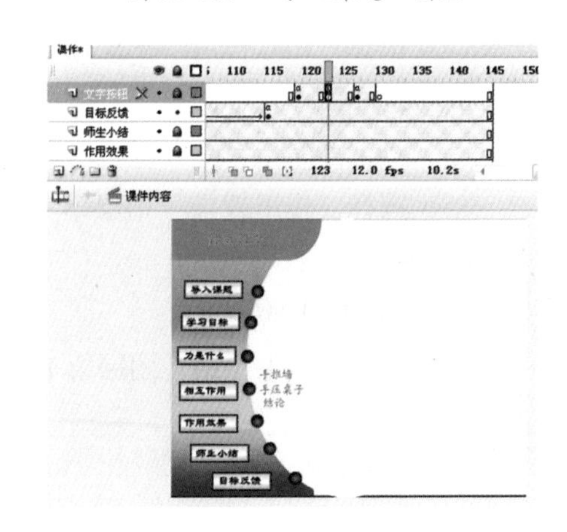

图 11-105　“文字按钮”图层

（8）新建图层，并改名为“内容”。选定第 117~131 帧，将其转换为空白关键帧。在第 117 帧将“举重”元件拖入到舞台；在第 118 帧输入“学习目标”相关的文字；在第 120 帧将“人拉车”影片剪辑元件拖入到舞台；在第 121 帧将“吊车举重”影片剪辑元件拖入到舞台；在第 122 帧将“吊车举重”影片剪辑元件、“人拉车”影片剪辑元件拖入到舞台，并输入相关总结的文字；在第 124 帧将“手拉桌子”影片剪辑元件拖入到舞台，并输入相关的文字；在第 125 帧将“手拉桌子”影片剪辑元件拖入到舞台，并输入总结的相关文字；在第 128 帧将“形变”影片剪辑元件拖入到舞台，并输入文字；在第 129 帧将“人拉车”影片剪辑元件拖入到舞台，并输入文字；在第 130 帧输入“小结”的相关文字；在第 131 帧输入“目标反馈”的相关文字。具体每帧所对应的图形请参考源文件。接下来在每个关键帧添加代码：“stop( );”，如图 11-106 所示。

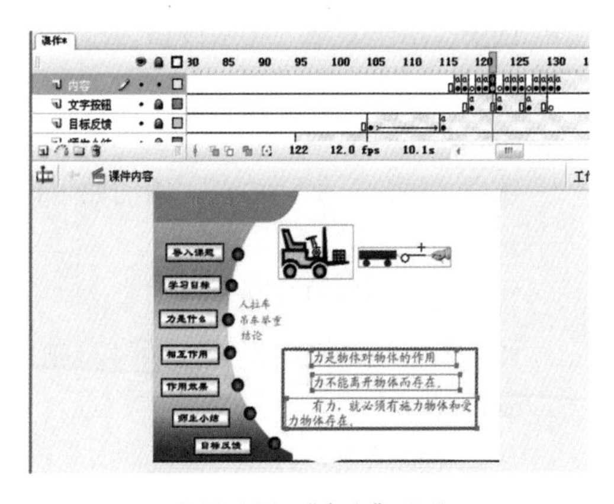

图 11-106　“内容”图层

(9) 新建图层，改名为“声音”。将声音“sound1”添加到该图层。设置声音的同步属性为“事件”。

3. 添加代码

(1) 选择“导入课题”图层第55帧所对应的“导入课题”按钮，添加如下代码：

```
on(release){
    gotoAndPlay(117);}
```

(2) 选择“学习目标”图层第65帧所对应的“学习目标”按钮，添加如下代码：

```
on(release){
    gotoAndPlay(118);}
```

(3) 选择“力是什么”图层第75帧所对应的“力是什么”按钮，添加如下代码：

```
on(release){
    gotoAndPlay(119);}
```

(4) 选择“相互作用”图层第85帧所对应的“相互作用”按钮，添加如下代码：

```
on(release){
    gotoAndPlay(123);}
```

(5) 选择“作用效果”图层第95帧所对应的“作用效果”按钮，添加如下代码：

```
on(release){
    gotoAndPlay(127);}
```

(6) 选择“师生小结”图层第105帧所对应的“师生小结”按钮，添加如下代码：

```
on(release){
    gotoAndPlay(130);}
```

(7) 选择“目标反馈”图层第115帧所对应的“目标反馈”按钮，添加如下代码：

```
on(release){
    gotoAndPlay(131);}
```

(8) 选择“文字按钮”图层第119帧所对应的“人拉车”文字按钮，添加如下代码：

```
on(release){
    gotoAndPlay(120);}
```

选中“吊车举重”文字按钮，添加如下代码：

```
on(release){
    gotoAndPlay(121);}
```

选中“结论”文字按钮，添加如下代码：

```
on(release){
    gotoAndPlay(122);}
```

(9) 选择“文字按钮”图层第123帧所对应的“手推墙”文字按钮，添加如下代码：

```
on(release){
    gotoAndPlay(124);}
```

选中“手压桌子”文字按钮，添加如下代码：

```
on(release){
    gotoAndPlay(125);}
```

选中"结论"文字按钮，添加如下代码：

```
on(release){
    gotoAndPlay(126);}
```

（10）选择"文字按钮"图层第 127 帧所对应的"效果一"文字按钮，添加如下代码：

```
on(release){
    gotoAndPlay(128);}
```

选中"效果二"文字按钮，添加如下代码：

```
n(release){
    gotoAndPlay(129);}
```

4．测试影片

影片效果图如图 11-107 和图 11-108 所示。

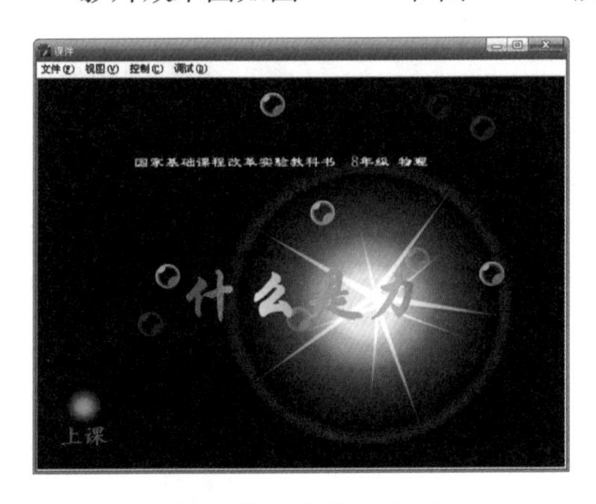

图 11-107　效果图（一）

图 11-108　效果图（二）

11.4　《帝王之恋》MTV

【设计思路】

本实例制作《帝王之恋》歌曲的 MTV。根据该歌曲，构思了一个穿越生死却继续追寻不息的爱情故事。故事开篇是通过男主角房间里的一个日记本来开展回忆性的故事，随着日记本一页一页地翻开，勾起了对过去的相遇、相识、相恋、殉情以及为留下记忆而拒喝孟婆汤的回忆。回忆过后合起日记本回到今生的现实生活中，因为男主角在过奈河桥的时候拒喝孟婆汤，所以今生仍然记得前生不渝的爱，为寻找女主角而不断四处奔波，并长期在告示栏张贴启示，希望通过这种方式来唤醒可能经过此处的女主角，却多次与女主角擦肩而过。经过不断的坚持和努力，男主角在告示栏前终于遇见了女主角，男主角看见了和从前一样的眼神，非常激动，可是女主角却忘记了过去……待女主角离开后，男主角找到了前世的信物——玉箫。次日，男主角到告示栏处等候女主角并将玉箫交给她，从而唤醒了女主角的回忆。故事至此落下帷幕，有情人终成眷属。

【技术要点】

- 图片元件和影片剪辑元件的制作。
- 元件的嵌套。
- 遮罩动画、补间动画的制作。
- 图片大小、透明度、亮度的变化。

下面介绍本实例的实现方法。

11.4.1 文档布局

选择【文件】/【新建】命令，新建一个Flash文档。文档属性采用默认设置。将该文件以“帝王之恋”为文件名保存。

11.4.2 制作元件

根据设计思路，得出几个播放场景：首先是封面，引入故事；然后是日记本，这里进行的是男主角的回忆；接下来回到现代，男女主角相遇。在这几个播放场景中的图片，都是元件实例，接下来需要制作大量元件。由于本实例中元件数量多达五十余个，故未能一一详细介绍。下面把元件分为几类，用文件夹组织起来。

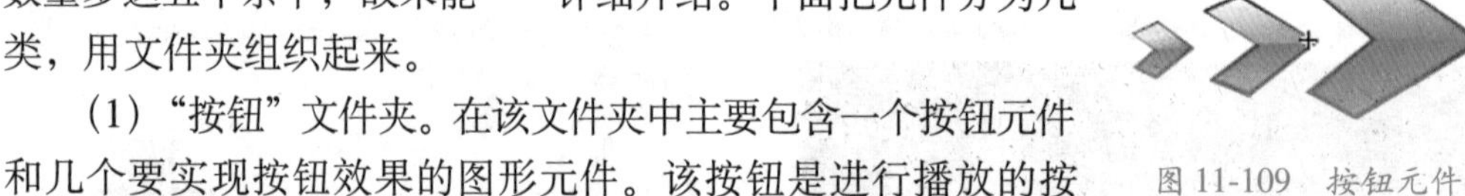

图 11-109　按钮元件

（1）“按钮”文件夹。在该文件夹中主要包含一个按钮元件和几个要实现按钮效果的图形元件。该按钮是进行播放的按钮，制作成水晶效果，如图 11-109 所示。

（2）“二人”文件夹。该文件夹主要包含男女主角在一起的几个图形元件，如图11-110所示。

（a）“相依靠1”图形元件

（b）“相依靠 2”图形元件

（c）“相依靠 3”图形元件

图 11-110　“二人”文件夹所包含的元件

（3）“男主”文件夹。该文件夹主要包含男主角的相关元件，如图 11-111 所示。

（a）“男主”图形元件

（b）“男主头部”图形元件

（c）“殉情”图形元件

图 11-111　“男主”文件夹所包含的元件

(d)“眼睛1”图形元件

(e)“眼睛2”影片剪辑元件

图　11-111（续）

(4)“女主”文件夹。该文件夹主要包含女主角的相关元件，如图11-112所示。

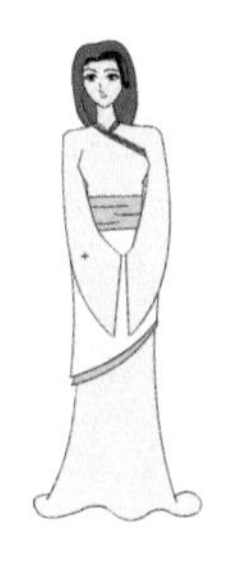

(a)“女主1”图形元件

(b)“女主2”图形元件

(c)“女主3”图形元件

(d)“现代”影片剪辑元件

(e)“女主4”图形元件

(f)“女主5”图形元件

(g)“女主6”图形元件

(h)“女主头部”图形元件

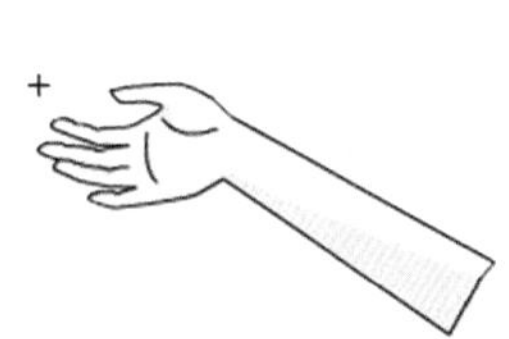

(i)“女主右手”图形元件

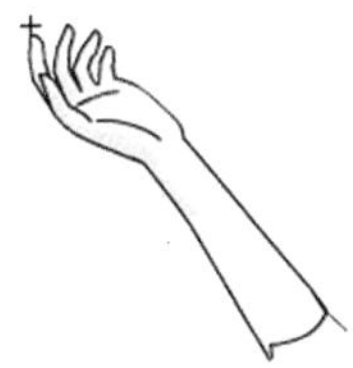

(j)“女主左手”图形元件

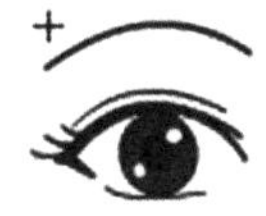

(k)“眼睛”图形元件

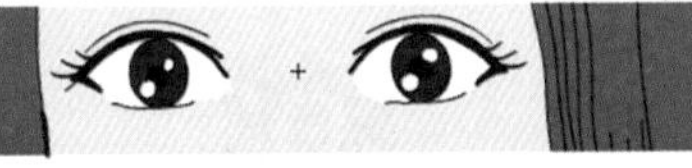

(l)“女子眼睛”影片剪辑元件

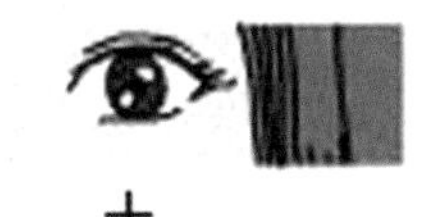

(m)“闪动的眼睛”影片剪辑元件

图11-112 “女主”文件夹所包含的元件

提示：“闪动的眼睛”影片剪辑元件制作的是眼睛闪动的效果，通过添加多个关键帧来实现；“现代”影片剪辑元件制作的是女主走路的效果，具体制作方法可参考源文件。

(5)“日记本”文件夹。该文件夹主要包含日记本封面的几个图形元件，如图11-113所示。

(6)“文字”文件夹。该文件夹里主要包含MTV中所用到的文字，如图11-114所示。

提示：这部分文字所使用的字体为“长城古印体繁”。其中“我得到很多”为影片剪辑元件，用于制作逐字显示的效果。

(a)“日记本1”
图形元件

(b)“日记本2”
图形元件

(c)“日记本封面”
图形元件

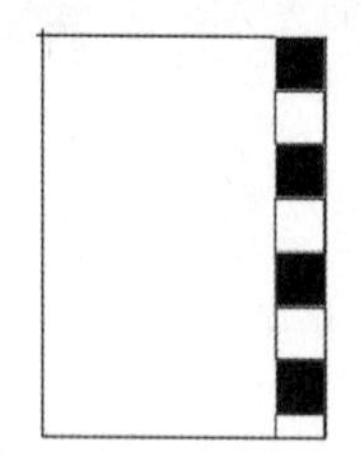

(d)“日记本里页”
图形元件

(e)“封面背后”
图形元件

(f)“日记本系带1”
图形元件

(g)“日记本系带2”
图形元件

图 11-113 “日记本”文件夹所对应的元件

提示：该部分为日记本各部分所对应元件，只需要绘制相关图形即可。

(a)“标题”图形元件

(b)“歌词”图形元件

(c)“恋”图形元件

(d)“奈河桥”图形元件

(e)“思忆录”图形元件

(f)“琴”图形元件

(g)“无悔”图形元件

(h)“我得到了很多”影片剪辑元件

图 11-114 “文字”文件夹所包含的元件

(7)“零散元件”文件夹。该文件夹里主要包含一些实例中用到的零星元件，如图 11-115 所示。

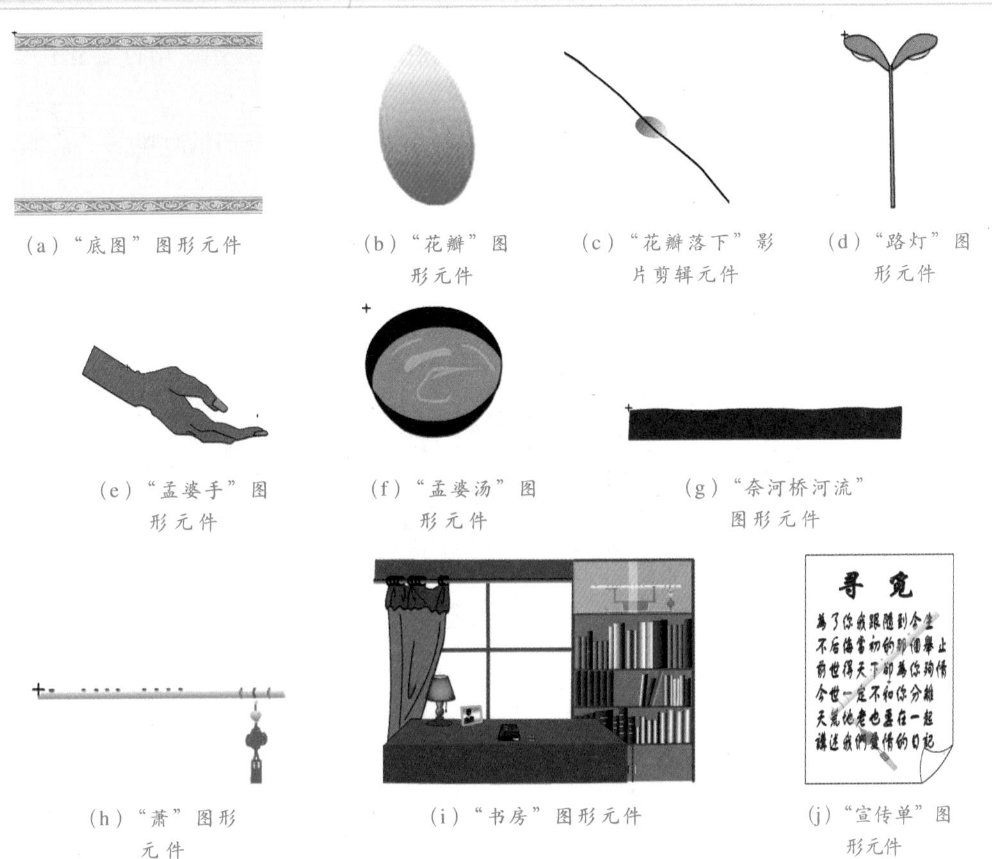

（a）“底图”图形元件　（b）“花瓣”图形元件　（c）“花瓣落下”影片剪辑元件　（d）“路灯”图形元件

（e）“孟婆手”图形元件　（f）“孟婆汤”图形元件　（g）“奈河桥河流”图形元件

（h）“萧”图形元件　（i）“书房”图形元件　（j）“宣传单”图形元件

图 11-115　“零散”文件夹所包含的元件

> **提示**：“花瓣落下”影片剪辑元件制作的是让花瓣沿着引导线落下的效果。在该文件夹中，还包含几个从外部导入的.jpg 图片和“帝王之恋”歌曲。

（8）“情节”文件夹。在该文件夹中包含的大都是影片剪辑元件，是使用前面所制作的元件而制作的影片剪辑元件，场景中的情节都包含在该部分。

① “孟婆汤 1”影片剪辑元件。该影片剪辑元件制作的效果是女主角从孟婆手中接过孟婆汤，如图 11-116 所示。

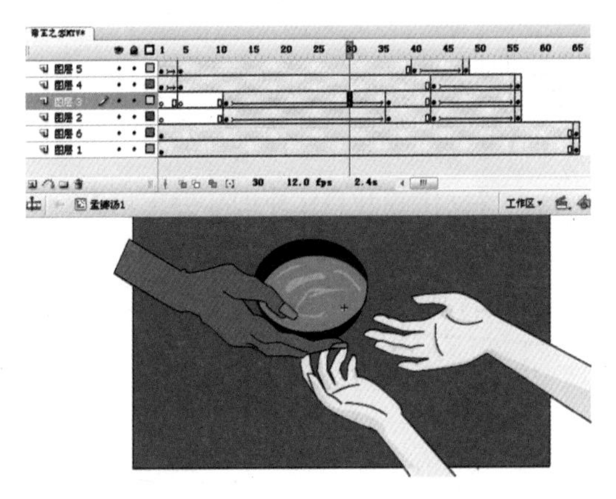

图 11-116　“孟婆汤 1”影片剪辑元件

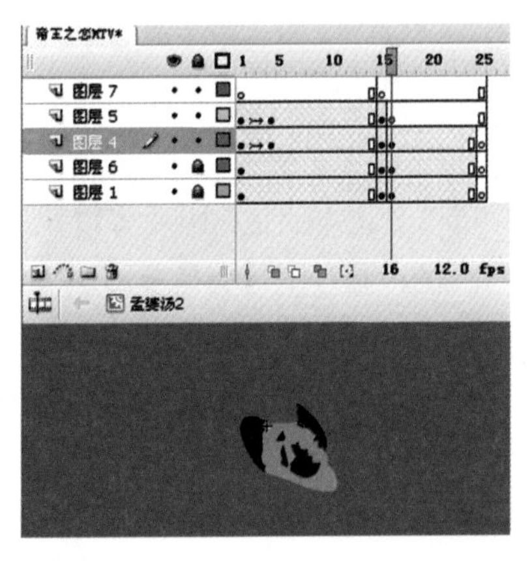

图 11-117　“孟婆汤 2”影片剪辑元件

②“孟婆汤2”影片剪辑元件。该影片剪辑元件制作的效果是男主角将孟婆手中的孟婆汤打倒在地，如图 11-117 所示。

③“奈河桥”影片剪辑元件。该元件主要制作女主角经过奈河桥时喝下了孟婆汤，而男主角却将孟婆汤打倒在地，如图 11-118～图 11-120 所示。

图 11-118 “奈河桥”影片剪辑元件

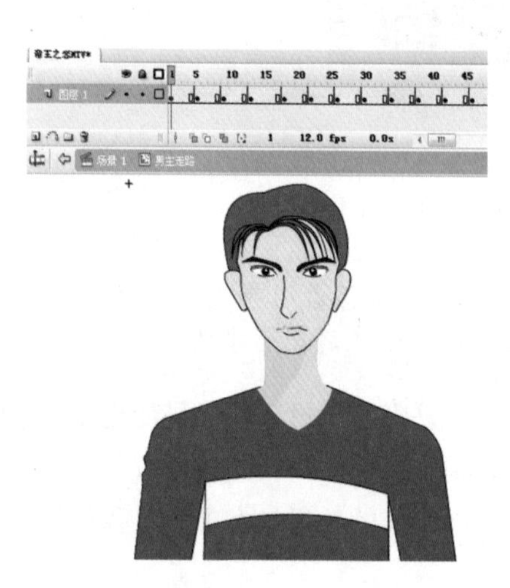

图 11-119 “男主走路”影片剪辑元件

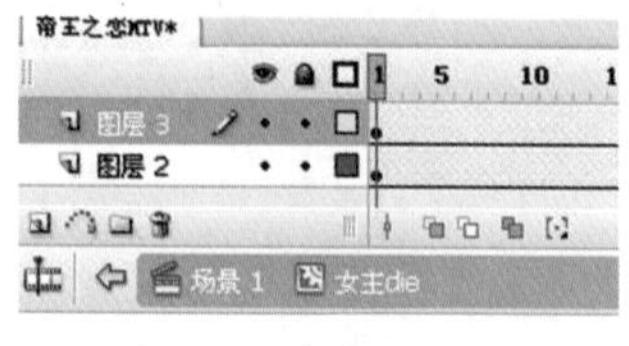

图 11-120 “女主 die”影片剪辑元件

④“相恋”影片剪辑元件。该元件制作男女主角开始相恋，主要通过一段对话来体现，如图 11-121 所示。

⑤“日记本回忆”影片剪辑元件。该元件主要制作翻开日记本时，男主角进行的一系列回忆。通过图片交换及图层等来实现，如图 11-122 所示。

⑥“悬崖”图形元件。该元件绘制如图 11-123 所示的悬崖图片。

⑦“跳崖”影片剪辑元件。该元件制作男主角因女主角的离去伤心至跳崖身亡……如图 11-124 所示。

⑧“依靠”影片剪辑元件。该元件制作男女主角依靠在一起，主要通过几个图片的变化来实现，如图 11-125 所示。

⑨“现代”影片剪辑元件。该元件制作回到现代的场景。男主角通过在告示栏张贴启示的方式来找寻女主角。但他们一次又一次地擦肩而过。终于，他们相遇了，但女主角已经忘记了过去。第二天，男主角拿来前世的信物——“玉箫”，唤醒了女主角的回忆，有情人终成眷属，如图11-126所示。至此，剧情落下帷幕，所有的元件也已经制作完毕。

图 11-121 “相恋”影片剪辑元件

图 11-122 “日记本回忆”影片剪辑元件

图 11-123 “悬崖”图形元件

图 11-124 “跳崖”影片剪辑元件

图 11-125 “依靠”影片剪辑元件

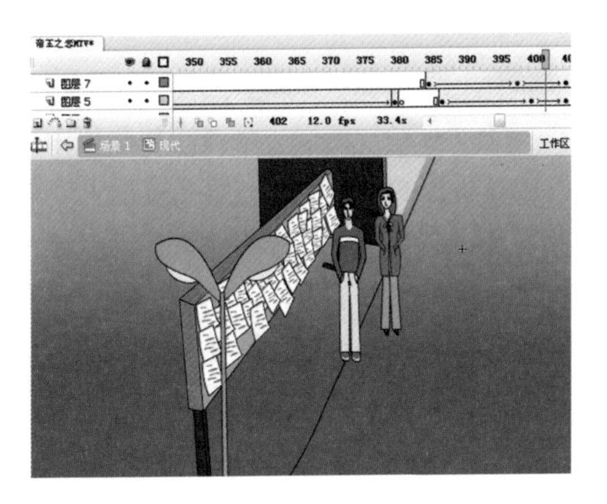

图 11-126 “现代”影片剪辑元件

提示：上述的影片剪辑元件，部分元件的制作工作量较大，需要很多个图层和很多帧，在制作时请参考源文件，仔细地完成每个元件的制作。

11.4.3 布置场景

返回场景，开始舞台的布置。由于上面已经将很多场景都做成了元件，本部分的工作量就少了很多。

(1)“封面”图层。先新建 6 个图层，并给每个图层改名。制作第一个场景——封面，如图 11-127 所示。

图 11-127 封面场景

①“黑框”图层。在舞台外部绘制一个黑框，如图 11-127 所示的黑色部分。

②“底图”图层。将【库】面板中“零散元件”文件夹中的“背景”图片拖入到舞台，并在第 5 帧插入空白关键帧，如图 11-127 所示的背景图片。

③“按钮”图层。将【库】面板中“按钮”文件夹中的“按钮”元件拖入到舞台，放置在舞台的右下角，并在第 5 帧插入空白关键帧。选定第 1 帧的按钮，添加代码：

```
on (release) {gotoAndPlay(5);}
```

④“标题”图层。将【库】面板中“文字”文件夹中的“标题”元件拖入到舞台，放置在舞台的中央，并在第 5 帧插入空白关键帧，如图 11-127 所示的文字。

⑤“依靠”图层。将【库】面板中“二人”文件夹中的“相依”元件拖入到舞台，放置在舞台的左下角，并在第 5 帧插入空白关键帧，如图 11-127 所示的人物。

⑥“花瓣”图层。将【库】面板中“零散元件”文件夹下的“花瓣落下”元件拖入到舞台，放置在舞台的左上部，将该实例命名为“hua”，并在第 5 帧插入空白关键帧。

⑦“脚本”图层。将第 1～5 帧全部转换为关键帧。选定第 1 帧，添加代码：

```
i=1;
```

选定第 2 帧，添加代码：

```
if (i<=120) {
        duplicateMovieClip("_root.hua","hua"+i,i+1);
        setProperty("hua"+i,_x,random(1000));
        setProperty("hua"+i,_y,random(1000));
        i++;
} else {
        gotoAndPlay(4);
}
```

选定第 3 帧，添加代码：

```
gotoAndPlay(2);
```

选定第 4 帧，添加代码：

```
gotoAndPlay(1);
```

(2)“音乐”及“房间”图层。新建 2 个图层，分别改名为“音乐”和“房间”。在“音乐”图层的第 5 帧插入关键帧，将“帝王之恋”音乐放置在该帧，设置同步类型为“事件”。在“房间”图层的第 5 帧插入关键帧，将【库】面板中“零散元件”文件夹中的“房间”元件拖入进来，制作房间逐渐显示的效果。接下来让镜头聚焦到日记本上，如图 11-128 所示。

(3)“日记”图层。新建 1 个图层，改名为“日记”。该图层主要是使用【库】面板中“情节”文件夹中的“日记本回忆”元件。先用补间动画逐渐显示日记本，在第 1575 帧插入关键帧，再让日记本慢慢消失，如图 11-129 所示。

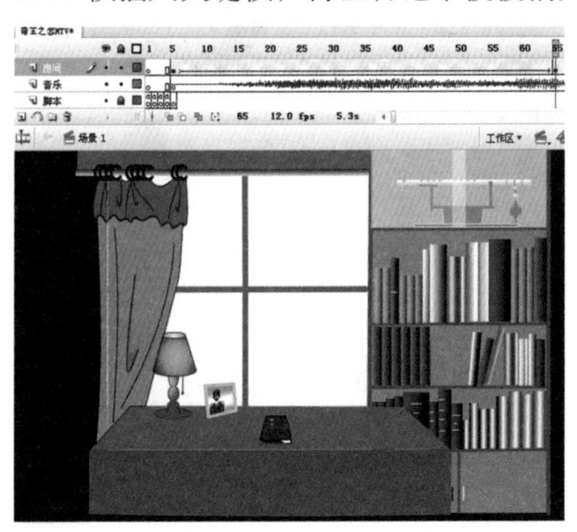

图 11-128　“音乐”和“房间”图层

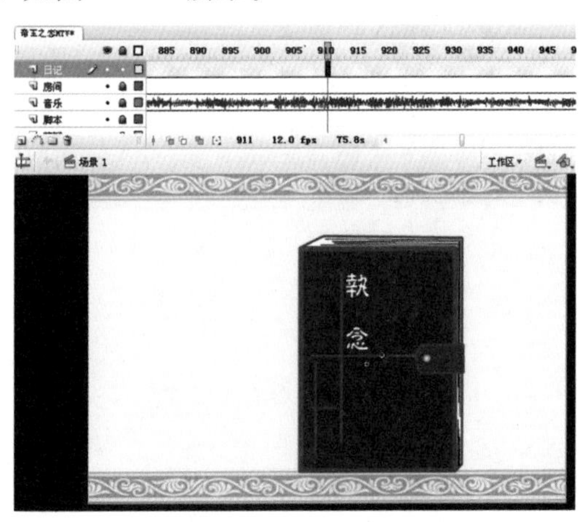

图 11-129　“日记”图层

(4)“现代”图层。新建 1 个图层，改名为“现代”。该图层主要是使用【库】面板中“情节”文件夹中的“现代”元件。在第 1583 帧插入关键帧，放入“现代”元件，在第 2620 帧插入关键帧，并添加代码“stop ()；”，如图 11-130 所示。

(5) 遮罩层。新建 2 个图层，将上面图层设置为遮罩层，将遮罩层改名为“遮罩歌词”，被遮罩层改名为“歌词”。使用这两个图层制作歌词遮罩显示的效果，如图 11-131 所示。

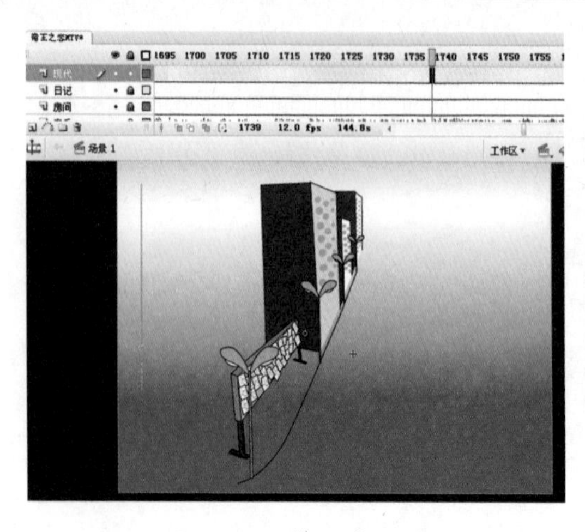

图 11-130 “现代”图层

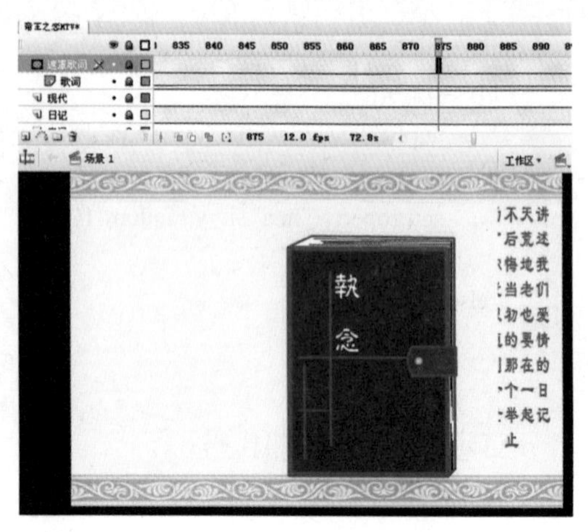

图 11-131 设置歌词

(6) 测试影片。至此，MTV 制作完毕。测试影片，效果截图如图 11-132 和图 11-133 所示。

图 11-132 效果图（一）

图 11-133 效果图（二）

参 考 文 献

[1] 汪刚，薛芬．Flash MX 动画设计．北京：清华大学出版社，2004
[2] 徐帆，Flash MX 2004 网络动画简明教程．北京：清华大学出版社，2005
[3] 谭建辉．Flash MX 创意动画设计教程．广州：华南理工大学出版社，2006
[4] 华信卓越．Flash CS3 动画制作．北京：电子工业出版社，2008
[5] 沈疆海，王艳．Flash MX 2004 & PowerPoint 2003 实例教程．西安：电子科技大学出版社，2004
[6] 贺凯，邹婷．Flash MX 2004 完全征服手册．北京：中国青年出版社，2004

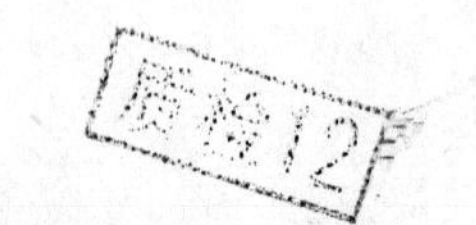
质检12